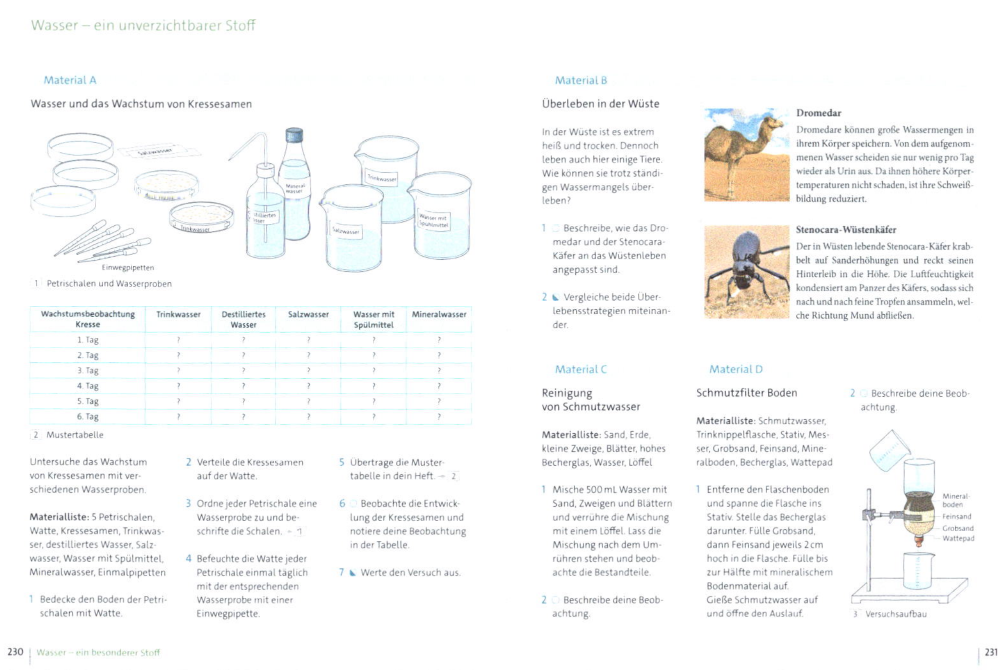
Wasser – ein unverzichtbarer Stoff

Material A

Wasser und das Wachstum von Kressesamen

1 Petrischalen und Wasserproben

Wachstumsbeobachtung Kresse	Trinkwasser	Destilliertes Wasser	Salzwasser	Wasser mit Spülmittel	Mineralwasser
1. Tag	?	?	?	?	?
2. Tag	?	?	?	?	?
3. Tag	?	?	?	?	?
4. Tag	?	?	?	?	?
5. Tag	?	?	?	?	?
6. Tag	?	?	?	?	?

2 Mustertabelle

Untersuche das Wachstum von Kressesamen mit verschiedenen Wasserproben.

Materialliste: 5 Petrischalen, Watte, Kressesamen, Trinkwasser, destilliertes Wasser, Salzwasser, Wasser mit Spülmittel, Mineralwasser, Einmalpipetten

1 Bedecke den Boden der Petrischalen mit Watte.

2 Verteile die Kressesamen auf der Watte.

3 Ordne jeder Petrischale eine Wasserprobe zu und beschrifte die Schalen. → 1

4 Befeuchte die Watte jeder Petrischale einmal täglich mit der entsprechenden Wasserprobe mit einer Einwegpipette.

5 Übertrage die Mustertabelle in dein Heft. → 2

6 Beobachte die Entwicklung der Kressesamen und notiere deine Beobachtung in der Tabelle.

7 Werte den Versuch aus.

230 | Wasser – ein besonderer Stoff

Material B

Überleben in der Wüste

In der Wüste ist es extrem heiß und trocken. Dennoch leben auch hier einige Tiere. Wie können sie trotz ständigen Wassermangels überleben?

1 Beschreibe, wie das Dromedar und der Stenocara-Käfer an das Wüstenleben angepasst sind.

2 Vergleiche beide Überlebensstrategien miteinander.

Dromedar

Dromedare können große Wassermengen in ihrem Körper speichern. Von dem aufgenommenen Wasser scheiden sie nur wenig pro Tag wieder als Urin aus. Da ihnen höhere Körpertemperaturen nicht schaden, ist ihre Schweißbildung reduziert.

Stenocara-Wüstenkäfer

Der in Wüsten lebende Stenocara-Käfer krabbelt auf Sanderhöhungen und reckt seinen Hinterleib in die Höhe. Die Luftfeuchtigkeit kondensiert am Panzer des Käfers, sodass sich nach und nach feine Tropfen ansammeln, welche Richtung Mund abfließen.

Material C

Reinigung von Schmutzwasser

Materialliste: Sand, Erde, kleine Zweige, Blätter, hohes Becherglas, Wasser, Löffel

1 Mische 500 mL Wasser mit Sand, Zweigen und Blättern und verrühre die Mischung mit einem Löffel. Lass die Mischung nach dem Umrühren stehen und beobachte die Bestandteile.

2 Beschreibe deine Beobachtung.

Material D

Schmutzfilter Boden

Materialliste: Schmutzwasser, Trinknippelflasche, Stativ, Messer, Grobsand, Feinsand, Mineralboden, Becherglas, Wattepad

1 Entferne den Flaschenboden und spanne die Flasche ins Stativ. Stelle das Becherglas darunter. Fülle Grobsand, dann Feinsand jeweils 2 cm hoch in die Flasche. Fülle bis zur Hälfte mit mineralischem Bodenmaterial auf. Gieße Schmutzwasser auf und öffne den Auslauf.

2 Beschreibe deine Beobachtung.

3 Versuchsaufbau

231

Materialseiten

... vor allem zum Anwenden und Üben

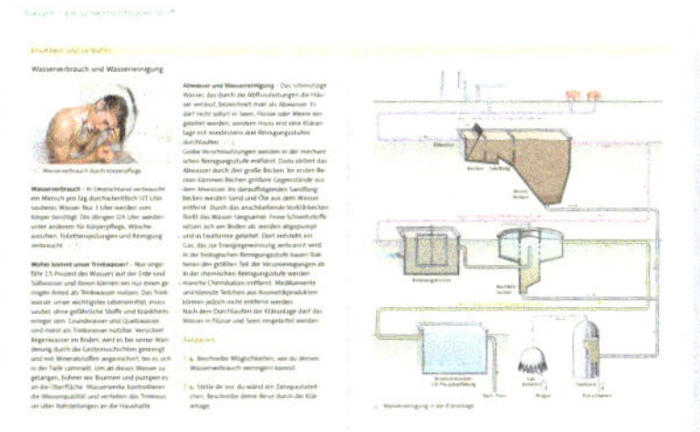

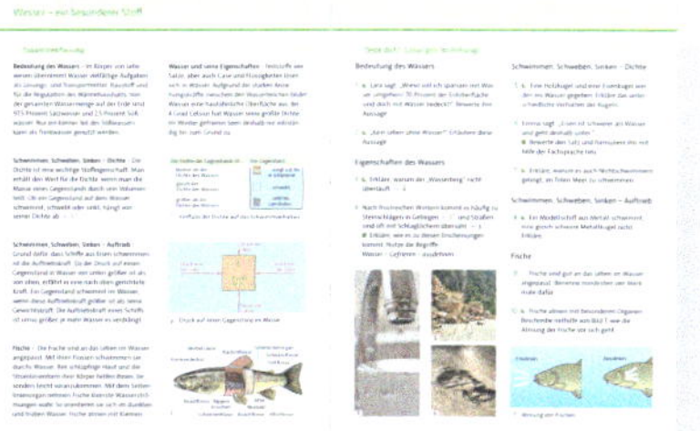

Methodenseiten zeigen Schritt für Schritt, wie man eine Arbeitsweise sinnvoll angeht.

Erweitern und Vertiefen-Seiten bieten für manche Themen vertiefende Inhalte an.

Zusammenfassung gibt einen Überblick über die Lerninhalte des Kapitels.

Die Aufgaben der **Teste-dich!-Seiten** helfen dir, dein Wissen selbst einzuschätzen. Die Lösungen der Aufgaben findest du im Anhang.

AUSGABE A

NATUR UND TECHNIK

Natur-wissenschaften 5/6

Cornelsen

NATUR UND TECHNIK

Naturwissenschaften 5/6 Ausgabe A

Beraterinnen und Berater: Martin Einsiedel, Reimund Krönert, Ruth Leidinger, Claus Overmann, Peter Slaby

Autorinnen und Autoren: Ulrike Austenfeld, Barbara Barheine, Steven Bauer, Siegfried Bresler, Martin Einsiedel, Katharina Etzold, Anja Faehndrich, Julia Feltes, Jörn Geistl, Anita Gutmann, Bernd Heepmann, Oliver Hintzen, Michael Jütte, Ute Klinkmüller, Sandra Krechel, Dr. Erich Kretzschmar, Reimund Krönert, Carsten Kuck, Ralf Kühl, Ruth Leidinger, Dr. Jochim Lichtenberger, Martin Löffelhardt, Aïnoa Malcotti, Dr. Heinz Obst, Sabine Ohlinger, Claus Overmann, Cornelia Pätzelt, Verena Rau, Judith Röder, Norbert Schröder, Wilhelm Schröder, Reinhard Sinterhauf, Peter Slaby, Ingmar Stelzig, Sven Theis, Ribana Weickenmeier, Dr. Gottfried Wiedenmann, Franz Wimmer

Redaktion: Stefanie Pfeifer, Christina Pietsch, Martin Vatter

Grafik und Illustration: diGraph; Robert Fontner-Forget; Esther Gollan; Rainer Götze; Karin Mall; Tom Menzel; newVISION! GmbH, Bernhard A. Peter, Pattensen; Detlef Seidensticker

Umschlaggestaltung: SOFAROBOTNIK GbR, Augsburg & München

Layout und technische Umsetzung: Typo Concept GmbH, Hannover

Begleitmaterialien zum Lehrwerk:

Handreichungen	ISBN 978-3-06-013707-7
Kopiervorlagen	ISBN 978-3-06-013708-4
Begleitmaterial auf USB-Stick	ISBN 978-3-06-013709-1
E-Book	ISBN 978-3-06-013706-0

www.cornelsen.de

Dieses Werk enthält Vorschläge und Anleitungen für Untersuchungen und Experimente.
Vor jedem Experiment sind mögliche Gefahrenquellen zu besprechen.
Beim Experimentieren sind die Richtlinien zur Sicherheit im Unterricht einzuhalten.

1. Auflage, 4. Druck 2024

Alle Drucke dieser Auflage sind inhaltlich unverändert und können im Unterricht nebeneinander verwendet werden.

Druck und Bindung: Livonia Print, Riga

ISBN 978-3-06-013705-3

PEFC/12-31-006

PEFC zertifiziert
Dieses Produkt stammt aus nachhaltig bewirtschafteten Wäldern und kontrollierten Quellen.

www.pefc.de

Inhaltsverzeichnis

Vom ganz Großen und ganz Kleinen 14

Tiere – Pflanzen – Lebensräume 42

Luft – unsichtbar, aber vorhanden 136

Feuer – nützlich und gefährlich 174

Wasser – ein besonderer Stoff 202

Stoffe im Alltag 234

Mein Körper 268

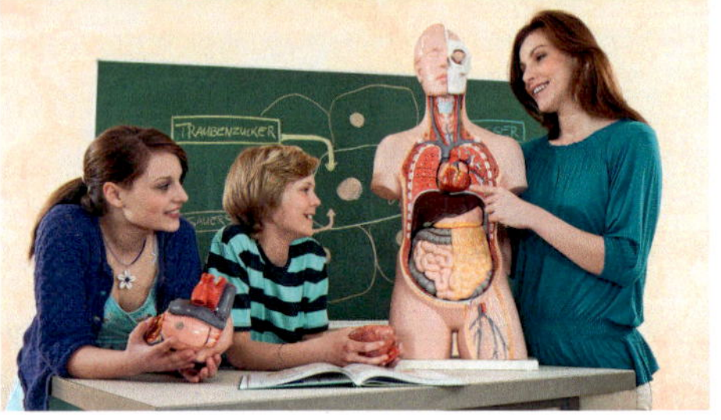

Technik im Alltag 334

Anhang 366

Rundgang durch den Nawi-Raum

1 Ein erster Blick in den Nawi-Raum

Unterricht im Fachraum ist besonders interessant – es ist aber wichtig, sich in dem Raum gut auszukennen!

Not-Aus-Schalter • Der rote, auffällige Schalter ist in jedem Fachraum zu finden und im Notfall zu drücken: Er stoppt sofort die Strom- und Gasversorgung.

Augendusche • Falls Chemikalien ins Auge kommen, musst du das Auge in den meisten Fällen schnellstens gründlich mit Wasser ausspülen. Dazu gibt es die Augendusche, die oft am Waschbecken zu finden ist.

Erste-Hilfe-Box • Hier findest du Verbandsmaterial und verschiedene Hilfsmittel, falls es zu einer Verletzung gekommen ist.

Feuerlöscher • Lehrkräfte können versuchen, kleinere Brände mit dem Feuerlöscher zu bekämpfen. Die Schülerinnen und Schüler sollten aber im Brandfall sofort den Raum verlassen. Den Feuerlöscher darfst du nie auf Personen richten!

Notruf • In dringenden Fällen wählst du die Notruf-Nummer 112. Du wirst dann automatisch mit der nächstgelegenen Rettungsleitstelle verbunden und kannst dort Unfälle oder Feuer melden.

Aufgabe

1 ● Zeichne einen Grundriss deines Nawi-Raums. Trage alle Sicherheitseinrichtungen ein.

der Not-Aus-Schalter
die Augendusche
die Erste-Hilfe-Box
der Feuerlöscher

Material A

Hier läuft einiges falsch!

1 ▢ Wer verhält sich im Quadrat B 2 nicht richtig?

2 ◪ Gib der Schülerin in C 3 einen Tipp.

3 ■ Übernimm die Tabelle in dein Heft und fülle sie aus.

Quadrat	Fehlverhalten	Sicherheitstipp
A 2, A 3	Wildes Herumrennen	Langsam gehen und auf die Mitschüler achten
C 1	…	…
…	…	…
…	…	…
…	…	…

Kennzeichen des Lebens

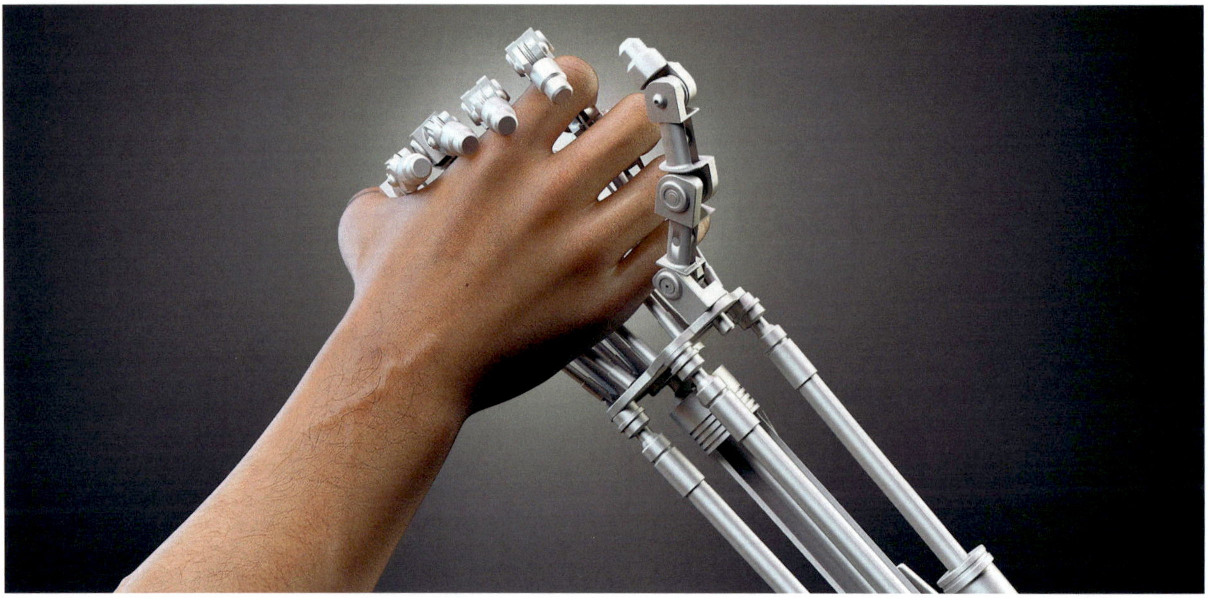

1 Handschlag zwischen einem Menschen und einem Roboter

Ein Roboter dreht sich zu dir um, schaut dich an und gibt dir zur Begrüßung die Hand. Alles wirkt so lebendig und doch merkwürdig. Du zweifelst. Was sind die Kennzeichen des Lebens?

Stoffwechsel • Tiere und Menschen nehmen zum einen Wasser und energiereiche Stoffe mit der Nahrung auf, zum anderen atmen sie Sauerstoff ein. Der Körper baut diese Stoffe um und scheidet energiearme Stoffe aus. Durch diese Stoffwechselvorgänge gewinnt der Körper Energie. Pflanzen besitzen die Fähigkeit, das Sonnenlicht als Energiequelle zu nutzen. Ihre Wurzeln nehmen Wasser und Mineralstoffe auf. Die Blätter nehmen energiearmes Kohlenstoffdioxid auf und bilden energiereiche Stoffe. Dabei geben sie Sauerstoff ab. Diesen Vorgang bezeichnet man als Fotosynthese. → 3

Wachstum und Entwicklung • Ein Buchenkeimling wächst bei günstigen Umweltbedingungen zu einem hohen, breiten Baum. → 3 Babys wachsen zu Kindern heran, diese entwickeln sich zu jungen Erwachsenen. Pflanzen, Tiere und Menschen verändern sich in Größe und Gestalt. Sie wachsen und verändern sich im Laufe ihres Lebens.

Fortpflanzung und Vermehrung • Erwachsene Menschen gründen eine Familie und bekommen eigene Kinder. Auch Jungtiere werden fortpflanzungsfähig und zeugen eigene Nachkommen. Pflanzen bilden Samen, aus denen sich neue Pflanzen entwickeln. Diese bringen wiederum Samen für die nächste Generation hervor. Lebewesen pflanzen sich fort. Sie vermehren sich und sichern so das Fortbestehen ihrer Art.

die Kennzeichen des Lebens

Reizbarkeit • Menschen und Tiere nehmen Reize über ihre Sinne auf. Sie riechen, hören, sehen, schmecken und fühlen.
Pflanzen reagieren zum Beispiel auf Licht. Lebewesen stehen durch die Aufnahme von Reizen in ständigem Kontakt mit ihrer Umwelt. Sie können ihr Verhalten, aber auch ihre Stoffwechselvorgänge regulieren und ihrer Umwelt anpassen.

Bewegung • Lebewesen kriechen, laufen, springen, fliegen oder schwimmen. → 2 Auch Pflanzen bewegen sich aktiv. Sie richten ihre Blätter und Blüten nach der Sonne aus. Dadurch können sie so viel Energie wie nötig aufnehmen.

Zusammenspiel der Kennzeichen • Der Biologe spricht nur dann von einem Lebewesen, wenn es alle fünf Kennzeichen des Lebens aufweist. Fehlt nur ein einziges Kennzeichen, handelt es sich nicht um ein Lebewesen. Man spricht von der unbelebten Natur. Hierzu zählen zum Beispiel Steine, Flüssigkeiten oder auf technischem Weg hergestellte Gegenstände, die manchmal einzelne dieser Kennzeichen aufweisen können.

Lebewesen zeigen immer alle fünf Kennzeichen des Lebens. Hierzu zählen Energie- und Stoffwechsel, Wachstum und Entwicklung, Fortpflanzung und Vermehrung, Reizbarkeit und Bewegung.

2 Lebewesen reagieren und bewegen sich.

3 Der Buchenkeimling und die Buche betreiben Stoffwechsel und wachsen.

Aufgaben

1 ○ Nenne die Kennzeichen des Lebens.

2 ◔ Erkläre mithilfe der Kennzeichen, ob ein Roboter ein Lebewesen ist.

3 ● Erläutere die Kennzeichen des Lebens am Beispiel der Buche.

Kennzeichen des Lebens

Material A

Lebt der Käfer?

Der VW-Käfer bewegt sich. Er braucht Treibstoff zum Fahren. Der Treibstoff wird verbrannt, Abgase werden ausgestoßen.

Der Marienkäfer krabbelt auf Nahrungssuche über die Blätter. Als Reaktion auf Fressfeinde gibt er eine gelbe Flüssigkeit ab. Die Weibchen legen etwa 800 Eier, aus denen Larven schlüpfen.

1 VW-Käfer und Marienkäfer

1 ▢ Beschreibe die Kennzeichen des Lebens für die „Käfer". Ergänze die Tabelle. → 1 2

2 ◙ Begründe, welcher Käfer ein Lebewesen ist.

Bewegung	aktiv (wird gesteuert)	aktiv (krabbeln, fliegen)
Reizbarkeit	?	?
Stoffwechsel	?	?
Wachstum/Entwicklung	?	?
Fortpflanzung/ Vermehrung	?	?

2 Vergleich von VW-Käfer und Marienkäfer

Material B

Mimose

Man bezeichnet manchmal Menschen als Mimose, die besonders empfindlich auf etwas reagieren. Diese Bezeichnung stammt von einer Pflanze, der Mimose.
Diese tropische Pflanzenart kommt in den Wäldern Südamerikas vor.

1 ▢ Beschreibe den in den Bildern 3 und 4 dargestellten Vorgang in wenigen Sätzen.

2 ▢ Nenne die Kennzeichen des Lebens, die die Mimose bei diesem Vorgang zeigt.

3 ◙ Stelle Vermutungen an, welchen Nutzen dieser Vorgang für die Mimose hat.

3 Mimose vor der Berührung

4 Mimose nach der Berührung

Material C

5

6

7

8

9

Weinbergschnecke

Schnecken können auf einer Schleimspur sogar über Steine kriechen. Wenn man Schnecken an ihren Fühlern berührt, ziehen sie sich in ihr Schneckenhaus zurück. Zeigen Schnecken alle Kennzeichen des Lebens?

1 ○ Nenne die Kennzeichen des Lebens, die auf den Bildern zu sehen sind. → 5 – 9

2 ◔ Stelle Vermutungen an, weshalb sich bei Berührung Schnecken in ihr Gehäuse zurückziehen.

Material D

Pflanzen reagieren

Pflanzen reagieren auf Umweltbedingungen.

1 ○ Beschreibe das Bild. → 10

10

2 Lies den Text. → 11

a ● Erkläre, weshalb Pflanzen aktiv den Weg zum Licht suchen.

b ◔ Begründe, welche Kennzeichen des Lebens die Pflanze in Bild 10 zeigt.

Fototropismus Ist nur wenig Licht vorhanden, versuchen Pflanzen dennoch an diese Lichtquelle zu gelangen. Pflanzen besitzen dafür winzige lichtempfindliche „Fühler", die sie auf dem Weg zum Licht lenken.

11

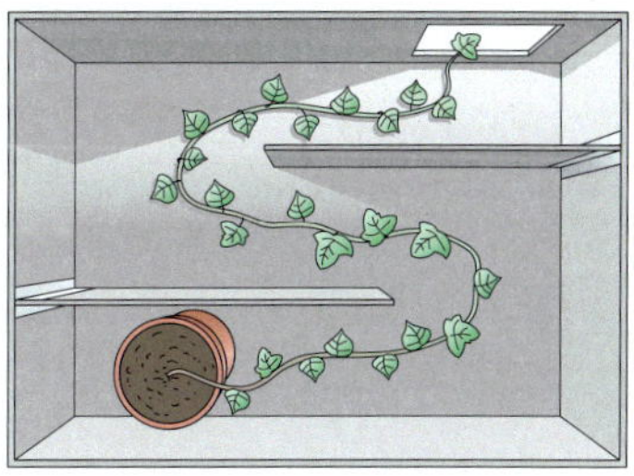

Vom ganz Großen und ganz Kleinen

Von der Erde aus können wir die Sonne sehen. Sonne und Erde sind jedoch sehr weit voneinander entfernt. Aber wie weit genau?

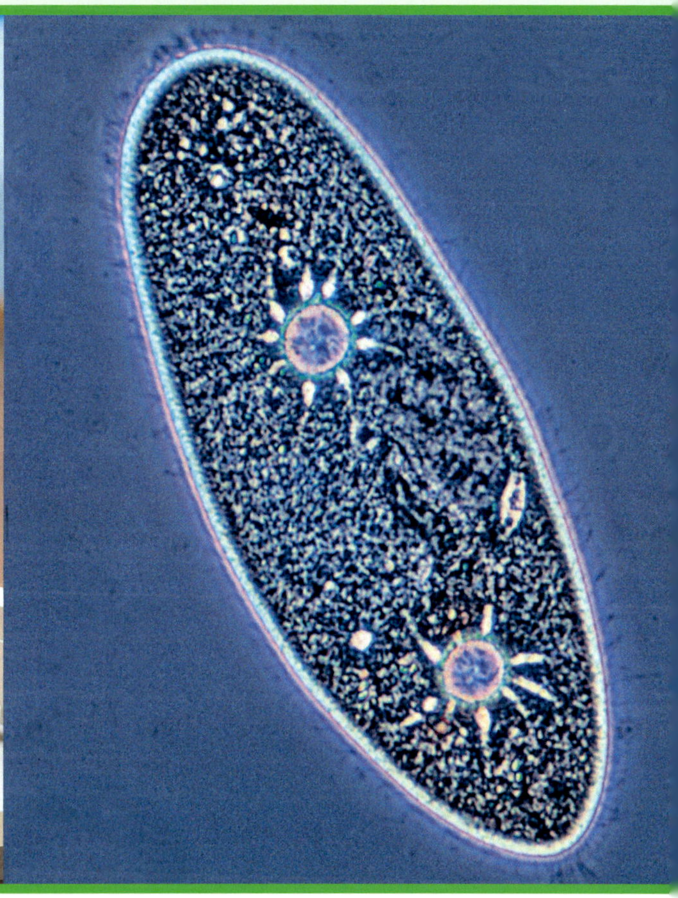

Das Mikroskop erlaubt einen Blick in eine Welt, die für das bloße Auge unsichtbar ist. Gibt es Dinge, die so klein sind, dass wir sie selbst mit dem Mikroskop nicht mehr erkennen können?

Lebewesen bestehen aus Zellen – manche Lebewesen bestehen aus vielen Zellen, andere nur aus einer einzigen. Wie ist das beim Pantoffeltierchen?

Maßstäbe und Größenverhältnisse

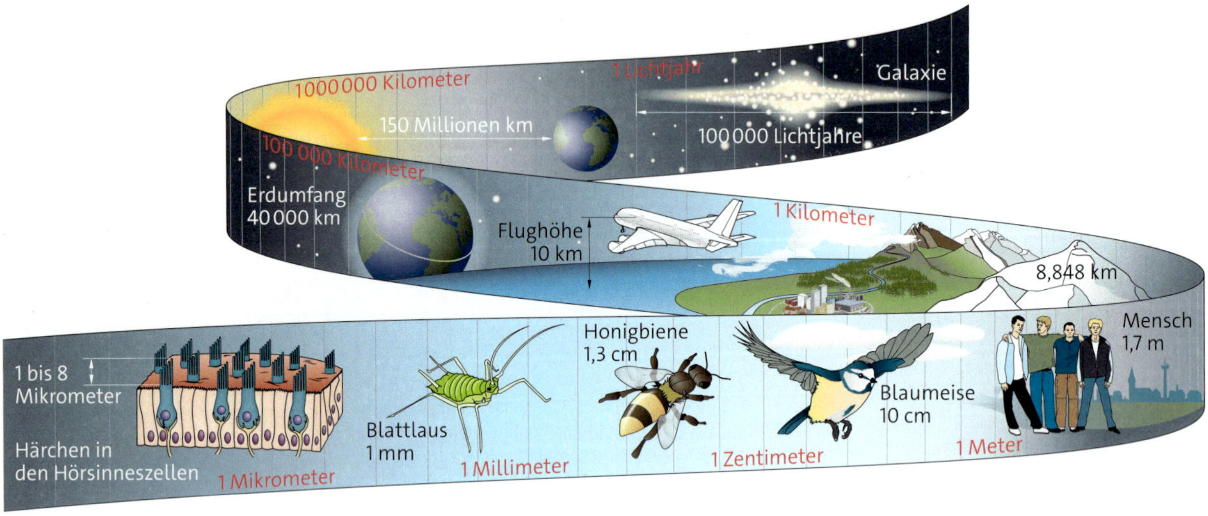

1 Von der Sinneszelle zur Galaxie

Mikrometer, Millimeter, Kilometer, Lichtjahr – was ist damit gemeint?

1 Meter als Maßstab • Die Größe deines Fahrrads könntest du so beschreiben: Es ist genauso lang wie ich, aber nur halb so hoch. Damit können deine Eltern und Freunde etwas anfangen – aber niemand, der dich nicht kennt. Und was ist, wenn du wächst?
Um Längen für alle verständlich anzugeben, braucht man einen gemeinsamen Maßstab. Du kennst ihn bereits: 1 Meter. Du bist 1,6 Meter groß und dein Fahrrad ist 1,6 Meter lang und 0,8 Meter hoch. Diese Werte kann jeder mit einem Maßband nachmessen.

1 000 Mikrometer	=	1 Millimeter
10 Millimeter	=	1 Zentimeter
100 Zentimeter	=	1 Meter
1 000 Meter	=	1 Kilometer

2 Längen umrechnen

Vom Kilometer zum Lichtjahr • Zwischen Frankfurt und Kassel fährt man knapp 200 Kilometer auf der Autobahn. Die Erde ist rund 150 Millionen Kilometer von der Sonne entfernt. Das Sonnenlicht legt diesen Weg in etwa 8 Minuten zurück. Das Licht vom nächsten Sonnensystem braucht 4,4 Jahre bis zur Erde: Man sagt: „Das Sonnensystem Alpha Centauri ist 4,4 Lichtjahre von der Erde entfernt." 1 Lichtjahr sind 9 460 730 472 580 Kilometer.

Millimeter und Mikrometer • Viele Dinge sind deutlich kleiner als 1 Meter. Dein Hausschlüssel ist etwa 5 Zentimeter lang und 2 Millimeter dick. Ein Haar ist etwa 50 Mikrometer dick. Sind die Dinge noch viel kleiner, kannst du sie mit bloßem Auge nicht mehr erkennen.

1 Meter ist der Maßstab, um Längen anzugeben. Entfernungen im Weltraum gibt man oft in Lichtjahren an.

der Meter
der Mikrometer
das Lichtjahr

Material A

Kleine Härchen

Die Härchen an den Hörsinneszellen im Ohr sind zwischen 1 und 8 Mikrometern lang. → 3

1 Gib an, wie viele 1 Mikrometer lange Härchen aneinander folgende Längen ergeben:

a ◐ 1 Millimeter

b ◐ 1 Zentimeter

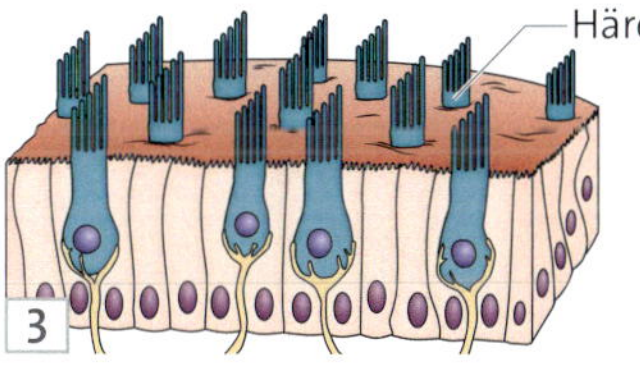

3

Material B

Unser Sonnensystem

Materialliste: langes Maßband, Kreide

1 Legt einen „Planetenweg" an. Messt dazu auf dem Schulhof eine Strecke von 75 Metern ab.

2 Markiert an einem Ende den Ort der Sonne. Markiert von dort der Reihe nach die Planeten.

4 Unsere Sonne und ihre acht Planeten (Pluto ist zurzeit kein Planet)

Material C

Größe der Planeten

Material: Mülltüte, Knete, Holzleiste, Faden

1 Blast die Mülltüte als Sonne auf (ca. 50 cm Durchmesser). Fertigt die Planeten aus Knete an und hängt sie in der richtigen Reihenfolge an der Holzleiste auf.

Himmelskörper	Wirklicher Durchmesser	Durchmesser im Modell
Sonne	1 392 500 Kilometer	50,0 Zentimeter
Merkur	4 878 Kilometer	0,2 Zentimeter
Venus	12 104 Kilometer	0,4 Zentimeter
Erde	12 756 Kilometer	0,5 Zentimeter
Mars	6 794 Kilometer	0,2 Zentimeter
Jupiter	142 796 Kilometer	5,1 Zentimeter
Saturn (ohne Ring)	120 600 Kilometer	4,3 Zentimeter
Uranus	51 200 Kilometer	1,8 Zentimeter
Neptun	49 600 Kilometer	1,8 Zentimeter

5 Durchmesser unserer Sonne und ihrer Planeten

Unser Platz im Universum

1 Unsere Position in der Milchstraße

An unserem Nachthimmel sehen wir viele Sterne. Die meisten dieser Sterne gehören zu unserer Milchstraße. Unsere Erde befindet sich am äußersten Rand der Milchstraße.

Die Sonne • Jeden Tag geht die Sonne auf. Sie gibt uns Licht und Wärme, ohne sie gäbe es kein Leben auf der Erde. Die Sonne ist eine riesige Gaskugel, ungefähr 110-mal so groß wie die Erde. In ihrem Innern wird das Gas Wasserstoff zu Helium umgewandelt. Durch diese Reaktion entsteht eine unvorstellbare Hitze. Die Sonne kann dabei bis zu 15 000 000 Grad Celsius heiß werden.

Sonnensystem • Die Sonne wird von acht Planeten umkreist. Sie heißen Merkur, Venus, Erde, Mars, Jupiter, Saturn, Uranus und Neptun. Planeten sind Himmelskörper, die nicht selbst leuchten und eine Sonne umkreisen. Sie werden oft wiederum von Monden umkreist. Unser Sonnensystem ist nicht das einzige. Bis zum nächsten Nachbarsonnensystem Alpha Centauri braucht das Licht allerdings schon 4,4 Jahre. Ein Flug würde mit den schnellsten Raketen ungefähr 32 000 Jahre dauern.

Galaxien • Unsere Sonne ist nur eine von über 100 Milliarden Sternen, die zusammen unsere Galaxie, die Milchstraße, bilden. → 1 Ihren Namen verdankt die Milchstraße ihrem Aussehen: Am Nachthimmel erscheinen uns ihre Sterne wie ein milchiges Band. Das Licht braucht rund 100 000 Jahre, um unsere Galaxie zu durchqueren. Dabei ist unsere Milchstraße nur ein kleiner Teil eines sogenannten Superhaufens mit Zehntausenden anderen Galaxien.

Universum • Die Gesamtheit aller Materie nennt man Universum, Kosmos oder Weltraum. Es entstand in einer unvorstellbar großen Explosion, dem Urknall, vor ungefähr 15 Milliarden Jahren.

die Sonne
das Sonnensystem
die Galaxie
das Universum
die Astronomie

Menschen entdecken den Weltraum • Die Sternenkunde ist eine der ältesten Wissenschaften der Menschheit. Man nennt sie Astronomie. 1609 richtete Galileo Galilei das erste Mal eines der neu erfunden Fernrohre zu den Sternen. → 2 Er entdeckte unter anderem, dass auch der Jupiter von Monden umkreist wird. Ihm wurde durch seine Beobachtungen klar, dass sein Kollege Nikolaus Kopernikus recht hatte. Kopernikus hatte ein Jahrhundert zuvor behauptet, dass sich die Erde um die Sonne dreht. Ihm fehlte damals aber noch ein Beweis für seine Behauptung. Im Mittelalter glaubten viele Menschen, die Erde sei der Mittelpunkt der Welt.

Menschen erobern den Weltraum • Die Menschheit „eroberte" den Weltraum erst einige Jahrhunderte später. 1959 gelang es der Sowjetunion, den Satelliten „Sputnik" in eine Umlaufbahn um die Erde zu schießen. Zwei Jahre später umkreiste Juri Gagarin als erster Mensch die Erde im Weltraum. Am 21. Juli 1969 betrat der Amerikaner Neil Armstrong als erster Mensch den Mond. → 3 Seit dem Jahr 2000 umkreist die Raumstation ISS die Erde. Auf ihr arbeiten ständig Forscher aus allen Raumfahrtnationen, zum Beispiel der Deutsche Alexander Gerst.

Unser Sonnensystem bildet zusammen mit 100 Milliarden anderen Sternen eine Galaxie, die Milchstraße. Die Milchstraße ist nur eine von zahllosen weiteren Galaxien.

2 Galileo führt sein Fernrohr in Venedig vor.

3 Mondlandung

Aufgaben

1 Berechne, wie viele Menschenleben (ca. 80 Jahre) ein Flug zum nächsten Sonnensystem dauern würde.

2 Bevor Neil Armstrong den Mond betrat, sagte er: „Ein kleiner Schritt für einen Menschen, ein großer Schritt für die Menschheit!" Erläutere, was er meinte.

Material A

Der Mond – ein bewegliches Ziel

1 Jules Verne

Der Science-Fiction-Autor Jules Verne machte sich hundert Jahre vor dem ersten Mondflug Gedanken darüber, wie Menschen zum Mond fliegen könnten. In seinem Buch schoss er seine Hauptdarsteller in einer riesigen Kanonenkugel auf den Mond. → 1 Für die Reise plante er vier Tage ein.

Erde und Mond bewegen sich

Erde und Mond sind in ständiger Bewegung. → 2 Die Erde dreht sich um die eigene Achse. Für eine Drehung braucht sie 24 Stunden. Wenn man auf den Nordpol schaut, dreht sie sich gegen den Uhrzeigersinn.

Der Mond umkreist die Erde gegen den Uhrzeigersinn. Für einen Umlauf um die Erde braucht er 28 Tage. Bei seinem Umlauf wendet er der Erde stets die gleiche Seite zu.

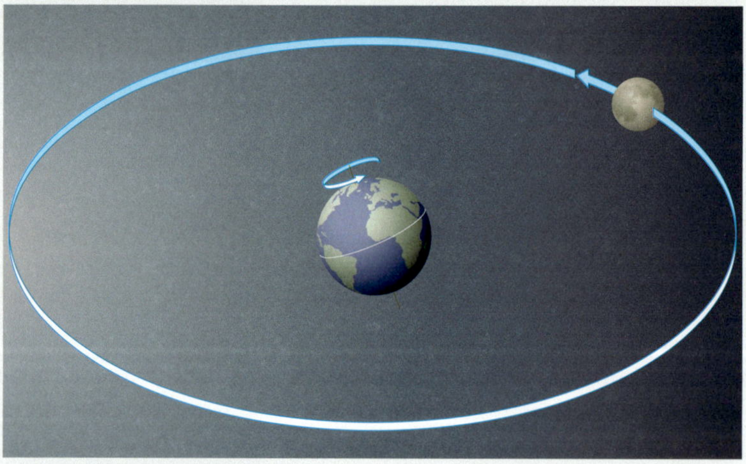

2 Die Bewegung von Mond und Erde

1 Beschreibe, wie sich Jules Verne die Reise zum Mond vorstellte. → 1

2 Lies den Infotext über die Bewegung von Erde und Mond.

3 Überlege, wie oft sich die Erde um sich selbst dreht, bis der Mond sie einmal umkreist hat.

4 Stellt die Bewegungen von Erde und Mond zu zweit im Rollenspiel nach. Einer von euch spielt die Erde und der andere den Mond.

5 Skizziert Bild 2 in euer Heft. Ein Tag vergeht. Wie stehen Mond und Erde nun zueinander? Ergänzt die Position des Monds in eurer Skizze und beschriftet sie mit „Tag 1“. Ein weiterer Tag vergeht. Zeichnet den Mond an der entsprechenden Stelle und beschriftet ihn mit „Tag 2“. Verfahrt so für die gesamte Dauer der Mondfahrt von Jules Verne.

6 Verfasst einen Brief an Jules Verne und gebt ihm mithilfe eurer Skizze Tipps, wie seine Mondreise klappen könnte.

Material B

Wie weit ist es zum Mond?

Von der Erde bis zum Mond sind es rund 380 000 Kilometer. Um sich so eine Zahl vorstellen zu können, ist es gut, ein Modell zu benutzen.
Wenn wir die Erde auf die Größe eines Basketballs (25 cm) schrumpfen lassen, wäre der Mond so groß wie ein Tennisball (7 cm). Die Entfernung zwischen beiden würde bei dieser Verkleinerung auf 7,5 Meter schrumpfen.

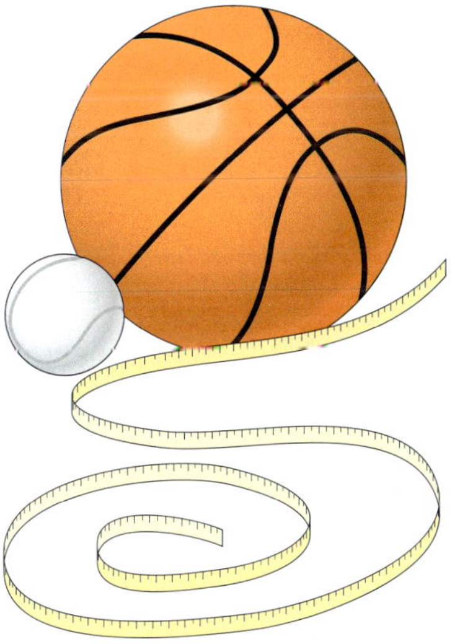

3 Materialien

1 Baut das Modell in eurer Gruppe mit den gezeigten Materialien nach. → 3

2 Schätzt mithilfe eures Modells ab, wie viele Erdkugeln aneinander in den Raum zwischen Erde und Mond passen.

3 ○ Rechnet mit den gegebenen Größen nach, wie gut eure Schätzung war.

Material C

Wie fliegt eine Rakete?

Findet heraus, wie ein Raketenantrieb funktioniert, und baut ein Modell einer Rakete: eine Luftballonrakete. Arbeitet in Vierergruppen.

Materialliste: länglicher Luftballon, 10–20 Meter Nylonschnur, dicker, nicht knickbarer Trinkhalm, Klebeband

4 Versuchsaufbau

1 Fädelt die Schnur durch den Trinkhalm. Zwei Gruppenmitglieder spannen die Schnur quer durch den Klassenraum.

2 Pustet den Luftballon auf. Verknotet ihn nicht, sondern haltet die Öffnung zu. Befestigt den Luftballon mit dem Klebeband am Trinkhalm. Lasst den Ballon nun los. → 4

3 ◔ Stellt Vermutungen an, warum die Rakete vorwärtsfliegt.

4 ◔ Zeichne den Luftballon ab und markiere mit Pfeilen, wohin die Luft strömt und wohin der Luftballon sich bewegt.

5 ● Das sogenannte Rückstoßprinzip erklärt, warum eine Rakete fliegt. Versucht, dieses Prinzip zu formulieren.

Erweitern und Vertiefen

Die Mondphasen

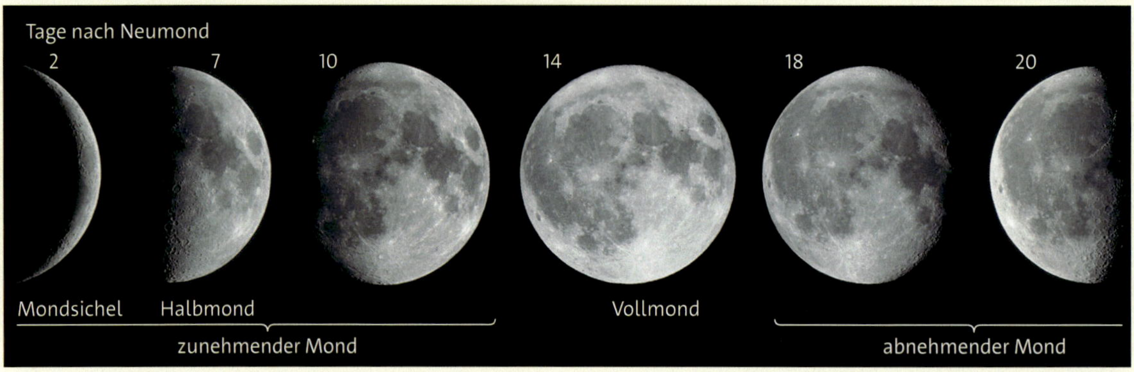

1 Die sichtbaren Mondphasen

Mondphasen • Der Mond ändert ständig sein Aussehen. → 1 Manchmal kannst du ihn gar nicht sehen. Man sagt dann: „Es ist Neumond.“ Zwei Tage danach erkennt man eine schmale Sichel. Die Sichel nimmt mit den Tagen zu. Nach 14 Tagen siehst du den Mond dann als große, runde Scheibe. Es ist Vollmond. Die folgenden Tage nimmt der Mond wieder ab. Nach etwa 28 Tagen ist wieder Neumond. Warum nimmt der Mond ständig zu und wieder ab?

Ein ständiger Begleiter • Der Mond umkreist die Erde. Ein kompletter Umlauf dauert etwa 28 Tage. Am Himmel wirkt der Mond so groß wie die Sonne. In Wirklichkeit ist er viel kleiner. Er wirkt nur deshalb so groß wie die Sonne, weil er der Erde viel näher ist.

Beleuchtung durch die Sonne • Der Mond wird von der Sonne stets zur Hälfte beleuchtet. Von der Erde aus sehen wir die beleuchtete Hälfte bei Vollmond ganz, sonst nur teilweise und bei Neumond gar nicht. → 2

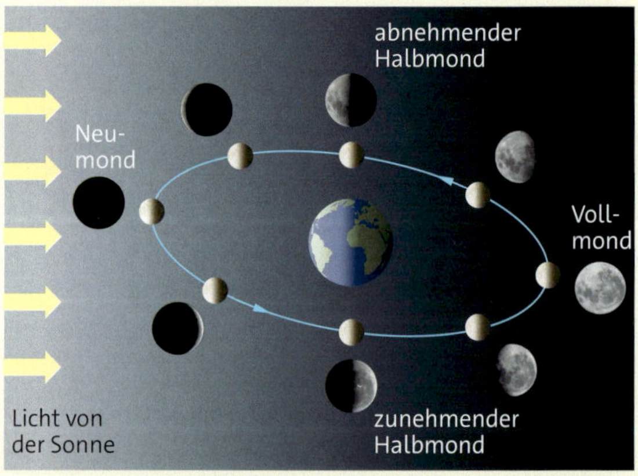

2 Umlauf des Monds um die Erde

Der Mond nimmt also nicht wirklich zu und ab. Er behält immer die gleiche Größe. Weil wir auf der Erde immer unterschiedlich viel von seiner beleuchteten Hälfte sehen, ändert sich für uns sein Aussehen.

Aufgabe

1 ● Erläutere, wie Vollmond, Halbmond und Neumond entstehen.

Methode

Ein Modell nutzen

Es ist nicht einfach, sich die Abläufe im Weltall vorzustellen. Modelle können uns dabei helfen, die Vorgänge besser zu verstehen.

Um die Mondphasen zu erklären, kannst du das Modell aus Bild 3 nutzen. Es handelt sich um einen Würfel mit einer Kugel in der Mitte. Die Kugel ist durch einen Holzstab an Deckel und Boden des Würfels befestigt. Auf einer Seite befindet sich ein Loch, durch das der Innenraum beleuchtet werden kann. Auf den drei anderen Seiten, über dem Beleuchtungsloch und auf den Kanten befinden sich Gucklöcher.

1. Modell und Original zuordnen Jedem Teil des Originals ordnest du einen Gegenstand im Modell zu: Die Sonne entspricht im Modell der Taschenlampe. Der Mond entspricht der Kugel. Der Blick in den Abendhimmel wird zum Blick ins Innere des Pappkartons.

2. Modell ausprobieren Wenn du mit der Taschenlampe ins Sonnenloch leuchtest, kannst du durch die anderen Gucklöcher alle denkbaren Mondphasen „im Modell" betrachten. → 4 Die Bilder 5 A und 5 B zeigen das, was du durch zwei der Gucklöcher sehen kannst.

3. Modell und Original vergleichen Um das Modell zu verstehen, solltest du dir die Unterschiede zwischen Modell und Wirklichkeit klarmachen. Nicht alle Aspekte des Originals werden im Modell berücksichtigt. Andererseits gibt es Aspekte, die das Modell aufweist, die im Original nicht vorhanden sind.

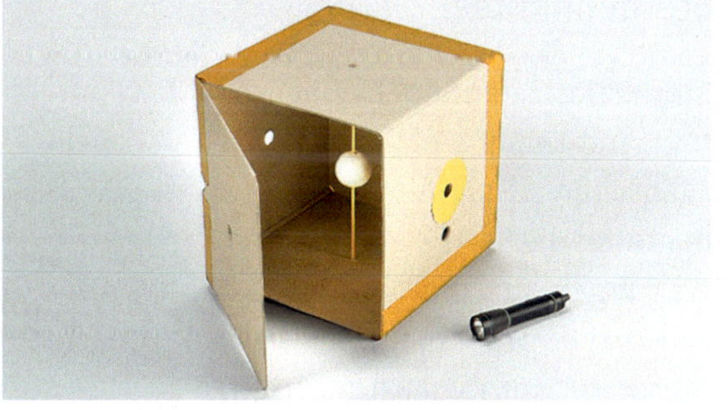

3 Mondphasenmodell

4 Das Modell in Benutzung

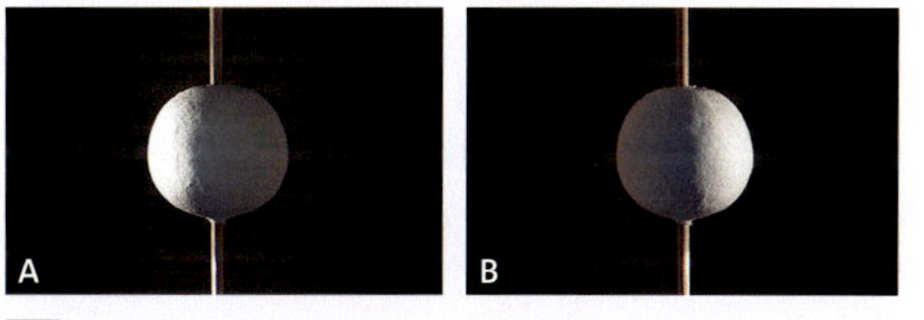

5 Blick durch die Gucklöcher

Aufgaben

1 ◗ Begründe, warum ein Modell für die Betrachtung der Mondphasen hilfreich ist.

2 ○ Welches der beiden Mondbilder, 5 A oder 5 B, sieht der Junge in Bild 4?

3 ● Vergleiche das Modell mit dem Original.

Erweitern und Vertiefen

Sternenhimmel

Sterne und Sternbilder • Die Weite des Himmels mit seiner Vielzahl von Sternen hat die Menschen schon immer fasziniert. Sie beobachteten die Sterne und erforschten ihre Bewegungen am Himmel. Um das Chaos am Himmel zu ordnen, fassten sie benachbarte Sterne zu Sternbildern zusammen und schrieben ihnen Geschichten zu. Im Norden befindet sich der Große Wagen, der Teil des Sternbilds Großer Bär ist. → 1 Heute wissen wir, dass diese leuchtenden Punkte bis auf wenige Ausnahmen weit entfernte Sonnen sind.

Veränderungen am Nachthimmel • Da sich unsere Erde täglich um die eigene Achse dreht, verändert sich der Anblick des Nachthimmels von Stunde zu Stunde. Wenn man ihn längere Zeit beobachtet, erkennt man, dass alle Sterne und Sternbilder scheinbar wandern. Nur ein Stern ändert seine Position für uns am Himmel nicht: der Polarstern. Er befindet sich im Norden im Sternbild des Kleinen Wagens. → 2 Im Norden bewegen sich die Sternbilder scheinbar kreisförmig um den Polarstern und bleiben ständig über dem Horizont. Die anderen Sterne und Sternbilder tauchen im Osten auf, erreichen ihre höchste Stellung im Süden und verschwinden im Westen wieder hinter dem Horizont. Eine Umdrehung des Sternenhimmels dauert etwas weniger als einen Tag.

Orientierung am Polarstern • Da der Polarstern seine Position am Himmel scheinbar nicht verändert, dient er uns Menschen als Orientierungspunkt und zeigt uns wo Norden ist.

1 Sternbild Großer Bär

2 Sternenkarte vom 1. November, 20 Uhr

Aufgaben

1 Wenn du längere Zeit in den Nachthimmel blickst, scheinen die Sternbilder zu wandern. Erkläre dies.

2 Beschreibe, wie du die Himmelsrichtungen mithilfe des Polarsterns bestimmen kannst.

Material D

Himmelsbeobachtungen

Nicht alle leuchtenden Punkte am Himmel sind weit entfernte Sonnen. Einer der ersten und hellsten Leuchtpunkte am Himmel ist unser Nachbarplanet, die Venus. → 3 Diese leuchtet nicht selbst, sie wird von der Sonne angestrahlt.

3 Venus als Morgenstern

1 Informiere dich, zu welchen Zeiten die Venus aktuell am Abend- oder Morgenhimmel sichtbar ist.

2 Beobachte sie und notiere die Himmelsrichtung, in der sie zu sehen ist.

3 Informiere dich, welche weiteren Planeten aktuell am Nachthimmel sichtbar sind.

Material E

Sternbilder finden

Der Große Wagen ist immer am Himmel zu sehen und sollte bei sternenklarer Nacht einfach zu finden sein. Andere Sternbilder sind nicht so leicht zu entdecken.

1 Finde am Sternenhimmel den Großen Wagen.
Zeichne seine Sterne in richtiger Position in dein Heft.

2 Suche den Kleinen Wagen.
Zeichne seine Sterne in richtiger Position in dein Heft und markiere den Polarstern deutlich.

Material F

Sternbilder raten

Materialliste: schwarzer Karton, dicke Nadel, Pappröhre, Klebestift, Sternkarte

1 Bastle einen „Sternengucki". Stelle die Pappröhre aufrecht auf den Karton. Ziehe den Umriss der Pappröhre mit Bleistift nach. → 4 Schneide den markierten Kreis mit einem Abstand von mindestens 1 Zentimeter aus.

2 Stich mit der Nadel ein Sternbild von der Sternkarte in das ausgeschnittene Kartonstück.
Klebe den Karton anschließend vor die Öffnung der Pappröhre. → 5

3 Halte den „Sternengucki" vor eine Lampe und betrachte dein Sternbild. Teste, ob deine Mitschüler dein Sternbild identifizieren können.

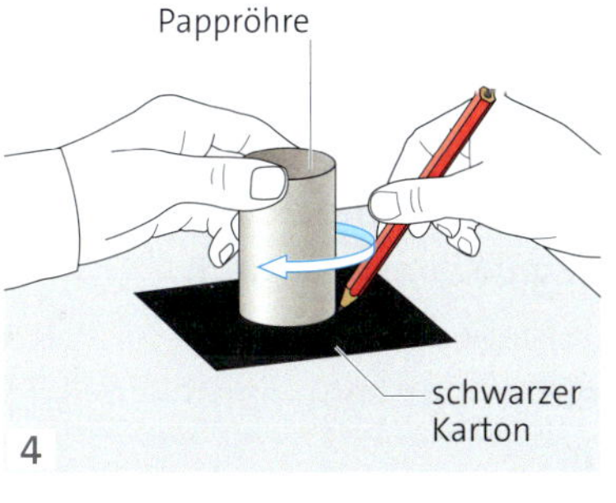

4

5

Die Welt der kleinen Dinge

1 **A** Storchschnabelblüte, **B** Staubbeutel (70-fach vergrößert), **C** Pollenkorn (250-fach vergrößert)

Manchmal bleibt uns die Welt der kleinen Dinge verschlossen. So können wir zum Beispiel beim Betrachten der Storchschnabelblüte nicht alle Details mit dem bloßen Auge erkennen. → 1A Dafür brauchen wir Hilfsmittel wie Lupe oder Mikroskop, die uns die Objekte vergrößern.

Die Lupe • Der Vergrößerungseffekt von Wassertropfen ist schon seit vielen Tausend Jahren bekannt. Bereits die Römer benutzten Wassertropfen, um Objekte vergrößert zu betrachten. Ein Wassertropfen wölbt sich ähnlich wie eine Linse.
Eine einfache Lupe besteht aus einem gewölbten Glas, der sogenannten Sammellinse. → 2 Je nach Wölbung des Glases wird das Objekt unterschiedlich stark vergrößert. Steht auf der Lupe beispielsweise „7×“, so sieht man die Storchschnabelblüte durch diese Lupe 7-mal größer als mit dem bloßen Auge. Kleinere Bestandteile wie die Staubbeutel kann man dann besser erkennen.

2 Lupe

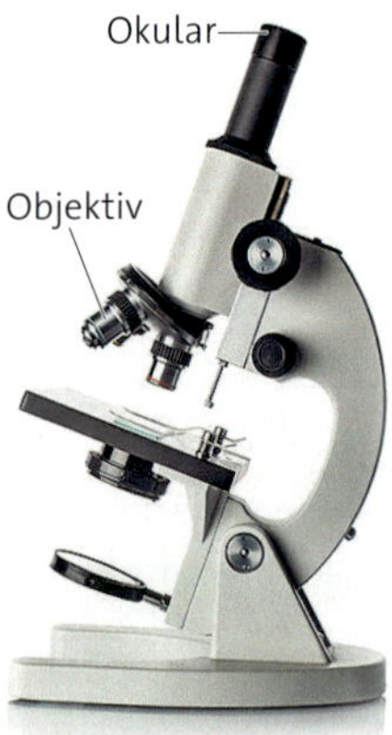

3 Mikroskop

Das Mikroskop • In Mikroskopen befinden sich mindestens zwei Sammellinsen. Die dem Auge zugewandte Linse nennt man Okular (lateinisch Oculus: das Auge). Die dem Objekt zugewandte Linse nennt man Objektiv. → 3
Die Vergrößerungen der beiden Linsen multiplizieren sich. Nimmt man beispielsweise eine Linse mit 7-facher und eine mit 10-facher Vergrößerung, so erscheint das Objekt 70-fach vergrößert. Mit einer solchen Vergrößerung kann man die Pollenkörner an den Staubbeuteln erkennen. → 1B Wählt man noch stärkere Vergrößerungen, kann man einzelne Pollenkörner genauer betrachten. → 1C

Mit Lupe und Mikroskop kann man kleine Objekte vergrößert betrachten.

Aufgabe

1 Beschreibe, was ein Wassertropfen, eine Lupe und ein Mikroskop gemeinsam haben.

Material A

Wassertropfenlupe

Du kannst dir mit einfachen Mitteln eine Lupe selbst bauen.

Materialliste: feste Pappe, Locher, Plastikfolie, Klebestreifen, Pipette

1 Scheide einen 3 cm × 10 cm großen Streifen aus der Pappe. Stanze mit einem Locher an das eine Ende ein Loch. → 4

2 Lege nun ein Stück Plastikfolie über das Loch und befestige sie mit Klebestreifen.

3 Gib mit der Pipette einen Wassertropfen genau über dem Loch auf die Folie. → 5

4 Nun kannst du durch den Tropfen Objekte vergrößert sehen. Sieh dir mit deiner Lupe die Buchstaben im Buch genau an. → 6
Miss die Größe der Buchstaben im Buch mit einem Lineal. Schätze die Größe des Buchstabens ab, den du durch den Tropfen siehst.
◪ Schätze die Vergrößerung deiner Wassertropfenlupe ein.

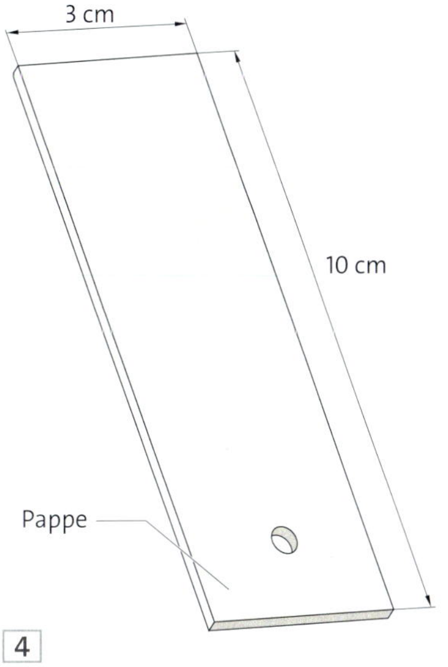

4

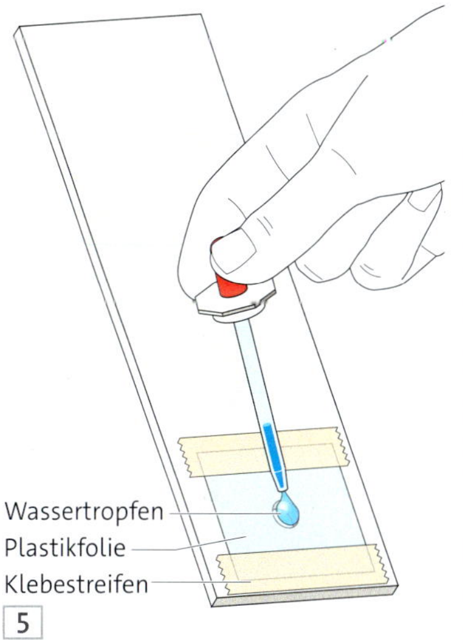

5

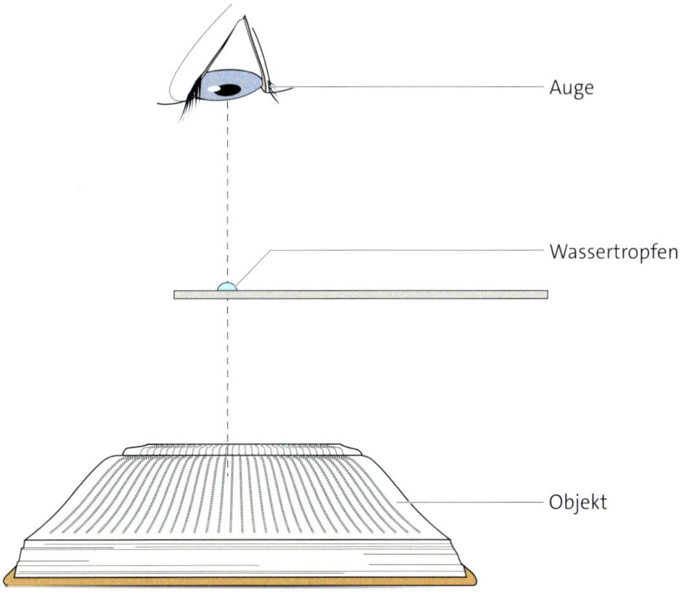

6

5 Schaue dir mit deiner Lupe die farbigen Bilder im Buch genauer an.
◪ Was stellst du fest? Beschreibe.

6 Betrachte den Wassertropfen deiner Lupe von der Seite. Welche Form hat er?
▢ Zeichne die Lupe in der Seitenansicht.

Die Pflanzenzelle

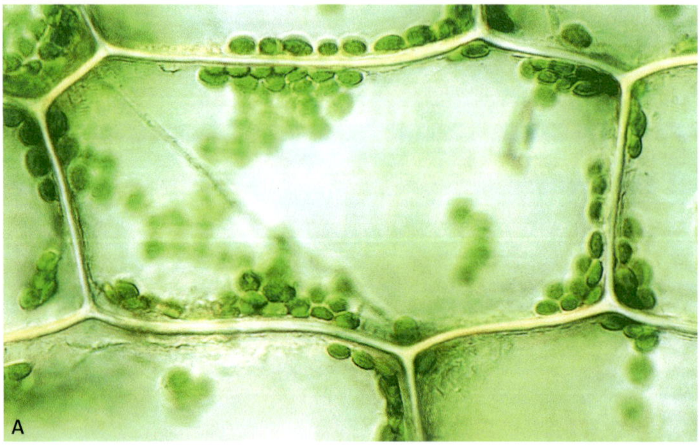

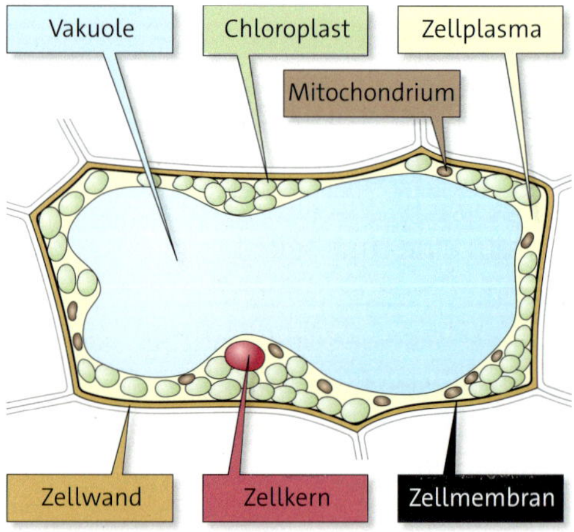

1 Die Pflanzenzelle: **A** ein Blättchen der Wasserpest im Mikroskop, **B** schematischer Aufbau der Pflanzenzelle

Im Mikroskop betrachtet sieht es so aus, als ob ein Blättchen der Wasserpest aus vielen kleinen Bausteinen aufgebaut ist.

Kleinster Baustein der Lebewesen • Die Bausteine, die du im Mikroskop siehst, sind die kleinsten lebensfähigen Einheiten von Lebewesen. Sie werden Zellen genannt. Jedes Lebewesen besteht aus Zellen.

Zellen der Wasserpest • Die Zellwand gibt der Pflanzenzelle ihre feste Gestalt. Das Zellplasma ist eine durchsichtige Masse, die als Grundsubstanz die Zelle ausfüllt. Das Zellplasma ist von der Zellmembran umgeben, einer dünnen Haut, die dicht an der Zellwand anliegt.
Der Zellkern ist schwer zu erkennen, er liegt im Zellplasma und steuert die Lebensvorgänge in der Zelle.
Die Vakuole ist durch eine Membran vom Zellplasma abgetrennt und speichert Wasser, Zucker, Mineralstoffe, Farbstoffe und andere Stoffe. Vakuole und Zellmembran sorgen für die Stabilität der Pflanzen. Die Mitochondrien sind die Kraftwerke der Zelle. In ihnen wird aus Zucker Energie gewonnen. Sie sind im Lichtmikroskop nicht zu erkennen, weil sie zu klein sind.
In den Zellen der Wasserpest finden sich grüne Zellbestandteile, die Chloroplasten. Diese enthalten den grünen Farbstoff Chlorophyll, der die Energie des Sonnenlichts nutzt, um Zucker herzustellen.

Zellen sind die Grundbausteine aller Lebewesen. Pflanzenzellen bestehen aus Zellwand, Zellmembran, Zellplasma, Vakuole, Zellkern, Mitochondrien und Chloroplasten.

Aufgabe

1 Ordne den Zellbestandteilen ihre jeweiligen Funktionen zu.

die **Zellwand**
der **Zellkern**
die **Vakuole**
das **Mitochondrium**
der **Chloroplast**

Material A

Modell einer Pflanzenzelle herstellen

Der Aufbau einer Pflanzenzelle kann mit Materialien und Gegenständen aus dem Alltag veranschaulicht werden.

2 Material für ein Zellmodell

1 Notiert zunächst, welche Teile die Pflanzenzelle enthalten muss.

2 Wählt nun geeignete Materialien aus, mit denen sich diese Strukturen darstellen lassen. Bild 2 zeigt euch Beispiele.

3 ○ Baut nun euer eigenes Modell einer Pflanzenzelle, z. B. wie in Bild 3 gezeigt.

4 ◐ Beschreibt, was euer Modell besser veranschaulicht als eine Zeichnung.

5 ● Macht Vorschläge, wie euer Modell noch mehr Eigenschaften einer Pflanzenzelle zeigen kann.

3 So könnte euer Modell aussehen.

Material B

Farbige Pflanzenteile

1 ○ Stelle eine Vermutung an, wodurch die Zwiebel und die Hagebutten rot gefärbt sind. → 4 5

2 ○ Überprüfe deine Vermutung anhand der mikroskopischen Bilder. → 6 7

3 Den Zwiebelzellen fehlt ein bestimmter Zellbestandteil, der für Pflanzen typisch ist.
a ○ Nenne den Zellbestandteil.
b ● Erkläre, weshalb er in den Zellen der Zwiebel fehlt.

4 Rote Zwiebel

5 Hagebutte

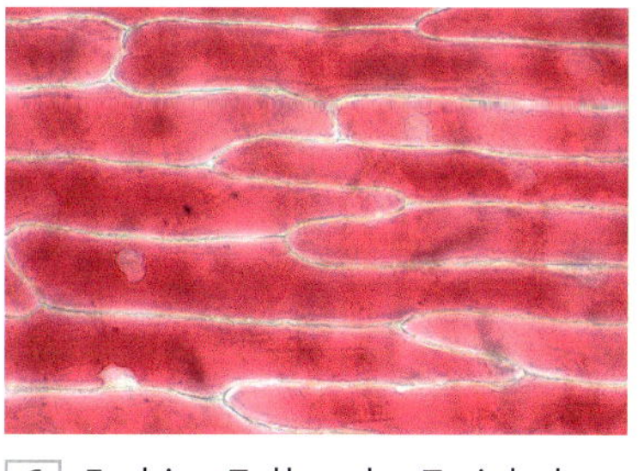

6 Farbige Zellen der Zwiebel

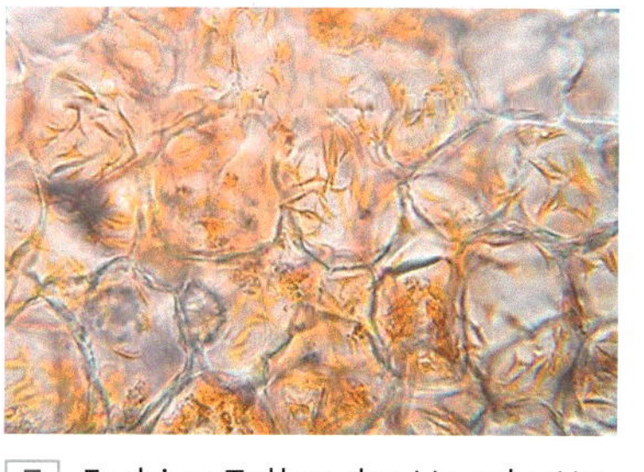

7 Farbige Zellen der Hagebutte

Die Pflanzenzelle

Methode

Mikroskopieren

Mithilfe des Mikroskops kannst du Objekte betrachten, die für das bloße Auge zu klein sind, zum Beispiel Zwiebelzellen.

1. Präparat herstellen Gib mit der Pipette einen Tropfen Wasser auf einen Objektträger. → 1A Aus der Zwiebelhaut wird ein dünnes Stück ausgeschnitten. Lege das Häutchen mit der Pinzette auf den Wassertropfen. → 1B Stelle ein Deckgläschen an den Rand des Wassertropfens und senke es mit der Präpariernadel ab. → 1C

2. Grundeinstellungen des Mikroskops Drehe den Objekttisch so weit wie möglich nach unten. Stelle die kleinste Vergrößerung ein. Schalte die Lampe ein.

3. Präparat auflegen Lege den Objektträger auf den Objekttisch, sodass das Präparat durchleuchtet wird. Befestige den Objektträger mit den Halteklammern.

4. Scharf stellen Schaue durch das Okular und bewege den Objekttisch mit dem Grobtrieb langsam nach oben, bis du etwas erkennst. Stelle mit dem Feintrieb scharf.

5. Überblick verschaffen Mit der kleinsten Vergrößerung machst du dir einen Überblick über das gesamte Präparat. Möchtest du eine bestimmte Stelle genauer ansehen, schiebst du sie in die Mitte des Bilds. Stelle mit der Blende die Helligkeit ein, sodass möglichst viele Einzelheiten zu sehen sind.

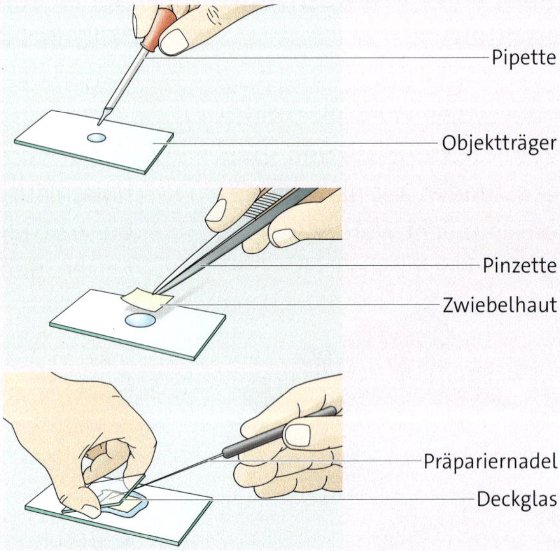

1 Ein Präparat herstellen

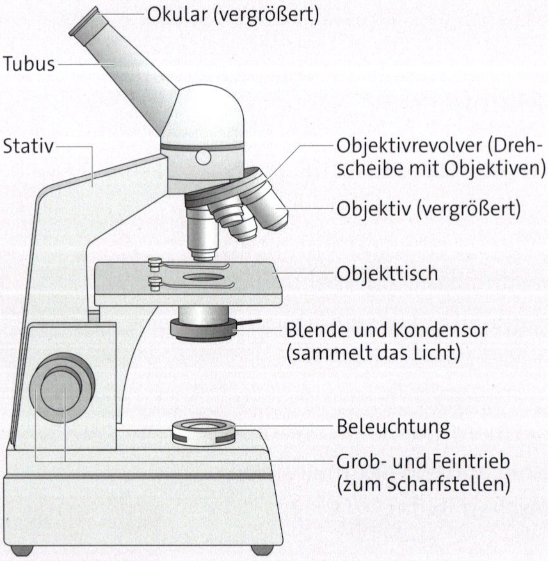

2 Aufbau eines Lichtmikroskops

6. Vergrößern Stelle die nächste Vergrößerung ein, indem du am Objektivrevolver drehst. Stelle erneut das Bild scharf.

Methode

Eine mikroskopische Zeichnung anfertigen

Forscher fertigen mikroskopische Zeichnungen an, um interessante Lebewesen oder Zellbestandteile vergleichen zu können.
Du benötigst sauberes, weißes DIN-A4-Papier, einen spitzen Bleistift, einen Radiergummi und ein Präparat.

1. Zeichnen Zeichne 3–4 Zellen aus deinem Präparat ab. Eine Zelle sollte 5 Zentimeter lang sein. Zeichne mit feinen und durchgängigen Linien.
Vergleiche die Zeichnung immer wieder mit dem mikroskopischen Bild. Zeichne nur, was du siehst! Halte beide Augen offen, damit du mit einem Auge in das Mikroskop und mit dem anderen auf das Zeichenblatt blicken kannst. → 3

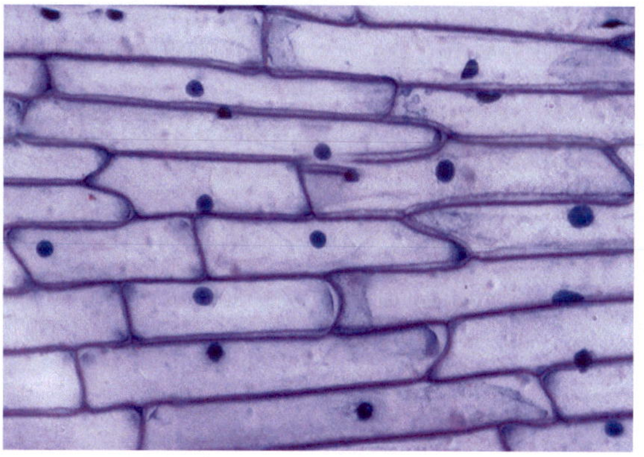

4 Zellen einer roten Zwiebel im Mikroskop

2. Vergleich mit einer Schemazeichnung und Beschriften Vergleiche deine Zeichnung mit der professionellen Schemazeichnung. → 5
Beschrifte das, was du im Mikroskop erkennen kannst. Notiere, was du nicht entdecken konntest.

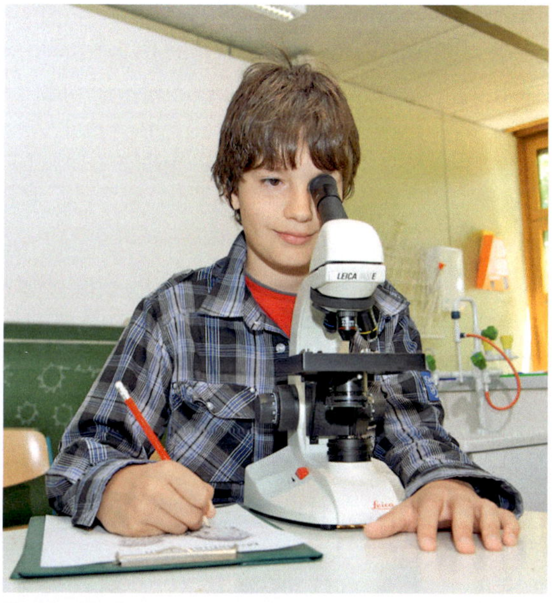

3 Tim fertigt eine mikroskopische Zeichnung an.

Objekt: rote Zwiebel
Präparat: Zellen der Zwiebelhaut
Vergrößerung: 400-fach

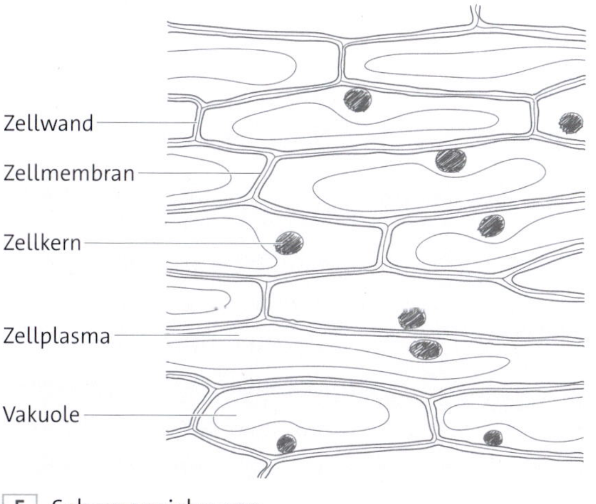

5 Schemazeichnung

Tierische Zellen – Einzeller und Vielzeller

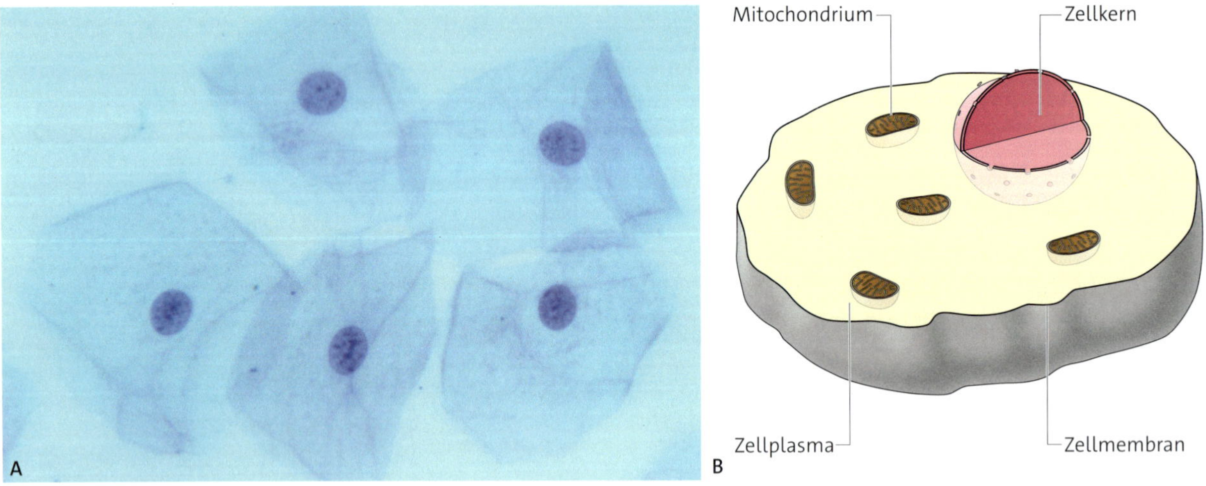

1 **A** Gefärbte Zellen der Mundschleimhaut im Mikroskop, **B** schematischer Aufbau

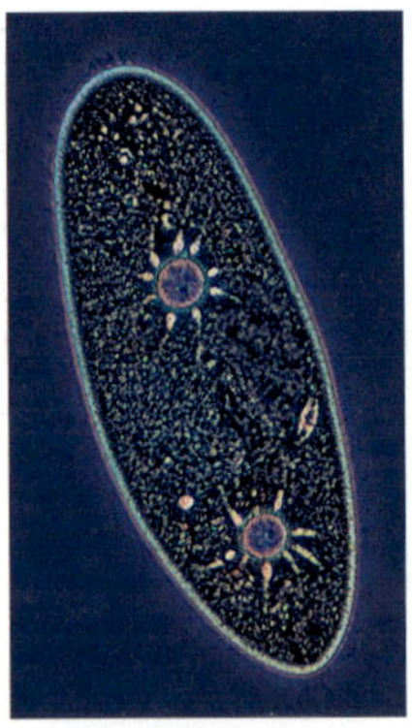

2 Pantoffeltierchen

Tiere und Menschen unterscheiden sich deutlich von den Pflanzen. Gilt das auch für ihre Zellen?

Größe und Form • Die Zellen von Tieren und Menschen sind in der Regel kleiner als Pflanzenzellen. Sie sind nicht so regelmäßig geformt wie Pflanzenzellen, da sie keine stützende Zellwand besitzen. Die Zellen von Tieren und Menschen sind daher weicher als Pflanzenzellen.

Zellbestandteile • Mundschleimhautzellen sind wie alle Tierzellen mit Zellplasma gefüllt und von einer Zellmembran umgeben. Im Zellplasma liegen der Zellkern und die Mitochondrien. Tierzellen besitzen aber weder Vakuolen noch Chloroplasten. Um Zellkern und Zellplasma im Mikroskop gut erkennen zu können, müssen die Zellen angefärbt werden. Die Mitochondrien kann man im Lichtmikroskop kaum sehen.

Einzeller und Vielzeller • Viele winzige Lebewesen bestehen aus nur einer einzigen Zelle, in der alle Lebensvorgänge stattfinden. Solche Lebewesen werden Einzeller genannt. Beispiele hierfür sind Pantoffeltierchen oder Bakterien. → 2 Lebewesen wie der Mensch bestehen aus mehreren Zellen. Man nennt sie Vielzeller. Bei Vielzellern erfüllen verschiedene Zelltypen unterschiedliche Aufgaben. Es gibt zum Beispiel Muskel-, Nerven- und Hautzellen.

Tierzellen besitzen weder Zellwand noch Vakuole oder Chloroplasten. Einzeller bestehen nur aus einer einzigen Zelle, Vielzeller dagegen aus vielen verschiedenen Zellen.

Aufgabe

1 Vergleiche die Zellbestandteile von Tieren und Pflanzen in einer Tabelle.

das Zellplasma
die Zellmembran
der Einzeller
der Vielzeller

Material A

Mikroskopieren von Mundschleimhaut

Materialliste: Mikroskop, Holzspatel, Pipette, Präpariernadel, Objektträger, Deckglas, Methylenblau, Filterpapierstreifen

1 Schabe mit dem Holzspatel vorsichtig etwas Mundschleimhaut von der Innenseite deiner Wange ab. → 3 Übertrage die Mundschleimhautzellen auf einen Objektträger. Gib 2 Tropfen Wasser hinzu und lege anschließend ein Deckglas auf.

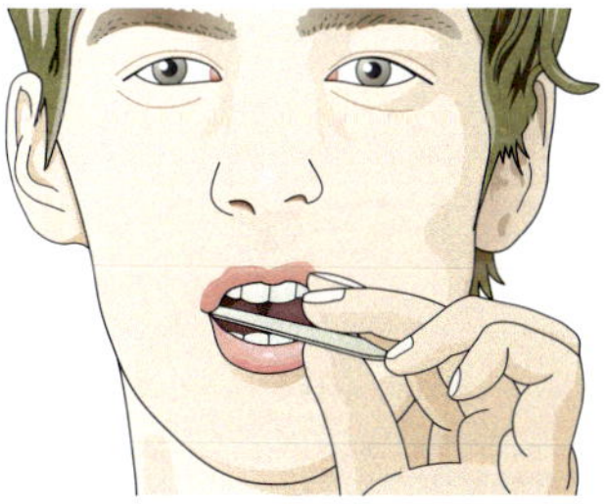
3 Mundschleimhaut gewinnen

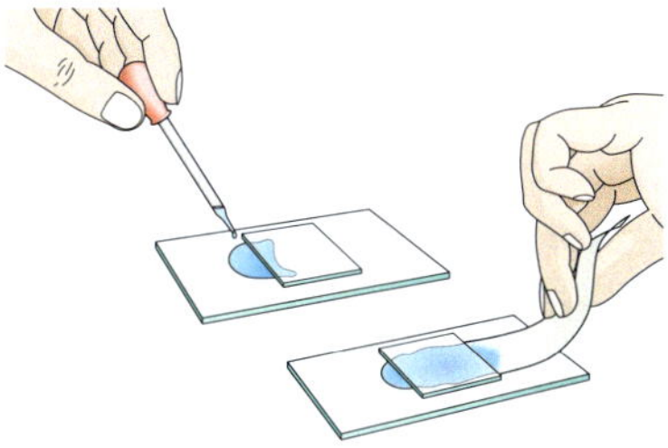
4 Das Präparat anfärben

2 Gib mit der Pipette einen Tropfen Methylenblau neben den Rand des Deckglases. Sauge mit einem Streifen Filterpapier vom gegenüberliegenden Rand die Farbe durch das Präparat. → 4

3 ◩ Mikroskopiere nun das gefärbte Präparat bis zur stärksten Vergrößerung.

4 ● Fertige eine beschriftete Zeichnung von 3 bis 5 Mundschleimhautzellen an. (Siehe Methode auf Seite 31).

Material B

Angepasste Tierzellen

Im Körper gibt es bestimmte Zellen, die gewisse Aufgaben erfüllen. Sie sind in ihrem Bau an ihre Funktion angepasst.

1 Lies den Text. → 5
a ▢ Benenne die mit Ziffern nummerierten Zellbestandteile in Bild 6.
b ▢ Ordne die Bilder 6 und 7 entweder einer Nervenzelle oder einer Knochenzelle zu.
c ◩ Begründe deine Zuordnung.

Angepasste Tierzellen Nervenzellen sind verästelt. Das Zellplasma der Nervenzellen bildet lange Ausläufer. Mithilfe dieser Nervenfasern können sich viele Nervenzellen miteinander verbinden und so ein Geflecht aus vielen Nervenzellen bilden. Auch unsere Knochen bestehen aus Zellen. Knochenzellen lagern in ihrem Zellplasma sehr viel Kalk ein. Der Kalk gibt der Zelle Stabilität und Festigkeit.

5

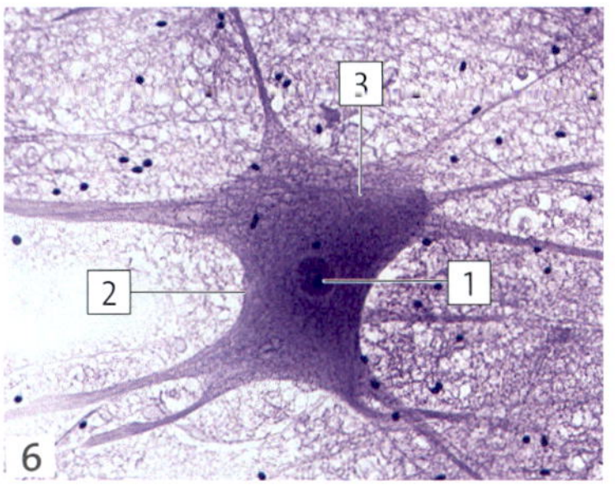

6

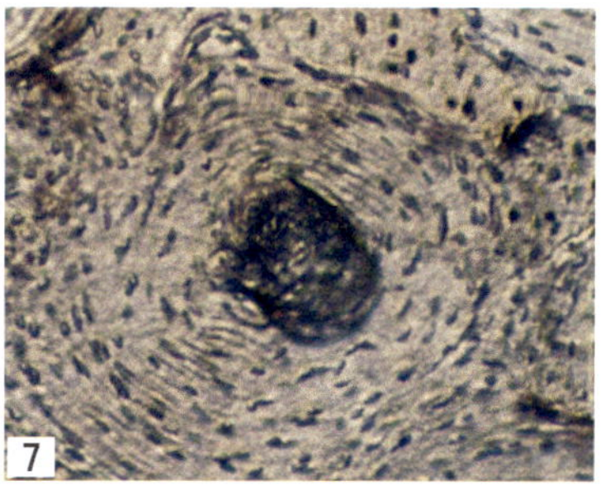
7

Die kleinsten Teilchen

1 Zucker gibt es in verschiedenen Formen.

Die Zuckerkristalle von Streuzucker sind deutlich kleiner als die von Kandiszucker. Zerreibt man die Kristalle noch mehr, erhält man Puderzucker. Sind das die kleinsten Teilchen des Zuckers?

Zucker lösen • Wenn du Zuckerkristalle in Wasser löst, dann sind sie nicht mehr sichtbar. Selbst wenn du einen Wassertropfen mit dem Lichtmikroskop betrachtest, siehst du keine Kristalle mehr. Wo ist der Zucker geblieben? Er kann nicht verschwunden sein, denn das Wasser schmeckt nun süß.

Das Teilchenmodell • Die sichtbaren Zuckerkristalle müssen offenbar aus noch kleineren Teilchen bestehen. Diese Teilchen sind so klein, dass wir sie selbst mit dem Lichtmikroskop nicht sehen können. Forscher haben eine Modellvorstellung zum Aufbau von Stoffen entwickelt: das sogenannte Teilchenmodell. Alle Stoffe bestehen aus kleinsten Teilchen. Die Teilchen stellen wir uns als harte, runde Kugeln vor.

Lösevorgang im Teilchenmodell • Mit dem Teilchenmodell können wir den Lösevorgang wie folgt erklären: Die kleinsten Teilchen des Zuckers sind alle gleich groß und gleich schwer. Die Teilchen des Wassers sind ebenfalls gleichartig gebaut, unterscheiden sich aber von den Zuckerteilchen. Beim Lösen des Zuckers in Wasser schieben sich die Wasserteilchen zwischen die Zuckerteilchen und trennen sie voneinander. Die Zuckerteilchen verteilen sich gleichmäßig zwischen den Wasserteilchen. → 2

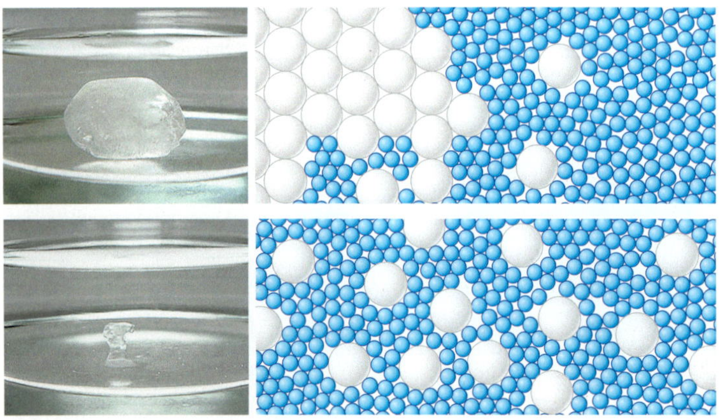

2 Zuckerkristall löst sich (links), Modellvorstellung (rechts).

Stoffe sind aus kleinsten Teilchen aufgebaut. Die Teilchen sind so klein, dass man sie nicht sehen kann.

Aufgaben

1 Beschreibe, wie man sich den Aufbau von Stoffen vorstellen kann.

2 Beschreibe, wie sich ein Zuckerkristall in seine kleinsten Teilchen zerlegen lässt.

Material A

Zucker oder Salz?

3

Zucker und Salz kannst du leicht anhand des Geschmacks unterscheiden. Im Nawi-Raum sind Geschmacksproben verboten. Wie kannst du die beiden Stoffe dennoch unterscheiden?

Material: schwarze Pappe, Lupe, Mikroskop, weißer Kandiszucker, feiner Streuzucker, Speisesalz (Fleur de Sel)

1 Lege einzelne Kristalle von grobem Kandiszucker und feinem Streuzucker auf eine schwarze Pappe. Untersuche die Kristallformen mit der Lupe und anschließend unter dem Mikroskop.

2 Betrachte ebenso einen Kristall von Speisesalz mit der Lupe und dem Mikroskop.

3 ◐ Beschreibe und vergleiche die Kristallformen von Zucker und Salz.

4 ◐ Skizziere die Kristallformen in dein Heft.

Material B

Salz auflösen

4 Hat Lena recht?

Materialliste: Speisesalz, Becherglas, Spatel, Glasstab, DURAN-Uhrglas, Sektverschluss (Agraffe), Teelicht

1 Gib mit einem Spatel eine kleine Portion Salzkristalle in das Becherglas mit Wasser. Rühre mit einem Glasstab um, bis sich alle Kristalle aufgelöst haben.

2 Gib weitere Salzportionen in das Wasser. Wiederhole dies so lange, bis die Kristalle trotz des Umrührens nicht mehr „verschwinden“, sondern am Becherboden liegen bleiben.

3 ◐ Stelle eine Vermutung auf, wo die „verschwundenen“ Salzkristalle geblieben sind. Notiere deine Vermutung in dein Heft.

4 Gib eine Teelöffelportion deines Salzwassers auf ein DURAN-Uhrglas, stelle dieses auf den Sektverschluss über einem brennenden Teelicht. → 5 Beobachte einige Minuten lang, was geschieht.

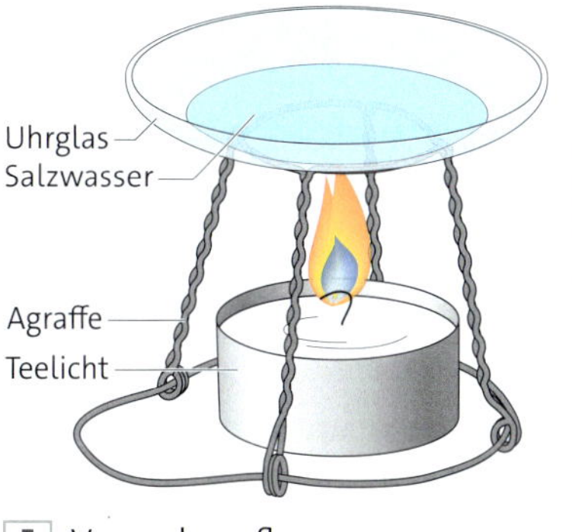

5 Versuchsaufbau

5 ○ Beschreibe deine Beobachtung.

6 ● Nimm zu Lenas Aussage Stellung. → 4

Die kleinsten Teilchen

Erweitern und Vertiefen

1 Salzkristalle im Bergwerk Merkers in Thüringen

2 Granit

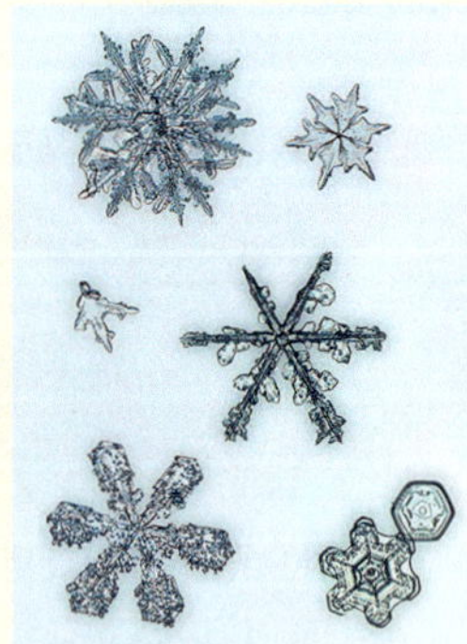

3 Schneekristalle

Kristalle

Kristalle glitzern im Licht und haben oft gerade Kanten und glänzende Flächen. Natürlich entstandene Kristalle nennt man auch Minerale.

Salz • Dieses Mineral wird vor allem in unterirdischen Bergwerken abgebaut. Im Bergwerk Merkers in Thüringen kann man zum Beispiel besonders große Salzkristalle bewundern. → 1 Man kann Salz aber auch durch Eindampfen von Meerwasser gewinnen. Wenn das Wasser verdampft ist, bleiben Salzkristalle zurück. Salzkristalle sind würfelförmig.

Granit • Dieses Gestein ist das häufigste auf unserer Erde. Es wird oft als Werkstein genutzt, zum Beispiel für Grabsteine, Fensterbänke und Küchenarbeitsplatten. Schon mit dem bloßen Auge kannst du erkennen, dass Granit aus drei oder vier Mineralen zusammengesetzt ist. → 2 Wenn man ein kleines Stück Granit zertrümmert, kann man die Minerale als einzelne Kristalle betrachten: Feldspat, Quarz und den hellen oder dunklen Glimmer.

Schnee • Schöne Kristalle findet man bei Schnee. → 3 Schneeflocken sind gefrorenes Wasser. Schneekristalle können verschiedene Formen haben, sind aber fast immer sechsstrahlig.

Kristalle im Teilchenmodell • Ein einziger kleiner Salzkristall besteht aus über tausend Milliarden Teilchen. In Kristallen sind die kleinsten Teilchen sehr regelmäßig angeordnet. Sie bilden sogenannte Kristallgitter. → 4

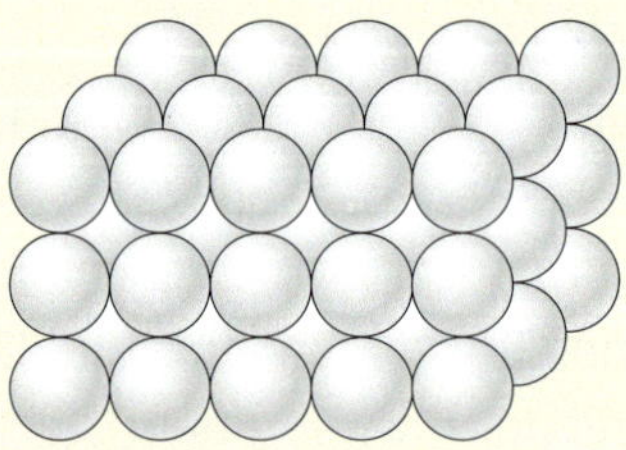

4 Kristallgitter im Teilchenmodell

Aufgabe

1 Salze bilden Kristalle

a ○ Benenne die Form der Kristalle.

b ◐ Beschreibe ihren Aufbau im Teilchenmodell.

Material C

Granit untersuchen

5 Granitsteine

Wenn du wissen willst, wie bestimmte Geräte oder Spielzeuge aufgebaut sind, schaust du sie dir zunächst genau an. Danach nimmst du sie möglicherweise auseinander und zerlegst sie. So lernst du die Bestandteile bis ins kleinste Detail kennen.
Genauso machst du es mit dem Granitstein. → 5

Materialliste: Granitstein, Lupe, Mörser aus Gusseisen, Plastiktüte, Fausthammer, Löffel, Zahnstocher, Klebestreifen

1 Nimm den Granitstein in die Hand und schau ihn dir genau an, benutze eine Lupe. Schätze ein, aus wie vielen verschiedenen Mineralen der Stein aufgebaut ist.

2 Lege den Granitstein in den Mörser und zerstoße ihn zu kleinen Krümeln. Alternativ kannst du den Stein auch in einer Plastiktüte mit einem Fausthammer zerschlagen. Schütze deine Augen vor herumfliegenden Splittern mit einer Schutzbrille!

3 Nimm eine Löffelportion der Gesteinskrümel und sortiere das Material auf der Tischplatte mit einem Zahnstocher. Suche für Glimmer, Feldspat und Quarz jeweils einen besonders schönen, einheitlichen Kristall heraus. → 6

Glimmer: blättrige schwarze oder silbrige, stark glänze Kristalle

Feldspat: rötliche oder hautfarbene Kristalle, die nicht blättrig, sondern körnig sind

Quarz: weißliche oder glasig durchsichtige Kristalle, die nicht besonders glänzen

6

4 Lege von jeder Mineralsorte ein oder zwei Splitter in dein Heft, überklebe sie mit Klarsichtfilm und beschrifte das Mineral an der Seite.

Material D

Warum trägt Mineralwasser seinen Namen?

Materialliste: Mineralwasser, Leitungswasser, Sektverschluss (Agraffe), DURAN-Uhrglas, Teelicht

1 Gib eine Teelöffelportion Mineralwasser auf ein DURAN-Uhrglas, stelle dieses auf den Sektverschluss über einem brennenden Teelicht. → 7 Beobachte einige Minuten lang, was geschieht.
▢ Beschreibe deine Beobachtung.

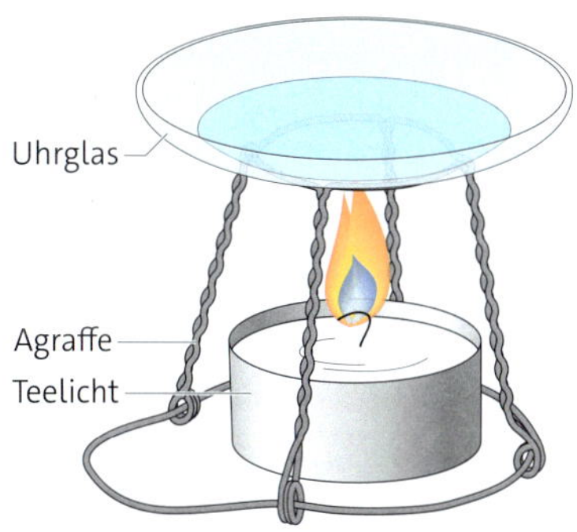

7 Versuchsdurchführung

2 Wiederhole das Vorgehen mit Leitungswasser.
▢ Beschreibe deine Beobachtung.

3 ◔ Vergleiche deine Beobachtungen beim Experiment mit Mineral- und Leitungswasser. Erkläre.

Die kleinsten Teilchen

Erweitern und Vertiefen

1 Strukturmodell: Zucker- und Salzkristall

2 Teilchenmodell: Zucker- und Salzkristall

3 Modell eines Salzkristalls

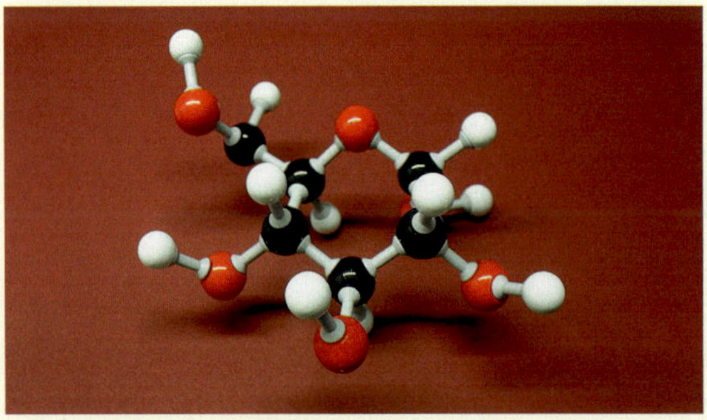

4 Modell eines Zuckerteilchens

Arbeiten mit Modellen

Forscher nutzen Modell, um die Wirklichkeit vereinfacht und anschaulich darzustellen. An Modellen kann man den Aufbau und die Funktion von Objekten leichter erfassen und begreifen. Modelle entsprechen jedoch nie genau dem Original. Um das Modell zu verstehen, solltest du diese Abweichungen kennen.

Strukturmodelle • Ein Strukturmodell ist die künstliche Nachbildung eines natürlichen Objekts, zum Beispiel eines Kandiszuckerkristalls oder eines Salzkristalls. → 1 Das Modell bildet die äußere Form, die glatten Flächen und geraden Kanten des Kristalls ab.
Dass Kristalle aus regelmäßig angeordneten Teilchen aufgebaut sind, verdeutlicht das Teilchenmodell. → 2
Das Teilchenmodell berücksichtigt nicht, dass ein Salzkristall aus zwei unterschiedlichen Teilchensorten aufgebaut ist, den Natriumteilchen und den Chloridteilchen. → 3 Die verschiedenen Teilchensorten werden im Modell durch Farben gekennzeichnet. Die Farben sind ausgedacht und entsprechen nicht der Wirklichkeit.

Denkmodelle • Vom inneren Aufbau der Stoffe gibt es keine Fotos oder Abbildungen, die die Wirklichkeit zeigen. Deshalb haben Wissenschaftler ein Denkmodell geschaffen, wie es im Innern von Stoffen aussieht. Sie benutzen das Denkmodell der „kleinsten Teilchen". Diese Teilchen können selbst wiederum aus noch kleineren Grundbausteinen aufgebaut sein, den Atomen. So besteht zum Beispiel ein einzelnes Zuckerteilchen aus mehreren Atomen. → 4

5 Tellurium

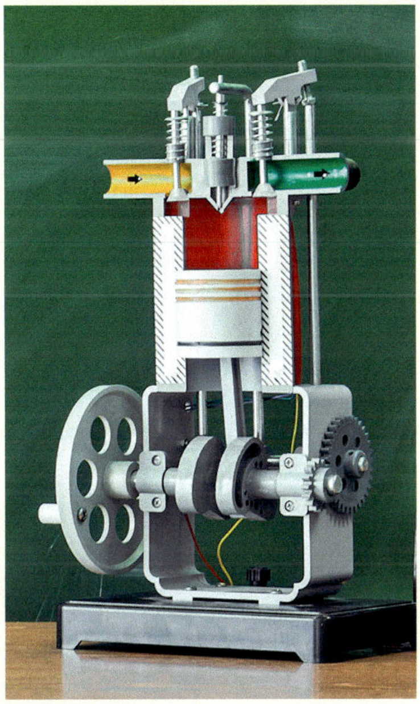

6 Modell eines Automotors

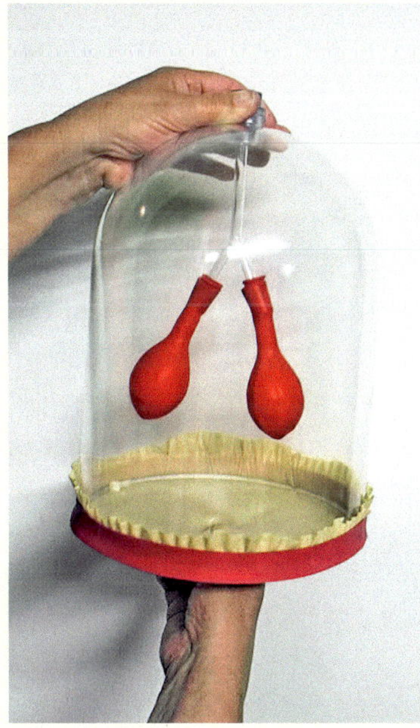

7 Bauchatmung im Modell

Funktionsmodelle • Funktionsmodelle veranschaulichen Vorgänge in Natur und Technik, die für uns schwer zugänglich sind. So kann man zum Beispiel die Bewegung der Planeten räumlich und zeitlich nicht in der Wirklichkeit betrachten. Ein Tellurium ist ein Funktionsmodell unseres Sonnensystems. Meist ist es auf die Darstellung von Sonne, Erde und Mond reduziert. → 5 Mithilfe des Telluriums kann man sich die Bewegung von Erde und Mond veranschaulichen. Auch in einen laufenden Automotor kann man nicht einfach hineinschauen. Man braucht ein Modell, das die Arbeits- und Funktionsweise abbildet. → 6
In unserem Körper laufen ständig verschiedenste Vorgänge ab. Da wir nicht einfach in unseren Körper hineinschauen können, brauchen wir auch für diese Vorgänge Funktionsmodelle. → 7

Aufgaben

1 ○ Es gibt drei verschiedene Arten von Modellen. Benenne sie mit je einem Beispiel.

2 ● Das Teilchenmodell ist eine vereinfachte Darstellung der Wirklichkeit.
Begründe diese Aussage.

3 Das Tellurium aus Bild 5 ist eine modellhafte Darstellung für unsere Erde, den Mond und die Sonne.

a ◐ Beschreibe, wofür wir das Modell nutzen können.

b ● Vergleiche das Tellurium mit dem Original. Erstelle dazu eine Tabelle mit den Gemeinsamkeiten und Unterschieden.

Vom ganz Großen und ganz Kleinen

Zusammenfassung

Maßstäbe und Größenverhältnisse • Um dich herum gibt es sehr große und auch sehr kleine Dinge. Für Größenangaben verwendet man den Maßstab Meter. Bei sehr kleinen Objekten wird die Größe in Mikrometern angegeben. 1000 Mikrometer sind 1 Millimeter. Große Entfernungen werden in Kilometern angegeben. Entfernungen im Weltall gibt man oft in Lichtjahren an. Ein Lichtjahr sind 9 460 730 472 580 Kilometer. Um die Wirklichkeit in vereinfachter Form darzustellen, kann man Modelle verwenden, z. B. ein Tellurium. → 1

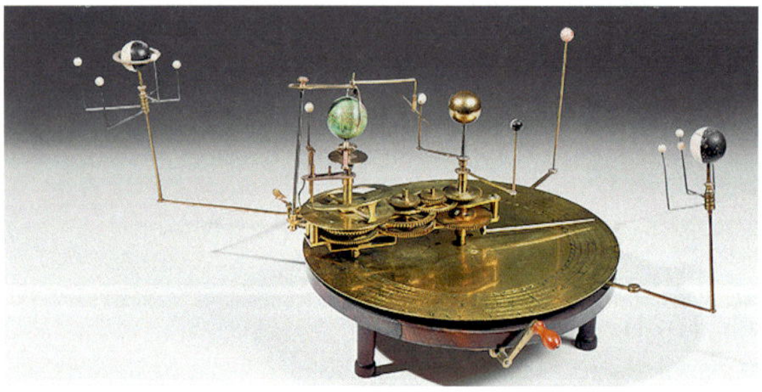

1 Tellurium

Planeten und Universum • Unser Sonnensystem besteht aus acht Planeten, die um die Sonne kreisen. Unsere Sonne bildet zusammen mit über 100 Milliarden anderen Sternen eine Galaxie, die Milchstraße. → 2 Die Gesamtheit aller Materie nennt man Universum. Sterne und weit entfernte Galaxien kann man mit Fernrohren beobachten.

2 Die Milchstraße

Die Zelle als Grundbaustein • Alle Lebewesen bestehen aus Zellen. Diese sind von einer Zellmembran umgeben und besitzen einen Zellkern, der die Lebensvorgänge in der Zelle steuert. Im durchsichtigen Zellplasma liegen die Mitochondrien, hier wird aus Zucker Energie gewonnen. Pflanzenzellen besitzen zusätzlich Chloroplasten zur Aufnahme von Sonnenenergie, eine Vakuole als Stoffspeicher und eine feste Zellwand. Zellen sind so klein, dass man sie erst unter dem Lichtmikroskop sehen kann.

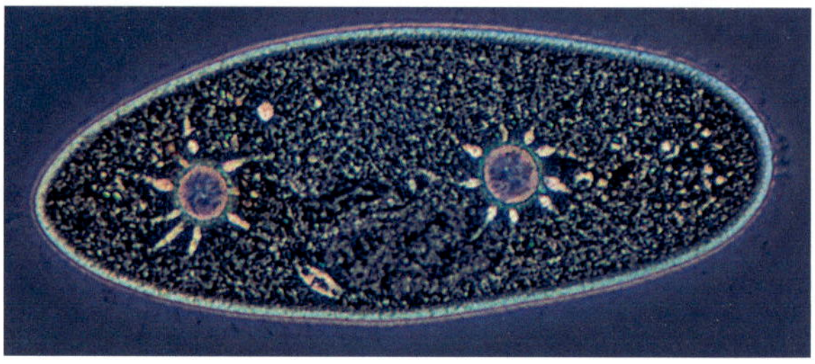

3 Pantoffeltierchen – ein einzelliges Lebewesen

Die kleinsten Teilchen • Alle Stoffe bestehen aus kleinsten Teilchen. Da wir diese Teilchen nicht sehen können, wurden Modellvorstellungen entwickelt. Wir stellen uns die kleinsten Teilchen als harte, runde Kugeln vor.

4 Teilchenmodell eines Zucker- und eines Salzkristalls

Teste dich! (Lösungen im Anhang)

Größenverhältnisse und Modelle

1 Nenne die Maßeinheit für folgende Größen:
a ▢ den Durchmesser eines Haars
b ◪ die Entfernung von der Erde zur Sonne
c ● den Abstand zwischen Milchstraße und dem nächstgelegenen System Alpha Centauri

2 Es gibt drei Modellarten.
a ▢ Nenne sie.
b ◪ Nenne für jede Modellart ein Beispiel.
c ● Beschreibe, worin sich deine Modellbeispiele jeweils vom Original unterscheiden.

Planeten und Universum

3 ◪ Erkläre, was mit der Entfernung Lichtjahr gemeint ist.

4 ◪ Erstelle eine Skizze von unserem Sonnensystem.
● Erkläre, warum es sich bei deiner Skizze um ein Modell handelt.

5 Der Mond ändert ständig sein Aussehen. → 5
a ▢ Beschreibe, wie sich das Aussehen des Monds verändert.
b ◪ Erkläre, wie die Mondphasen entstehen.
c ● Begründe, warum es hilfreich ist, für die Betrachtung der Mondphasen ein Modell zu verwenden.

5

Zellen und Mikroskop

6 ◪ Notiere in einer Tabelle die Bestandteile von Zellen und ihre jeweiligen Aufgaben. Unterscheide dabei auch zwischen Pflanzenzellen und Tierzellen.

Zellbestandteil	Aufgabe	Pflanzenzelle	Tierzelle
?	?	ja	ja
?	?	ja	nein

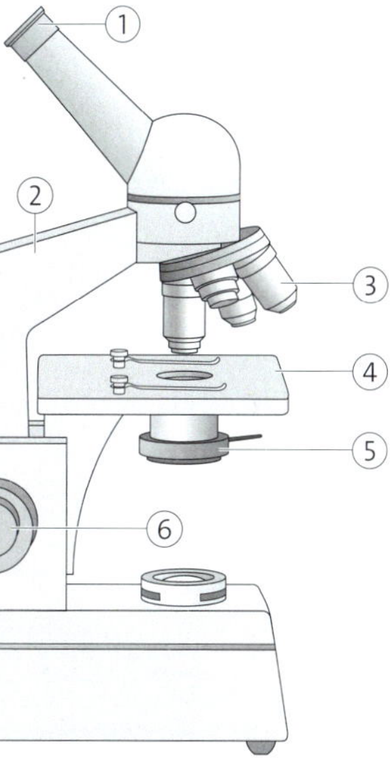

6

7 Mikroskope liefern Einblick in die kleine Welt.
a ▢ Benenne die Teile des Mikroskops in Bild 6.
b ◪ Beschreibe, wie du vorgehen musst, um ein Bild im Mikroskop scharf zu stellen.

Die kleinsten Teilchen

8 ◪ Beschreibe, wie man sich den Lösevorgang von Zucker in Wasser mit dem Teilchenmodell vorstellen kann.

Tiere – Pflanzen – Lebensräume

Wir leben gerne mit Tieren zusammen. Wie kommt es, dass der Hund der beste Freund des Menschen ist?

Viele Pflanzen tragen Blüten. Die Blüten können verschiedene Farben und Formen haben. Oft werden sie von Insekten besucht. Welchen Nutzen haben Blüten?

Es gibt Wiesen, Parks, Wälder, Flüsse und Seen. Was macht einen Lebensraum aus? Und welche Tiere und Pflanzen leben dort?

Der Mensch lebt mit Tieren

1 Tiere auf einem Bauernhof

Auf einem Bauernhof leben viele verschiedene Tiere zusammen mit dem Menschen. Hunde bewachen das Grundstück. Katzen jagen Mäuse und Hühner legen Eier. Der Mensch hält viele Tiere. Welche Tiere findet man auf einem Bauernhof?

Haustiere • Auf einem Bauernhof leben Menschen mit Rindern, Hühnern, Schweinen und Ziegen zusammen. → 1 Wir nutzen diese Tiere unter anderem als Nahrungslieferanten, sie sind Nutztiere. Auf Bauernhöfen leben auch Hunde und Katzen. Sie leben häufig mit in unseren Wohnungen. Alle diese Tiere nennt man Haustiere. Sie stammen von Wildtieren ab. Der Mensch hat zunächst die Wildtiere gehalten. Mit der Zeit hat er aus den Wildtieren die heutigen Haustiere gezüchtet. Ein bekanntes Beispiel ist der Hund. Dieser stammt vom Wolf ab. Durch Züchtung hat der Mensch im Laufe der Zeit viele verschiedene Hunderassen gezüchtet.

2 Ein Schaf wird geschoren.

Nutztiere • In der Steinzeit wurde der Mensch sesshaft. Er bearbeitete das Land und erntete die Früchte. Indem er Wildtiere in Gehegen hielt, konnte er seinen Fleischbedarf decken, ohne weite Jagdausflüge zu unternehmen. Aus den wilden Beutetieren wurden die Nutztiere, die dem Menschen Fleisch, Milch, Wolle und Eier liefern. → 2 3

das Haustier
das Nutztier
das Heimtier
das Wildtier

Heimtiere • Manche Tiere sind wie Familienmitglieder. Haustiere, mit denen wir so eng zusammenleben, heißen Heimtiere. → 4 Sie binden sich eng an den Menschen und geben ihm Nähe, Wärme und Trost. Deshalb kuscheln Kinder besonders gern mit ihnen. Tiere wie Hauskaninchen, Zierfische oder Meerschweinchen wurden aus Wildtieren gezüchtet. Exotische Tiere wie Schlangen, Vogelspinnen oder Schildkröten werden von immer mehr Menschen zu Hause gehalten. Sie bleiben trotzdem Wildtiere, weil sie durch Züchtung nicht in ihren Merkmalen verändert wurden.

Ein Heimtier zieht ein • Viele Menschen wünschen sich ein Heimtier. Kinder und Jugendliche erfreuen sich am Miteinander. Alleinstehende oder alte Menschen fühlen sich mit lebenden Hausgenossen weniger einsam. Wir übernehmen die lebenslange Verantwortung für dieses Tier, da es sich nicht selbst versorgen kann. Heimtiere, die wir unter falschen Bedingungen halten, können krank werden oder sterben. Vor der Anschaffung eines Heimtiers sollte man sich genau über die Bedürfnisse und Ansprüche des ausgewählten Tiers informieren. Ein Hund benötigt zum Beispiel viel Bewegung und Auslaufmöglichkeiten. Er braucht auch einen Schlafplatz, Futter und Pflege. Auch die Erziehung eines Hundes ist sehr wichtig. Die Anschaffung eines Hundes kostet außerdem Geld. Ebenso müssen monatlich das Futter und die Kosten für den Tierarzt bezahlt werden.

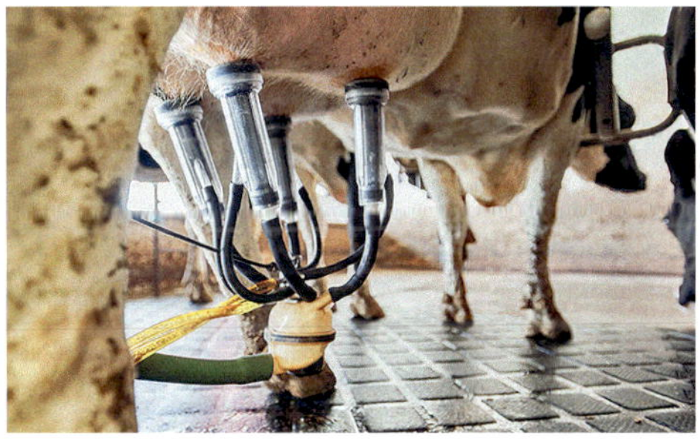

3 Kühe werden mit Melkmaschinen gemolken.

4 Haustiere

Der Mensch hält Haustiere. Nutztiere dienen vor allem der Gewinnung von Nahrungsmitteln.

Aufgaben

1 ○ Beschreibe, was man unter einem Haustier, Nutztier und Heimtier versteht. → 4

2 Betrachte Bild 1.
◐ Ordne die Tiere den Wild-, Nutz- oder Heimtieren zu. Begründe deine Zuordnungen.

3 ● Erläutere an einem Beispiel, was es genau bedeutet, „lebenslange Verantwortung" für ein Heimtier zu übernehmen.

Der Mensch lebt mit Tieren

Material A

Beliebte Haustiere

Führt eine Umfrage in eurer Klasse durch, welche Tiere zu Hause gehalten werden.

1 ◯ Zeichnet die Tabelle ab. Tragt die Ergebnisse eurer Umfrage ein. → 1

2 ◐ Stellt Vermutungen auf, warum manchmal keine Tiere gehalten werden.

3 Stelle dir vor, du könntest dir ein Lieblingshaustier aussuchen.
◐ Beschreibe in eigenen Worten, weshalb du dich für dieses Haustier entscheiden würdest.

Die Haustiere der Klasse 5 b	Strichliste	Anzahl
Hund	卌 卌	10
Katze	?	?
Vogel	?	?
Reptil	?	?
Fisch	?	?
andere Tiere	?	?
keine Tiere	?	?

1 Umfrageergebnisse

Material B

2 Ziege

3 Meerschweinchen

4 Zierfische

5

Hauskaninchen wurden gezüchtet. Sie wurden früher sehr häufig gegessen.

6

Rehe werden in den Wäldern gejagt. Ihr Fleisch wird als Wildfleisch genutzt.

7

Bartagamen stammen aus Australien und werden gerne in Terrarien gehalten.

Haustier oder Wildtier?

1 Betrachte die Haustiere in den Bildern 2–4.
◯ Ordne die Tiere den Heim- oder Nutztieren zu. Begründe deine Zuordnungen.

2 Betrachte die Tiere in den Bildern 5–7.
◐ Ordne die Tiere den Wild-, Heim- und Nutztieren zu. Begründe deine Zuordnungen.

3 Ein Schäfer hat einen oder mehrere Hunde, die ihm helfen, seine Schafe in einer Herde zu führen.
● Erkläre an diesem Beispiel, dass die Zuordnung von Tieren zu Heim- oder Nutztieren manchmal schwierig ist.

Methode

Ein Plakat erstellen

Plakate kennst du bestimmt, wenn für Veranstaltungen geworben wird. Mithilfe eines Plakats kannst du auch im Nawi-Unterricht die Klasse über ein Thema informieren, zum Beispiel über dein Lieblingshaustier. So gehst du vor, wenn du ein gutes Plakat zu deinem Lieblingshaustier anfertigen willst:

1. Thema festlegen Mache dir vor deiner Erstellung des Plakats Gedanken, über welches Tier du gerne ein Plakat gestalten möchtest.

2. Inhalte festlegen Lege die Inhalte für dein Plakat fest. Nutze folgende Teilüberschriften: Körpermerkmale, Ernährung, Haltung, Abstammung und natürlicher Lebensraum.

3. Informationen sammeln Suche in Fachbüchern und im Internet nach verständlichen Informationen zu deinem Lieblingshaustier. Du kannst auch Experten wie Tierärzte befragen.

4. Plakat planen und Inhalte ordnen Erstelle zunächst eine grobe Skizze deines Plakats auf einem DIN-A4-Blatt. Ordne deine Inhalte in sinnvolle Abschnitte.

5. Gestalte dein Plakat

- **Schrift:** Zeichne zunächst Hilfslinien zum Schreiben auf dein Plakat. Benutze dazu ein Lineal. Schreibe dann erst mit Bleistift vor, bevor du Farbstifte verwendest. Schreibe groß und leserlich. Achte auf die Rechtschreibung und darauf, dass sich die Farbe vom Untergrund abhebt.

8

- **Überschrift:** Finde eine passende Überschrift. Schreibe sie leserlich, groß und deutlich auf dein Plakat.
- **Teilüberschriften:** Verteile deine Teilüberschriften sinnvoll unter deiner Überschrift. Notiere deine Inhalte unter den Teilüberschriften. Meist sind Stichpunkte übersichtlicher.
- **Fotos und Zeichnungen:** Nutze für deine Inhalte Fotos und Zeichnungen, die du aufklebst. Diese helfen beim Erklären und Verstehen. Achte darauf, dass zu jeder Teilüberschrift ein Bild zu sehen ist.

Der Hund – ein treuer Begleiter

1 Wolfsrudel

2 Familie mit Hund beim Spaziergang

Bernhardiner

Dackel

Dogge

3 Hunderassen

Jeder weiß, dass der Hund vom Wolf abstammt. Wölfe leben und jagen gemeinsam im Rudel. Der Mensch hält Hunde. Sie leben mit ihm zusammen. Warum ordnen sie sich dem Menschen unter?

Wolf und Mensch • Vor etwa 15 000 Jahren schlossen sich erstmals Wölfe dem Menschen an. Vermutlich fraßen sie Abfälle. Der Mensch erkannte, dass Wölfe Fähigkeiten besitzen, die ihm nutzen. Sie spüren beispielsweise mit ihrer Nase weit entfernte Beute auf.

Zahme Wölfe? • Der Mensch begann Wölfe an sich zu gewöhnen. Er zog sie auf und nahm ihnen dadurch die Angst vor Menschen. Diese gezähmten Tiere nutzte er zum Jagen, Hüten und Bewachen. Die Nachkommen dieser zahmen Wölfe wurden im Laufe der Jahrtausende treue Gefährten des Menschen. Für zahme Wölfe und auch Hunde sind die Menschen Anführer des Rudels. Scheue wilde Wölfe leben heute wie damals weit entfernt vom Menschen in Rudeln in den Wäldern. → 1

Züchtung • Im Zusammenleben mit gezähmten Wölfen erkannte der Mensch, dass die Nachkommen der Tiere unterschiedliche Fähigkeiten und Merkmale besaßen. Für die Vermehrung wählte der Mensch nur Tiere aus, die für ihn nützliche Fähigkeiten und Merkmale aufwiesen. Durch diese Züchtung entstanden die heutigen Hunderassen.

Ernährung und Gebiss • Der Hund ist ein Fleischfresser. Die auffälligsten Zähne sind die Fangzähne. Sie sind lang und laufen spitz zu. Mit ihnen verbeißt sich der Hund in seiner Beute. Die Fangzähne entsprechen unseren Eckzähnen. Die kleineren Schneidezähne sind vorne im Gebiss und scharfkantig. Mit ihnen schabt der Hund das Fleisch vom Knochen ab. Die Backenzähne sind breit und dienen dem Zermahlen von Knochen.

die Zähmung
die Züchtung
der Zehengänger
die Oberflächenvergrößerung

Der drittletzte Zahn in jeder Reihe ist der Reißzahn. Er ist ein kräftiger Backenzahn. Die Reißzähne sind schärfer als die anderen Zähne. Mit ihnen kann der Hund die größte Kraft aufwenden. Sie dienen dem Zerreißen von Fleisch und dem Durchbrechen von Knochen.

Körperbau • Hunde sind wie ihre Wolfsvorfahren Hetzjäger. Sie verfolgen ihre Beute über längere Strecken, bis es für das Beutetier keine Fluchtmöglichkeit mehr gibt. Sie können durch ihre leistungsfähige Lunge und ihr Herz ausdauernd laufen. Hunde haben ein Skelett aus Knochen. Dieses lässt sich in Schädel, Rumpf, Schwanz und Gliedmaßen gliedern. Die Wirbelsäule besteht aus einzelnen Wirbeln. Der Hund tritt nur mit seinen Zehen auf. Er ist ein Zehengänger. Seine Krallen kann der Hund nicht einziehen. Weiche Ballen auf der Unterseite der Pfote federn den Gang ab.

Gute Sinne • Hunde nehmen mit ihrer Nase Gerüche besser wahr als wir. Die Riechschleimhaut in der Nase des Hundes ist stark gefaltet. Dadurch ist die Oberfläche erheblich vergrößert. So haben etwa 280 Millionen Riechzellen Platz. Man spricht vom Prinzip der Oberflächenvergrößerung. In unserer Nase befinden sich dagegen nur 25 Millionen Riechzellen. Je mehr Riechzellen ein Lebewesen hat, desto besser ist sein Geruchssinn. Auch das Gehör des Hundes ist empfindlicher als unseres. Er kann Geräusche wahrnehmen, die wir nicht hören.

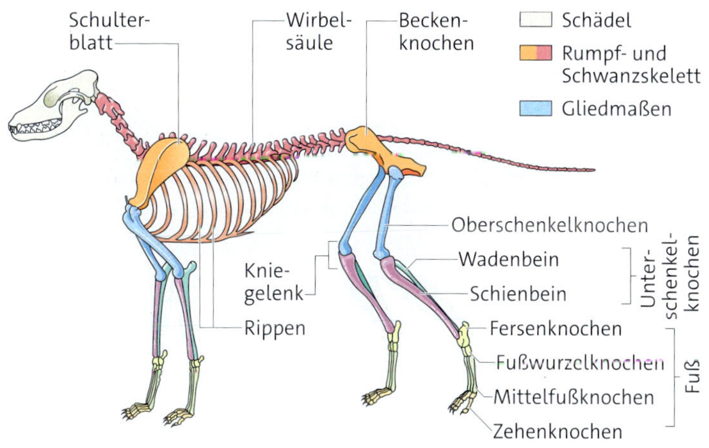

4 Körperbau eines Hundes

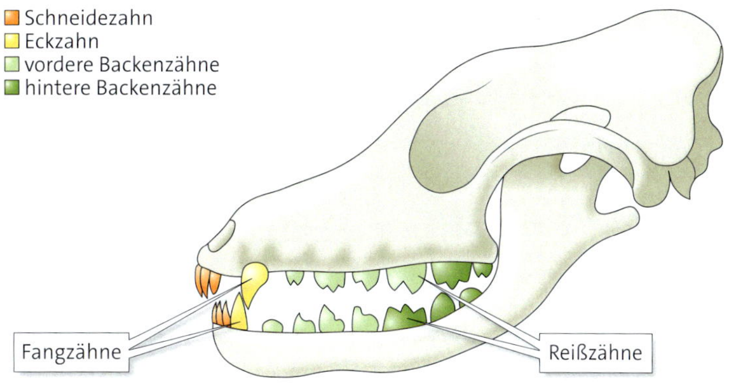

5 Gebiss eines Hundes

Der Mensch zähmte schon früh den Wolf. Durch Züchtung entstanden Hunderassen. Hunde sind Hetzjäger und Fleischfresser.

Aufgaben

1 Welche Aufgaben erfüllen Hunde für uns Menschen? Erstelle eine Liste.

2 Benenne Körpermerkmale, die es Hunden ermöglichen, andere Tiere zu jagen.

Der Hund – ein treuer Begleiter

Material A

Fleischfressergebiss

Die Zähne des Hundes weisen ihn als Jäger aus.

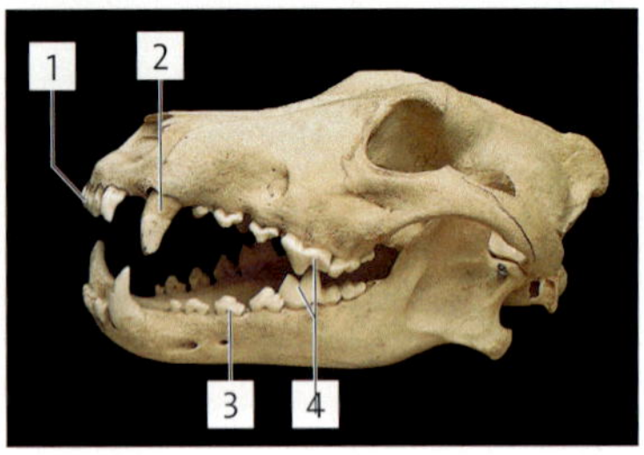

1 Fleischfressergebiss

1 ▢ Benenne die mit Ziffern gekennzeichneten Zahntypen des Fleischfressergebisses. → 1

2 ◩ Übertrage die Tabelle in dein Heft. Ordne den Zahnarten Werkzeuge mit gleicher Funktion zu. → 2 3

3 ● Begründe, weshalb die Bezeichnung Schneidezähne beim Hund irreführend ist.

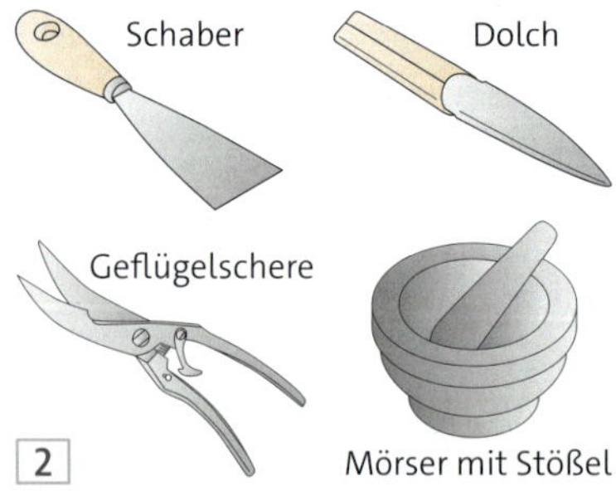

2

Zahnart	Funktion	Werkzeug
Schneidezähne	?	?

3

Material B

Hund – ein Hetzjäger

Beim Verfolgen von Beute erreicht ein Hund eine hohe Geschwindigkeit. Dabei graben sich die Krallen in den Untergrund.

4

5

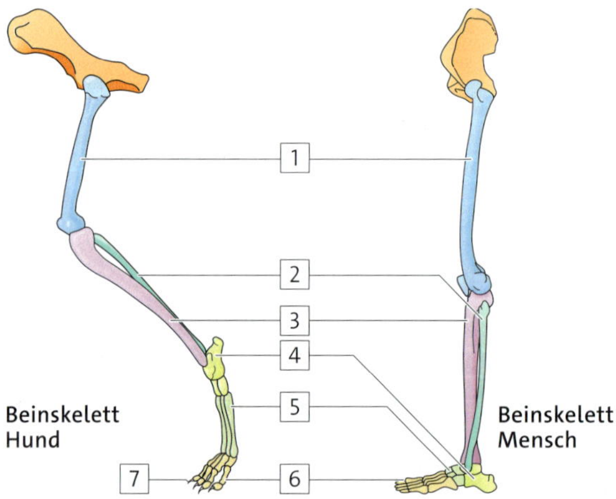

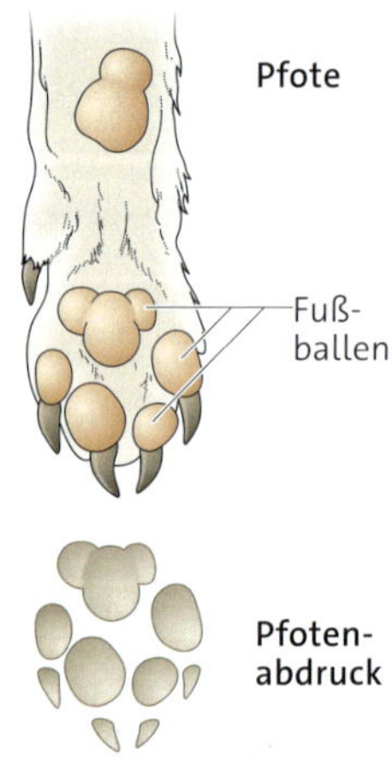

6 Beinskelette von Hund und Mensch

1 ▢ Benenne die mit Ziffern gekennzeichneten Knochen der Beinskelette. → 6

2 ◩ Erkläre, warum man Hunde als Zehengänger bezeichnet.

3 ◩ Erläutere die Aufgabe der Fußballen und Krallen beim schnellen Laufen.

4 ● Der Mensch ist ein Sohlengänger. Erläutere diese Einteilung. → 6

Material C

Zucht bei Hunden

Der Mensch hat bis heute über 400 verschiedene Hunderassen gezüchtet.

1 Lies den Text. → 7
○ Beschreibe die Merkmale, die sich durch Züchtung beim Chinesischen Nackthund verändert haben.

2 ● Nimm Stellung zur Zucht solcher Hunderassen. Nimm den Auszug aus dem Tierschutzgesetz zu Hilfe. → 8

Hund ohne Fell Beim Chinesischen Nackthund wurde das Fell weitestgehend weggezüchtet. Seine Haut muss daher gut gepflegt werden. Im Sommer sollte sie mit Sonnencreme geschützt werden. Bei manchen Schopfhunden ist das Fleischfressergebiss nicht vollständig ausgebildet.

7 Chinesischer Nackthund

„Es ist verboten Wirbeltiere zu züchten, wenn der Züchter damit rechnen muss, dass aufgrund vererbter Merkmale Körperteile oder Organe für den artgemäßen Gebrauch fehlen oder untauglich sind und hierdurch Schmerzen, Leiden oder Schäden auftreten."

8 Auszug aus dem Tierschutzgesetz (§ 11)

Material D

Oberflächenvergrößerung – Riechschleimhäute

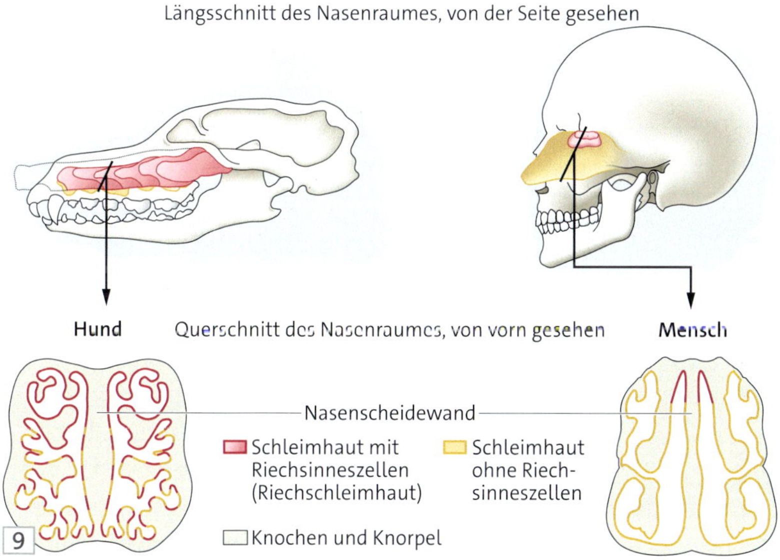

9

Nasen sind innen mit einer Schleimhaut überzogen, die Riechzellen enthält. → 9
Beim Hund beträgt die Oberfläche dieser Schleimhaut 85 cm^2 (230 Millionen Riechzellen), beim Menschen nur 4 cm^2 (25 Millionen Riechzellen).

1 ◐ Begründe, wieso der Hund besser riechen kann als der Mensch. → 9

2 ● Erläutere mithilfe von Bild 9 das Prinzip der Oberflächenvergrößerung.

Die Katze – ein Schleichjäger

1 Eine Katze schleicht sich an ihre Beute heran.

Bewegungslos lauert eine Katze im Gras. Sie beobachtet mit weit geöffneten Augen ihre Beute. Wie gelingt es einer Katze, eine flinke und schnelle Maus zu fangen?

2 Die Falbkatze

„Stubentiger" aus Afrika • Mit der beginnenden Landwirtschaft lagerten Bauern Vorräte in Kornspeichern. Mäuse und Ratten fanden dort leicht Nahrung. Die Falbkatze, eine nordafrikanische Wildkatze, ernährte sich von diesen Nagern und gewöhnte sich so an die Nähe des Menschen. → 2 Von der Falbkatze stammen unsere heutigen Hauskatzen ab. Der Mensch züchtete viele verschiedene Katzenrassen. Die Hauskatzen haben sich jedoch ihre Wildheit bewahrt. Katzen jagen im Gegensatz zu Hunden als Einzelgänger.

Ernährung und Gebiss • Katzen besitzen ein Fleischfressergebiss. Mit ihren spitzen Eckzähnen, den Fangzähnen, werden Beutetiere wie Mäuse und Vögel mit einem gezielten Nackenbiss getötet. Die kräftigen Reißzähne wirken wie eine Brechschere und dienen dem Zerkleinern von Fleisch. Als reiner Fleischfresser benötigt die Katze keine breiten Backenzähne zum Zermahlen von Nahrung. Sie schluckt und verdaut Fleischbrocken komplett.
Katzen haben eine sehr raue Zunge. Diese nutzen sie meist zur Fellpflege. Sie ist aber auch geeignet, um Fleischreste von Knochen ihrer Beutetiere abzulösen.

Im Katzensprung auf Beutefang • Eine Katze schleicht sich langsam, in geduckter Haltung an ihre Beute heran. → 3 Beim Anschleichen tritt sie nur mit den Zehen auf. Sie ist ein Zehengänger. Auf weichen Fußballen mit

die **Falbkatze**
der **Schleichjäger**

3 Das Jagdverhalten der Katze

eingezogenen Krallen nähert sich die Katze langsam und lautlos der Maus. Katzen sind Schleichjäger. Beim Beutefang werden die spitzen Krallen der Vorderpfoten als Werkzeug eingesetzt. Die Krallen liegen geschützt in einer Hautfalte. In Sprungnähe zur Beute lauert die Katze der Maus auf, ohne diese aus den Augen zu lassen. Plötzlich springt sie mithilfe ihrer kräftigen Muskulatur an den Hinterbeinen auf die Maus. Sie schiebt dabei die scharfen Krallen aus der Hautfalte. Mit den Krallen packt sie die Maus und tötet sie mit einem Biss in den Nacken. Die Krallen erlauben es der Katze auch, auf Bäume zu klettern. Durch das Klettern werden die Krallen regelmäßig geschärft.

Katzen jagen in der Dämmerung • Katzenaugen besitzen eine besondere Farbschicht im hinteren Teil des Auges, die wie ein Spiegel wirkt. → 4 Dadurch wird das geringe Licht in der Dämmerung doppelt genutzt. Die Augen sind so besonders lichtempfindlich. Tagsüber sind die Pupillen zu einem Schlitz verkleinert, um die Augen zu schützen. Bei wenig Licht sind die Pupillen groß und kreisrund. In völliger Dunkelheit sehen auch Katzen nichts. Sie orientieren sich dann mithilfe der Schnurrhaare und des Gehörs. Die Ohren sind unabhängig voneinander in viele Richtungen drehbar. So orten Katzen ihre Beute.

4 Augen des Nachtjägers

Katzen sind Schleichjäger. Sie greifen ihre Beute mit den Krallen. Im Dunkeln orientieren sie sich mithilfe ihrer empfindlichen Sinnesorgane.

Aufgaben

1 Beschreibe, wie Katzen sich lautlos ihrer Beute nähern können.

2 Beschreibe das Jagdverhalten der Katze. → 3

3 Beschreibe, wie Katzen in der Dämmerung erfolgreich jagen.

Die Katze – ein Schleichjäger

Material A

Verständigung bei Katzen

1 ○ Ordne den Gesichtern der Katzen A–C Begriffe wie „ängstlich“, „angriffslustig“ oder „freundlich“ zu.
→ 1 2

2 ◐ Ordne den Katzen 1–3 jeweils den passenden Gesichtsausdruck A–C zu.
→ 1 3

3 ● Stelle Vermutungen an, bei welchem Gesichtsausdruck die Katze schnurren oder fauchen wird.

Katzen verständigen sich durch ihre Körperhaltung und ihren Gesichtsausdruck. Eine Katze, die Kontakt aufnehmen will, streicht mit aufrecht wedelndem Schwanz, nach vorn gerichteten Ohren und großen Augen herum. Hat sie Angst, drückt sie sich an den Boden, legt den Schwanz an und die Ohren zurück. Wenn die Katze angreifen will, sträubt sie das Fell, macht einen Buckel und zeigt ihren buschig aufgestellten Schwanz. Schnurren bedeutet, dass sich eine Katze wohlfühlt.

1 Verständigung bei Katzen

2

3

Material B

Krallen

Katzen haben scharfe Krallen.

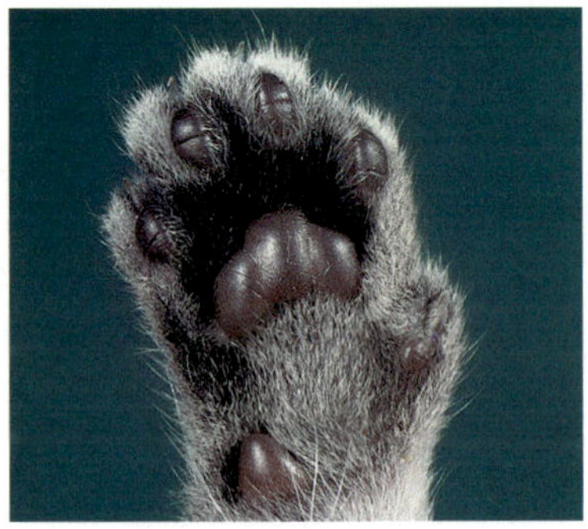

4 Krallen eingezogen

5 Krallen ausgefahren

1 ○ Beschreibe den Nutzen der Krallen für die Lebensweise und das Jagdverhalten einer Katze.

2 „Katzenkrallen sind immer scharf und gefährlich, wenn man mit Katzen spielt.“
◐ Erläutere diesen Sachverhalt mithilfe der Bilder.
→ 4 5

Material C

Pfoten vergleichen

Hunde und Katzen sind Jäger, die sich von Beutetieren ernähren. Sie jagen jedoch unterschiedlich.

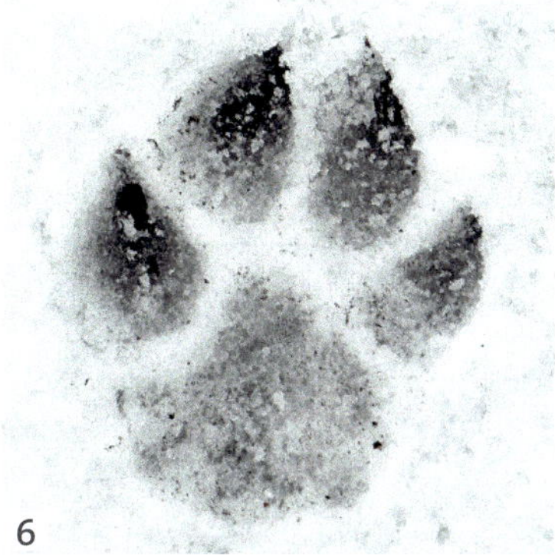
6

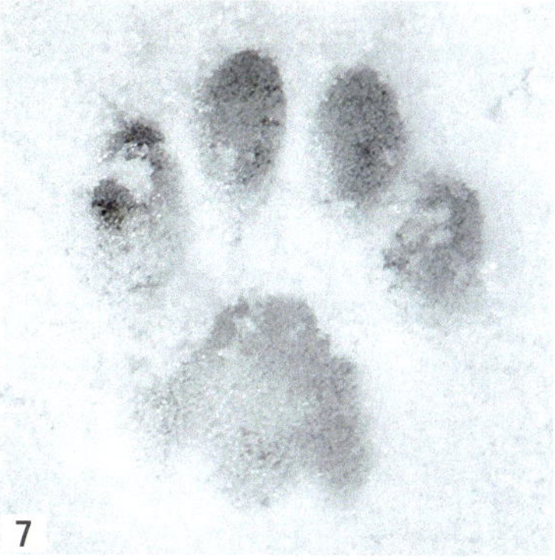
7

1 ◐ Ordne die beiden Pfotenabdrücke entweder der Katze oder dem Hund zu. → 6 7 Begründe deine Zuordnungen.

2 ◐ Begründe mithilfe des Pfotenabdrucks, dass die Katze ein Schleichjäger ist.

Material D

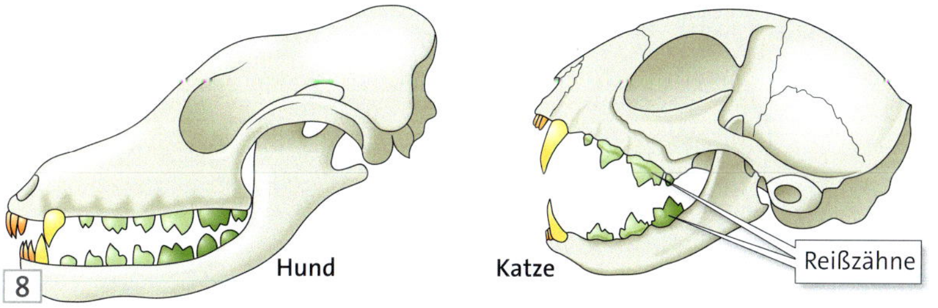

8

Gebisse

In Bild 8 sind die Schädel und Gebisse von Hund und Katze gegenübergestellt.

1 Betrachte Bild 8.

a ◐ Vergleiche die Gebisse nach folgenden Kriterien: Anzahl der Zähne pro Zahnreihe und Form der Zähne.

b Eine Katze tötet ihre Beute mit einem Nackenbiss. ○ Benenne die Zähne, die sie dafür benutzt.

c ◐ Die Katze hat ein Fleischfressergebiss. Erläutere diese Aussage.

d ◐ Begründe, weshalb Hunde im Vergleich zur Katze Knochen zermahlen und fressen können.

Material E

Verständigung von Hund und Katze

9 Eine Körperhaltung und ihre Bedeutung

1 ◐ Vergleiche die Körpersprache von Hunden und Katzen. → 9

2 ● Stelle Vermutungen auf, weshalb sich Katzen und Hunde oft nicht vertragen. → 9

Das Rind – ein Nutztier

1 Rinder grasen.

Rinder sieht man oft über mehrere Stunden kauen. Sie legen sich hin und tun dies, ohne dass sie weitere Nahrung aufnehmen. Warum kauen Rinder die ganze Zeit?

Bulle = männliches Rind

Kuh = weibliches Rind

Kalb = junges Rind

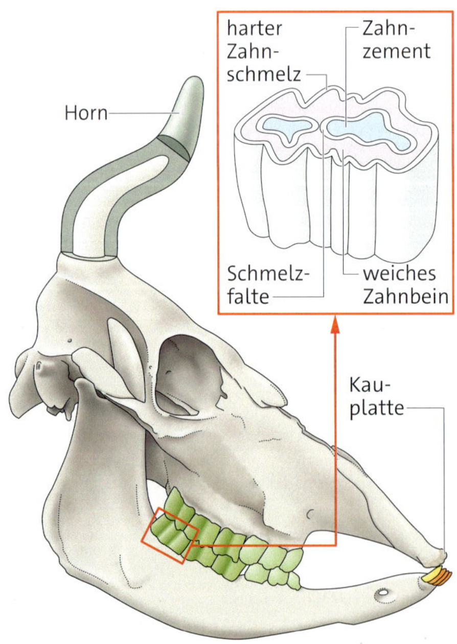

2 Das Pflanzenfressergebiss des Rinds

Lebensweise • Rinder weiden auf feuchten Wiesen. Sie ernähren sich von schwer verdaulichen Gräsern und Kräutern. Ein Rind muss bis zu 70 Kilogramm Gras pro Tag zu sich nehmen, weil das pflanzliche Material sehr wenig Energie besitzt. Man kann Rinder daher ständig beim Fressen beobachten. Die Vorfahren unserer heutigen Rinder lebten in einer Herde zusammen. Eine Herde ist eine Gruppe von Säugetieren. Die große Anzahl an Tieren bietet den einzelnen Schutz vor Raubtieren. Bei Gefahr können Rinder als Herde auch Angreifer durch ihre Größe abwehren. Ein Rind kann bis zu 1200 Kilogramm schwer werden.

Pflanzenfressergebiss • Pflanzen haben sehr harte Fasern und müssen daher gründlich gekaut werden. Rinder besitzen dafür eine kräftige Kaumuskulatur und ein an pflanzliche Ernährung angepasstes Gebiss. Im Oberkiefer befindet sich eine verhornte Kauplatte. Mit ihrer rauen Zunge umschlingen sie Grasbüschel. Die Schneidezähne des Unterkiefers pressen das Gras gegen die Kauplatte im Oberkiefer. Dann werden die Grasbüschel durch Heben des Kopfs abgerissen. Beim Kauen wird die Nahrung zwischen den Backenzähnen zermahlen. Die Backenzähne bestehen aus hartem Zahnschmelz mit scharfen Schmelzfalten. Durch die Schmelzfalten entsteht eine große Kaufläche. → 2

Rinder sind Wiederkäuer • Beim Grasen schluckt das Rind Gras und Kräuter zunächst fast unzerkaut hinunter. Über das Pflanzenfressergebiss der Wiederkäuer

die Speiseröhre gelangt die noch grobe Nahrung in den Pansen. Hier wird die Nahrung zunächst für mehrere Stunden eingeweicht. Bakterien und Kleinstlebewesen verändern die Nahrung so, dass das Rind sie weiterverdauen kann. Danach gelangt die Nahrung in kleinen Portionen in den benachbarten Netzmagen. An seinen netzartig gefalteten Innenwänden bilden sich Nahrungsballen, die über die Speiseröhre ins Maul zurückgestoßen werden. Dort werden die Nahrungsballen mit Speichel vermischt und mit den Backenzähnen zu einem feinen Brei zerrieben. Das Rind ist ein Wiederkäuer. Nach dem Wiederkäuen gelangt der Brei in den Blättermagen. Er verdankt seinen Namen den vielen buchseitenartigen Schleimhautfalten. Durch die Bewegung der Falten wird dem Brei viel Wasser entzogen. Der nun eingedickte Nahrungsbrei gelangt in den Labmagen. Verdauungssäfte zersetzen den Nahrungsbrei in die Bausteine der Nährstoffe. Im Dünndarm werden diese ins Blut aufgenommen und im Körper verteilt.

Nutzung des Rinds • Im Euter der Kuh befinden sich Milchdrüsen. Dort entsteht Milch durch Vermischung von Wasser mit Fett, Eiweißstoffen und Zucker. Kühe liefern erst Milch, nachdem sie ein Kalb zur Welt gebracht haben. Das Melken erfolgt heute mit Maschinen. Rinderrassen, die wenig Milch geben, liefern als Schlachttiere Fleisch. Der Mensch verarbeitet nahezu jedes Körperteil des Rinds. → 4

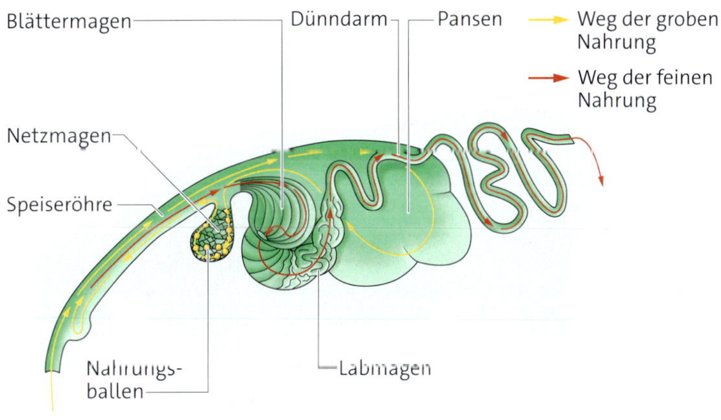

3 Der Weg der Nahrung

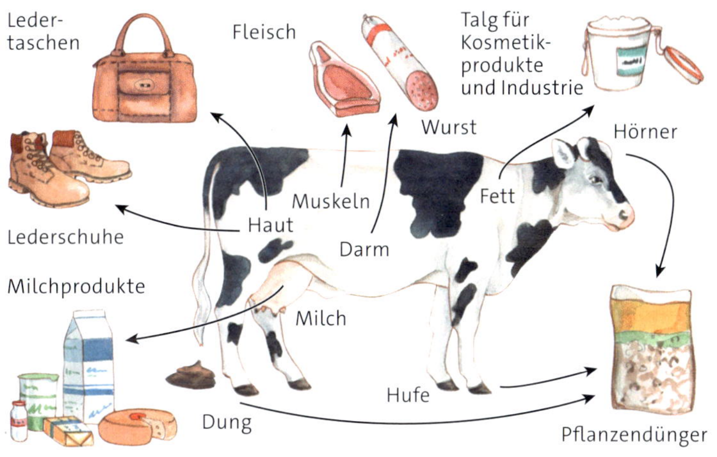

4 Nutzen des Rinds

Rinder sind Wiederkäuer mit Pflanzenfressergebiss. Sie werden in vielfältiger Form vom Menschen genutzt.

Aufgaben

1 ○ Beschreibe die Bedeutung von Bakterien im Pansen des Rinds.

2 ◐ Das Rind ist ein Nutztier. Erläutere diese Aussage. → 4

Das Rind – ein Nutztier

Material A

Rinder sind Wiederkäuer

1 ○ Benenne die „Mägen“ eines Rinds in Bild 1.

2 ◐ Ordne den Mägen ihre Aufgaben A–D zu. → 1

3 ● Erkläre am Beispiel des Blättermagens das Prinzip der Oberflächenvergrößerung.

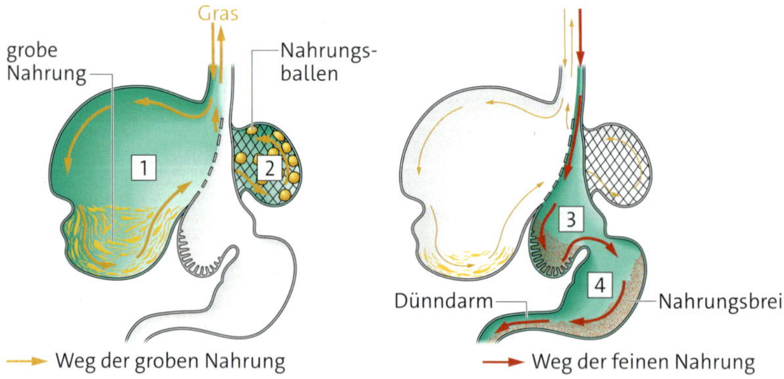

1 Die „Mägen“ des Rinds

A An seinen gefalteten Innenwänden bilden sich Nahrungsballen, die über die Speiseröhre ins Maul gelangen.	B Hier befinden sich Bakterien, die helfen, pflanzliche Nahrung zu zersetzen.	C Über Drüsen in der Wand wird die feine Nahrung in kleinere Bausteine zerlegt.	D Hier wird der feinen Nahrung Wasser entzogen.

Material B

Pflanzenfressergebiss

1 ◐ Rinder besitzen ein Pflanzenfressergebiss. Erläutere, woran man das erkennt.

2 ○ Beschreibe, wie Rinder ohne obere Schneidezähne grasen können.

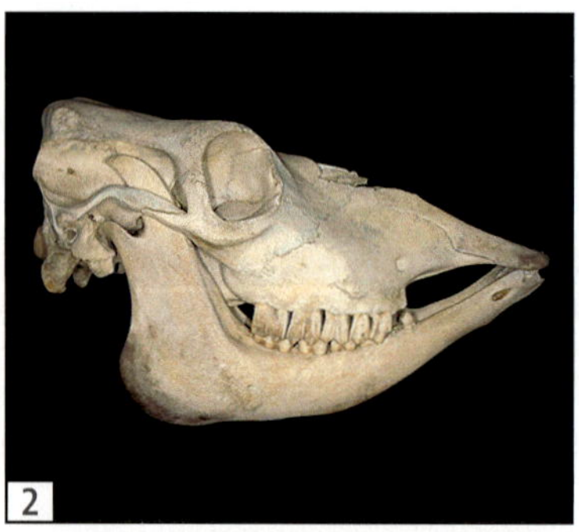

2

3 ● Beschreibe die Angepasstheit der Backenzähne des Rinds an die Ernährung.

4 ● Erkläre, warum man das Alter des Rinds anhand der Zähne bestimmen kann. → 3

Backenzähne Gras wird mit den scharfen Kanten der Backenzähne, den Schmelzfalten, zerrieben. Durch die Schmelzfalten entsteht eine große Kaufläche. Die Schmelzfalten bestehen aus hartem Zahnschmelz, zwischen dem weicheres Zahnbein und Zahnzement liegt. Diese nutzen sich schneller ab. So bleiben die Zahnoberflächen rau.

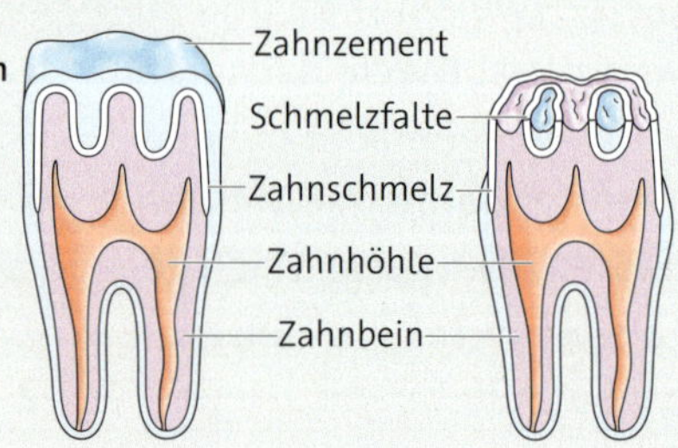

3

Material C

Rinderhaltung

1 Lies den Text zu den verschiedenen Haltungsformen. → 4
▢ Vergleiche die Lebensbedingungen für Rinder bei der klassischen Intensivhaltung und der Freilandhaltung. Erstelle eine Tabelle.

2 Der Boxenlaufstall ist eine moderne Form des Stalls. Unter artgerechter Haltung versteht man eine Haltung, die die natürlichen Verhaltensweisen eines Tiers zulässt.

a ▢ Nenne die mit A–E gekennzeichneten Teile eines Boxenlaufstalls. → 5

b ● Beurteile, ob diese Art des Stalls die natürlichen Verhaltensweisen der Tiere berücksichtigt.

Boxenlaufstall
Moderne Boxenlaufställe sind hell. Die Rinder können zwischen Liegeboxen und Futtertrögen in Laufgängen herumlaufen. Heu und Gras holen sie sich vom Futtertisch, Kraftfutter erhalten sie am Futterautomaten. Für die Fellpflege gibt es drehende Bürsten. An der Melkstation können die Landwirte die Gesundheit der Tiere überprüfen. Die gemolkene Milch wird in Kühltanks bis zur Abholung kühl gelagert.

Intensivhaltung Um kostengünstig viel Milch oder Fleisch produzieren zu können, werden oft mehrere Hundert Tiere auf engstem Raum gehalten. In einer solchen klassischen Intensivhaltung können sich die Rinder kaum bewegen. Sie sind ganzjährig im Stall, oft in engen Boxen. Die Ställe werden sauber gehalten, damit sich keine Krankheitserreger ausbreiten. Die Tiere werden mit Kraftfutter gefüttert, damit sie schnell wachsen.

Freilandhaltung Bei der Freilandhaltung werden weniger Rinder gehalten. Sie können sich im Sommer weiträumig im Freien bewegen. Im Winter sind sie oft durchgängig in weiträumigen Boxenlaufställen. Die Rinder können sich hinlegen und Gras und Kräuter fressen. Bei dieser artgerechten Haltungsform dauert es länger, bis die Tiere schlachtreif sind, weil sie weniger mit Kraftfutter gefüttert werden. Das Fleisch ist deshalb teurer.

4

5 Boxenlaufstall

Das Schwein – ein Allesfresser

1 Sau mit Ferkeln in Freilandhaltung

2 Bache mit Frischlingen im Wald

Wildschwein:
Keiler = männliches Wildschwein
Bache = weibliches Wildschwein
Frischling = Jungtier

Hausschwein:
Eber = männliches Hausschwein
Sau = weibliches Hausschwein
Ferkel = Jungtier

Unsere Hausschweine stammen von Wildschweinen ab. Was hat sich durch Züchtung beim Hausschwein verändert?

Ernährung und Gebiss • Wildschweine leben in großen Waldgebieten. Am späten Abend gehen sie auf Nahrungssuche. Sie legen dafür lange Strecken zurück. Mit ihrer rüsselartigen Schnauze durchwühlen sie das heruntergefallene Laub und den lockeren Boden. Sie haben einen guten Geruchssinn und spüren so gezielt nach Wurzeln, Würmern, Mäusen oder Pilzen im Boden auf. Sie fressen aber auch Eicheln, Kräuter und Gräser. Wildschweine besitzen stark entwickelte Eckzähne. Man nennt diese auch Hauer.
Bei männlichen Wildschweinen, den Keilern, sind diese besonders groß. Die Hauer dienen dem Aufwühlen des Bodens, aber auch als Waffe. Die vorderen Backenzähne haben scharfe Kanten wie bei Fleischfressern. Die hinteren Backenzähne besitzen eine große Kaufläche wie bei Pflanzenfressern, damit die Nahrung gut zermahlen werden kann. → 3 Schweine sind Allesfresser.

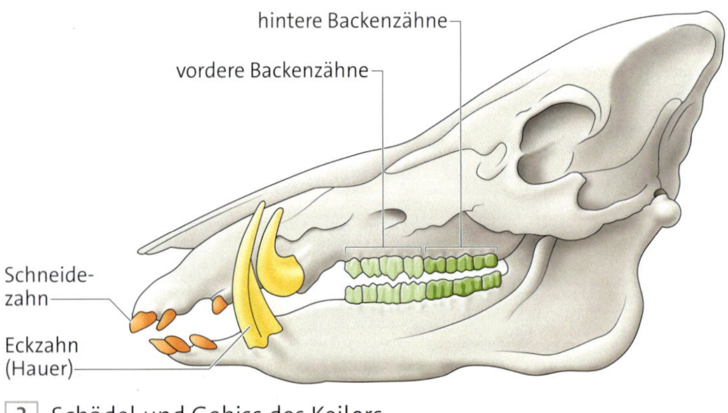

3 Schädel und Gebiss des Keilers

Zusammenleben • Wildschweine leben im Familienverband, der Rotte. In einer Rotte leben mehrere weibliche Wildschweine, die Bachen, mit ihren Jungtieren zusammen. Die Rotten haben Reviere, die mehrere Quadratkilometer groß sind. Die Keiler sind Einzelgänger und suchen nur zur Paarungszeit im Winter die Rotten mit den Bachen auf. Im Frühjahr gebären die Bachen dann etwa drei bis zwölf Jungtiere, die Frischlinge. → 2

das Wildschwein
das Hausschwein
der Allesfresser
die Rotte

Körpermerkmale • Wildschweine besitzen ein Fell mit harten Borsten und kurzer, wollartiger Behaarung. Das Fell dient der Tarnung im Unterholz des Walds. Es bietet Schutz vor Kälte und vor Verletzungen. Wildschweine wälzen sich im Schlamm. Nach diesem Suhlen trocknet der Schlamm auf dem Fell und bildet eine Kruste. So schützen sich Wildschweine vor Ungeziefer. Beim Laufen durch den Schlamm spreizen sie ihre Hufe weit auseinander. So verhindern sie ein Einsinken im feuchten Untergrund. Das Schwein ist ein Zehenspitzengänger und Paarhufer.

Das Hausschwein • Seit 5000 Jahren züchtet der Mensch Schweine um die hohe Nachfrage nach Fleisch zu decken. Im Vergleich zum Wildschwein ist der Kopf des Hausschweins weniger keilförmig. Der Körper des Hausschweins ist weniger behaart. Ein weibliches Hausschwein, die Sau, kann zweimal im Jahr jeweils zehn bis zwölf Ferkel gebären. Ein männliches Hausschwein heißt Eber. Seine Hauer werden entfernt. So verletzen sie sich bei der Haltung nicht gegenseitig.

Haltung • Hausschweine werden oft in Mastbetrieben gehalten. Sie leben in Gruppen in kleinen Boxen. Die Ställe sind mit Bodenplatten mit Fugen ausgestattet, durch die der Kot und Urin der Tiere hindurchläuft. Durch ständiges Füttern mit Kraftfutter und wenig Bewegung legen die Tiere schnell an Körpergewicht zu und sind nach sechs bis zehn Monaten mit einem Gewicht

4 Schweine in Intensivhaltung

von etwa 100 Kilogramm schlachtreif. Durch diese Intensivhaltung ist es möglich, schnell und günstig viel Fleisch zu produzieren. Gibt man den Schweinen viel Auslauf im Freien, können sie im Boden wühlen und sich suhlen. Bei dieser Freilandhaltung dauert es zwei Jahre, bis sie schlachtreif sind, weil sie nicht ständig mit Kraftfutter gefüttert werden.

Schweine sind Allesfresser.
Das Hausschwein stammt vom Wildschwein ab.

Aufgaben

1 ▢ Beschreibe die Aufgabe des Fells und der Hufe des Wildschweins für ein Leben im feuchten Unterholz.

2 ◪ Erläutere, wie man Schweine halten muss, damit sie ihre natürliche Verhaltensweise zeigen können.

Das Schwein – ein Allesfresser

Material A

Haus- und Wildschwein

1 ▢ Vergleiche die Merkmale von Wild- und Hausschweinen. Betrachte folgende Merkmale:
Kopfform, Gewicht, Hauer, Ernährung, Behaarung, Fortpflanzung.
Nutze dazu die Tabelle.

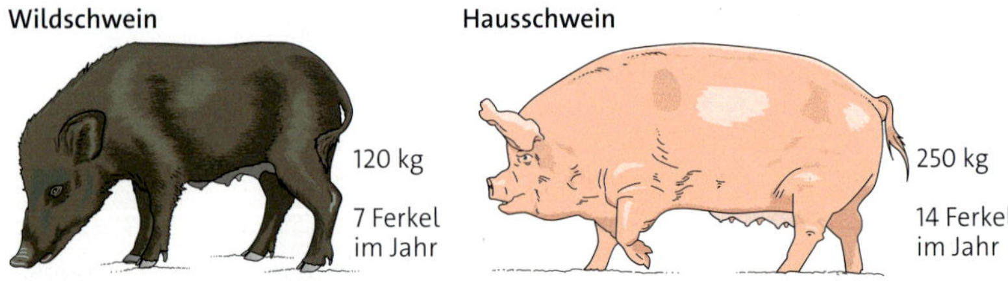

1 Körperbau von Haus- und Wildschwein

Merkmale	Wildschwein	Hausschwein
Kopfform	?	?

Material B

Das Wildschwein – ein Allesfresser

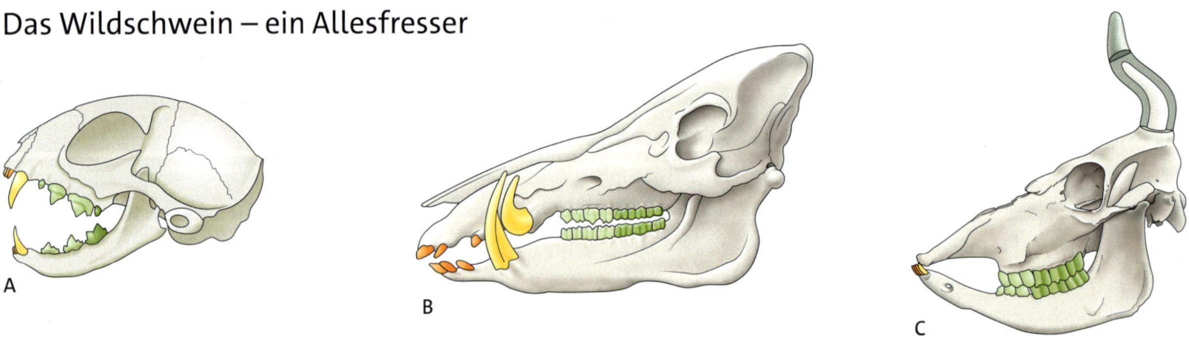

2 **A** Katze (Fleischfresser), **B** Wildschwein (Allesfresser), **C** Rind (Pflanzenfresser)

1 ▢ Beschreibe die Besonderheiten im Gebiss von Fleischfressern und Pflanzenfressern.

2 Betrachte die Backenzähne des Wildschweins.

a ▢ Beschreibe die Unterschiede der Backenzähne des Wildschweins.

b ◐ Erkläre den Nutzen der Backenzähne für das Wildschwein.

3 ◐ Beschreibe die Aufgabe der Eckzähne des Wildschweins.

4 Betrachte die Bilder 2 und 3.
● Begründe anhand des Gebisses und mithilfe des Diagramms, weshalb das Schwein zu den Allesfressern zählt. → 2 3

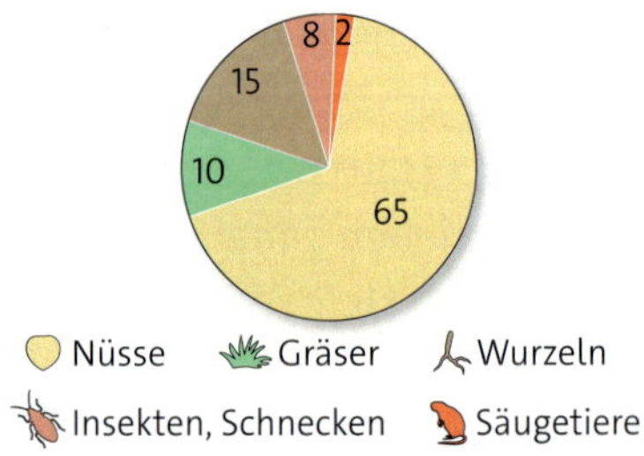

3 Nahrung des Wildschweins (in %)

Material C

Darmlängen

Säugetiere haben an die Ernährung angepasste Darmlängen.

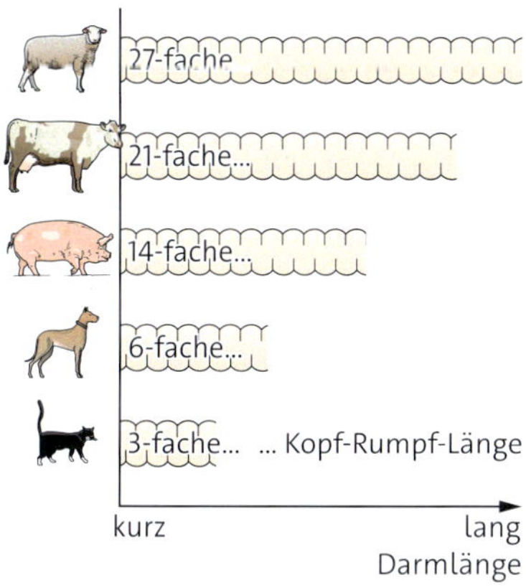

4 Darmlängen im Vergleich

1 Beschreibe Bild 4.

2 Erkläre, weshalb das Schwein an seine Ernährungsweise angepasst ist.

Darmlängen Pflanzen sind schwer verdaulich. Es dauert sehr lange, bis die harten Pflanzenfasern in ihre kleinsten Bestandteile verdaut werden. Daher ist der Darm von Pflanzenfressern sehr lang. Fleisch kann jedoch sehr schnell verdaut werden. Der Darm von reinen Fleischfressern ist sehr kurz.

5

Material D

Schweinezucht

Früher waren die gezüchteten Landrassen wie das Schwäbisch-Hällische Landschwein weit verbreitet. Heute werden in Mastbetrieben hauptsächlich Rassen wie das Deutsche Edelschwein gehalten. Die Kunden möchten Fleisch mit geringem Fettanteil.

1 Vergleiche die drei Hausschweinrassen in einer Tabelle. → 6 – 8

2 Begründe, weshalb man heute in den Mastbetrieben eher das Deutsche Edelschwein hält als die anderen Rassen.

6

Bentheimer Landschwein
Gewicht: 180–250 kg, langsames Wachstum
Fleischqualität: hoher Fettanteil
Vermehrung: zwei Würfe pro Jahr mit je 10–12 Ferkeln

7

Deutsches Edelschwein
Gewicht: 250–300 kg, schnelles Wachstum
Fleischqualität: hoher Muskelanteil
Vermehrung: bis zu 14 Ferkel pro Jahr

8

Schwäbisch-Hällisches Landschwein
Gewicht: 275–350 kg, langsames Wachstum
Fleischqualität: hoher Fettanteil
Vermehrung: 9–10 Ferkel pro Jahr

Haltung des Haushuhns

1 Haltung von Hühnern: **A** Kleingruppenhaltung, **B** Bodenhaltung, **C** Freilandhaltung

Hühner sind wichtige Nutztiere in Deutschland. Wie werden Eier in großen Mengen produziert?

Haltungsformen • Jeder Deutsche isst etwa 220 Eier pro Jahr. Das sind insgesamt etwa 18 Milliarden Eier. Dieser Bedarf kann nicht gedeckt werden, wenn Hühner frei auf Bauernhöfen herumlaufen. Daher gibt es verschiedene Haltungsformen. → 1

Kleingruppenhaltung • In Käfigen leben Kleingruppen von bis zu fünf Tieren. Jedes Tier hat nur 800 Quadratzentimeter Fläche Platz. Das ist etwas mehr als diese Buchseite. Die Käfige sind neben- einander- und übereinandergestapelt. Nur kleine Käfigbereiche haben einen festen Untergrund zum Scharren. Die Hühner sitzen auf Drahtgittern, durch die Kot und Futterreste fallen. Die Tiere haben keinen Auslauf. Aufgrund der Enge verletzen sie sich oft gegenseitig. Die Neugründung von Betrieben mit dieser Haltungsform ist in Deutschland seit 2010 nicht mehr erlaubt. → 1A

Bodenhaltung • Die Hühner können sich im Stall bewegen, scharren und picken. Futter und Wasser werden durch Automaten bereitgestellt. An den Stallseiten befinden sich Legenester. Auf einem Quadratmeter Boden dürfen maximal sieben Tiere gehalten werden. Allerdings darf es mehrere Ebenen übereinander geben. → 1B

Freilandhaltung • Die Hühner leben in einem Stall mit Sitzstangen, Streu und Nestern. Sie haben aber tagsüber die Möglichkeit zum Auslauf im Freien. Die Auslauffläche beträgt vier Quadratmeter pro Huhn. Es ist mehr Personal nötig, um die versteckten Nester und Eier im Freien zu finden. Von ökologischer Haltung spricht man, wenn zusätzlich Futter aus ökologischer Herstellung verwendet wird. → 1C

Bei der Haltung von Hühnern unterscheidet man Kleingruppenhaltung, Bodenhaltung, Freilandhaltung und ökologische Haltung.

Aufgabe

1 ○ Beschreibe, wie sich die verschiedenen Haltungsformen unterscheiden.

die Kleingruppenhaltung
die Bodenhaltung
die Freilandhaltung
die ökologische Haltung

Material A

Artgerechte Haltung

Tierschützer kritisieren die Kleingruppenhaltung als Tierquälerei. Sie berufen sich auf das Tierschutzgesetz, wonach ein Tier entsprechend seinen Bedürfnissen gehalten werden muss. Dies wird artgerechte Haltung genannt.

1 Lies den Text. → 2

a ▢ Beschreibe das Zusammenleben, die Ernährung und den Lebensraum der Bankivahühner.

b ● Vergleiche den verfügbaren Platz und die Ernährungsweise der Haushühner in Kleingruppenhaltung, Bodenhaltung und Freilandhaltung.

c ◐ Stelle Vermutungen an, warum Hühner oft nicht artgerecht gehalten werden.

d ● Sammle Argumente, die zum Verbot von Betrieben mit Kleingruppenhaltung führten.

Bankivahuhn Der Mensch hält seit etwa 5 000 Jahren Haushühner als Nutztiere. Leistungsfähige Haushühner können heute bis zu 300 Eier im Jahr legen. Alle heutigen Hühnerrassen stammen vom Bankivahuhn ab. Es lebt wild in den Wäldern Indiens und Südostasiens. Bankivahühner werden etwa ein Kilogramm schwer und sind erheblich kleiner als die meisten Haushühner. Die Tiere leben in Gruppen aus mehreren Hennen und einem Hahn. Sie ernähren sich von Knospen und Samen der Waldkräuter. Auch scharren sie im Waldboden nach Würmern und Larven. Sie baden im Sand, um ihr Gefieder zu pflegen. Zum Übernachten fliegen sie auf Bäume. Einmal im Jahr brütet die Henne vier bis sechs Eier aus.

2

Material B

Eiercode

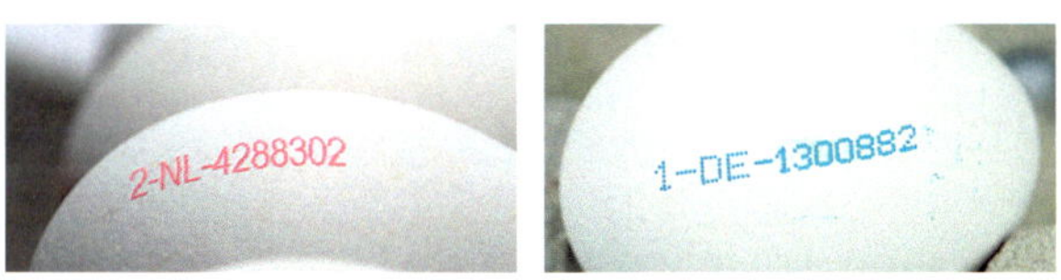

3 Eier mit Code

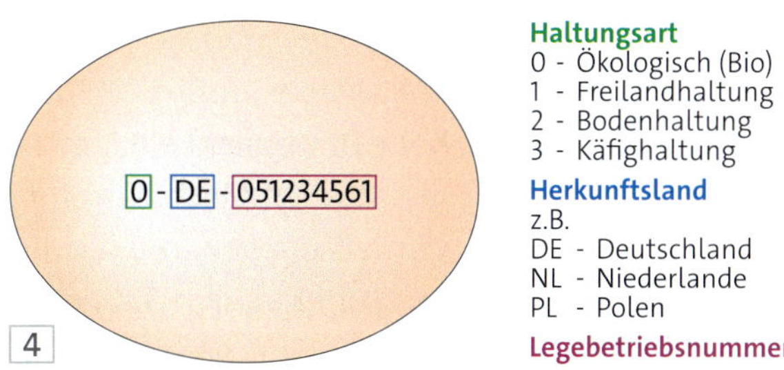

4

Bei Hühnereiern kann man anhand eines Aufdrucks auf ihre Herkunft schließen.

1 ▢ Ordne den beiden Eiern in Bild 3 eine Form der Hühnerhaltung zu. Erläutere deine Zuordnungen. → 3 4

2 ◐ Stelle Vermutungen an, welches der beiden Eier meist teurer verkauft wird.

3 ● Stelle Vermutungen darüber an, aus welchen Gründen die Betriebsnummer mit auf die Eier aufgedruckt wird.

Merkmale der Wirbeltiere

1 Verschiedene Wirbeltiere

Die abgebildeten Tiere sehen sehr verschieden aus, sind aber trotzdem miteinander verwandt. Woran kann man das erkennen?

Wirbelsäule • Alle diese Tiere haben eine Gemeinsamkeit: ein innen liegendes Skelett mit einer Wirbelsäule. Auch der Mensch besitzt eine Wirbelsäule. → 2 Sie besteht aus vielen Wirbelknochen, die durch Gelenke miteinander verbunden sind. So verleiht sie dem Körper eine große Stabilität und eine hohe Beweglichkeit. Nach diesem gemeinsamen Merkmal ist die Gruppe der Wirbeltiere benannt. Sie besteht aus den fünf Klassen: Säugetiere, Vögel, Reptilien, Amphibien und Fische.

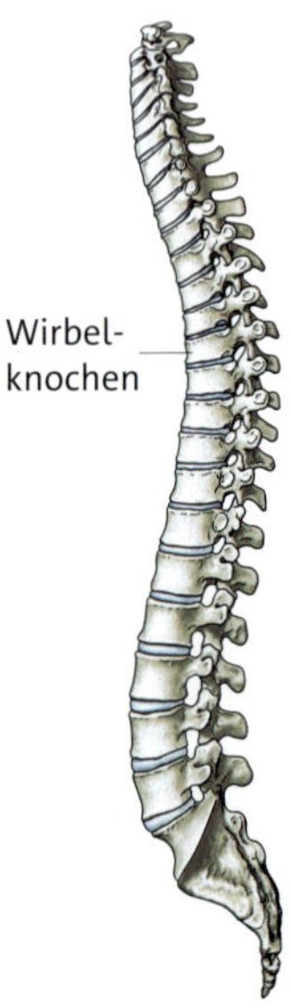

2 Wirbelsäule des Menschen

Stammbaum der Wirbeltiere • Die Entstehung der Wirbeltiere kann man anhand von Versteinerungen nachvollziehen. Sie zeigen, dass alle Wirbeltiere von einem gemeinsamen Vorfahren abstammen. → 3

Skelett und Fortbewegung • Der Knochenbau der Gliedmaßen bestimmt die Fortbewegungsmöglichkeiten eines Tiers. Flossen ermöglichen den Fischen das Schwimmen, während viele Amphibien und Reptilien durch die seitlich vom Körper abstehenden Gliedmaßen langsam kriechen können. Unterhalb des Körpers ansetzende Beine ermöglichen den Säugetieren

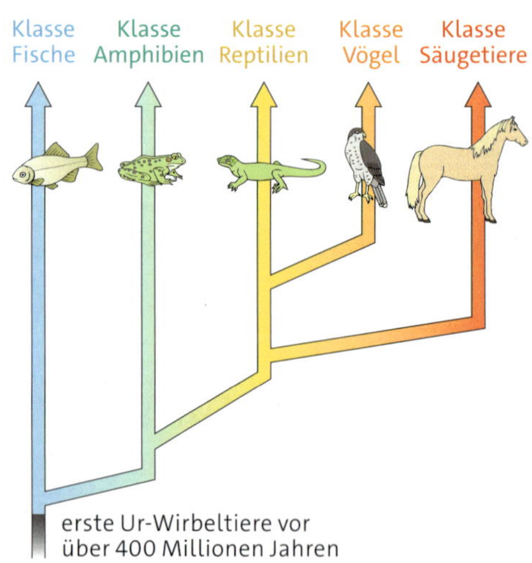

3 Stammbaum der Wirbeltiere

das **Wirbeltier**
die **Wirbelsäule**
die **Wirbelknochen**

dagegen ein schnelles Laufen. Vögel bewegen sich mithilfe ihrer Flügel vor allem fliegend fort.
Der Körper aller Wirbeltiere ist in Kopf, Körper und zwei Paar Gliedmaßen oder Flossen gegliedert. → 4

Fortpflanzung und Entwicklung • Aus den befruchteten Eizellen von Fischen und Amphibien entwickeln sich im Wasser zunächst Larven, die sich von den erwachsenen Tieren unterscheiden. Aus den Larven entwickeln sich durch Metamorphose die Jungtiere. Das Larvenstadium fehlt bei der Entwicklung der auf dem Land lebenden Wirbeltiere. Die Eier von Reptilien besitzen eine dünne, pergamentartige Schale, die sie vor dem Austrocknen schützt. Die feste Kalkschale der Vogeleier bietet zusätzlich einen Schutz vor Beschädigungen. Die Nachkommen der Säugetiere entwickeln sich geschützt im Körper des Muttertiers.

Haut und Atmung • Fische atmen mithilfe von Kiemen, ihre Haut ist von Schuppen bedeckt. Amphibien atmen als Larven mithilfe von Kiemen, als erwachsene Tiere über Lungen und ihre feuchte Haut. Reptilien, Vögel und Säugetiere atmen mithilfe von Lungen. Die Haut von Reptilien ist mit Schuppen bedeckt. Vögel besitzen Federn, Säugetiere haben meist ein Fell.

Wirbeltiere besitzen ein Innenskelett mit Wirbelsäule. Sie sind miteinander verwandt. Wirbeltiere werden in fünf Klassen eingeteilt.

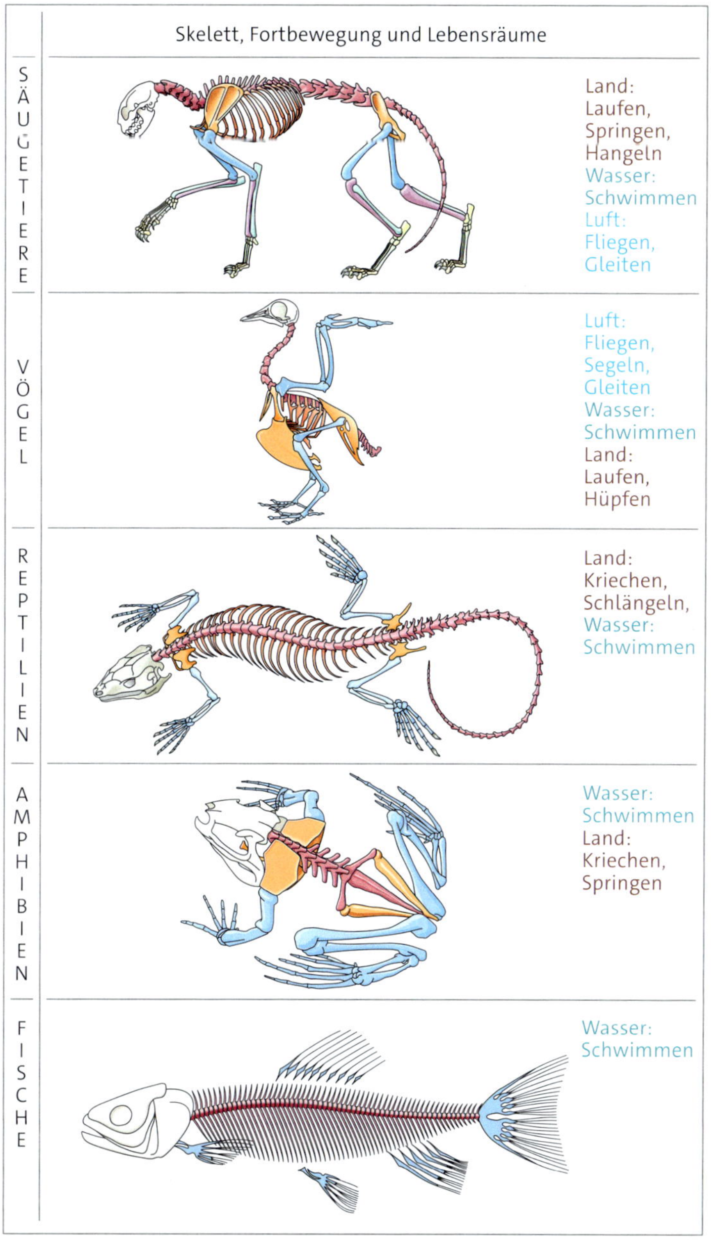

4 Merkmale der Wirbeltiergruppen im Vergleich

Aufgabe

1 ▢ Beschreibe die Merkmale der fünf Wirbeltierklassen.

Merkmale der Wirbeltiere

Material A

Die Wirbeltiere

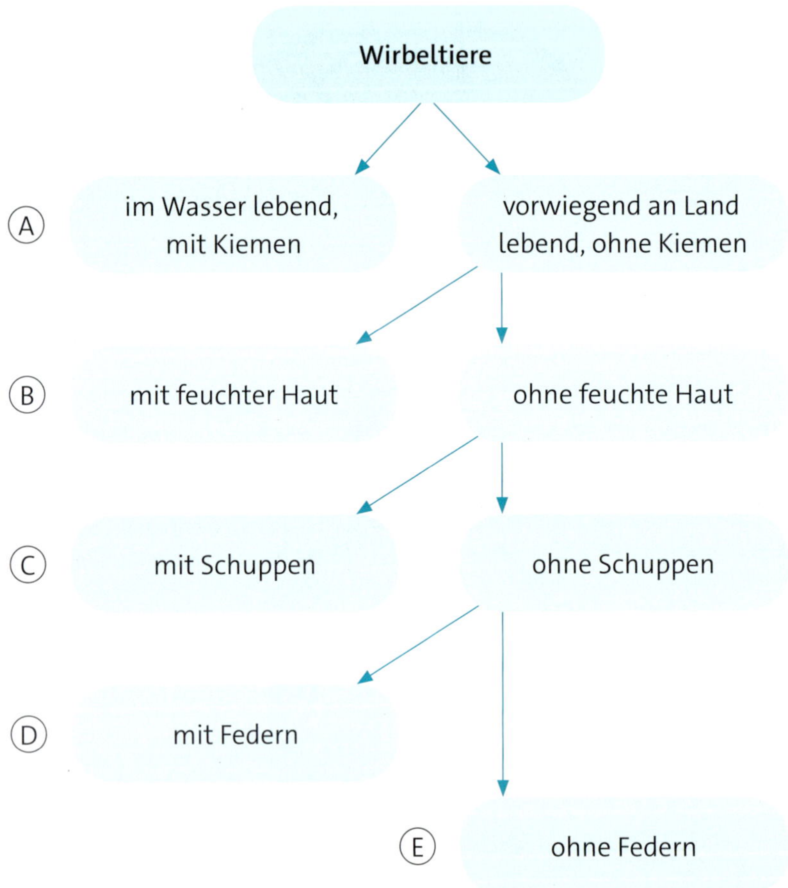

1 Bestimmungsschlüssel für Wirbeltiere

1 ▢ Vervollständige den Bestimmungsschlüssel. → 1 Schreibe dazu die Buchstaben A–E zusammen mit den Namen der Wirbeltierklassen in dein Heft.

2 ◔ Gib für jede Wirbeltierklasse zwei Tiere als Beispiel an. Benutze dazu dieses Buch.

3 Betrachte die Bilder 2–6.

a ▢ Ordne die Tiere einer Klasse der Wirbeltiere zu. Beachte, dass je ein Vertreter einer Klasse abgebildet ist.

b ◔ Begründe deine Zuordnungen.

2 Haselmaus

3 Karpfen

4 Ringelnatter

5 Wechselkröte

6 Fischadler

Erweitern und Vertiefen

Vielfalt der Wirbellosen

Auf und unter einer Wiese findest du viele verschiedene Tiere. → 7 Bienen sitzen auf Blüten und saugen Nektar, im dichten Gras findest du Spinnen, Marienkäfer, Ameisen und Schnecken. Im Boden kannst du Regenwürmer entdecken. Obwohl diese Tiere viele unterschiedliche Merkmale aufweisen, zählt man sie zu einer Gruppe. Was haben die Tiere gemeinsam?

Die Wirbellosen • Alle diese Tiere gehören zu der Gruppe der Wirbellosen. Wie der Name schon sagt, besitzen Wirbellose keine Wirbel und damit auch keine Wirbelsäule. Auch sonstige Knochen fehlen ihnen. Die Wirbellosen haben kein Skelett im Innern ihres Körpers.

Die Vielfalt der Wirbellosen • Die größte Klasse der wirbellosen Tiere bilden die Insekten. Sie haben statt eines inneren Skeletts eine stabile äußere Hülle. So werden Käfer, Ameisen und Bienen durch einen harten Panzer aus dem Baustoff Chitin geschützt. Der Körper der Insekten ist in drei deutliche Abschnitte unterteilt: Kopf, Brust und Hinterleib. Zudem haben alle Insekten sechs Beine. Dies unterscheidet sie von den Spinnentieren, die acht Beine besitzen. Schnecken, Muscheln und Tintenfische gehören zu den Weichtieren. Einige Weichtiere besitzen eine harte Schale aus Kalk, welche die Muskeln und andere Weichteile schützt. Andere Wirbellose wie Würmer kommen ohne harten äußeren Schutz aus. Zu den wirbellosen Tieren gehören noch viele weitere Tiere wie Krebse, Seesterne und Quallen. Die Anzahl und Vielfalt der Wirbellosen ist unvorstellbar groß.

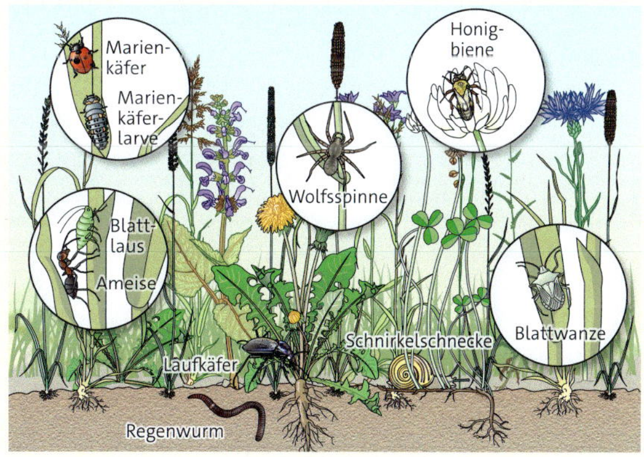

7 Wirbellose auf und unter einer Wiese

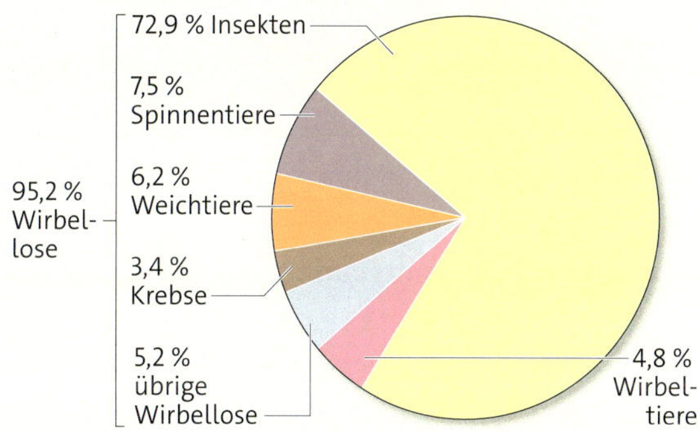

8 Anzahl der Arten vielzelliger Tiergruppen

So zählen etwa 95 Prozent der uns bekannten Tierarten zu dieser Gruppe. Die Wirbeltiere machen dagegen nur etwa 5 Prozent der Tierarten aus. → 8

Aufgaben

1 ○ Nenne Merkmale, die alle Wirbellosen gemeinsam haben.

2 ◐ Ordne die Tiere aus Bild 7 folgenden Tiergruppen zu: Weichtiere, Insekten, Spinnentiere und Würmer.

Merkmale der Säugetiere

1 Säugende Katze mit Jungtieren

Entspannt liegt die Katze auf der Seite und säugt ihre Jungen mit Milch. Das kennt man auch von Hunden, Kaninchen und vielen anderen Tieren. Was verbindet all diese Tiere zur Gruppe der Säugetiere?

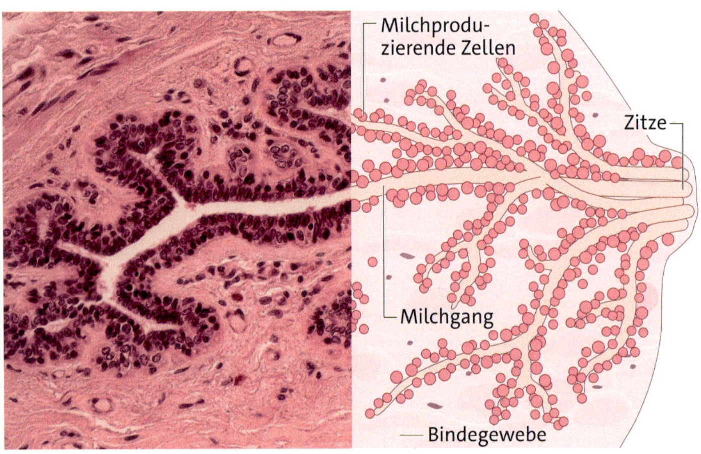

2 Milchdrüsen (mikroskopisch, Schema)

Fortpflanzung • Bei der Paarung begatten männliche Säugetiere die weiblichen Säugetiere. Die Männchen geben ihre Samenzellen ab, die die Eizellen der Weibchen befruchten. Da dieser Vorgang im Körper stattfindet, nennt man ihn innere Befruchtung. Die Jungtiere entwickeln sich bis zur Geburt im Körper der Weibchen.

Säugen • Säugetiere gebären lebende Jungtiere. Nach der Geburt werden die Jungtiere von ihren Müttern mit Milch gesäugt. → 1 Die Milch wird in speziellen Milchdrüsen gebildet, die in Milchgänge münden und schließlich in einer Zitze enden. Die Milch enthält viele wichtige Nährstoffe wie Eiweiße, Zucker, Fette und Stoffe, die das Wachstum der Jungtiere fördern. → 2

das Säugetier
das Fell
gleichwarm
die Lunge

Körperbau • Säugetiere besitzen ein innen liegendes Skelett mit einer stützenden Wirbelsäule. → 3 Abhängig von ihrer Lebensweise können Säugetiere mit ihren vier Gliedmaßen laufen, klettern, graben, schwimmen oder fliegen. Das Gebiss ist an die Ernährung angepasst. Hunde und Katzen sind Fleischfresser. Kühe und Pferde dagegen gehören zu den Pflanzenfressern. Die meisten Jungtiere von Säugetieren besitzen vor dem Zahnwechsel zunächst ein Milchgebiss.

Körperbedeckung • Die Haut der Säugetiere ist behaart. Auch Wale und Delfine haben an der Schnauze noch wenige Haare. Zwischen den Fellhaaren entsteht ein Luftpolster. Dadurch wird der Wärmeverlust verringert. Säugetiere haben eine gleichbleibend hohe Körpertemperatur unabhängig von der Umgebungstemperatur. Daher werden sie als gleichwarm bezeichnet.

Atmung • Säugetiere atmen mithilfe von Lungen. Hier erfolgt der Gasaustausch: Das Blut nimmt Sauerstoff auf und gibt Kohlenstoffdioxid ab.

Typische Merkmale • Einige der genannten Merkmale finden sich auch bei anderen Tieren. Allerdings haben nur Säugetiere ein Fell und säugen ihre Jungtiere mit Milch.

Säugetiere bringen lebende Jungtiere zur Welt. Diese säugen sie mit Milch. Säugetiere sind gleichwarm und haben ein Fell.

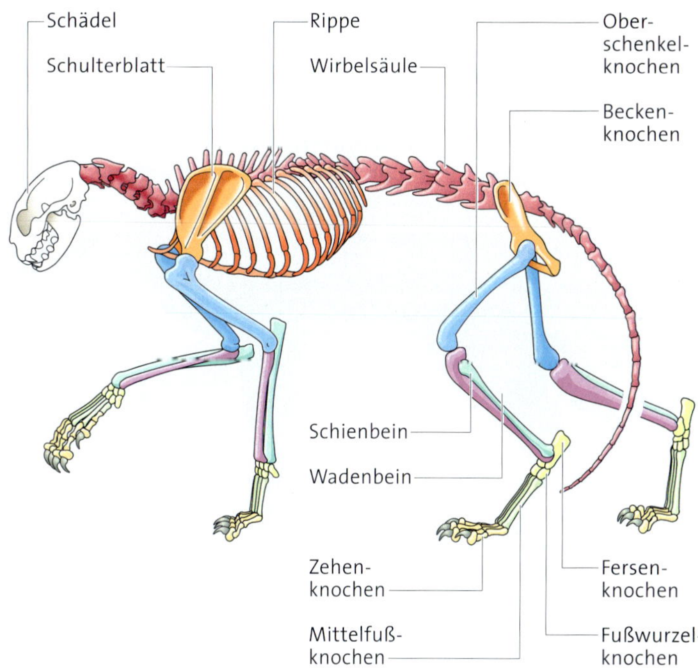

3 Skelett der Katze

Aufgaben

1 ○ Nenne die zwei typischen Merkmale der Säugetiere.

2 ◐ Beschreibe den Aufbau der Milchdrüsen. → 2

3 ● Erläutere, wie sich ein Säugetier vor Wärmeverlust schützt.

Merkmale der Säugetiere

Material A

Das Rote Riesenkänguru

1 ◐ Erläutere, aufgrund welcher Merkmale das Rote Riesenkänguru ein Säugetier ist.

1

Das Rote Riesenkänguru hat ein kurzes, raues Fell. Es kann bis zu 1,80 Meter groß und 90 Kilogramm schwer werden. → 1 Aber selbst bei dieser größten Känguruart der Welt ist das frisch geborene Jungtier nur so groß wie ein Gummibärchen.
Das Jungtier wird 20–40 Tage nach der Paarung sehr wenig entwickelt geboren. Innerhalb weniger Minuten krabbelt es selbstständig von der Geburtsöffnung in den Beutel der Mutter. Dort saugt es sich an einer der vier Zitzen fest. Nach einem halben Jahr verlässt das Jungtier zum ersten Mal den Beutel. Bis es acht Monate alt ist, kriecht es aber immer wieder zurück. Danach ist es zu groß und steckt nur noch den Kopf zum Saugen in den Beutel. Oft ist zu diesem Zeitpunkt schon das nächste Jungtier im Beutel. Kängurus gehören wie die Koalas zu den Beuteltieren.

Material B

Säugetier – ja oder nein?

1 ○ Nenne jeweils mindestens drei Merkmale von Skorpion und Guppy. → 2 3

2 ◐ Begründe, ob es sich bei Skorpion und Guppy um Säugetiere handelt. Argumentiere mithilfe der Merkmale.

3 ◐ Überprüfe anhand der bekannten Merkmale, ob der Mensch zu den Säugetieren gehört.

Der Skorpion „brütet“ seine befruchteten Eier im Körper aus und bringt dann lebende Junge zur Welt. → 2 Die Jungtiere bleiben bis zur ersten Häutung auf dem Rücken der Mutter. Sie ernähren sich in dieser Zeit von körpereigenen Reserven.
Das Guppyweibchen bekommt bei jeder Geburt ungefähr 20 lebende Jungtiere. → 3 Nach der Geburt kümmern sich Guppys nicht mehr um ihre Jungen.

2 Der Skorpion

3 Der Guppy

Erweitern und Vertiefen

Nesthocker und Nestflüchter

4 Das Hauskaninchen

5 Der Feldhase

Das Wildkaninchen • Das Wildkaninchen gräbt einen unterirdischen Erdbau mit einem Wohnkessel und einem verzweigten Gangsystem. Bei Gefahr findet es hier Schutz. Für die Geburt der Jungtiere legt das Weibchen im Bau ein Nest an. Dieses polstert es mit Gras und ausgerupften Haaren aus seinem Fell aus. Nach einer Tragzeit von ungefähr 32 Tagen bringt das Weibchen hier bis zu siebenmal im Jahr fünf bis neun Jungtiere zur Welt. Bei der Geburt wiegen sie 40 bis 50 Gramm. Sie sind noch nackt und blind. Erst nach zehn Tagen öffnen sie die Augen. Mit drei Wochen verlassen sie das erste Mal den Bau. Die jungen Kaninchen werden vier Wochen lang von dem Muttertier gesäugt. Alle Wirbeltiere, die wie die Kaninchen noch lange Zeit nach der Geburt von den Eltern versorgt werden, nennt man Nesthocker. Unsere Hauskaninchen stammen vom Wildkaninchen ab. → 4

Der Feldhase • Er scharrt sich eine flache Mulde. Bei Gefahr duckt er sich hier reglos hinein. Er kann im Notfall auch mit einer Geschwindigkeit von 70 Kilometern pro Stunde flüchten. In der Mulde bringt die Häsin nach 42 Tagen Tragzeit bis zu viermal im Jahr ein bis fünf Jungtiere zur Welt. Die Junghasen wiegen 100 bis 150 Gramm. Sie haben bereits ein Fell und ihre Augen sind geöffnet. Die Junghasen leben allein, aber zweimal am Tag kommt die Häsin zu ihnen und säugt sie. Feldhasen sind Nestflüchter.

Nesthocker kommen oft nackt und blind zur Welt und werden von den Eltern noch lange versorgt. Nestflüchter kommen sehr weit entwickelt zur Welt und finden sich sofort in ihrer Umwelt zurecht.

Aufgabe

1 Vergleiche Wildkaninchen und Feldhase miteinander. Lege dazu eine Tabelle an.

Säugetiere in allen Lebensräumen

1 Das Große Mausohr

Fledermäuse jagen fliegend in der Luft. Der Maulwurf führt ein verborgenes Leben unter der Erde. Wale sind in den großen Weltmeeren zu Hause. Woran liegt es, dass Säugetiere in allen Lebensräumen leben können? Welche Angepasstheiten zeigen sie an ihren Lebensraum?

Fledermäuse fliegen mit den Händen • Fledermäuse sind die einzigen Säugetiere, die aktiv fliegen können. Sie haben aber keine Federn, sondern ein dichtes, oft seidiges Fell. Die Flügel werden von einer zarten, doch strapazierfähigen Flughaut gebildet. Sie wird zwischen den stark verlängerten Fingern, den Beinen und dem Schwanz aufgespannt. → 1

In Ruhephasen halten sich die Fledermäuse mit den Hinterbeinen an Höhlendecken fest. Der Kopf hängt dabei nach unten. Da sie dafür keine Kraft aufwenden müssen, bleiben sie dort auch im Winter hängen. Die bei uns in Europa lebenden Fledermäuse sind recht klein und ernähren sich von Insekten. Sie gehen überwiegend in der Nacht auf die Jagd nach Mücken und Nachtfaltern. Dabei orientieren sie sich mithilfe von Ultraschall: Sie stoßen hohe Töne aus, die Menschen nicht hören können. Die Töne werden von Gegenständen und Beutetieren als Echo zurückgeworfen. Anhand des Echos erkennt die Fledermaus Hindernisse und ihre Beute. Man nennt dies Echoortung.

die Angepasstheit
die Echoortung
das Sichelbein

Der Maulwurf lebt unter der Erde • Der Maulwurf frisst Regenwürmer, Insekten und deren Larven. Die findet er entweder beim Graben oder beim Durchstreifen seiner Gänge. Dabei hilft ihm sein Rüssel, mit dem er gut riechen und tasten kann. Obwohl er keine Ohrmuscheln hat, kann er auch gut hören. Der Maulwurf hat ein dichtes Fell und kleine Augen, die teilweise von Fell bedeckt sind. Seine Gliedmaßen sind kurz. Die Handflächen sind nach außen gedreht. → 2 Ein zusätzlicher Knochen, das Sichelbein, verbreitert die Hand zur Grabhand. Der spitz zulaufende Kopf und der walzenförmige Körper ermöglichen es dem Maulwurf, sich in seinem Gangsystem zu bewegen.

2 Der Maulwurf

Das größte Tier der Welt • Mit 30 Metern Länge und einem Gewicht von 180 Tonnen ist der Blauwal das größte Tier der Erde. → 3 Er ernährt sich ausschließlich von Krill. Das sind winzige Krebse. Davon benötigt der Blauwal jeden Tag eine Tonne. Er filtert seine Nahrung aus dem Meereswasser heraus. Der Blauwal atmet mithilfe von Lungen. Deshalb müssen die Jungtiere sofort nach der Geburt an die Wasseroberfläche gebracht werden. Die Jungtiere werden mit Milch gesäugt. Das Fell ist nur noch in Form von Sinneshaaren am Maul erkennbar.

3 Der Blauwal

Säugetiere haben alle Lebensräume erobert. Sie sind vom Körperbau und mit ihrer Lebensweise an ihren Lebensraum angepasst.

Aufgaben

1 Erläutere die Angepasstheiten der Fledermaus an das Leben in der Luft.

2 Erläutere die Angepasstheiten des Maulwurfs an das Leben unter der Erde.

Säugetiere in allen Lebensräumen

Material A

Fledermäuse „sehen" mit den Ohren

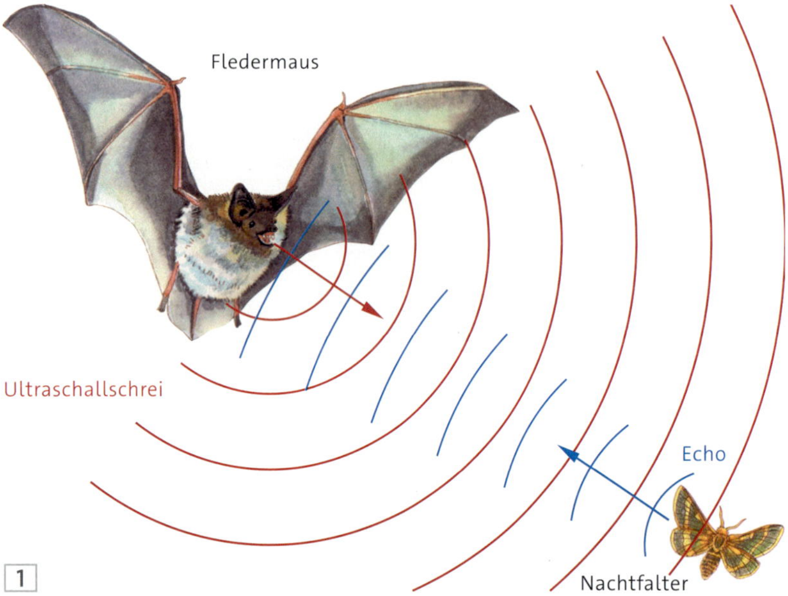

1

1 ◐ Beschreibe, wie die Fledermaus ihre Beute erkennt. → 1

2 ◐ Erläutere die Überschrift: Fledermäuse „sehen" mit den Ohren.

3 ◐ Begründe, warum diese Beuteerkennung eine Angepasstheit an das Jagen im Dunkeln darstellt.

Material B

Armskelette von zwei Säugetieren

1 ◐ Beschreibe das Armskelett des Maulwurfs.

2 ◐ Vergleiche die Armskelette von Maulwurf und Mensch.

3 ● Beschreibe die Angepasstheit des Armskeletts des Maulwurfs an das Leben unter der Erde.

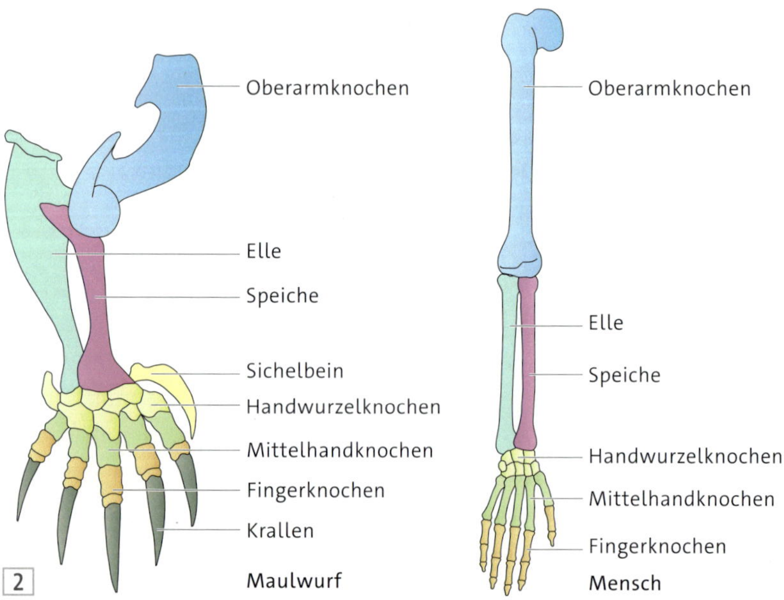

2

Erweitern und Vertiefen

Kulturfolger

3 Das Eichhörnchen

4 Der Igel

Das Eichhörnchen – ein Baumartist • Das Eichhörnchen läuft den Baumstamm in Spiralen hoch und herunter. Lange Krallen und Haftballen unter den Füßen sorgen für sicheren Halt. In der Baumkrone springt das Eichhörnchen von Ast zu Ast. Sein buschiger Schwanz dient der Steuerung und bremst den Fall. Die Nahrung des Eichhörnchens ändert sich je nach Jahreszeit. Es ernährt sich überwiegend von Beeren, Nüssen und anderen Früchten. Aber auch Kleintiere wie Würmer und Schnecken sowie Vogeleier werden verspeist. Für den Winter sammelt es Nüsse, Eicheln und Kastanien und vergräbt sie im Waldboden. Das Eichhörnchen scharrt ein Loch, legt die Nuss hinein, scharrt das Loch zu, drückt die Erde fest und stößt mit der Schnauze nach. Das passiert immer nach demselben Handlungsablauf. Oft kannst du viele Eichhörnchen im Stadtpark oder auch in Gärten beobachten. Tiere, die in vom Menschen gestalteten Lebensräumen leben, nennt man Kulturfolger.

Der Igel ist ein Fleischfresser • Der Igel schnauft und niest leise, wenn er seine Umgebung erkundet. Er geht in der Dämmerung und nachts auf Jagd. Er frisst überwiegend Insekten, Larven und Regenwürmer, aber auch kleine Mäuse, Jungvögel und Frösche. Der Igel hat scharfe, spitze Zähne. Damit ist er gut an seine Ernährungsweise angepasst. Bei Gefahr rollt sich der Igel zusammen. Dann sind nur noch seine spitzen Stacheln zu sehen. Der Igel lebt heute überwiegend in naturnahen Gärten, Parks und auf Friedhöfen. Auch er ist ein Kulturfolger.

Wildtiere, die dem Menschen in seine Lebensräume gefolgt sind und dort ständig leben, sind Kulturfolger.

Aufgabe

1 Erstelle einen Spickzettel mit jeweils zehn Wörtern zu Eichhörnchen und Igel.

Säugetiere im Winter

1 Rehe auf einer winterlichen Lichtung

2 Eichhörnchen baut seinen Kobel.

Rehe und Eichhörnchen sind Säugetiere. Im Sommer finden sie genügend Nahrung. Doch im Winter gibt es für beide kaum Nahrung. Wie überleben Säugetiere den Winter?

Aktive Überwinterung • Im Sommer ernähren sich Rehe hauptsächlich von Kräutern und jungen Trieben der Laubbäume. Sie finden ihre Nahrung überwiegend auf Lichtungen. Im Winter entfällt dieses Nahrungsangebot. Sie müssen Gräser und Knospen fressen. Diese Nahrung ist jedoch weniger nährstoffreich und liefert deshalb weniger Energie. Durch die ständige Nahrungssuche verbrauchen sie im Winter viel Energie. Sie müssen auch die Körpertemperatur im Winter aufrechterhalten. Dazu benötigen Rehe ebenfalls viel Energie. Wie können Rehe den Winter überstehen?
Im Spätsommer fressen sich Rehe bei ausreichendem Nahrungsangebot viel Körperfett an. Sie überstehen den Winter, weil sie ihr angefressenes Körperfett abbauen und als zusätzliche Energiequelle nutzen. Rehe sind im Winter ähnlich aktiv wie im Sommer. Daher bezeichnet man diese Art der Überwinterung als aktive Überwinterung.

Winterruhe • Eichhörnchen sind Baumbewohner. Sie ernähren sich im Sommer von Beeren, Nüssen, aber auch von Insekten. Im Spätsommer und Herbst finden sie ausreichend Nüsse. Sie vergraben sie als Vorrat für den Winter. Den Winter verbringen Eichhörnchen die längste Zeit in ihrem ausgepolsterten Nest. Man nennt das Nest auch Kobel. Der Kobel schützt die Eichhörnchen vor Auskühlung. Sie müssen daher weniger Energie als aktive Überwinterer wie Rehe aufbringen, damit sie ihre Körpertemperatur fast aufrechterhalten. Zeitweise verlassen Eichhörnchen den Kobel, suchen ihre Vorräte und fressen. In den langen Ruhephasen zwischen dem Fressen atmen sie weniger und ihr Herz schlägt nicht mehr so schnell. Ihre Herz- und Atemfrequenz sinken leicht. Der Energiebedarf des Körpers senkt sich ein

Aktivität:
Unter Aktivität versteht man alle natürlichen Verhaltensweisen eines Tiers wie Fortpflanzung, Bewegung, Nahrungssuche oder auch Stoffwechsel.

Herzfrequenz:
Die Herzfrequenz gibt an, wie oft das Herz pro Minute schlägt.

Atemfrequenz:
Die Atemfrequenz gibt an, wie oft ein Lebewesen pro Minute ein- und ausatmet.

die aktive Überwinterung
die Winterruhe
der Winterschlaf
das Winterquartier

wenig, weil das Eichhörnchen in seinem wärmenden Kobel ruht und sich nur wenig bewegt. Eichhörnchen können daher den Winter auch mit geringer Nahrungszufuhr überstehen. Sie betreiben Winterruhe.

Winterschlaf • Fledermäuse ernähren sich im Sommer von Insekten, die sie im Flug fangen. Da das Fliegen sehr energieaufwendig ist, benötigen sie große Mengen an Nahrung. Im Winter gibt es jedoch keine Fluginsekten. Die Zeit ohne Nahrung verbringen Fledermäuse in Höhlen oder anderen von der Witterung geschützten Orten. Man nennt diese Orte Winterquartiere. Fledermäuse hängen kopfüber in einem Schlafzustand. Sie betreiben Winterschlaf. Ihre Herz- und Atemfrequenzen sind stark verlangsamt. Die Körpertemperatur sinkt. Sie haben einen ganz geringen Energiebedarf, den sie über Fettreserven decken können. Wird es zu kalt, steigern sie schnell die Herz- und Atemfrequenzen. Sie aktivieren ihren Stoffwechsel, um schnell Körperwärme zu erzeugen. So entgehen sie dem Kältetod.

3 Fledermäuse im Winterquartier

Säugetiere haben unterschiedliche Überwinterungsarten: aktive Überwinterung, Winterruhe und Winterschlaf.

Aufgaben

1 ◔ Begründe, weshalb sich Rehe im Spätsommer große Fettreserven anfressen müssen.

2 ● Stelle Vermutungen an, warum ein häufiges Unterbrechen des Winterschlafs zum Tod einer Fledermaus führen kann.

Art der Überwinterung	Aktive Überwinterung	Winterruhe	Winterschlaf
Beispiele	Reh	Eichhörnchen	Fledermaus
Nahrungsaufnahme	tägliche Nahrungsaufnahme durch Umstellung auf Winternahrung	regelmäßige Nahrungsaufnahme zwischen den Ruhephasen aus Vorräten oder durch Nahrungssuche	selten bis keine Nahrungsaufnahme
Aktivität	ähnlich wie im Sommer	überwiegend ruhend, aber regelmäßig wach	tief schlafend, gelegentlich auch kurze Wachphasen
Körpertemperatur	wie im Sommer	ähnlich wie im Sommer	stark herabgesetzt
Atem- und Herzfrequenz	wie im Sommer	leicht herabgesetzt	stark herabgesetzt

4 Überwinterungsarten von Säugetieren

Säugetiere im Winter

Material A

Das Murmeltier

1

Murmeltiere leben in Familienverbänden auf 1500 Metern Höhe in den Alpen.

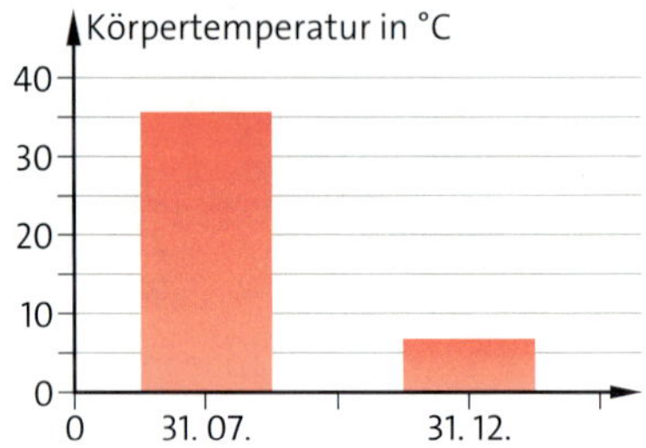

2 Körpertemperatur des Murmeltiers

Sie verbringen den Winter eng aneinandergeschmiegt in ihrem Bau, den sie in den Boden gegraben haben. Sie verlassen ihren Bau nicht.

1 ○ Beschreibe das Diagramm.

2 ◐ Erläutere die Überwinterungsart des Murmeltiers mithilfe des Diagramms. → 2

Material B

Warum plustern sich Tiere bei Kälte auf?

Viele Tiere stellen bei besonders niedrigen Temperaturen ihre Haare oder das Gefieder auf. Welchen Vorteil hat das?

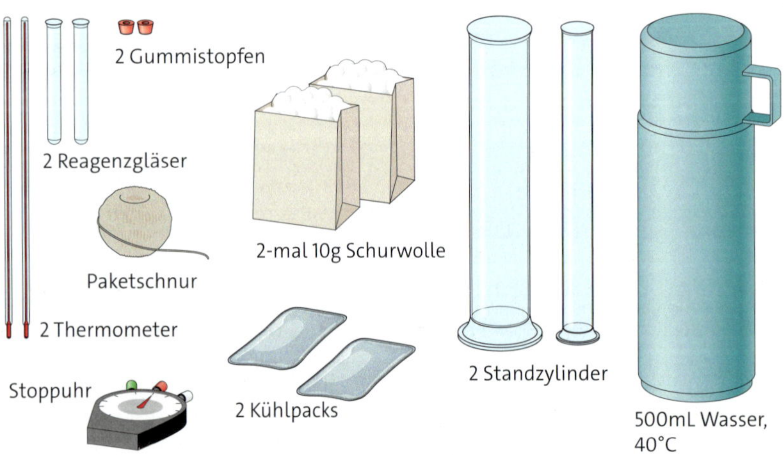

3 Versuchsmaterial

Materialliste: 2 lange Thermometer (–10 bis 50 °C), 2 hohe Standzylinder (Durchmesser 8 cm, 4 cm), 2 Reagenzgläser und passende Gummistopfen mit Loch (für die Thermometer), 2 kalte Kühlpacks, Paketschnur, 2-mal 10 g Schurwolle in Tüten, 500 mL Wasser von 40 °C (Thermoskanne), Stoppuhr

1 ● Schützt ein aufgeplustertes Fell besser vor Kälte als ein nicht aufgeplustertes? Untersucht es mit dem Versuchsmaterial. → 3

a Plant den Versuch und skizziert den Aufbau. Gebt an, wofür die Wolle beim Tier stehen soll und wofür das warme Wasser.

b Führt den Versuch durch. Beschreibt euer Vorgehen und eure Beobachtungen. Notiert Messwerte.

c Wertet den Versuch aus. Beantwortet die Versuchsfrage.

Material C

Körperfunktionen im Winter

Umgebungstemperatur in Grad Celcius	Körpertemperatur in Grad Celcius	Atemzüge pro Minute	Herzschläge pro Minute
30	37	35	200
20	37	35	200
13	25	20	100
10	10	10	50
2	5	2	20
0	35	35	200

Biologen haben die Körpertemperatur, die Atemzüge pro Minute und die Herzschläge pro Minute bei einem Reh, einem Eichhörnchen und einer Fledermaus bei unterschiedlichen Umgebungstemperaturen gemessen. Die Tabelle zeigt die Messwerte für eines der Tiere. Welches?

1 ● Entscheide und begründe, ob es sich bei den Messdaten der Tabelle um ein Reh, ein Eichhörnchen oder eine Fledermaus handelt.

2 Durch den Klimawandel sind unsere Winter nicht mehr durchgehend kalt. Manchmal ist es sehr kalt und manchmal mehr als 10 °C warm.
● Erkläre, warum dieser Sachverhalt für das gesuchte Tier ein Problem darstellt.

Material D

Winterfell

Das Fell von Füchsen besteht aus langen Deckhaaren und kurzen Wollhaaren. Zwischen den Haaren befindet sich eine vom Körper erwärmte Luftschicht. Je dichter das Fell, desto weniger vermischt sich diese Luftschicht mit der kalten Außenluft.

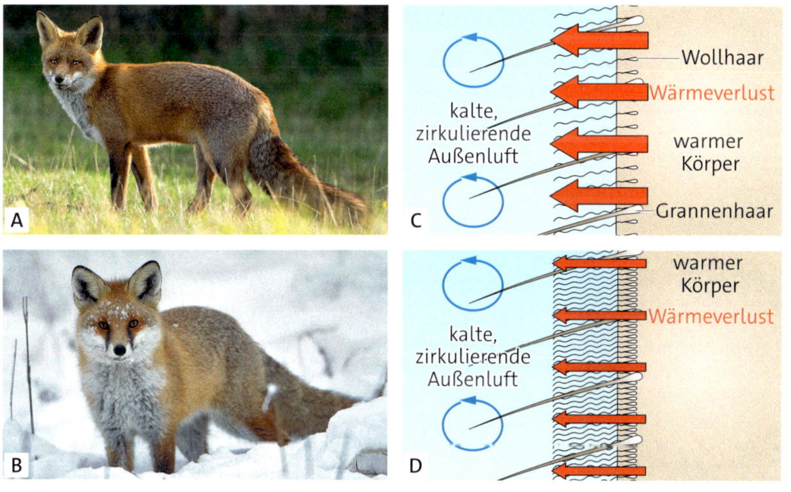

4 Sommerfell (A, C) und Winterfell (B, D) des Fuchses

1 ◐ Begründe mithilfe von Bild 4, weshalb ein Fell Wärmeverlusten vorbeugt.

2 ◐ Vergleiche das Winterfell und das Sommerfell des Fuchses. → 4C 4D

3 ● Ein Winterfell wärmt den Körper der Tiere nicht aktiv, sondern beugt nur Wärmeverlusten vor. Erkläre diesen Sachverhalt.

Bau der Blütenpflanzen

1 Blütenpracht in einem Park

Rote, blaue, weiße Blüten – in der Natur, in Gärten und Parks kannst du viele verschiedene Pflanzen mit Blüten entdecken. Sie unterscheiden sich nicht nur durch ihre Farben, sondern auch durch ihre Formen. Was kennzeichnet eine Blütenpflanze?

2 Die Löwenzahnwurzel

Blütenpflanzen • Zu den Blütenpflanzen zählen alle Pflanzen, die Blüten bilden. Dies sind nicht nur die blühenden Pflanzen auf einer Wiese, sondern auch der Kirschbaum, die Erdbeere oder die Tomatenpflanze. Alle Blütenpflanzen haben den gleichen Grundbauplan. Sie bestehen aus zwei Teilen: Die Wurzel befindet sich unter der Erde, zum Spross gehören alle Teile über der Erde. Der Spross wird in die Sprossachse, die Blätter und die Blüten unterteilt. → 3

Die Wurzel • Den nötigen Halt in der Erde erhält die Pflanze durch ihre Wurzel. Sie besteht meist aus einer Hauptwurzel, die sich in viele Seitenwurzeln verzweigt. → 2 Über die Wurzel nimmt die Pflanze Wasser und die darin enthaltenen Mineralstoffe auf. Das Wasser und die Mineralstoffe benötigt die Pflanze zum Leben. An den Wurzelenden befinden sich feine Wurzelhaare. Sie vergrößern die Wurzeloberfläche noch weiter und verbessern damit die Wasseraufnahme. Wurzeln dienen auch als Speicherorgan für Nährstoffe.

die **Wurzel**
der **Spross**
die **Sprossachse**
das **Blatt**
die **Blüte**

Die Sprossachse • Die Blätter und die Blüten werden von der Sprossachse getragen. Sie ist für die Gestalt und die Festigkeit der Pflanze zuständig. Durch die Sprossachse werden Wasser und Mineralstoffe in Leitungsbahnen von den Wurzeln zu den Blättern geleitet. In den Blättern werden Nährstoffe gebildet. Sie werden von der Sprossachse nach unten zu den Wurzeln transportiert und dort gespeichert.
Die Sprossachse wird bei Kräutern auch Stängel genannt. Bei Sträuchern heißt sie Zweig und bei Bäumen Zweig, Ast oder Stamm.

Die Blätter • In den Blättern bildet die Pflanze Nährstoffe, die sie zum Wachstum benötigt. Vor allem auf der Unterseite des Blatts befinden sich kleine Öffnungen, die Spaltöffnungen. Durch sie kann die Pflanze das Gas Kohlenstoffdioxid aus der Luft aufnehmen. Aus Kohlenstoffdioxid und Wasser bildet die Pflanze mithilfe des Sonnenlichts den Nährstoff Traubenzucker und Sauerstoff. Diesen Vorgang nennt man Fotosynthese.
Der Sauerstoff wird durch die Spaltöffnungen nach außen abgegeben. Aus dem Traubenzucker kann die Pflanze alle für ihre Lebensvorgänge benötigten Stoffe herstellen.

Die Blüte • Aus der Blüte entwickeln sich Früchte und Samen. Diese dienen der Fortpflanzung der Blütenpflanze. Blüten kommen je nach Art in verschiedenen Formen, Größen und Farben vor.

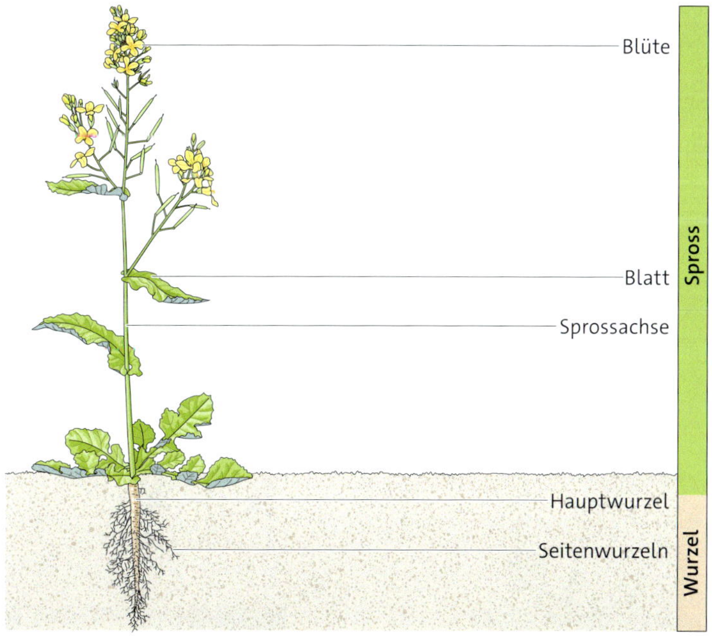

3 Bauplan einer Blütenpflanze

Blütenpflanzen bestehen aus Wurzel und Spross. Die Wurzel nimmt Stoffe auf und gibt der Pflanze Halt. In den Blättern werden Nährstoffe gebildet, die Blüten dienen der Fortpflanzung.

Aufgaben

1 ○ Decke im Bild 3 die Beschriftungen ab. Benenne nun die Einzelteile.

2 ◐ Beschreibe die Bildung von Traubenzucker in der Pflanze.

3 ◐ Ist ein Apfelbaum, der Früchte trägt, immer noch eine Blütenpflanze? Begründe deine Antwort.

Bau der Blütenpflanzen

Material A

Bau der Blütenpflanzen

1 Schema einer Blütenpflanze

1 ▢ Benenne die mit Ziffern gekennzeichneten Teile. → 1

2 ◔ Beschreibe die Aufgaben der verschiedenen Teile.

3 Betrachte Bild 2.
◔ Ordne die Schemazeichnungen den Fotos der Pflanzen zu. → 3 – 5 Begründe deine Zuordnungen.

2 krautige Pflanze

3

4

5

Material B

Wasser in der Pflanze

Pflanzen nehmen Wasser aus dem Boden auf. Was passiert auf dem Bild mit dem Wasser?

1 ◔ Beschreibe den Versuch und sein Ergebnis. → 6

2 ● Erläutere das Ergebnis.

3 ◔ Begründe, weshalb Pflanzen bei hohen Temperaturen ihre Spaltöffnungen schließen.

6 Was passiert mit dem Wasser in der Pflanze?

Material C

Flache und tiefe Wurzeln

Nach sehr starken Stürmen kann man im Wald manchmal entwurzelte Bäume finden. → 7

1 Gib an, ob die Fichte ein Flachwurzler oder ein Tiefwurzler ist. → 7 8 Begründe deine Antwort.

2 Die Latschenkiefer kann auf einem schrägen, steilen Hang im hohen Gebirge wachsen. Entscheide, welchen Wurzeltyp die Latschenkiefer besitzt, und begründe deine Entscheidung.

7 Fichte nach einem Sturm

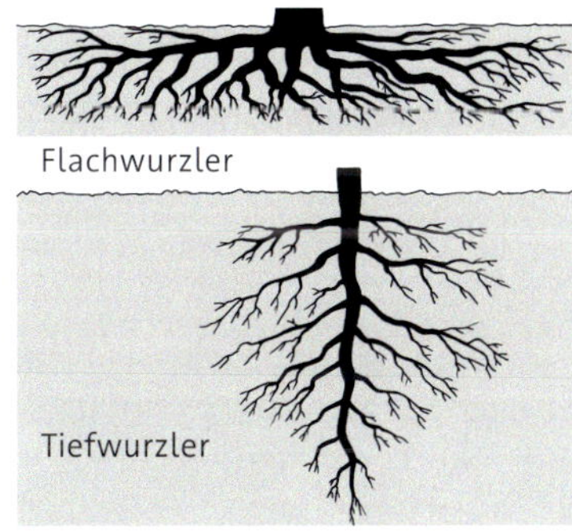

8 Flachwurzler und Tiefwurzler

Pflanzen, deren Wurzeln sich wie ein Teller nur in den oberen Bodenschichten ausbreiten, werden Flachwurzler genannt. Sie bevorzugen feuchte Standorte mit hohem Grundwasserstand. Bei Tiefwurzlern dringt die starke Hauptwurzel tief in den Boden ein. So kann sich die Pflanze auch in lockerem, sandigem Boden verankern. Die Wurzeln der Tiefwurzler reichen selbst in tief liegendes Grundwasser.

9 Flachwurzler und Tiefwurzler

Material D

Oberflächenvergrößerung

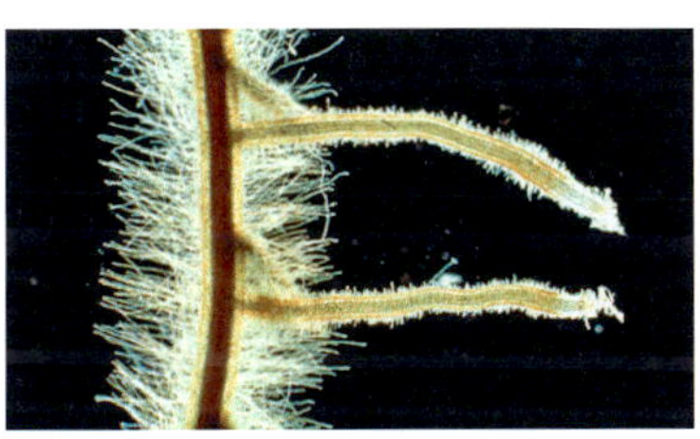

10 Wurzel mit Wurzelhaaren

Bild 11 zeigt verschiedene Figuren. Sie sind aus der gleichen Anzahl von gleich großen Würfeln mit der Kantenlänge 1 cm zusammengesetzt.

1 Ermittle die Oberfläche der 3 Figuren. Beachte: Zähle pro Würfel die freien Oberflächen und addiere alle von der jeweiligen Figur. → 11

2 Erläutere den Zusammenhang zwischen Oberfläche und Form der Figuren.

3 Vergleiche die Figuren mit der Form der Wurzel in Bild 10.

4 Erläutere die Vorteile der großen Anzahl von Wurzelhärchen.

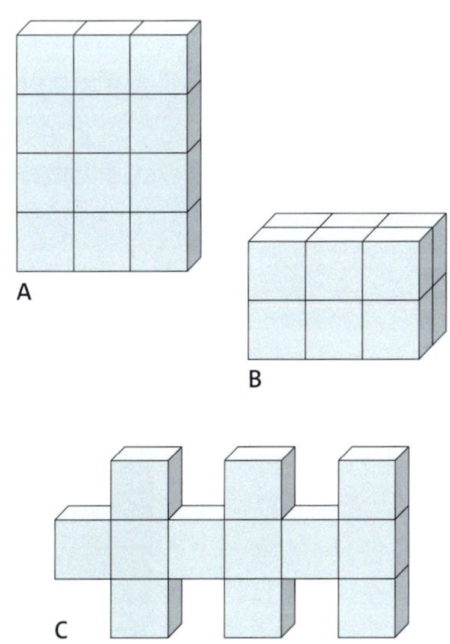

11 Figuren

Aufbau von Blüten

1 Blüten: **A** Apfel, **B** Wiesenschaumkraut (Blütenstand), **C** Vogelmiere, **D** Sommerflieder (Blütenstand)

Wenn du im Frühling durch die Natur gehst, siehst du viele Blüten. Sie unterscheiden sich nicht nur durch ihre Farbe. Auch weiße Blüten können verschieden sein. Was haben Blüten gemeinsam und was unterscheidet sie?

Aufbau einer Blüte • Blüten haben alle den gleichen Grundbauplan. Nur in der Anzahl der einzelnen Teile und in ihrem Aussehen unterscheiden sie sich.

2 Kirschblüte

Von außen nach innen sind dies die Kelchblätter, die Kronblätter, die Staubblätter und der Stempel. Die Reihenfolge dieser Blütenblätter ist unveränderbar.

Kelchblätter • Meist sind die Kelchblätter grün. Sie dienen der Blüte bis zu ihrem Aufblühen als Schutz.

Kronblätter • Die Kronblätter sind der auffälligste Teil der Blüte. → 2 Durch ihre bunte Färbung sollen Insekten zur Bestäubung angelockt werden.

Staubblätter • Staubblätter sind die männlichen Blütenorgane. Sie bilden den Pollen. Ein Staubblatt besteht aus dem dünnen Staubfaden und einer gelben Verdickung am oberen Ende, dem Staubbeutel mit den Pollen. → 2

die Blüte
das Kelchblatt
das Kronblatt
das Staubblatt
das Fruchtblatt

3 Kirschblüte (Längsschnitt)

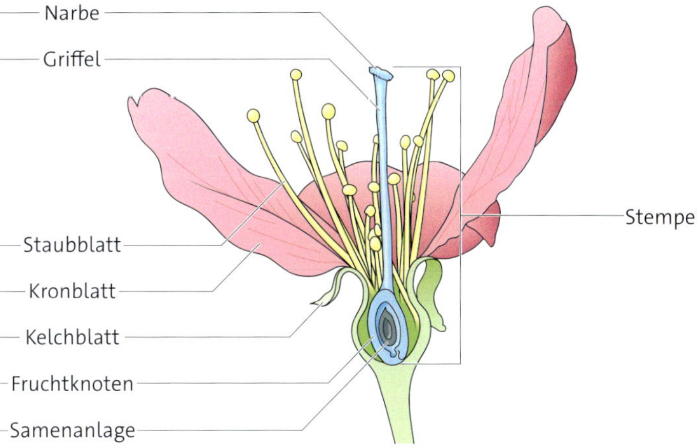

4 Kirschblüte (Schnittzeichnung)

Der Stempel • Die Fruchtblätter sind die weiblichen Blütenorgane. Sie sind miteinander verwachsen und werden als Stempel bezeichnet. Der dicke untere Teil ist der Fruchtknoten mit der Samenanlage. Es folgen der längliche Griffel und am oberen Ende die breite Narbe. → 3 4

Blütenstände • Bei vielen Pflanzen befinden sich die Blüten nicht einzeln, sondern dicht nebeneinander an der Pflanze. Sie bilden dann einen Blütenstand. Das kann man beim Wiesenschaumkraut und auch beim Sommerflieder gut erkennen. → 1B 1D

Legebild und Blütendiagramm • Zerlegt man eine Blüte in ihre Bestandteile und ordnet ihre vier verschiedenen Blütenbestandteile in vier Kreisen an, erhält man ein Legebild. → 5
Dieses Anordnung kann man auch schematisch als sogenanntes Blütendiagramm darstellen. → 6

Blüten bestehen aus Kelchblättern, Kronblättern, Staubblättern und Fruchtblättern. Der Stempel besteht aus Fruchtknoten, Griffel und Narbe.

5 Legebild

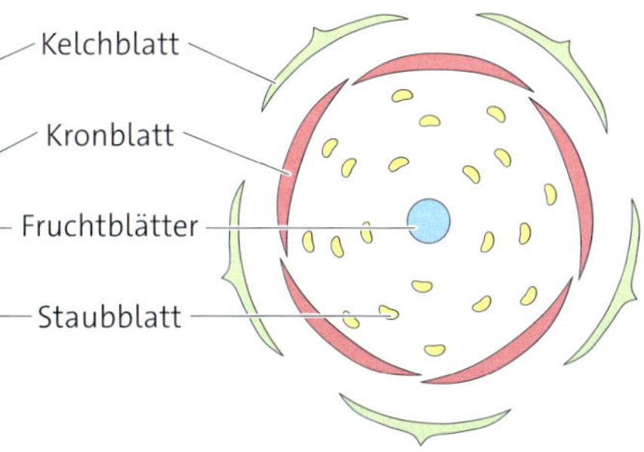

6 Blütendiagramm

Aufgaben

1 ○ Nenne die Teile einer Blüte und ihre jeweilige Funktion.

2 ◐ Stimmt es, dass eine Blüte nur aus Blättern besteht? Begründe deine Antwort.

Aufbau von Blüten

Material A

Bestandteile der Blüte

1 Ordne die Namen A–G und die Beschreibungen a–g den Blütenbestandteilen 1–7 zu. → 1

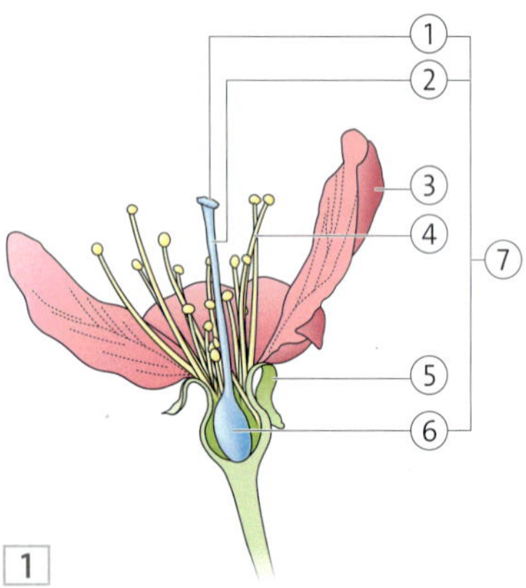

1

A Kelchblätter   B Kronblätter   C Staubblätter   D Narbe

E Stempel (Fruchtblätter)   F Griffel   G Fruchtknoten

a Er bildet den breiten oberen Teil des Stempels.

b Er bildet den länglichen mittleren Teil des Stempels.

c Sie sind die weiblichen Blütenorgane. Sie sind miteinander verwachsen und werden als Stempel bezeichnet.

d Sie sind die männlichen Blütenorgane. Sie enthalten den Pollen.

e Sie sind meist grün. Bis zu ihrem Aufblühen dienen sie der Blüte als Schutz.

f Er bildet den dicken unteren Teil des Stempels.

g Sie sind der auffälligste Teil der Blüte. Durch ihre bunte Färbung sollen Insekten zur Bestäubung angelockt werden.

Material B

Blütendiagramme

Blüten lassen sich als Blütendiagramme darstellen.

1 Ordne die Farben den verschiedenen Blütenteilen zu. → 2

2 Ordne den Blüten 3 und 4 das passende Blütendiagramm zu. → 2
Achtung • Die Kelchblätter und Kronblätter einer der Blüten sehen gleich aus!

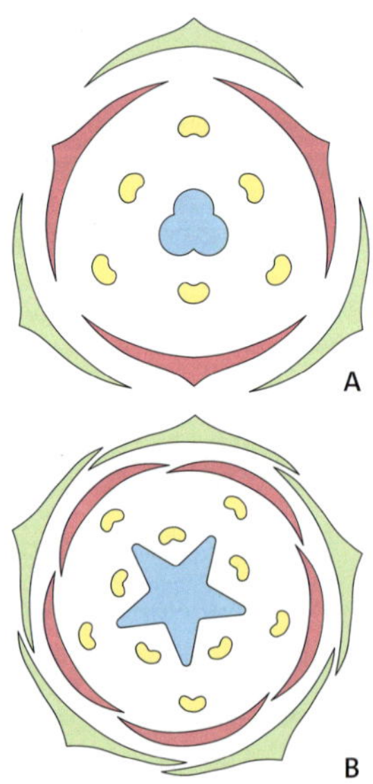

2 Blütendiagramme

3 Kleiner Storchschnabel

4 Bärlauch

Material C

Legebilder von Blüten

Alle Blüten besitzen einen ähnlichen Aufbau. Sie bestehen aus Kelch-, Kron-, Staub- und Fruchtblättern. Um verschiedene Blüten zu vergleichen, ordnet man die einzelnen Blütenteile in einem Legebild an. Die schematische Zeichnung des Legebilds ist das Blütendiagramm.

Materialliste: Rapsblüte, Pinzette, Messer oder Skalpell, Blatt Papier, Zirkel, Stift, Klebefolie, Lupe oder Binokular

1 Zeichne als Legehilfe mit dem Zirkel vier Kreise mit demselben Mittelpunkt in die Mitte eines Blatts. → 5

2 Zupfe nun mit der Pinzette vorsichtig die Rapsblüte auseinander. Benutze eventuell ein Skalpell als Hilfe.

a ○ Betrachte die einzelnen Blütenteile unter der Lupe oder dem Binokular. Beschreibe, was du siehst.

b ○ Erstelle ein Legebild für die Rapsblüte. Lege dazu die einzelnen Blütenteile von außen nach innen an die Kreise. Fixiere sie anschließend mit Klebefolie. → 5

c ◐ Beschrifte dein Legebild. Zähle die einzelnen Blütenteile und notiere die Anzahl in einer Tabelle.

3 Betrachte die Apfelblüte in Bild 8.

● Ergänze das Blütendiagramm der Apfelblüte in deinem Heft. Nimm die Vorlage in Bild 9 zu Hilfe.

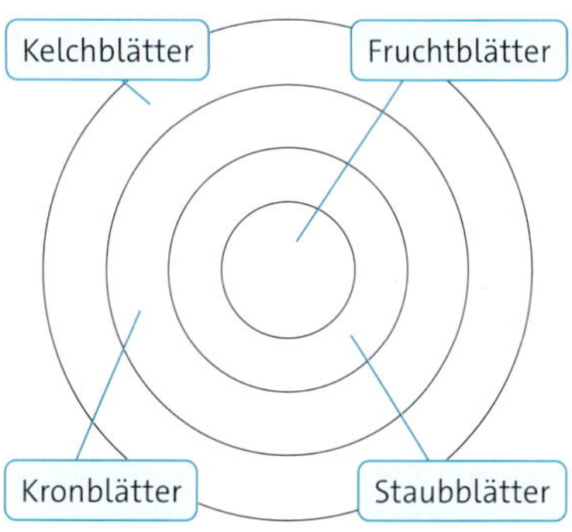

5 Vorlage für Blütendiagramm und Legebild

6 Rapsblüte

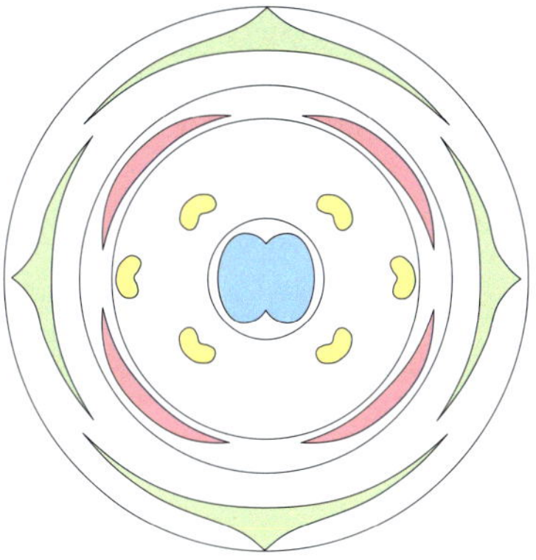
7 Blütendiagramm (Raps)

Apfelblüte
Kronblätter: 5
Kelchblätter: 5
Staubblätter: mindestens 15

8

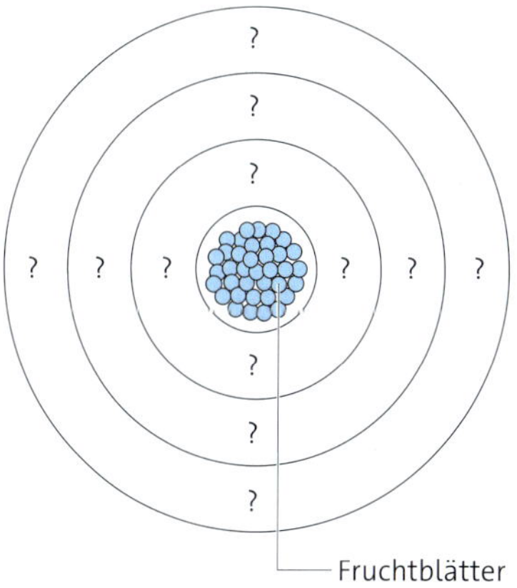

9

Fortpflanzung von Blütenpflanzen

1 Eine Biene besucht eine Kirschblüte.

2 Männliche Blüte der Kiefer

Wenn die Pflanzen im Frühjahr blühen, kann man oft Bienen sehen, die an ihren Hinterbeinen große gelbe Polster tragen. → 1 In ausgedehnten Kiefernwäldern kann man beobachten, dass von den Kiefern große gelbe Staubwolken vom Wind weggetragen werden. → 2 Was haben die beiden Beispiele mit der Fortpflanzung von Blütenpflanzen zu tun?

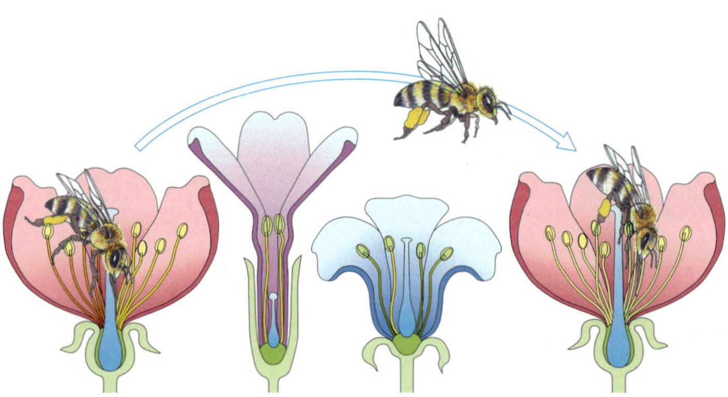

3 Eine Biene überträgt Pollen.

Kirschblüten locken Bienen an • Die Blüten duften und haben fünf auffallend große weiße Kronblätter. Dadurch werden die Bienen auf der Suche nach Nahrung angelockt. → 2 In den Blüten finden sie einen süßen Saft, den Nektar. Dieser wird an der Innenseite der Kronblätter von Nektardrüsen gebildet. Bienen nehmen den nährstoffreichen Nektar auf und stellen daraus Honig her.

Bienen bestäuben Kirschblüten • Kirschblüten besitzen männliche und weibliche Blütenorgane. Deshalb nennt man sie zweigeschlechtlich oder zwittrig. Ihre Staubblätter dienen den Bienen als zusätzliche Futterquelle. Die Staubbeutel enthalten Pollen, die so zahlreich und winzig sind, dass man auch vom Blütenstaub spricht. Auf dem Weg in die Blüte bleiben Pollen am Haarkleid der Biene hängen und wer-

der **Nektar**
die **Pollenkörner**
die **Insektenbestäubung**
die **Windbestäubung**

den an den Hinterbeinen gesammelt. Besuchen die Tiere andere Blüten, werden einige Pollenkörner vom Körper der Biene an der klebrigen Narbe des Stempels der neuen Blüte abgestreift. → 3 Die Übertragung des Pollens von einer Blüte auf die andere nennt man Bestäubung. Nur wenn Blüten bestäubt werden, können sich Früchte entwickeln. Da die Bestäubung durch Bienen und andere Insekten wie Hummeln erfolgt, spricht man von Insektenbestäubung. → 4

4 Hummel kriecht in Salbeiblüte.

Bestäubung durch den Wind • Der Haselnussstrauch bildet eingeschlechtliche Blüten aus. Sie besitzen entweder Staubblätter oder Fruchtblätter. Die männlichen Blüten hängen im Frühjahr von den Ästen. Beim leichtesten Windhauch lösen sich kleine Wolken aus Millionen von gelben Pollenkörnern. → 5A Die Pollenkörner gelangen auf die klebrigen Narben der weiblichen Stempelblüten. Diese sind nicht leicht zu entdecken. Sie liegen innerhalb kleiner Knospen, aus denen nur die rötlichen Narben herausragen. → 5B Der Haselstrauch wird durch den Wind bestäubt. Für viele unserer Bäume wie die Kiefer, alle Gräser und einige Kräuter gilt dies ebenfalls. Man spricht von Windbestäubung.

5 Blüten des Haselnussstrauchs

Die Übertragung von Pollenkörnern einer Blüte auf die Narbe einer anderen Blüte nennt man Bestäubung. Man unterscheidet zwischen Insektenbestäubung und Windbestäubung.

Aufgaben

1 ○ Beschreibe den Ablauf der Bestäubung durch Insekten. → 3

2 ● Stelle Vermutungen an, weshalb an einem Haselnussstrauch männliche und weibliche Blüten unterschiedliche Reifezeiten haben.

3 ◐ In der Blütezeit trägt der Haselnussstrauch noch keine Blätter. Erläutere die Vorteile für die Pflanze.

Fortpflanzung von Blütenpflanzen

Material A

Bestäubung durch Wind oder Insekten

1 Gib an, welche der abgebildeten Blüten vom Wind und welche von Insekten bestäubt werden. Begründe deine Antwort.

2 Hummeln sind schwere Insekten mit langen Rüsseln. Vermute, welche der dargestellten Blüten vor allem von Hummeln bestäubt werden.

1

2

3

4

Material B

Wiesensalbei

Der Wiesensalbei ist mit seiner ganz besonderen Bestäubungstechnik ein gutes Beispiel für die besondere Beziehung zwischen Lebewesen. → 5

Bei jungen Salbeiblüten ist der Weg zum Nektar durch zwei Platten versperrt. Wenn die Hummel diese wegdrückt, senken sich die Staubblätter. Der Pollen wird auf dem Rücken abgestreift.

Die Hummel besucht anschließend eine ältere Blüte. Bei ihr sind die Staubblätter vertrocknet, der Griffel länger. Bei den alten Blüten bekommt die Hummel Nektar.

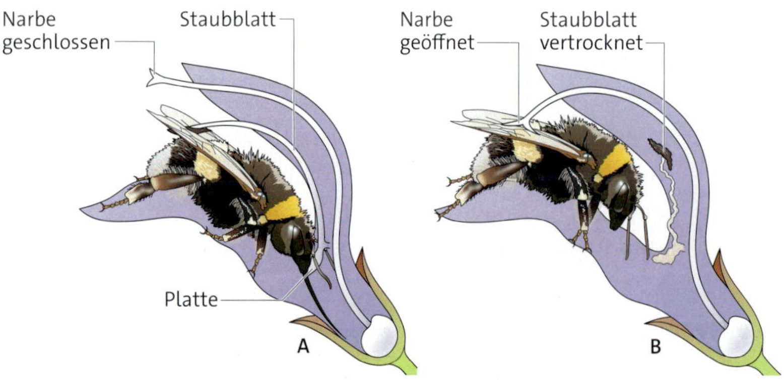

5 Hummel bestäubt Salbei: **A** junge Blüte, **B** alte Blüte

1 Beschreibe, wie der Pollen auf den Körper der Hummel gelangt. → 5A

2 Beschreibe, wie die Bestäubung erfolgt. → 5B

3 Stelle Vermutungen an, wie bei zwittrigen Salbeiblüten eine oft zu Missbildungen führende Eigenbestäubung verhindert wird.

Material C

Pollenkörner

6 Gelber Teppich auf See

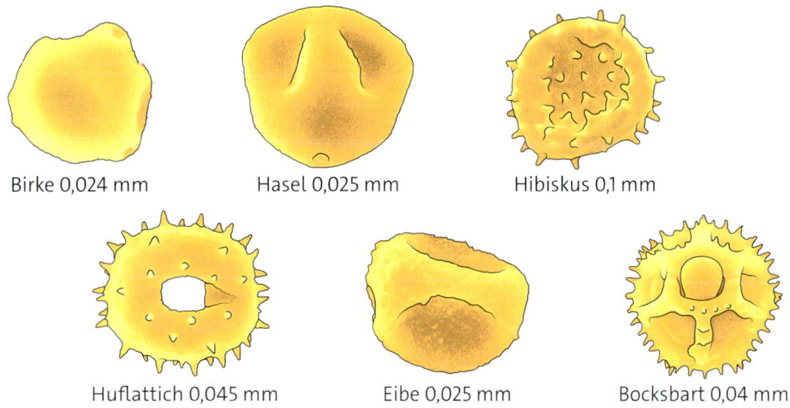

7 Formen von Pollenkörnern

Oft sieht man im Frühjahr in der Nähe von Kiefernwäldern einen riesigen schmierigen gelben Teppich auf dem Wasser von Teichen und Seen. Wieso?

1 Pollenkörner sehen unterschiedlich aus. Lies den Text. → 8

a ○ Ordne die in Bild 7 dargestellten Pollenkörner wind- oder insektenbestäubten Pflanzen zu.

b ◐ Begründe deine Zuordnungen.

c ◐ Begründe mithilfe der mikroskopischen Bilder 9 und 10, ob der Löwenzahn und die Kiefer durch Wind oder Insekten bestäubt werden.

2 ● Erläutere, weshalb es für windbestäubte Pflanzen wichtig ist, Millionen Pollenkörner zu bilden.

Pollenkörner Pflanzen, die vom Wind bestäubt werden, bilden Millionen kleine Pollenkörner in ihren Blüten. Die Pollenkörner sind leicht, nicht klebrig und bilden oft verbreiterte Oberflächen mit kleinen „Flügeln" aus. Zu den Windbestäubern gehören zum Beispiel unsere Nadelbäume oder auch Getreide und andere Gräser. Pflanzen, die durch Insekten bestäubt werden, bilden meist nur etwa 6 000 Pollenkörner pro Blüte. Ihre Pollenkörner sind oft klebrig oder besitzen Haftorgane wie kleine Zacken oder Stacheln. Die Pollenkörner sind in der Regel größer und enthalten mehr Nährstoffe.

8

3 ● Begründe, weshalb bei vielen Windbestäubern die Narben der Blüten klebrig sind und weit aus der Blüte herausragen.

4 ● Beschreibe Angepasstheiten der Pollenkörner von insektenbestäubten Pflanzen.

5 ● Stelle Vermutungen an, weshalb die Pollenkörner auf dem See schwimmen. → 6

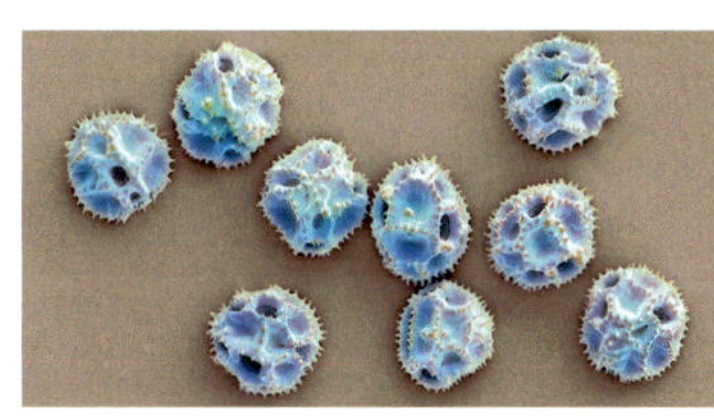

9 Pollenkörner des Löwenzahns

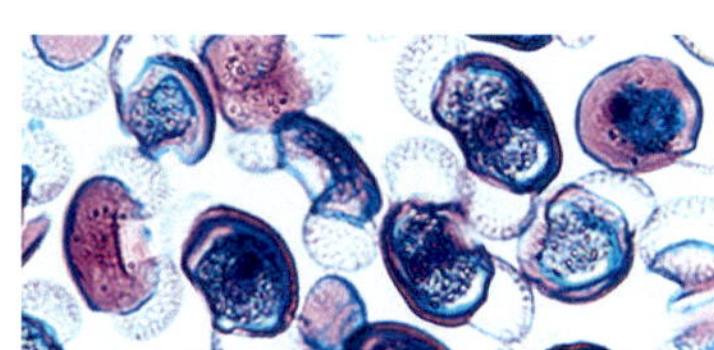

10 Pollenkörner der Kiefer

Von der Blüte zur Frucht

1 Kirsche: **A** Kirschblüten, **B** reife Kirschen

Ein Kirschbaum blüht nur kurze Zeit. Nach der Bestäubung verändern sich die Kirschblüten. Bald darauf trägt der Baum saftige rote Früchte. Wie entsteht eine reife Kirsche?

Pollen bilden Schläuche • Mithilfe der Bienen gelangen Pollenkörner einer Kirschblüte auf die Narbe einer anderen Kirschblüte. Kurz nach dieser Bestäubung beginnt jedes Pollenkorn einen dünnen Schlauch zu bilden. Die Bildung der Pollenschläuche benötigt die nährstoffreichen Stoffe der Narbe. Der Pollenschlauch wächst durch die Narbe in den Griffel. → 2
Während des Wachstums bilden sich in den Pollenschläuchen die männlichen Geschlechtszellen. Diese nennt man auch Spermienzellen. Das Ziel der Pollenschläuche ist die weibliche Geschlechtszelle der Kirschblüte, die Eizelle in der Samenanlage. Der Pollenschlauch, der am schnellsten wächst, dringt in die Samenanlage ein.

Die Befruchtung • In der Samenanlage öffnet sich der Pollenschlauch und setzt eine Spermienzelle frei, die daraufhin mit der Eizelle verschmilzt. Diesen Vorgang nennt man Befruchtung. → 3 Nur wenn in der Blüte eine Befruchtung erfolgt, kann sich eine Kirsche entwickeln.

Die Fruchtbildung • Nach der Befruchtung welken die Kelch-, Kron- und Staubblätter und fallen ab. Man sagt:

der Pollenschlauch
die Befruchtung
die Fruchtbildung

„Die Blüte verblüht". Der Fruchtknoten hingegen wird immer dicker und allmählich kann man die Kirsche erkennen. → 4 Die Wand des Fruchtknotens entwickelt sich zur Fruchtwand der reifen Kirsche. Diese besteht aus drei Schichten: der glatten äußeren Fruchtschale, dem saftigen Fruchtfleisch und der sehr harten inneren Fruchtschale. Eine derartige Fruchtform bezeichnet man als Steinfrucht. Aus der Samenanlage des Fruchtknotens entwickelt sich im Innern des Kirschkerns der Samen. → 4 Fällt eine reife Kirsche zu Boden, kann der darin enthaltene Samen mit seinen eingelagerten Nährstoffen im nächsten Jahr auskeimen. So wächst ein neuer Kirschbaum heran.

Bei der Befruchtung verschmilzt eine weibliche Eizelle mit einer männlichen Spermienzelle. Aus dem Fruchtknoten entwickelt sich eine Frucht, in der ein oder mehrere Samen liegen.

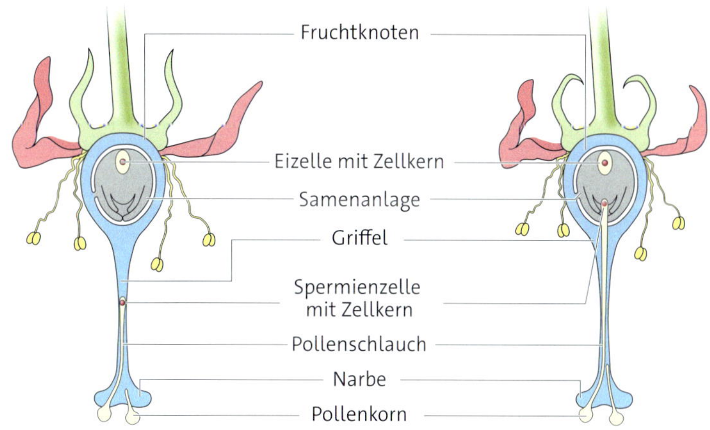

2 Auswachsen des Pollenschlauchs

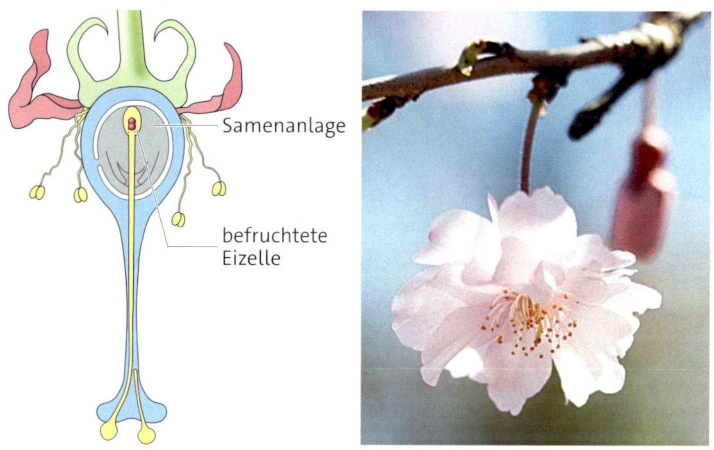

3 Die Befruchtung

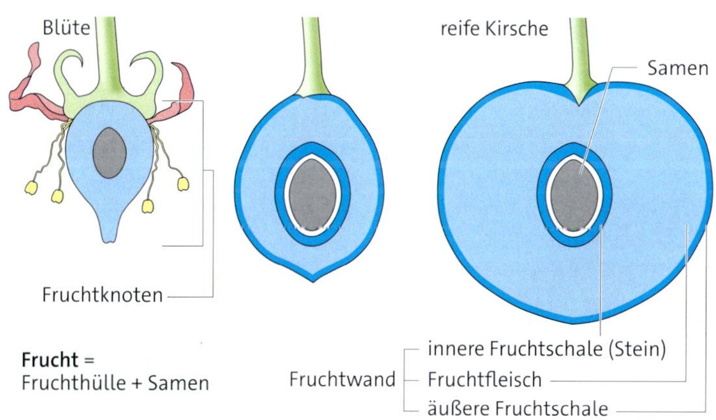

4 Die Fruchtbildung

Aufgaben

1 Beschreibe den Vorgang der Befruchtung.

2 Beschreibe die Entwicklung von der Kirschblüte zur Kirsche nach der Bestäubung. → 2 – 4

3 Ein gerade erblühender Kirschzweig wird mit einem feinen Netz umhüllt, das nur Licht und Luft durchlässt. Erläutere, wie sich die Blüten weiterentwickeln.

Von der Blüte zur Frucht

Material A

1 Die Brombeere

Die äußere Fruchtwand ist weich und saftig. Die innere Fruchtwand ist hart wie Stein.

A Die Steinfrucht

2 Die Pflaume

Wenn die Frucht reift, reißt das Fruchtblatt an zwei Seiten auf.

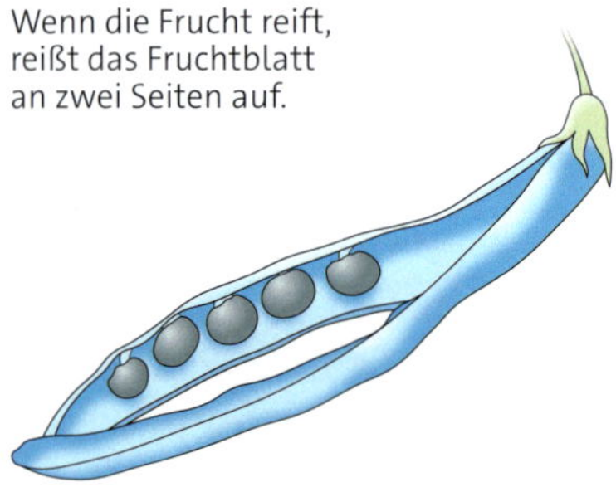

B Die Hülsenfrucht

3 Die Haselnuss

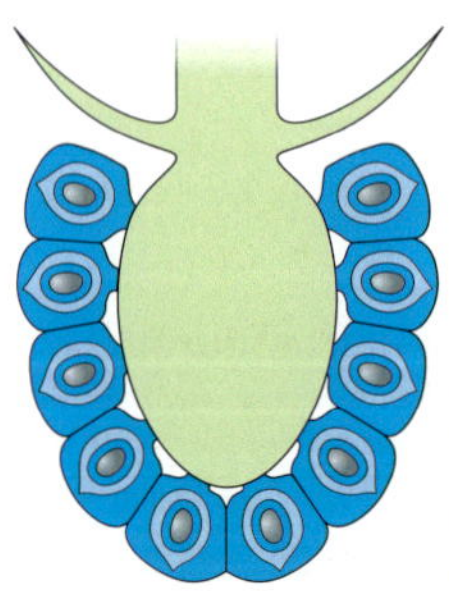

Sammelfrüchte bestehen aus vielen kleinen einsamigen Einzelfrüchtchen.

C Die Sammelsteinfrucht

4 Die Erbse

In der harten, trockenen Fruchtschale liegt ein einzelner, sehr nährstoffreicher Samen.

D Die Nussfrucht

Frucht ist nicht gleich Frucht

Früchte gibt es in unterschiedlichen Größen und Formen, zum Beispiel als Beeren oder Nüsse. Diese große Vielfalt lässt sich auf einige wenige Grundformen zurückführen. Auf den Bildern siehst du verschiedene Früchte. → 1 – 4 Daneben sind unterschiedliche Fruchtformen dargestellt. → A – D

1 Welche Frucht gehört zu welcher Fruchtform?

a Ordne jede abgebildete Frucht ihrer jeweils passenden Fruchtform zu.

b Begründe deine Zuordnung.

2 Ordne die folgenden Früchte der passenden Fruchtform zu: Bohne, Eichel, Kirsche, Himbeere. → A – D

3 Begründe, weshalb das Eichhörnchen für seine Wintervorräte bevorzugt Nussfrüchte sammelt.

Material B

Pollenschlauch

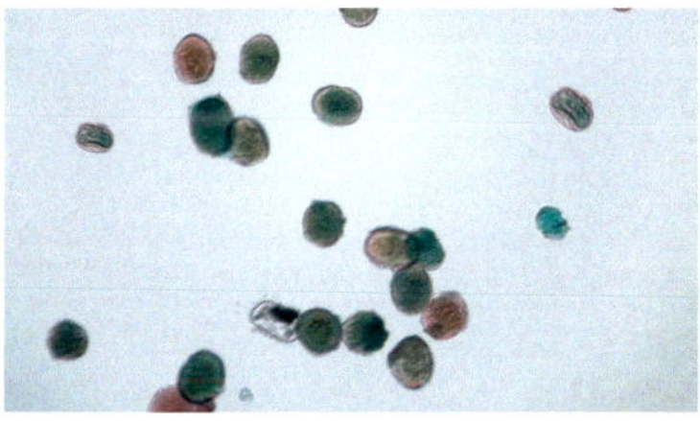

5 Pollenkörner (gefärbt)

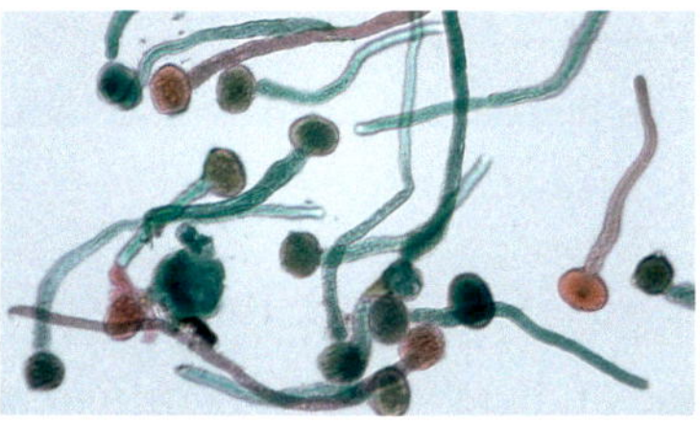

6 Pollenkörner in Nährlösung (gefärbt)

Die Bilder zeigen Pollenkörner. In Bild 6 haben die Pollenkörner längere Zeit in einer nährstoffreichen Lösung gelegen.

1 ▢ Beschreibe den Vorgang, der auf den Bildern zu erkennen ist. Benutze Fachbegriffe.

2 ◪ Nenne den Ort in der Pflanze, wo dieser Vorgang abläuft.

3 ◪ Begründe, warum die Kirsche nur dann Samen bilden kann, wenn dieser Vorgang abgelaufen ist.

Material C

Von der Bestäubung zur Frucht

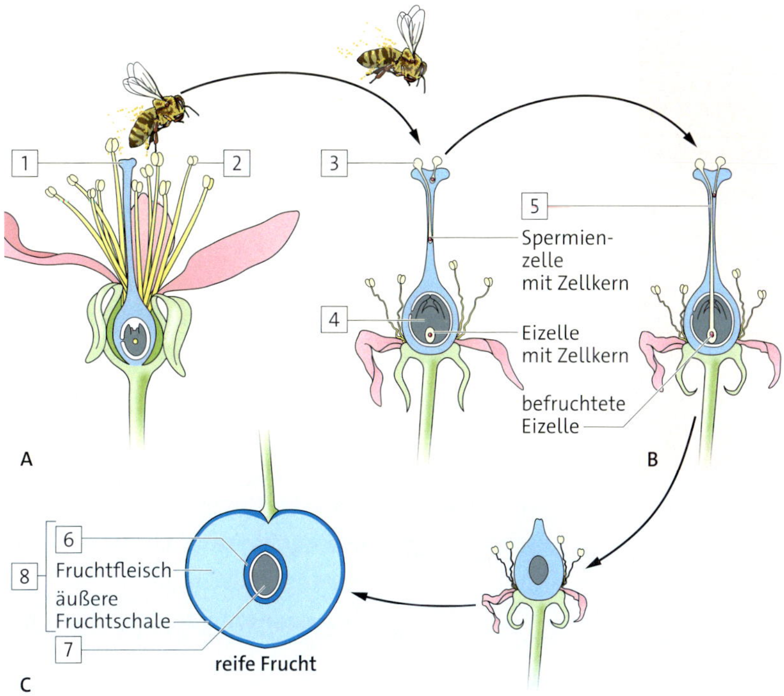

7 Von der Bestäubung zur Frucht

Ohne Bestäubung keine Befruchtung und ohne Befruchtung keine Frucht.

1 Betrachte Bild 7.

a ▢ Benenne die mit Buchstaben gekennzeichneten Vorgänge.

b ▢ Benenne die mit Ziffern gekennzeichneten Teile.

2 ◪ Beschreibe mithilfe des Bilds den Unterschied zwischen Bestäubung und Befruchtung.

3 ● Ordne den Teilen einer reifen Kirschfrucht die Teile der Blüte zu, aus denen sie entstanden ist.

4 Imker verleihen oftmals ganze Bienenvölker an Obstbauern.
● Erläutere den Nutzen für:
a) Obstbauern
b) Imker

Quellung, Keimung und Wachstum

1 Keimende Bohnenpflanzen

Diese seltsamen kleinen Pflänzchen haben sich aus Bohnensamen entwickelt. Bohnensamen lassen sich trocken sehr lange lagern. Was ist nötig, damit sich aus einem Samen eine Pflanze entwickelt?

Bau des Samens • Am Beispiel der Feuerbohne kann man den Aufbau eines Samens sehr gut erkennen. → 2 Legt man ihn ins Wasser, lässt sich die äußere harte Samenschale leicht ablösen. Der Bohnensamen ist gut in zwei Hälften teilbar. Im Innern sieht man ein kleines Pflänzchen: den Keimling mit winzigen Laubblättern, der Keimwurzel und dem Keimstängel. → 2 Die beiden weißen Hälften sind Stärkespeicher. Sie dienen dem Keimling als Energielieferant.

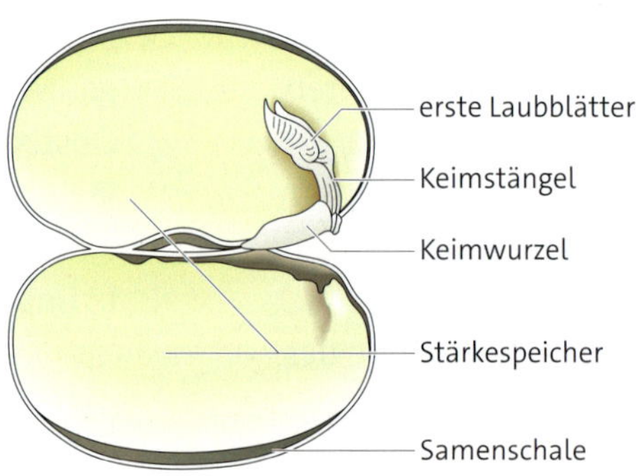

2 Aufgeklappter Samen einer Feuerbohne

Samenruhe • Manche reife Samen beginnen noch im selben Jahr zu keimen. Andere überwintern oder keimen erst nach mehreren Jahren aus. Diese Zeit der Untätigkeit der Samen nennt man Samenruhe.

Quellung • Bohnensamen legt man vor dem Pflanzen einen Tag in Wasser. Die Samen nehmen dann Wasser auf. Diesen Vorgang nennt man Quellung. Nach der Quellung haben die Samen sich vergrößert und sind fast doppelt so schwer. Da die Samenhülle bald zu eng ist, platzt sie auf und die Keimung beginnt.

die Quellung
die Keimung
das Wachstum

Keimung • Erhalten die Samen ausreichend Wärme, Luft und Wasser, läuft die Keimung bei der Feuerbohne innerhalb weniger Tage ab. Die Samen der Feuerbohne benötigen kein Licht zum Keimen. Zuerst durchbricht die Keimwurzel die Samenschale und dringt als Hauptwurzel in den Boden ein.

Wachstum • Nach der Keimung bilden sich viele Nebenwurzeln mit feinen Wurzelhärchen, die die Feuchtigkeit aufsaugen. Nach einigen Tagen wächst der Keimstängel nach oben. Sobald sich die ersten Laubblätter entfaltet haben, fällt die Samenschale ab. Bohnensamen enthalten viele Nährstoffe. Dieser Nährstoffvorrat befindet sich im Stärkespeicher. Der Keimling benötigt diese Nährstoffe für sein Wachstum. Der Stärkespeicher wird also mit der Zeit verbraucht. Sobald die Pflanze Chlorophyll in ihren Laubblättern gebildet hat, kann sie mit der Fotosynthese beginnen und selbst Nährstoffe bilden. Sie benötigt dann die im Boden befindlichen Mineralstoffe, um körpereigene Stoffe zu bilden und zu wachsen. Die Feuerbohne wächst zu einer buschigen Kletterpflanze heran. Nach der Bestäubung und der Befruchtung bilden sich lange Hülsenfrüchte mit neuen Samen.

Pflanzensamen enthalten den Keimling der neuen Pflanze. Die Quellung ist die Voraussetzung für die Keimung des Samens. Zur Quellung und Keimung benötigen die Bohnensamen Wasser, Wärme und Luft.

Aufgaben

1 ○ Erläutere die Begriffe Quellung und Keimung.

2 ◐ Bei Frost quellen Samen nicht. Begründe diesen Sachverhalt.

3 ● Erkläre, welche Folgen es für den Keimling hätte, wenn man die Stärkespeicher entfernen würde, noch bevor die Blätter grün werden.

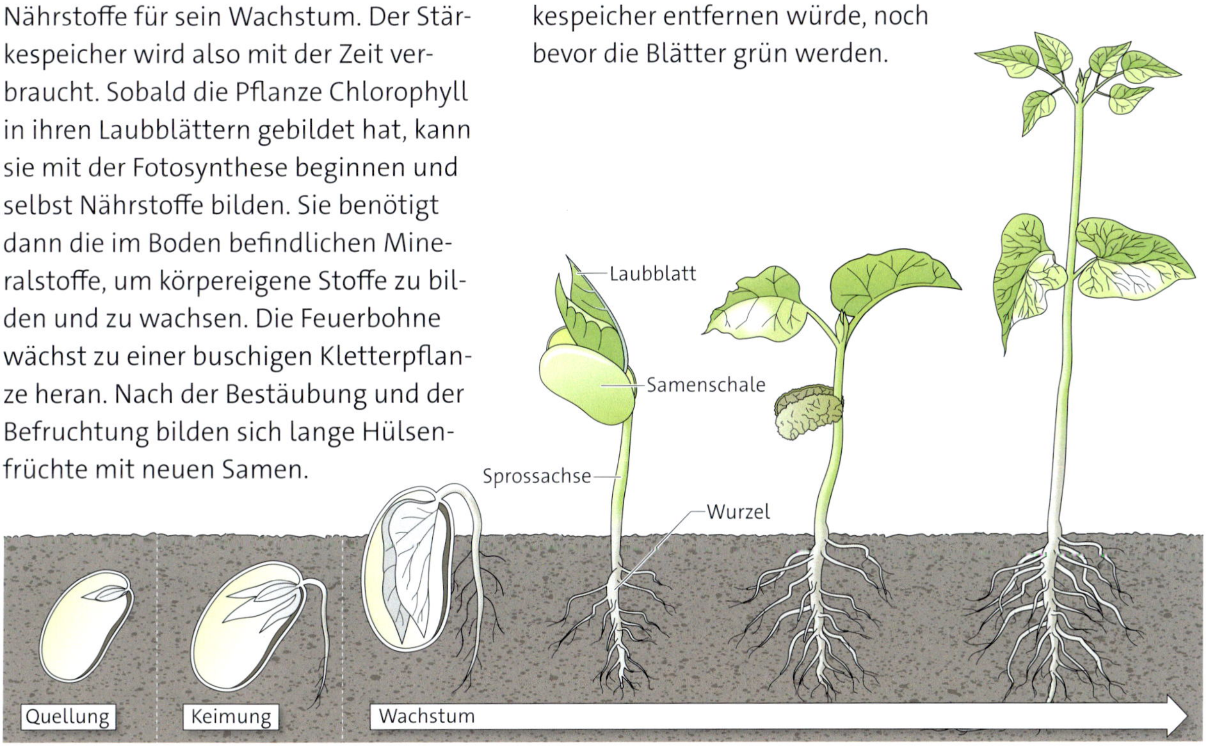

3 Entwicklung einer Feuerbohne

Quellung, Keimung und Wachstum

Methode

Experimente planen und durchführen

Man kann zwar den Vorgang der Keimung beschreiben, jedoch nicht beobachten, welche Bedingungen dafür notwendig sind. Dies geht nur mit der Methode Experimentieren. Zu Beginn eines Versuchs oder Experiments steht immer eine Fragestellung. Zu dieser Frage kann man dann Vermutungen äußern. Anschließend muss die Vermutung überprüft werden. Dazu wird das Experiment mit den notwendigen Materialien geplant und durchgeführt. Während des Experiments hält man seine Beobachtungen fest. Am Ende eines Experiments folgt eine Auswertung der Ergebnisse. Alle Schritte werden im Versuchsprotokoll festgehalten.

Experimental- und Kontrollansatz Ein Experiment besteht immer aus mindestens zwei Versuchsansätzen: Beim Experimentalansatz wird die vermutete Ursache untersucht. Bei der Keimung von Kressesamen untersucht man zum Beispiel den Einfluss des Wassers. Um herauszufinden, ob die Samen ohne Wasser auch keimen würden, benötigt man einen zweiten Ansatz, der ohne die vermutete Ursache untersucht wird. Daher untersucht man eine zweite Schale mit Kressesamen ohne Wasser. Man bezeichnet diesen Ansatz als Kontrollansatz. Nur der Vergleich zwischen Experimental- und Kontrollansatz zeigt eindeutig, dass Kressesamen ohne Wasser nicht keimen.

1. Frage stellen Schreibe die Frage auf, die du mit dem Versuch beantworten möchtest.
Beispiel: Brauchen Kressesamen Wasser, um zu keimen?

1

2. Vermutung Schreibe auf, welche Antwort du auf die Frage erwartest.
Beispiel: Kressesamen benötigen Wasser, um zu keimen.

3. Versuch planen Überlege dir, wie dein Versuch ablaufen soll und welche Materialien du brauchst. Erstelle eine Materialliste.

4. Versuch durchführen Formuliere, wie du deinen Versuch durchführst. Eine Skizze zum Versuchsaufbau ist hilfreich.

5. Beobachtungen festhalten Beobachte deinen Versuch und notiere, was du wahrnimmst. Du kannst deine Beobachtungen als Text, als Zeichnung oder in Form einer Tabelle festhalten.

6. Ergebnisse festhalten Werte deine Beobachtungen aus, die du bei deinem Versuch gemacht hast.
Beispiel: Kressesamen benötigen Wasser zum Keimen, weil nur in der Schale 1 mit feuchter

Versuchsprotokoll
Frage: Brauchen Kressesamen Wasser, um zu keimen?
Vermutung: Kressesamen brauchen Wasser, um zu keimen.
Materialliste: 2 Schalen, Watte, 40 Kressesamen
Versuchsaufbau und -durchführung:

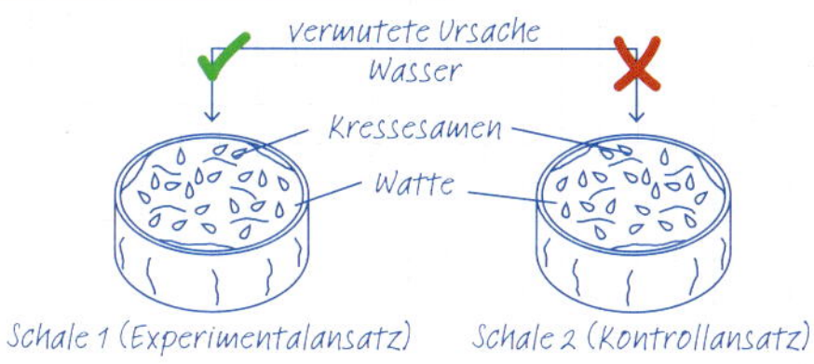

In beide Schalen habe ich Watte ausgelegt und dann gleichmäßig 20 Kressesamen darauf verteilt. Nur bei Schale 1 habe ich die Watte mit den Samen mit etwas Wasser beträufelt und täglich kontrolliert, dass die Watte feucht war. Die Schale 2 habe ich trocken gehalten.

Beobachtung:

Schale 1 (Experimentalansatz mit Wasser)	Schale 2 (Kontrollansatz ohne Wasser)
18 von 20 Kressesamen haben gekeimt	0 von 20 Kressesamen haben gekeimt

Ergebnis: Kressesamen benötigen Wasser zum Keimen, weil nur in der Schale 1 mit feuchter Watte die Samen gekeimt haben. Ansonsten waren die Bedingungen zwischen den beiden Schalen gleich.
Auswertung: Aus meinen Versuchsergebnissen schließe ich, dass Samen von Pflanzen in der Natur Wasser für die Keimung benötigen. Zwei Samen haben bei meinem Experimentalansatz nicht gekeimt. Dies könnte daran gelegen haben, dass sie an Stellen lagen, die nicht ausreichend befeuchtet wurden.

2 Annes Versuchsprotokoll

Versuchsprotokoll
Frage:
Brauchen Kressesamen Wasser, um zu keimen?
Vermutung:
Alle Samen brauchen Wasser, damit sie keimen können.
Materialliste:
1 Schale, Watte, 20 Kressesamen

Versuchsaufbau und -durchführung:

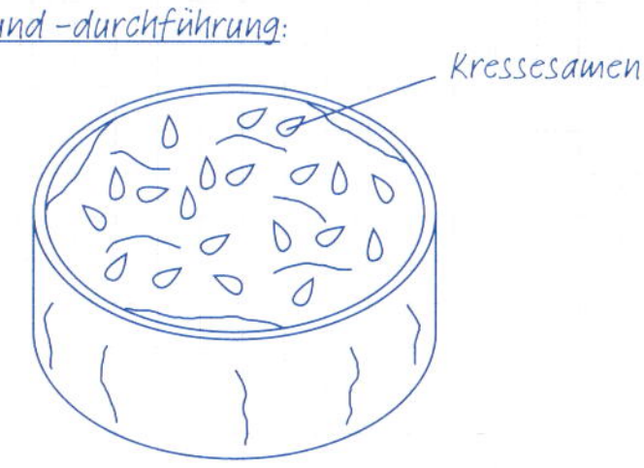

Ich habe in eine Schale Watte ausgelegt. Darauf habe ich dann 20 Kressesamen gleichmäßig verteilt. Anschließend habe ich die Samen und auch die Watte regelmäßig mit Wasser beträufelt. Jeden Tag habe ich kontrolliert, dass die Watte und die Samen feucht waren.

Ergebnis:
16 meiner 20 Kressesamen haben gekeimt.

Auswertung:
Da bei mir die Kressesamen gekeimt haben, als ich sie mit Wasser beträufelte, kann ich meine Vermutung bestätigen. Kressesamen benötigen also immer Wasser zum Keimen.

3 Niklas' Versuchsprotokoll

Watte die Samen gekeimt haben. Ansonsten waren die Bedingungen zwischen den beiden Schalen gleich.

7. Versuch auswerten Übertrage deine Ergebnisse auf Vorgänge in der Natur. Beantworte deine Versuchsfrage und überprüfe deine Vermutung. Bei der Auswertung können auch unerwartete Fehler im Experiment angesprochen werden.
Beispiel: Aus meinen Versuchsergebnissen schließe ich, dass Samen von Pflanzen in der Natur Wasser für die Keimung benötigen. Zwei Samen haben bei meinem Experimentalansatz nicht gekeimt. Dies könnte daran gelegen haben, dass sie an Stellen lagen, die nicht ausreichend befeuchtet wurden.

Aufgaben

1 ◔ Erkläre, weshalb man bei einem Experiment einen Kontrollansatz braucht.

2 Betrachte die Versuchsprotokolle. → 2 3
a ◔ Entscheide und begründe, welches der beiden Protokolle gut ist und welches schlecht.
b ● Benötigen Kressesamen Licht zum Keimen? Plane zu dieser Frage einen Versuch.

Quellung, Keimung und Wachstum

Material A

Keimungsbedingungen

Was benötigen Kressesamen, um zu keimen?
In 6 verschiedene Petrischalen werden je 20 Kressesamen ausgesät:

- Schale 1 (ohne Wasser): Die Samen werden auf trockene Erde gelegt.
- Schale 2 (ohne Erde): Die Samen werden auf feuchte Watte gelegt.
- Schale 3 (ohne Luft): Die Samen werden auf feuchte Erde gelegt und die Schale in einen Tiefkühlbeutel gestellt. Mit einem Trinkhalm wird die Luft herausgesaugt und anschließend der Beutel luftdicht mit einem Klebeband verschlossen.
- Schale 4 (ohne Licht): Die auf feuchter Erde liegenden Samen werden in einen lichtundurchlässigen Karton gestellt.
- Schale 5 (ohne Wärme): Die auf feuchter Erde liegenden Samen werden in den Kühlschrank gestellt.
- Schale 6: Dies ist der Kontrollansatz, die Samen liegen bei Zimmertemperatur auf feuchtem Untergrund mit Luftzufuhr.

1 Bild 1 zeigt die Ergebnisse des Experiments.

a ○ Beschreibe die Ergebnisse.

b ◐ Erkläre, welche Bedingungen erfüllt sein müssen, damit Kressesamen keimen.

c ● Begründe, warum die Versuche jeweils mit mehreren Kressesamen durchgeführt werden.

2 ● Erkläre die unterschiedliche Färbung der Kressepflanzen bei Versuch 2 und 4.

3 ● Die meisten Samen werden in unseren Gärten im Frühjahr und nicht im Herbst ausgesät. Begründe diese Vorgehensweise.

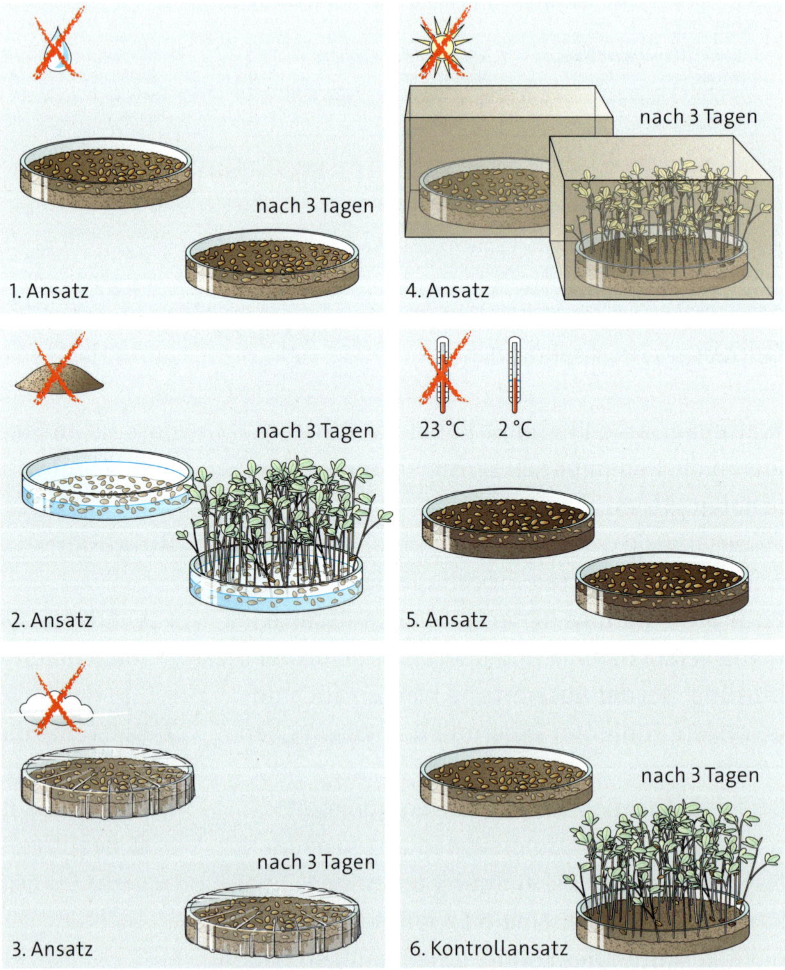

1 Keimung von Kresse unter verschiedenen Bedingungen

Material B

Keimung und Temperatur

Pflanze	Keimungstemperatur in °C
Schlüsselblume	3–5
Tomate	13–16
Winterweizen	0–1
Basilikum	17–28
Schneeglöckchen	1–3

2 Keimungstemperaturen

Samen von verschiedenen Pflanzen keimen bei unterschiedlichen Temperaturen.

1 ○ Ordne die in der Tabelle dargestellten Pflanzen den Warm- oder Kaltkeimern zu und begründe deine Zuordnung.

2 ◐ Begründe, warum man Kaltkeimer bevorzugt im Oktober oder November aussät.

3 Die Bohne ist ein Warmkeimer. Sie hat eine Keimungstemperatur zwischen etwa 5 °C und 11 °C.
● Vermute, wann man am besten die Samen der Bohne im Garten aussät.

Warm- und Kaltkeimer
Die Samen von Kaltkeimern brauchen niedrige Temperaturen von etwa −5 °C bis 5 °C, damit sie keimen können. Die Quellung der Samen findet vor der strengen Frostperiode statt. Sie besitzen im Samen Stoffe, damit er nicht einfriert und die Keimung gefördert wird. Warmkeimer besitzen Samen, die zwar frostresistent sind. Sie quellen und keimen jedoch erst bei über 5 °C.

Material C

Keimung von Kressesamen

In Bild 3 sind die Ergebnisse von Versuchen mit Kressesamen zu sehen. Es wurden zwei Experimentalansätze gemacht. Für beide Ansätze gab es einen gemeinsamen Kontrollansatz. Alle drei Ansätze wurden vier Tage lang stehen gelassen.

1 ○ Beschreibe die Ergebnisse des Versuchs. → 3

2 ◐ Begründe, dass die Schale A für beide Experimentalansätze der Kontrollansatz ist.

3 Betrachte die Vorlage des Versuchsprotokolls. → 4
● Vervollständige das Versuchsprotokoll in deinem Heft.

Schale A: Es wurden Kressesamen verwendet, die auf trockene Watte gelegt wurden.

Schale B: Es wurden Kressesamen verwendet, die auf feuchte Watte gelegt wurden.

Schale C: Es wurden Kressesamen verwendet, die direkt unter die feuchte Watte gelegt wurden.

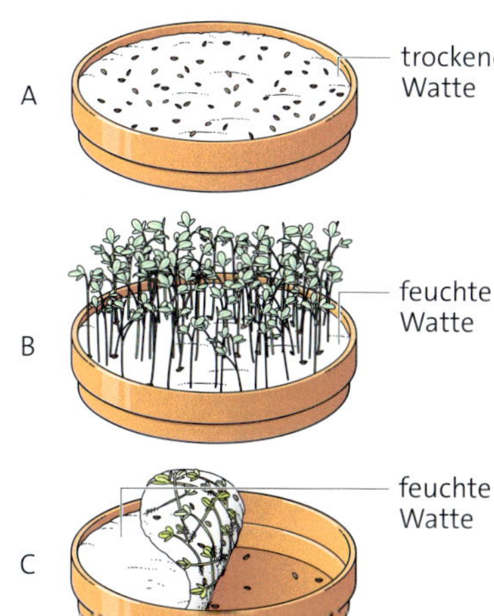

3

Versuchsprotokoll
Frage:
Brauchen Kressesamen Licht und Wasser, um zu keimen?
Vermutung:
...

4

Laub- und Nadelbäume

1 Kastanienzweig und Tannenzweig

Zu den Blütenpflanzen zählen neben den Obstbäumen auch alle anderen Laubbäume sowie Nadelbäume. Worin unterscheiden sich diese Baumtypen voneinander?

2 Die Kastanienblüte

Laubbäume • Die Rosskastanie ist ein häufiger Laubbaum in Parks oder an Straßen. Ihre stachligen Früchte, die leuchtend weißen Blütenstände mit zwittrigen Blüten und die auffallend großen Blätter sind unverkennbare Merkmale der Rosskastanie. → 1 2 Breite, dünne und weiche Laubblätter sind ein Kennzeichen aller einheimischen Laubbäume. Nicht alle Laubbäume haben zwittrige Blüten. Die Stieleiche besitzt männliche und weibliche Blüten an einem Baum.

Laubfall • Laubbäume werfen im Herbst ihre Blätter ab. Die in Blättern gespeicherten Nährstoffe wie Stärke werden vor dem Winter in Stamm oder Wurzel gespeichert. Durch die Dicke des Stamms gefrieren die Nährstoffe und das Wasser auch nicht bei Außentemperaturen von unter 0 °C. Der Baum benötigt die Nährstoffe, um im Frühjahr neue Blätter zu bilden. Auch der grüne Blattfarbstoff wird in den Blättern abgebaut. So kommt es im Herbst zunächst zu den gelben und rötlichen Blättern. Ohne Laubfall würde der Laubbaum erfrieren oder wichtige Nährstoffe verlieren, da die Blätter aufgrund ihrer Oberfläche nicht frostgeschützt sind.

Knospen • Knospen sind winzige Anlagen neuer Blüten oder Blätter, die von den Laubbäumen noch vor dem Laubfall gebildet werden. Mehrere übereinanderliegende Schuppen,

der Laubbaum
der Nadelbaum
der Laubfall
die Knospe
der Zapfen

die häufig noch von einem klebrigen Harz überzogen sind, schützen das Innere der Knospe vor dem Austrocknen und dem Erfrieren. Im Frühjahr sprengen die wachsenden Blätter und Blüten die Knospen und treiben aus. → 3

Nadelbäume • Mit Ausnahme der Lärche haben alle heimischen Nadelbäume harte, nadelförmige Blätter, die Nadeln. Sie gaben der Gruppe ihren Namen. Ihre äußere Wachsschicht verringert die Gefahr des Austrocknens und des Erfrierens. Aus diesem Grund werfen Nadelbäume ihre Nadeln im Herbst nicht ab. Sie bleiben oft viele Jahre am Baum. Alle Nadelbäume werden durch den Wind bestäubt. Zur Blütezeit genügt schon ein leichter Luftzug, um die in großen Mengen gebildeten Pollen als gelbe Wolke mitzunehmen. Die Samen aller Nadelbäume liegen in holzigen Zapfen. Form und Größe der Zapfen sind ein wichtiges Unterscheidungsmerkmal bei Nadelbäumen. → 4

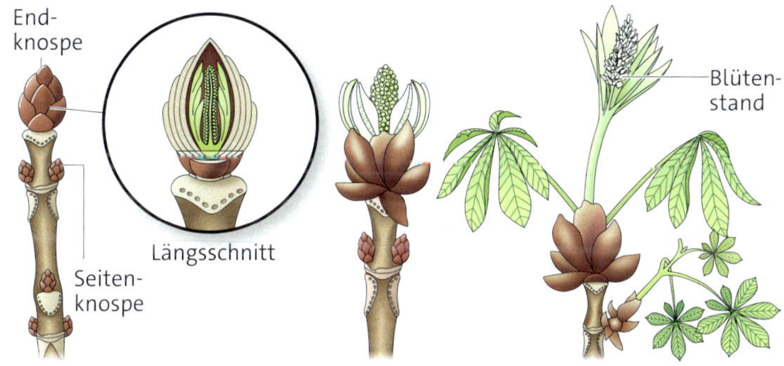

3 Knospen der Rosskastanie

Laubbäume werfen ihre Laubblätter im Herbst ab. Die nadelförmigen Blätter der Nadelbäume bleiben meist mehrere Jahre am Baum.

Aufgaben

1 Beschreibe, wie die Knospen eines Laubbaums vor dem Erfrieren geschützt sind.

2 Vergleiche folgende Merkmale bei der Waldkiefer und Stieleiche: Blätter, Blüten, Frucht. Stelle sie in einer Tabelle dar.

4 Die Waldkiefer

5 Die Stieleiche

Einheimische Laub- und Nadelbäume

Material A

Die Baumrinde als Erkennungsmerkmal

Laub- und Nadelbäume kann man an der Rinde erkennen.

1 ▢ Ordne den Bildern 1–4 den jeweiligen Baum zu.

Die Rinde der **Kiefer** ist rötlich braun und löst sich in großen, länglichen Schuppen ab.

Die graubraune Rinde der **Fichte** blättert in unregelmäßigen kleinen Schuppen ab.

Die **Stieleiche** erkennst du an der dunkelgraubraunen, tiefrissigen, dicken Rinde.

Die **Rotbuche** hat eine auffällige grausilbrige, glatte, dünne Rinde.

1

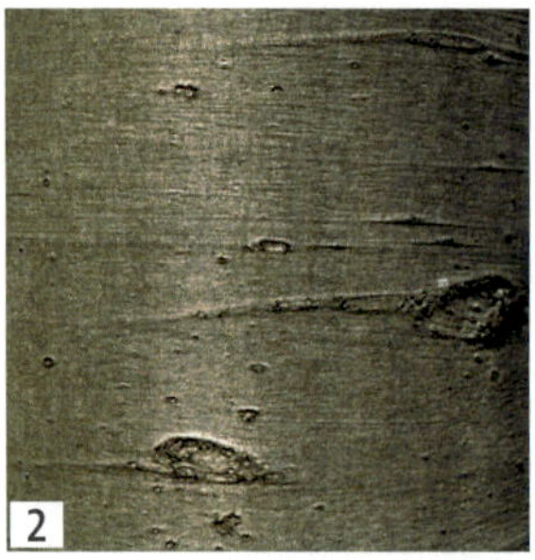
2

3

4

Material B

Zapfen und Nadeln als Erkennungsmerkmale

1 ▢ Ordne die Beschreibungen der Nadelbäume den Bildern 5–8 zu.

Fichte: bis zu 15 cm lange, hängende, rotbraune Zapfen

Kiefer: Zapfen kurz, eiförmig, dunkelbraun, Nadeln paarweise an Seitentrieben

Lärche: Zapfen eiförmig, glatt, dunkelbraun, Nadeln kurz, in Büscheln stehend

Tanne: Zapfen bis 15 cm lang, rotbraun, aufrecht stehend

5

6

7

8

Material C

Bestimmung einheimischer Laubbäume

In vielen Fällen genügt schon ein Blatt, um den Namen eines Baums herauszufinden. Ein Bestimmungsschlüssel hilft dir dabei. → 9 Er ist so aufgebaut, dass immer zwei Möglichkeiten eines Merkmals verglichen werden müssen. Als Beispiel wird Blatt F bestimmt. → 10 Als Hilfe dienen uns die Blattformen. → 11
Wir beginnen bei 1: Besteht Blatt F aus einer Fläche (1) oder ist es aus mehreren Blättchen zusammengesetzt (1*)? Es ist zusammengesetzt. Es geht weiter bei 3. Ist das Blatt gefiedert (3) oder gefingert (3*)? Es ist gefiedert. Es handelt sich um ein Blatt der Esche.

1 ▢ Bestimme anhand der abgebildeten Blätter die einzelnen Laubbaumarten. → 10

Ausschnitt aus einem Bestimmungsbuch für einheimische Laubbäume		
1	Blätter einfach (bestehen nur aus einer Fläche)	weiter bei 2
1*	Blätter zusammengesetzt (bestehen aus mehreren Teilblättchen)	weiter bei 3
2	Blattrand ganzrandig	Rotbuche
2*	Blattrand herzförmig, gebuchtet oder gelappt	weiter bei 4
3	Blätter gefiedert	Esche
3*	Blätter gefingert	Rosskastanie
4	Blattrand gebuchtet	Stieleiche
4*	Blattrand gelappt	Spitzahorn
4**	Blatt herzförmig	Linde

9 Bestimmungsschlüssel für einheimische Laubbäume

10 Blätter einheimischer Laubbaumarten

11 Die Blattformen

Lebensräume überall

1 Eine Wiese im Sommer

An einem sonnigen Sommertag kannst du auf einer Wiese viele blühende Pflanzen sehen. Du hörst das Summen von Bienen und siehst Schmetterlinge. In einem Wald dagegen findet man andere Lebewesen. Wie ist dieser Unterschied zu erklären?

Die Wiese lebt • Die Pflanzen der Wiese wachsen unterschiedlich hoch. Einige reichen dir bis zur Hüfte. Die meisten jedoch sind niedriger und bedecken den Boden der Wiese vollständig. Schmetterlinge und Bienen ernähren sich vom Nektar der Blüten. Zwischen manchen Pflanzen haben Spinnen Netze gespannt und warten auf Beute. Nebenan zirpt der Grashüpfer. → 2 Marienkäfer ernähren sich von Blattläusen und anderen Insekten.

Lebensbedingungen in der Wiese • Beim Betreten einer Wiese spürst du die warme Luft über den Pflanzen. Zwischen den Pflanzen nimmt die Temperatur deutlich ab. Am Boden der Wiese ist es kühl.
Die Pflanzen der Wiese wachsen so dicht, dass das Sonnenlicht und der Wind den Erdboden nicht erreichen können. Die Feuchtigkeit am Boden ist für Schnecken und Regenwürmer überlebenswichtig.

2 Der Gemeine Grashüpfer

der Umweltfaktor
die Temperatur
die Feuchtigkeit
das Sonnenlicht
der Wind

Lebensraum Wald • Ein kurzes Stück neben der Wiese beginnt ein kleiner Buchenwald. → 3 Wenn du hineingehst, fällt dir sofort ein Unterschied auf: Im Wald ist es auch im Sommer kühl. Die Bäume sorgen für Schatten. Nur wenig Sonnenlicht gelangt zum Erdboden. Der Boden ist im Gegensatz zur Wiese deutlich feuchter und nicht vollständig bewachsen. Hier wachsen auch weniger verschiedene Pflanzenarten. Im Wald leben andere Tiere als auf der Wiese. Man findet im Wald zum Beispiel Wildschweine und Spechte.

Lebensraum See • Am Waldrand entdeckst du einen kleinen See. → 4 Dort ist es wärmer als im schattigen Wald, aber kühler als auf der Wiese. Seerosenblätter treiben auf der Wasseroberfläche. Sie nutzen die direkte Sonneneinstrahlung zur Fotosynthese. Die Sonnenenergie durchdringt den See nicht bis zum Grund, die oberen Wasserschichten sind deshalb wärmer als die tieferen Schichten. Die meisten Fische bevorzugen das kühlere, tiefe Wasser. Am feuchten Seeufer wächst Schilfrohr, in dem Enten und andere Vögel Schutz finden und ihre Jungen aufziehen. Auch Zugvögel wie Kraniche und Störche nutzen den See für eine kurze Rast und zur Nahrungsaufnahme.

Umweltfaktoren • Wiese, Wald und See unterscheiden sich durch die Temperatur, das Sonnenlicht und die Feuchtigkeit im Boden. Diese bestimmen die Lebensbedingungen und werden Umweltfaktoren genannt.

3 Ein Buchenwald

4 Ein See

Viele Lebensräume • Es gibt noch viele weitere Lebensräume, zum Beispiel die Hecke, den Garten, das Wattenmeer oder auch euren Schulhof.

Lebensräume sind durch Umweltfaktoren wie Temperatur, Sonnenlicht und Feuchtigkeit gekennzeichnet. Pflanzen und Tiere sind an diese Umweltfaktoren angepasst.

Aufgaben

1 Nenne jeweils zwei Tier- und Pflanzenarten, die auf der Wiese, im Wald oder im und am See leben.

2 Vergleiche die Umweltfaktoren von Wald und Wiese.

Lebensräume überall

Material A

Wir untersuchen Umweltfaktoren

In unterschiedlichen Lebensräumen unterscheiden sich die Temperatur, die Feuchtigkeit und das Sonnenlicht. Dies lässt sich am besten am Übergang zweier verschiedener Lebensräume messen, zum Beispiel am Übergang von einer Wiese zu einem Wald.

Materialliste: Thermometer, Messgerät für die Bodenfeuchtigkeit, Messgerät für die Helligkeit (Luxmeter), Bindfaden (30 Meter), Schreibmaterial

1 Suche eine Strecke, an der man gut von einer hellen Wiese in den dunklen Wald gelangen kann. Markiere diese Strecke mit dem Bindfaden. Der Anfang des Bindfadens soll auf der Wiese liegen, das Ende des Bindfadens im Wald.
   - a □ Zeichne die Strecke des Untersuchungsgebiets auf ein DIN-A4-Blatt.
   - b ◪ Stelle eine Vermutung über die Veränderungen der Umweltfaktoren entlang dieser Strecke an.

2 Halte bei der Messung der Temperatur und der Helligkeit die Messgeräte in etwa 1 Meter Abstand vom Boden. Stecke bei der Messung der Bodenfeuchtigkeit den Messfühler etwa 5 Zentimeter in den Boden.
   - a □ Miss im Abstand von 5 Metern die Temperatur, die Bodenfeuchtigkeit und die Helligkeit.
   - b ◪ Ordne den höchsten Messwerten das oberste Symbol zu, dem niedrigsten das unterste und allen anderen Messwerten das mittlere Symbol. → 1
   - c □ Übertrage die Symbole in die Skizze.

3 □ Nenne jeweils den höchsten und niedrigsten Messwert für die Temperatur, die Feuchtigkeit und die Helligkeit.

4 ◪ Stelle deine genauen Messergebnisse in einem Säulendiagramm dar.

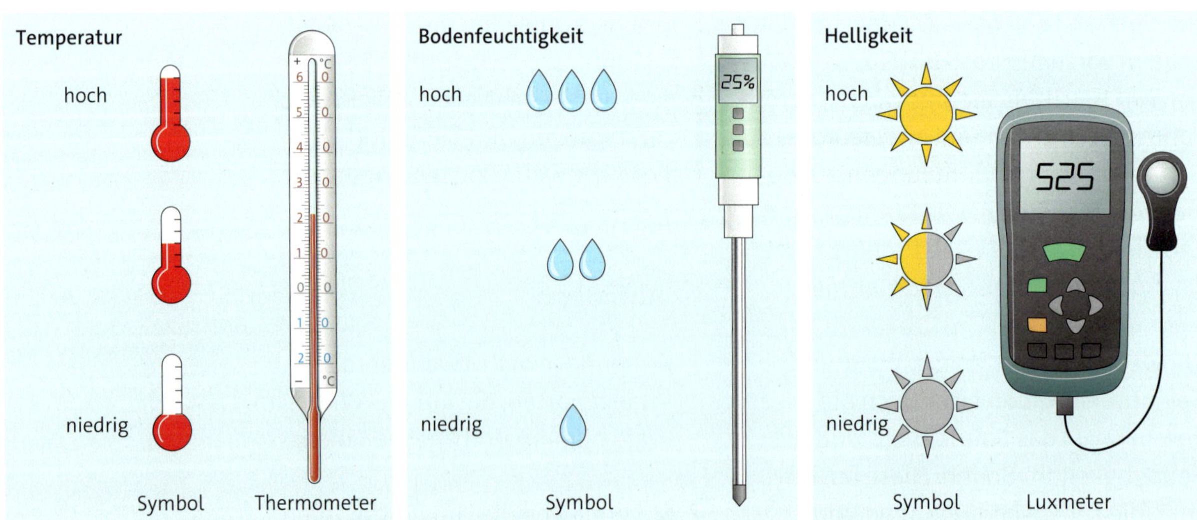

1 Umweltfaktoren, Symbole und Messinstrumente

Methode

Ein Herbar anlegen

Viele Menschen sammeln Dinge aus der Natur, um sie besser erforschen zu können. Eine Sammlung von Pflanzen oder ihren Blättern nennt man Herbar.

1. Sammeln Sammle Blätter von Bäumen, Sträuchern und Kräutern in einzelnen Plastiktüten. → 2 Schreibe den Fundort von jedem Pflanzenteil auf einen Notizzettel.

2. Bestimmen Bestimme die gesammelten Blätter und notiere die Namen auf den Notizzetteln.

3. Trocknen und Pressen Lege ein Pflanzenblatt zwischen zwei Löschblätter und mit dem zugehörigen Notizzettel in eine Zeitung. → 3 Nach mehreren Lagen Zeitungspapier folgt das nächste Blatt. Beschwere den Stapel Zeitungspapier mit Büchern. Lass die Blätter eine Woche lang trocknen.

4. Aufbewahren Klebe die getrockneten Blätter auf festes Papier. → 4 Übertrage die Informationen des Notizzettels darauf. Hefte die Bögen in Klarsichthüllen in einem Ordner ab.

2 Blätter sammeln

3 Pressen und Trocknen

4 Anlegen eines Herbars

Aufgaben

1 ○ Beschreibe die Schritte beim Anlegen eines Herbars.

2 ● Lege ein Herbar aus mindestens zehn verschiedenen Pflanzenblättern an.

Die Wiese – ein Ökosystem

1 Lebewesen auf einer Wiese: **A** Schmetterling, **B** Zauneidechse, **C** Wespenspinne, **D** Feldmaus

Schaut man sich eine Wiese genauer an, kann man neben bunten Blumen und summenden Insekten auch noch viele andere Lebewesen entdecken. Welche Gründe gibt es dafür?

Umweltfaktoren • Eine Wiese besteht aus ganz unterschiedlichen Bereichen. Ein Teil der Wiese ist vielleicht nur wenig bewachsen und das Sonnenlicht dringt bis auf den Boden. Im anderen Teil gelangt durch den dichten Bewuchs kaum Licht nach unten. Auch der Boden kann unterschiedlich beschaffen sein. Im unteren Bereich eines Tals, nahe an einem Bach, kann der Wiesenboden sehr feucht sein. Weiter oben am Hang gelegen ist er dagegen trocken. Manche Wiesen liegen an einem trockenen und warmen Südhang, andere dagegen an einem kühleren Nordhang. Es gibt Wiesen auf mineralstoffreichen Böden, aber auch auf mineralstoffarmen Böden.

Alle diese Eigenschaften wie die Sonneneinstrahlung, die Temperatur oder die Feuchtigkeit, aber auch den Wind oder den Mineralstoffgehalt des Bodens bezeichnet man als Umweltfaktoren eines Standorts.

Lebensraum • Umweltfaktoren sind dafür verantwortlich, welche Lebensbedingungen an einem Ort, beispielsweise einer Wiese oder einem Wald, herrschen. Ein solcher Ort kann eine Vielfalt von Tieren und Pflanzen beherbergen, man nennt ihn daher Lebensraum oder Biotop.

der Umweltfaktor
das Biotop
die Biozönose
das Ökosystem

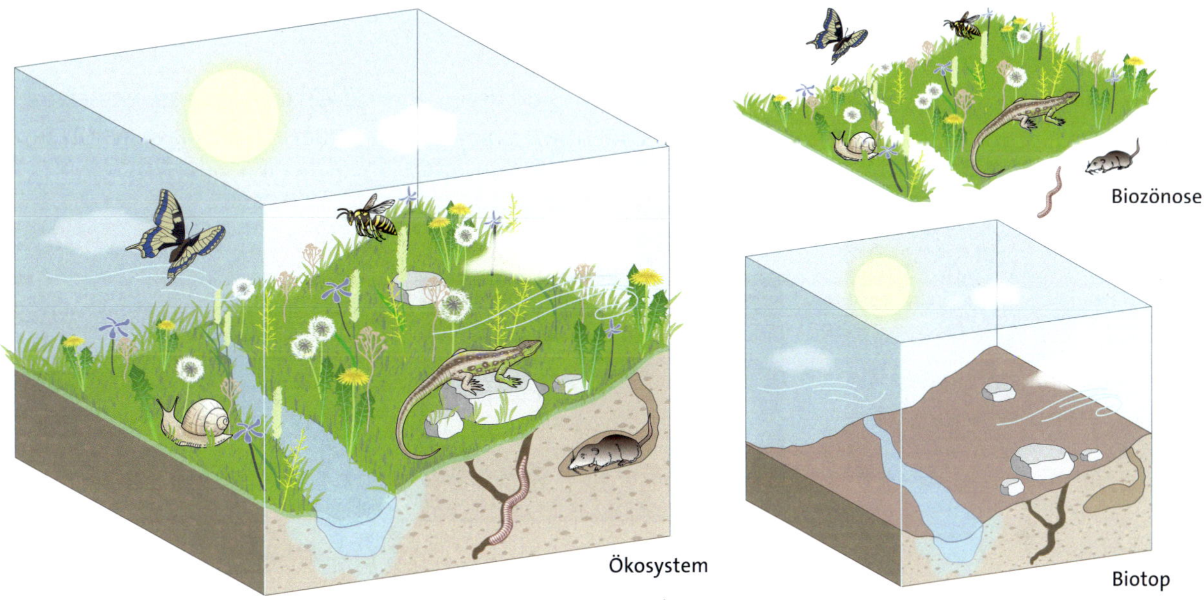

2 Ökosystem Wiese

Lebensgemeinschaft • Im Lebensraum Wiese leben viele verschiedene Lebewesen. Schon auf den ersten Blick fallen die bunten Blüten der Pflanzen auf. Auf den Blüten sitzen Insekten wie Käfer oder Bienen. Durch den Wiesenboden wühlen sich Regenwürmer und Spitzmäuse. Auch Eidechsen, die sich auf Steinen sonnen, kann man sehen. Auf dem Wiesenboden findet man Schnecken. Zwischen den Blütenpflanzen verborgen wachsen Moose. Alle Lebewesen, die in einem Lebensraum leben, bilden eine Lebensgemeinschaft oder Biozönose.

Ökosystem • Jedes Lebewesen hat Eigenschaften, mit denen es in einem bestimmten Lebensraum leben kann. Man sagt: „Lebewesen sind angepasst an einen Lebensraum." Auf einer trockenen Wiese leben Tier- und Pflanzenarten, die an Trockenheit angepasst sind. Auf einer feuchten Wiese findet sich dagegen eine andere Lebensgemeinschaft. Die Einheit aus dem von Umweltfaktoren bestimmten Lebensraum und der dort zu findenden Lebensgemeinschaft heißt Ökosystem.

Umweltfaktoren bestimmen die Lebensbedingungen in einem Biotop. In jedem Biotop leben unterschiedliche Lebewesen. Biotop und Biozönose bilden zusammen ein Ökosystem.

Aufgaben

1 ○ Beschreibe mithilfe von Bild 2 die Umweltfaktoren auf einer Wiese.

2 ◐ Erkläre den Begriff Ökosystem.

Die Wiese – ein Ökosystem

Material A

Ökosystem – ja oder nein?

In den drei Bildern sind drei Orte dargestellt, die du bestimmt kennst: ein Aquarium, ein Schulhof und der Mond.

1 ○ Begründe, ob es sich bei den Bildern 1–3 jeweils um ein Ökosystem handelt.

1 Aquarium

2 Mond

3 Schulhof

Material B

Artenvielfalt von Wiesen

Viele unserer Wiesen werden genutzt, um Futter für Nutztiere zu gewinnen. Damit mehr Futter gewonnen werden kann, werden solche Wiesen häufig gemäht und gedüngt. Man findet auf solchen Wiesen vor allem Gräser, da sie schnell wachsen können. In Untersuchungen kann man feststellen, dass sich die Artenzahlen vieler Lebewesen wie Insekten oder Pflanzen einer häufig gemähten Wiese von denen einer selten gemähten Wiese unterscheiden.

1 ○ Vergleiche den Wuchs und die Vielfalt bei den Bilder 4 und 5.

2 ◐ Stelle Vermutungen an, wie sich die unterschiedlichen Artenzahlen erklären lassen.

Ungemähte Wiese

Pflanzenarten	Tierarten
50	2000

4 Ungemähte Wiese

Häufig gemähte Wiese

Pflanzenarten	Tierarten
5	250

5 Häufig gemähte Wiese

Erweitern und Vertiefen

Pflanzenfamilien

Ein wichtiges Unterscheidungsmerkmal bei der Bestimmung von Pflanzen ist der Bau ihrer Blüten. Dabei spielen Anzahl, Farbe und Form der Blütenblätter eine entscheidende Rolle. Pflanzen mit ähnlichen Merkmalen fasst man zu Pflanzenfamilien zusammen. Der Name der Pflanzenfamilie gibt oft Hinweise auf die Merkmale oder ist nach einem bekannten Vertreter benannt. Auf der Wiese wachsen viele Pflanzen verschiedener Pflanzenfamilien.

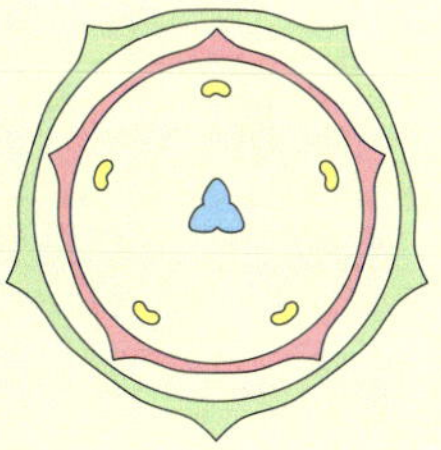

8 Wiesenglockenblume

Glockenblumengewächse
Kelchblätter: 5
Kronblätter: 5, glockenförmig verwachsen
Blüte: mehrere Blüten an einer Pflanze

6 Wiesenschaumkraut

Kreuzblütengewächse
Kelchblätter: 4
Kronblätter: 4
Blüte: Blütenteile kreuzförmig angeordnet

9 Wilde Möhre

Doldenblütengewächse
Kelchblätter: 5
Kronblätter: 5
Blüte: große, flache Blütenstände

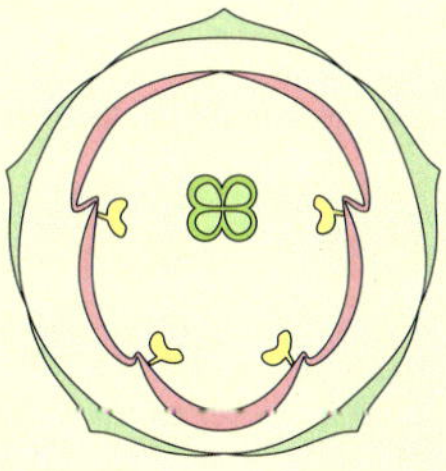

7 Goldnessel

Lippenblütengewächse
Kelchblätter: 5
Kronblätter: 5
Blüte: 2 Kronblätter zur Oberlippe und 3 Kronblätter zur Unterlippe verwachsen

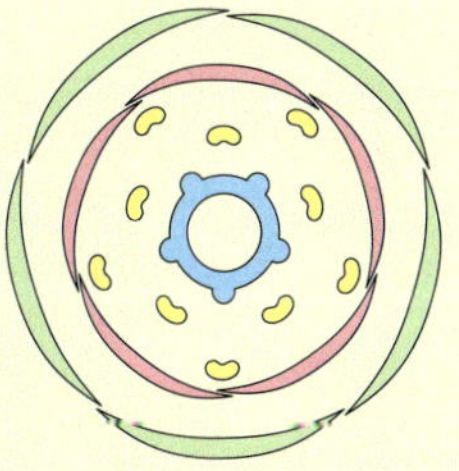

10 Rote Lichtnelke

Nelkengewächse
Kelchblätter: 5
Kronblätter: 5, oft tellerförmig flach
Blüte: Kronblätter am Grund zu Röhre verwachsen

Die Stockwerke des Walds

1 Ein naturnaher Mischwald

Im Wald sind nicht alle Bäume gleich groß. Wer genau hinschaut, kann mehrere verschiedene Stockwerke erkennen. Diese bieten Lebensräume für unterschiedliche Tiere und Pflanzen. Woran liegt das?

Wurzelschicht • Die Wurzeln der Bäume und anderer Pflanzen bilden die Wurzelschicht. Sie halten das Erdreich fest und nehmen Wasser und Mineralstoffe daraus auf. Hier leben auch unzählige Kleinlebewesen wie Bakterien und Einzeller, aber auch Regenwürmer, Insekten und deren Larven.

Moosschicht • Die Moosschicht erhebt sich nur wenige Zentimeter über den Boden. Hier ist es am feuchtesten im Wald, da Moose Wasser speichern können. Außerdem ist es hier windgeschützt, weniger hell und kühler als in den anderen Schichten. In den Moospolstern leben Tiere wie Ameisen, Spinnen, Schnecken, Käfer, Asseln und Tausendfüßer. Die Moosschicht ist nicht überall vorhanden.

2 Buschwindröschen

3 Eberesche

die Wurzelschicht
die Moosschicht
die Krautschicht
die Strauchschicht
die Baumschicht

Krautschicht • Etwa einen Meter hoch kann die Krautschicht werden, deren Bewuchs vom Lichteinfall abhängt. In hellen Wäldern ist sie oft üppig, in dunklen Wäldern wachsen nur wenige Kräuter. Die Temperatur in der Krautschicht ist höher und es ist trockener als in der Moosschicht. Viele Kräuter werden von Pflanzenfressern wie dem Reh gefressen und sind so eine wichtige Lebensgrundlage. Zu den bekanntesten Pflanzen der Krautschicht gehören Farne, Waldmeister und Buschwindröschen. → 2

Strauchschicht • Diese etwa bis fünf Meter hohe Schicht wird von Sträuchern und jüngeren Bäumen gebildet. Sie ist oft sehr dicht bewachsen. Hier ist es wärmer, heller und etwas windiger als in der Krautschicht. Wichtige Nahrungsquellen für Eichhörnchen, Haselmäuse und viele Vogel- und Insektenarten sind junge Bäume und Sträucher wie Hasel, Roter Holunder oder Eberesche mit ihren Früchten. → 3

Baumschicht • Die Höhe der Baumschicht hängt von den Baumarten sowie von Boden und Klima ab. Die Baumkronen sind dem Wind und der Sonne ausgesetzt. Hier leben viele Insekten wie Wanzen und Käfer sowie einige Vogelarten, die man am Boden fast nie sieht. An den Baumstämmen suchen auf das Klettern spezialisierte Vögel wie Kleiber, Baumläufer und Spechte nach Nahrung.

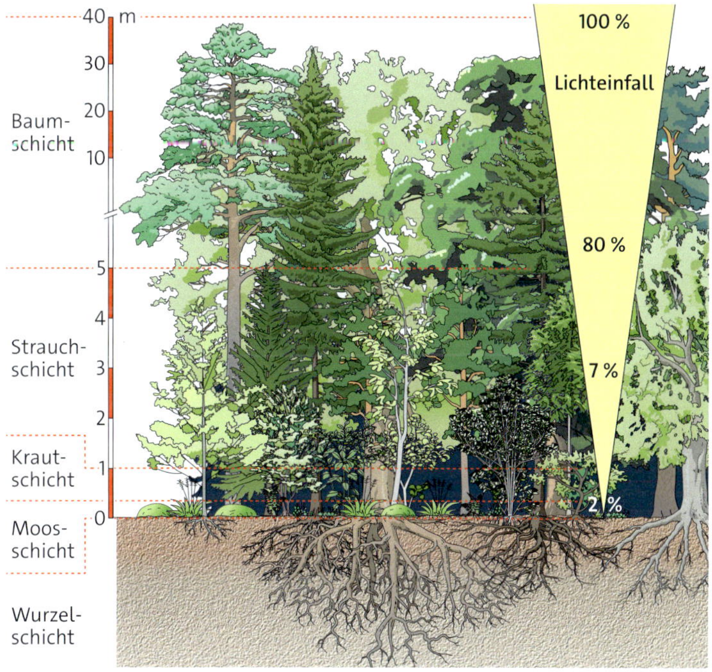

4 Stockwerke des Walds

Der Wald ist von unten nach oben in Wurzel-, Moos-, Kraut-, Strauch- und Baumschicht gegliedert. In jeder Schicht herrschen bestimmte Umweltfaktoren. Daher leben in den verschiedenen Schichten unterschiedliche Pflanzen und Tiere.

Aufgaben

1 ○ Nenne die Stockwerke des Walds und ordne jeder Schicht je zwei Pflanzen und zwei Tiere zu.

2 ◔ Begründe, weshalb im Sommer nur Pflanzen in der Krautschicht wachsen, die wenig Licht brauchen.

Die Stockwerke des Walds

Material A

Pflanzen des Waldes

1 ▢ Ordne die abgebildeten Pflanzen den Stockwerken des Walds zu. Begründe deine Zuordnung.

1 Verschiedene Pflanzenarten

Material B

Umweltfaktor Licht

In Bild 2 ist ein junger Mischwald dargestellt und in Bild 3 derselbe Mischwald etwa 20 Jahre später. Bei beiden wurde in drei Höhen die Lichtmenge gemessen.

1 ▢ Vergleiche die Ausprägung der Stockwerke. → 2 3

2 ◔ Erkläre die unterschiedliche Ausprägung der Kraut- und Strauchschicht. Beachte dafür die Angaben zum Lichteinfall.

2 Junger Mischwald

3 Mischwald

Material C

Umweltfaktor Wind

Ein natürlicher Waldrand nimmt langsam an Höhe zu. Dieser fließende Übergang von offenem Gelände und Wald bietet einer Vielzahl von Tieren und Pflanzen Lebensraum.

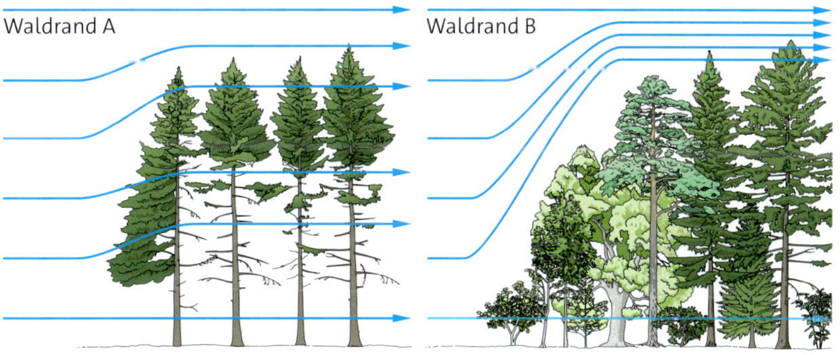

4 Umweltfaktor Wind

1 ▢ Vergleiche die beiden Waldränder in Bild 4.

2 ◔ Erkläre die Bedeutung eines gestuften Waldrands für den Wald und seine Bewohner.

Material D

Forst und Mischwald

Seit dem 19. Jahrhundert wird der Wald wirtschaftlich genutzt. Man benötigte Holz als Baustoff und Energieträger. Die meisten unserer Wälder in sind heute Nutzwälder. Sie nennt man Forste. Dort werden gezielt Bäume angepflanzt, die einen hohen Holzertrag bringen.

1 ▢ Vergleiche die Bilder. → 5 6 Beachte dabei die Ausprägung der Stockwerke, die Artenvielfalt und die Wuchsform der Bäume.

2 ◔ Beschreibe die Auswirkungen menschlicher Bewirtschaftung auf die Artenvielfalt in einem Wald.

3 ● Stelle Vermutungen an, weshalb in einem naturnahen Mischwald mehr Tiere leben können.

5 Forst

6 Naturnaher Mischwald

Pflanzen im Jahresverlauf

1 Eine Rotbuche im Jahresverlauf

2 Buchecker im Sommer (A) und im Herbst (B)

Die Rotbuche verändert ihr Aussehen im Laufe eines Jahres deutlich. Im Frühjahr wachsen Blüten und Blätter. Ihre Früchte, die Bucheckern, findet man nur im Herbst. Im Winter trägt die Rotbuche keine Blätter. Warum kommt es wohl zu diesen Veränderungen?

Frühjahr • Eine Rotbuche bildet im Frühjahr die ersten Blätter und Seitenzweige. Dazu transportiert der Baum Wasser und die in den Wurzeln gespeicherten Nährstoffe in die Zweige. Rotbuchen können bis zu 45 Meter hoch werden und lieben Wärme. Der Austrieb der Blätter erfolgt daher erst im späteren, wärmeren Frühjahr. Zum gleichen Zeitpunkt werden auch Blüten gebildet. Nach der Befruchtung wachsen daraus die Früchte.

Sommer • Während der warmen Jahreszeiten transportieren Bäume Wasser durch die Wurzeln und den Stamm bis zu den Blättern. Die Rotbuche betreibt in ihren Blättern mithilfe des Sonnenlichts Fotosynthese. Der gewonnene Traubenzucker wird für das Wachstum der Bucheckern verwendet. → 2

Herbst und Winter • Im Herbst wird die Fotosynthese eingestellt. Die in den Blättern gebildete Stärke wird im Stamm und in der Wurzel eingelagert. Die Blätter verfärben sich. Bucheckern und Blätter werden abgeworfen. Im Winter kann das Wasser im Boden gefrieren. Der Baum kann kein Wasser mehr aufnehmen. Dies ist vorteilhaft, da das Wasser gefrieren und so den Stamm zerstören könnte. Bei steigenden Temperaturen beginnt der Kreislauf erneut.

die Frühblüher

Buchen im Wald • Im Buchenwald stehen die Bäume dicht nebeneinander. Sie bilden im Sommer ein geschlossenes Kronendach, durch das nur wenig Licht bis zum Boden dringt. Der Lichtmangel sorgt dafür, dass im Sommer in einem Buchenwald kaum Bodenbewuchs zu sehen ist. Im Frühjahr zeigt sich dagegen ein anderes Bild. → 3

Frühblüher • Im Frühjahr wachsen viele Pflanzen wie Schneeglöckchen und Schlüsselblumen am Waldboden. → 4 5 Schneeglöckchen können bereits bei kalten Temperaturen im Februar keimen. Sie sind außerdem mehrjährige Pflanzen. Jede Pflanze kommt jedes Jahr wieder. Schneeglöckchen bilden jedes Jahr vor dem Winter Zwiebeln als Überwinterungsorgane, die viele Nährstoffe enthalten. → 6 Die Nährstoffe benötigen die Pflanzen, um im Frühjahr erneut auszutreiben. Im Frühjahr bilden sich so „Teppiche" aus Schneeglöckchen in den Wäldern. → 3 Darunter sind neue, aus Samen des Vorjahres gekeimte Pflanzen. Aber es sind auch Pflanzen darunter, die durch ihre Überwinterungsorgane wieder Sprosse gebildet haben. Weil das Schneeglöckchen früh im Jahr blüht, bezeichnet man es als Frühblüher. Laubbäume haben im Frühling ihre Blätter noch nicht vollständig ausgebildet. Deshalb fällt genug Licht für die Frühblüher auf den Boden. Sie können schnell wachsen und Blüten für die Fortpflanzung bilden. Auch können sie durch Fotosynthese Nährstoffe für die Einlagerung in ihren Überwinterungsorganen bilden.

3 Frühblüher im Buchenwald

4 Das Schneeglöckchen

5 Die Schlüsselblume

Laubbäume werfen im Herbst ihre Blätter ab. Die Buche bildet erst im späteren Frühjahr neue Blätter. Deshalb wachsen im Frühjahr im Buchenwald Frühblüher. Frühblüher überdauern den Winter mit Überwinterungsorganen.

6

Aufgaben

1 Beschreibe das Aussehen der Rotbuche im Jahresverlauf. → 1

2 Erläutere, weshalb Frühblüher im Buchenwald im Frühjahr schnell wachsen können.

Pflanzen im Jahresverlauf

Material A

Herbstfärbung

1

Beobachtung in der Natur:
Die Blätter sind erst grün, später im Herbst gelb und rot.

Vermutungen:
A: Grün geht, Gelb und Rot kommen.
B: Grün geht, Gelb und Rot waren immer da.
C: Grün wandelt sich in Gelb und Rot um.

1 ▢ Entscheide dich für eine Vermutung und notiere sie.

Materialliste: Bechergläser, Tropfpipette, Filterpapier (Streifen), frische grüne Blätter, Spiritus ⟨🔥⟩ ⟨!⟩, Mörser mit Pistill, Quarzsand, Klebestreifen

2 Schneide fünf Blätter klein. Gib sie mit einer Prise Quarzsand in den Mörser. Gib mit der Pipette wenige Milliliter Brennspiritus hinzu. Zerreibe nun mit dem Pistill die Blätter, bis eine dunkelgrün gefärbte Flüssigkeit entsteht.

3 Lass das Gemisch kurz stehen und warte, bis sich der Quarzsand abgesetzt hat. Schütte die überstehende dunkelgrüne Flüssigkeit etwa 1 cm hoch in das Becherglas. → 2

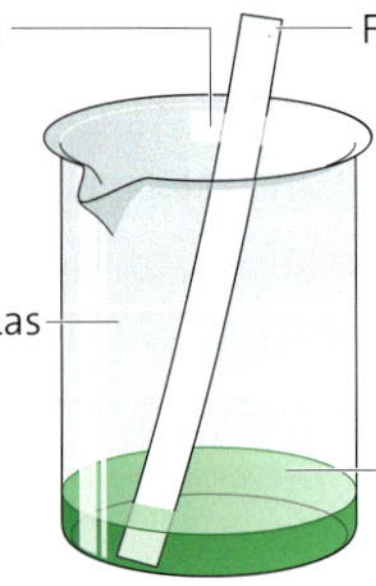

2

4 Stelle das Filterpapier in die Flüssigkeit. Fixiere es mit Klebestreifen. Lass die Flüssigkeit im Filterpapier ganz hochsteigen. Nimm es heraus und trockne es. ▢ Beschreibe deine Beobachtungen.

5 ◪ Überprüfe deine Vermutung aus Aufgabe 1. Erkläre die Versuchsergebnisse.

Material B

Stärkespeicherung

Bäume können Stärke in jedem Pflanzenteil einlagern. Der Baum braucht sie, um auszutreiben und zu wachsen.

1 ▢ Beschreibe das Bild. → 3

3

2 ◪ Erkläre, weshalb ein Laubbaum Stärke vor dem Winter in Wurzel, Stamm und Knospen speichert.

3 ◪ Begründe, weshalb zu Beginn des Frühjahrs die Menge an gespeicherter Stärke stark zurückgeht.

4 ● Erkläre die Zunahme von gespeicherter Stärke vom Frühjahr bis zum Spätsommer.

Material C

Frühblüher im Buchenwald

1 ▢ Beschreibe den Lichteinfall am Boden eines Laubwalds im Jahresverlauf mithilfe der roten Kurve. → 4

2 ◔ Erkläre die Veränderung des Lichteinfalls am Waldboden.

3 ● Begründe, warum Buschwindröschen zu den Frühblühern gezählt werden.

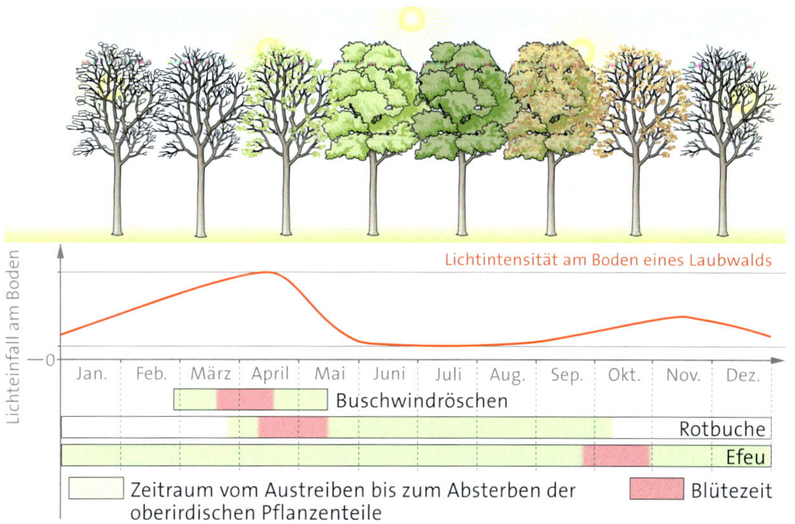

4 Licht und Pflanzenwachstum im Laubwald

Material D

Einjährig, zweijährig, mehrjährig?

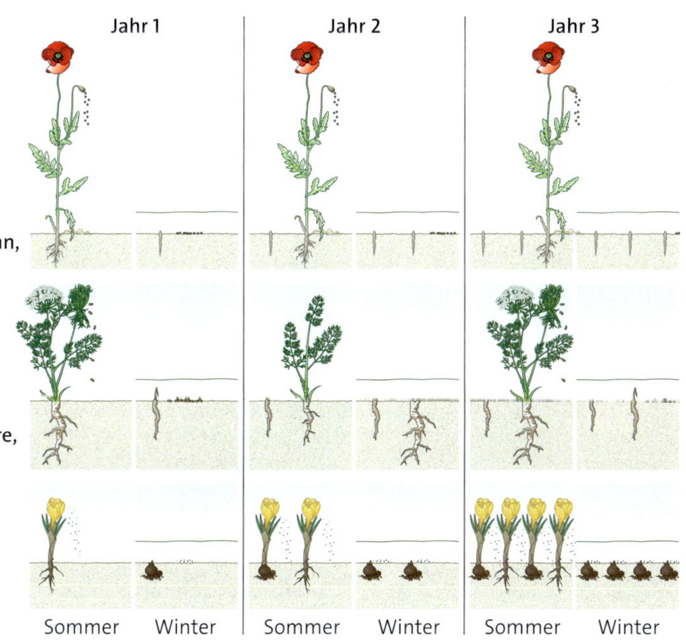

5

Viele krautige Blütenpflanzen sterben nach der Bildung von Früchten ab. Es gibt jedoch auch Pflanzen, die zwei Jahre oder mehrjährig im Frühjahr ihre Sprosse ausbilden.

1 ● Vergleiche die Überwinterung von Klatschmohn, Wilder Möhre und Krokus. → 5

2 ● Beschreibe mithilfe des Bilds, was man unter ein-, zwei- und mehrjährigen Pflanzen versteht.

3 ◔ Begründe, weshalb der Krokus Sprossknollen ausbildet.

Nahrungsbeziehungen im Wald

1 Der Luchs tötet seine Beute mit einem Biss in die Kehle.

Luchse leben vorwiegend im Wald. Sie waren bei uns fast ausgestorben. In den letzten Jahren wurden sie wieder erfolgreich angesiedelt. Heute gibt es Luchse zum Beispiel im Harz. Als Fleischfresser jagen sie vor allem kleine Säugetiere, Vögel, aber auch junge Rehe. Im Wald leben auch noch andere Tiere. Wie ernähren sie sich?

Der Fuchs frisst alles • Füchse jagen in der Dämmerung und nachts. Sie fressen Mäuse, Kaninchen, Vögel und Regenwürmer. Füchse sind Allesfresser. Im Sommer und im Herbst fressen sie auch Beeren und Früchte. → 2 Jungfüchse fallen manchmal Uhus oder einem Luchs zum Opfer.

Gelbe Mäuse • Gelbhalsmäuse wohnen in großen Gruppen in unterirdischen Bauten. Sie fressen Gräser, Kräuter, Früchte und Samen, aber auch Insekten. Sie gehören daher wie der Fuchs zu den Allesfressern. Außer von Füchsen werden sie im Wald noch von Mardern, Luchsen und Eulen gejagt.

Nahrungskette • Pflanzen dienen Pflanzenfressern wie dem Reh als Nahrungsgrundlage. Das Reh selbst wird vom Luchs gefressen. Die Nahrungsbeziehungen zwischen Pflanzen, dem Reh und dem Luchs lassen sich als Kette darstellen. Eine solche Kette wird als Nahrungskette bezeichnet. → 4 Andere Lebewesen im Wald bilden weitere Nahrungsketten.

2 Ein Fuchs frisst auch Beeren.

3 Die Gelbhalsmaus

die Nahrungskette
das Nahrungsnetz
der Stoffkreislauf

Nahrungsnetz • Ein Reh frisst nicht nur Bucheckern, sondern auch andere Pflanzen, die Bestandteil anderer Nahrungsketten sind. Der Luchs frisst auch noch andere Tiere, sodass die Nahrungsketten in einem Wald miteinander verbunden sind. Stellt man die verbundenen Nahrungsketten grafisch dar, ergibt sich ein Nahrungsnetz. → 4

Stoffkreislauf • Pflanzen können durch Fotosynthese aus Kohlenstoffdioxid und Wasser selbst Nährstoffe herstellen. Man nennt sie Erzeuger oder Produzenten. Alle Tiere nennt man Verbraucher oder Konsumenten. Die von den Pflanzen hergestellten Nährstoffe werden von den Konsumenten aufgenommen und weitergegeben. Der Kot der Tiere sowie tote Tiere und abgestorbene Pflanzenteile werden von Zersetzern oder Destruenten abgebaut. Das sind Bodenlebewesen wie Würmer, Pilze und Bakterien. Durch den Abbau entstehen Mineralstoffe, Kohlenstoffdioxid und Wasser. Die Mineralstoffe nutzen die Pflanzen für ihr Wachstum. Aus dem Kohlenstoffdioxid und dem Wasser stellen sie bei der Fotosynthese wieder Nährstoffe her. Dabei entsteht auch Sauerstoff. Diesen benötigen Tiere und Pflanzen zum Atmen. Durch den Kreislauf der Stoffe wird in der Natur alles verwertet. → 5

Pflanzen, Pflanzenfresser und Fleischfresser bilden Nahrungsketten. Diese sind miteinander verbunden und bilden ein Nahrungsnetz. Durch Stoffkreisläufe werden in der Natur alle Stoffe wiederverwertet.

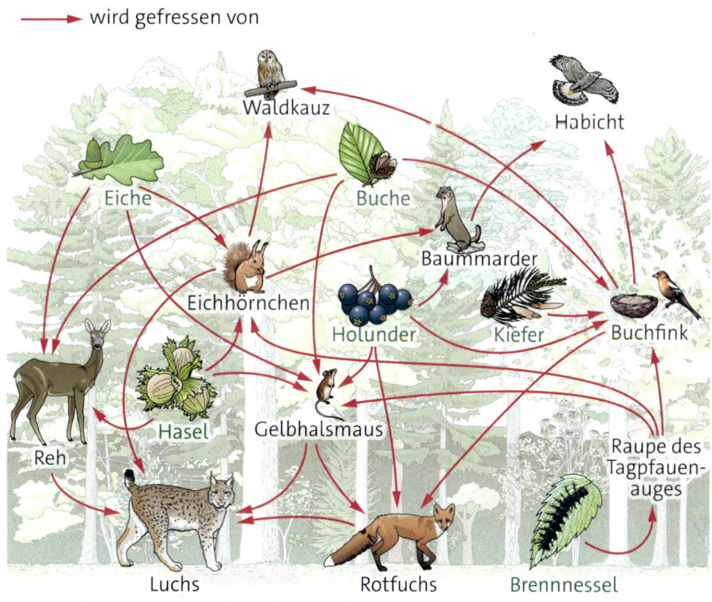

4 Nahrungsnetz im Wald (Ausschnitt)

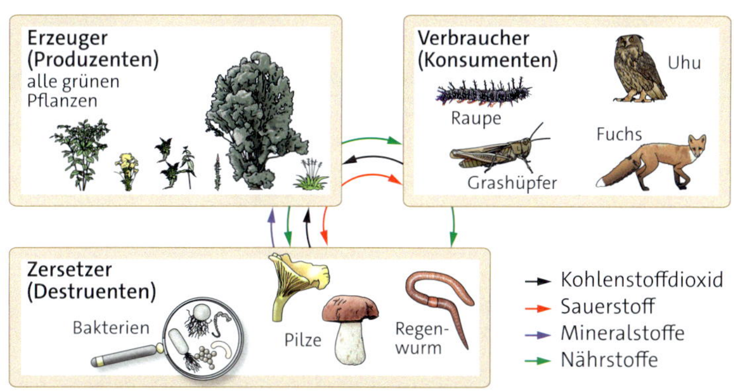

5 Stoffkreislauf

Aufgaben

1 Bilde mit den Lebewesen aus Bild 4 drei möglichst lange Nahrungsketten. Beschreibe diese anschließend.

2 Erkläre, warum in der Natur nichts verloren geht. → 5

Nahrungsbeziehungen im Wald

Material A

Alles hängt zusammen

In einem Wald leben viele verschiedene Lebewesen zusammen. Sie stehen miteinander in Beziehung und sind teilweise auch voneinander abhängig.

1 ○ Ordne die Tiere aus Bild 1 in einer Tabelle in Fleischfresser, Pflanzenfresser und Allesfresser.

2 ◐ Erstelle aus den Lebewesen in Bild 1 zwei verschiedene Nahrungsketten. Verwende Pfeile, um zu zeigen, wer oder was von wem gefressen wird.

3 ◐ Begründe, weshalb Pflanzen die Grundlage von Nahrungsketten sind.

4 ● Erstelle ein Nahrungsnetz, in dem alle Lebewesen aus Bild 1 vorkommen.

5 Stelle dir vor, in einem Wald werden alle Stieleichen gefällt.
● Erläutere die Auswirkungen dieser Veränderung für die Anzahl der Großen Puppenräuber und der Waldkäuze. Verwende dazu das von dir erstellte Nahrungsnetz. Begründe deine Antwort.

1

Material B

Laubstreuuntersuchung

Die oberste Schicht eines Waldbodens nennt man Laubstreuschicht.

Materialliste: Laubstreu, Messbecher (500 mL), Binokular und Lupe, weiße Schale, Petrischale, Pinsel, Einweghandschuhe

1 Fülle einen Messbecher mit 500 mL Laubstreu. Gib die Laubstreu in eine weiße Schale und verteile sie großflächig. Suche nach kleinen Lebewesen in der Laubstreu. Nimm dazu den Pinsel.

2 Setze die gefundenen Tiere vorsichtig in die Petrischale.

3 Betrachte nun die Tiere mit der Lupe. Bei ganz kleinen Tieren kannst du auch ein Binokular benutzen.
○ Bestimme die Bodenlebewesen mithilfe von Bild 2.

4 ● Ermittle die Häufigkeit der einzelnen Tiere in deiner Probe. Zähle sie aus. Erstelle ein Säulendiagramm.

5 Betrachte Bild 3 und lies den Text.
a ● Erläutere die Bedeutung der Bodenlebewesen für das Ökosystem Waldboden.
b ● Erkläre, warum man den Stoffkreislauf auch als Recycling bezeichnen kann.

> 8 Beine			**Tausendfüßer**
8 Beine			**Spinnentiere**
6 Beine	Körper wurmartig lang gestreckt		**Larven von Insekten**
	Körper in 3 Teile gegliedert		**Insekten, Springschwänze**
0 Beine	gegliederter Körper		**Ringelwürmer**
	ungegliederter Körper	keine Fühler	**Fadenwürmer**
		mit Fühlern	**Schnecken**

2

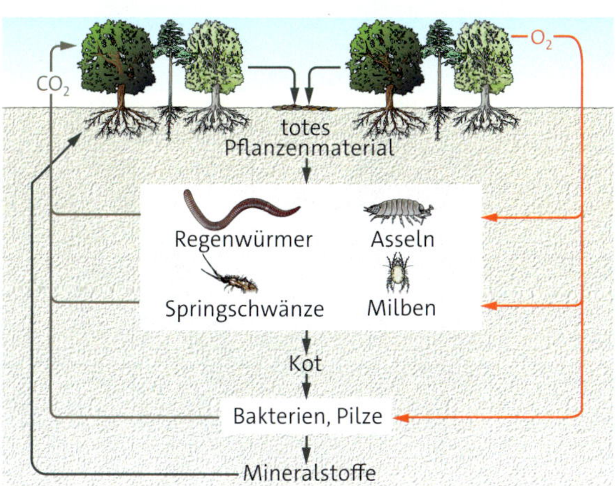

3 Stoffkreislauf

Jedes Jahr fallen pro Hektar (100 m × 100 m) Waldboden mehrere Tonnen Laub. Der Abbau der Laubblätter erfolgt durch die große Zahl an Bodenlebewesen. Schnecken, Asseln und Regenwürmer ernähren sich von den heruntergefallenen Blättern. Sie scheiden kleine Blattreste vermischt mit Bodenteilchen wieder aus. Die im Kot der Tiere enthaltenen Stoffe werden von Bakterien und Pilzen unter Verbrauch von Sauerstoff (O_2) abgebaut. Sie setzen Kohlenstoffdioxid (CO_2) frei und Mineralstoffe bleiben im Boden zurück. Die Mineralstoffe können nun von den Pflanzen über ihre Wurzeln aus dem Boden aufgenommen werden.

Natur schützen

1 In der Oberrheinischen Tiefebene brütet der gefährdete Kiebitz.

In Hessen leben nur noch wenige Brutpaare des Kiebitzes. Naturschützer versuchen, diesem Vogel zu helfen, und untersuchen dazu seinen Lebensraum. Aber wieso stecken sie Stöcke ins Feld?

Gefahr durch den Menschen • Der Kiebitz braucht ebene, offene Landschaften wie feuchte Wiesen und naturnah bewirtschaftete Äcker. → 1 Nur hier kann er erfolgreich brüten. Seine Eier besitzen eine braune Färbung und sind dadurch auf erdigem Untergrund bestens getarnt. Zudem benötigt der Kiebitz die lockere Erde dieser Lebensräume, um im Boden nach Insekten zu suchen. Durch den Einsatz von Insektengiften in der Landwirtschaft und durch Trockenlegung und Verbauung offener Flächen ist der Kiebitz bedroht.

Naturschutz • Um bedrohten Tieren oder auch Pflanzen zu helfen, müssen die Ursachen ihrer Bedrohung eingedämmt und ihr Lebensraum geschützt werden. Das ist Aufgabe des Naturschutzes. 1921 wurde das Neandertal in Mettmann als erstes Naturschutzgebiet ausgewiesen. → 2

2 Schild zur Kennzeichnung von Naturschutzgebieten

der **Naturschutz**
die **Rote Liste**
der **Artenschutz**
der **Biotopschutz**

Artenschutz • Kümmert man sich besonders um den Schutz einzelner Tier- oder Pflanzenarten, spricht man vom Artenschutz. Durch Maßnahmen wie das Mähen sonniger Hänge und das Anlegen von Hecken zwischen Feldern kann der Smaragdeidechse geholfen werden. → 3 In Wäldern sollten auch abgestorbene Bäume, heruntergefallene Äste und verrottendes Holz belassen werden. Dieses Totholz dient vielen Tieren wie Insekten als Nistmöglichkeit und auch als Nahrungsquelle. Besonders wichtig für den Artenschutz ist es zu wissen, wo die Tiere ihre Nester und Bruthöhlen anlegen. Dafür werden diese oft mit Stöcken markiert. → 1

Rote Liste • Grundlage für den Artenschutz ist die Rote Liste der gefährdeten Tier- und Pflanzenarten. Hier wird für alle Arten der Gefährdungsgrad und die Ursachen dafür aufgelistet.

Biotopschutz • Der Biotopschutz umfasst den Schutz ganzer Lebensräume. Vom Schutz einer Orchideenwiese profitieren auch andere dort wachsende Pflanzenarten und Insekten. → 4

Naturschutzverbände • In Deutschland setzen sich viele Menschen ehrenamtlich für den Naturschutz ein. Die größten Vereine sind der Naturschutzbund (NABU) und der Bund für Umwelt und Naturschutz (BUND).

Durch den Menschen sind viele Tier- und Pflanzenarten sowie Lebensräume bedroht.

3 Gefährdete Tiere: Smaragdeidechse und Große Hufeisennase

4 Gefährdeter Lebensraum: Orchideenwiese

Aufgaben

1 ○ Nenne Gründe für die Gefährdung des Kiebitzes.

2 ◐ Erkläre, warum die Roten Listen für den Artenschutz wichtig sind.

3 ● Erkläre mithilfe von Bild 1, warum Naturschützer Kiebitznester in Wiesen und Feldern mit Stöcken markieren.

Natur schützen

Material A

Artenvielfalt im Wald

Forscher haben untersucht, ob sich die Anzahl der Tierarten verändert, wenn man abgestorbene Bäume nicht aus dem Wald entfernt. Sie haben dazu zwei Waldflächen untersucht. Zunächst wurden die Anzahl der Käferarten und die Anzahl der Vogelarten beider Flächen bestimmt. Von Fläche A wurden in der darauffolgenden Zeit tote Bäume entfernt, auf Fläche B wurden sie belassen. → 1 Nach 15 Jahren wurden erneut die Anzahl der Käferarten und der Vogelarten ermittelt.

1 ○ Beschreibe die Ergebnisse der Untersuchung der Forscher des Diagramms in Bild 2.

2 ◔ Erkläre, warum die Anzahl der Käferarten auf beiden Flächen verschieden ist.

3 ● Begründe die Anzahl der Vogelarten in Fläche B.

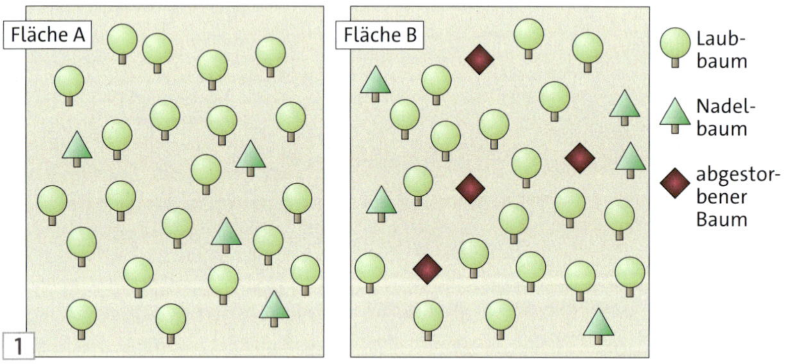

1

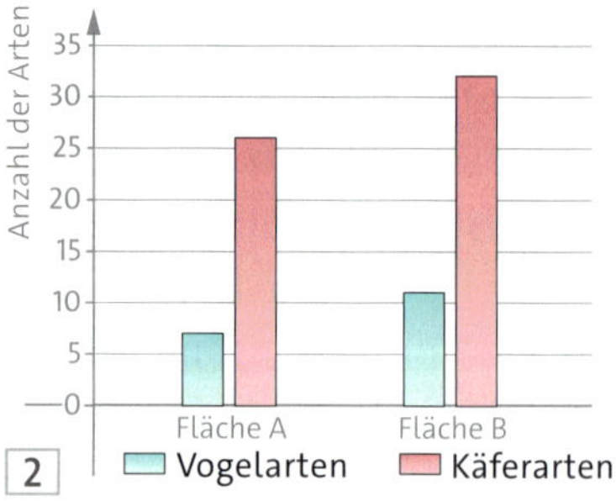

2

Material B

Fußball oder Insekten

Ein Teil der Rasenfläche der Schule soll in eine Wildblumenwiese umgewandelt werden. Die Wiese dürfte vor allem im Frühjahr nicht zertrampelt werden, da zu dieser Zeit die Pflanzen wachsen und ihre Blüten und Samen bilden. Einige Schüler möchten aber einen Fußballrasen.

3 Einen Lebensraum schaffen ...

4 ... oder lieber Fußball spielen?

1 ◔ Sammelt Argumente für und gegen die Anlage einer Wildblumenwiese.

2 ◔ Tragt abwechselnd Argumente für und gegen die Umwandlung des Rasens vor.

3 ● Einigt euch am Ende der Diskussion auf eine Lösung, mit der beide Gruppen zufrieden sein können.

Erweitern und Vertiefen

Gefährdete Lebensräume

5 Flussaue mit Auwald

6 Ein typisches Moor

Flussauen und Auwälder • Flussauen sind flache Landschaften an fließenden Gewässern, die immer wieder überflutet werden. Durch den stetigen Wechsel zwischen Überflutung und Austrocknung entsteht ein ganz besonderer Lebensraum. Hier leben Biber, Frösche und Störche zwischen Weiden, Erlen und Schilf. Um den fruchtbaren Boden auf dem ebenen Gelände zu nutzen, siedelten sich in Flussauen oft Menschen an. Sie bauten Deiche, um sich vor den Überflutungen zu schützen. Dadurch wurde der Lebensraum Flussaue zerstört und der Fluss außerdem seines natürlichen Überflutungsgebiets beraubt. Wenn der Fluss mehr Wasser führt, steigt deshalb die Hochwassergefahr, da mehr Wasser gegen die Deiche drückt. Manchmal brechen die Deiche und es kommt zu erheblichen Überflutungsschäden im Hinterland. Flussauen in ihrer ursprünglichen Form kann man heute noch an einigen Stellen am Main, an der Kinzig oder auch der Lahn finden.

Moore • Moore sind feuchte Lebensräume, in denen immer Wasser vorhanden ist. Das Torfmoos wächst als dickes, dichtes Moospolster, durch das keine Luft mehr an darunterliegende Schichten gelangt. Abgestorbenes Pflanzenmaterial wird dort nicht mehr vollständig abgebaut. Es entsteht Torf, der früher als Brennmaterial verwendet wurde. In einem Moor können nur speziell angepasste Tier- und Pflanzenarten leben, wie Moorfrosch, Kreuzotter sowie Sonnentau und Wollgras. Moore speichern wie Wälder Treibhausgase wie Kohlenstoffdioxid aus der Atmosphäre. Ein bekanntes Moor in Hessen ist das Rote Moor. Es liegt in der hessischen Rhön und ist als Naturschutzgebiet ausgewiesen.

Aufgabe

1 Begründe, warum Flussauen und Moore schützenswert sind.

Zusammenfassung

Vom Wildtier zum Haustier • Der Mensch zähmte wilde Tiere und vermehrte durch Züchtung die Tiere über Generationen als Haustiere weiter, die die für ihn vorteilhaften Merkmale besaßen.

Heimtiere • Der Mensch lebt mit Tieren zusammen. Heimtiere sind Familienmitglieder. Sie geben Sicherheit und Geborgenheit. Unsere häufigsten Heimtiere sind Hunde, Katzen, Kaninchen, aber auch Fische und Vögel. Wer Heimtiere hält, trägt eine hohe Verantwortung für die Tiere.

Nutztiere • Nutztiere werden wirtschaftlich genutzt. Sie liefern uns vor allem Nahrung wie Fleisch, Milch und Eier, aber auch Kleidung oder ihre Arbeitskraft. Häufige Nutztiere sind Rinder, Schweine, Pferde und Hühner.

Haltung von Nutztieren • Artgerechte Tierhaltung orientiert sich am natürlichen Lebensraum und den angeborenen Verhaltensweisen der Tiere. Um den hohen Bedarf an Fleisch und Eiern zu decken, werden Tiere aber auch weiterhin in großer Anzahl in Ställen in der Intensivtierhaltung gehalten. Bei Hühnern spricht man dann auch von Kleingruppenhaltung oder Bodenhaltung.

Wirbeltiere • Wirbeltiere besitzen ein Innenskelett mit Wirbelsäule. Die Klassen Säugetiere, Vögel, Reptilien, Amphibien und Fische bilden zusammen den Stamm der Wirbeltiere.

Säugetiere • Säugetiere sind gleichwarm. Sie haben ein Fell und atmen mithilfe von Lungen. Säugetiere bringen lebende Jungtiere zur Welt und säugen sie mit Milch aus ihren Milchdrüsen.

Bau der Blütenpflanzen • Blütenpflanzen haben alle den gleichen Grundbauplan aus Wurzel, Sprossachse und Blättern. Die Wurzel verankert die Pflanze im Boden und nimmt Wasser und Mineralstoffe auf. Diese werden in der Sprossachse durch die Pflanze geleitet. Die Blätter stellen durch Fotosynthese Nährstoffe her. Mithilfe der Blüte vermehrt sich die Pflanze.

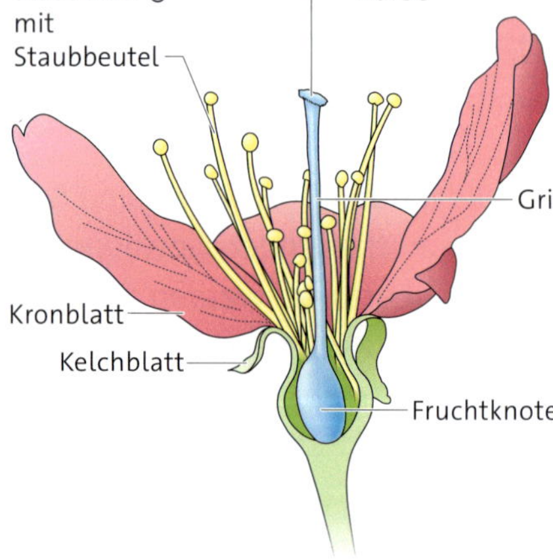

1 Längsschnitt durch eine Blüte

Aufbau von Blüten • Eine Blüte besteht aus Kelchblättern, Kronblättern, Staubblättern und Fruchtblättern. → 1
Die Fruchtblätter sind meist zu einem Stempel verwachsen. Der Stempel ist das weibliche Geschlechtsorgan der Pflanze. Er besteht aus Fruchtknoten, Griffel und Narbe. Das Staubblatt ist das männliche Geschlechtsorgan. Im Staubbeutel liegt der Pollen.

Bestäubung von Blüten • Die Übertragung von Pollenkörnern auf die Narbe eines Stempels bezeichnet man als Bestäubung. Sie kann durch Insekten oder den Wind erfolgen.

Quellung und Keimung • Der Samen enthält den Keimling der neuen Pflanze. Voraussetzung für die Keimung ist die Quellung. Stärkespeicher versorgen den Keimling für sein Wachstum mit Nährstoffen.

Lebensräume • Tiere und Pflanzen haben Ansprüche an ihre Lebensräume und stehen mit ihnen in Wechselbeziehung. Die Umweltfaktoren in einem Lebensraum bestimmen, welche Lebewesen dort leben können. Tiere und Pflanzen sind an ihren Lebensraum angepasst. Eine Gemeinschaft aus Lebewesen und ihrer Umwelt nennt man Ökosystem.

Stockwerke des Walds • Der Wald ist in verschiedene Schichten gegliedert: Wurzelschicht, Moosschicht, Krautschicht, Strauchschicht und Baumschicht. Jede Schicht besitzt bestimmte Umweltbedingungen, daher findet man dort verschiedene Lebewesen.

2 Ein Mischwald aus Fichten und Buchen

Pflanzen im Jahresverlauf • Den Lauf der Jahreszeiten erleben wir nicht nur durch die Veränderung der Temperatur. Im Herbst werfen viele Pflanzen ihre Blätter ab, überdauern als Samen oder in ihren Überwinterungsformen. Im Frühjahr treiben sie neu aus.

3 Eine Haselmaus frisst an einer Haselnuss.

Nahrungsbeziehungen • Pflanzen sind die Nahrungsgrundlage für alle anderen Lebewesen. Pflanzenfresser ernähren sich von Pflanzen. Fleischfresser fressen Pflanzenfresser oder andere Fleischfresser. So ergibt sich eine Nahrungskette. Die meisten Tiere fressen verschiedene andere Pflanzen oder Tiere. Dadurch sind die Nahrungsketten miteinander verbunden. Sie bilden ein Nahrungsnetz.

Naturschutz • Viele Lebensräume, aber auch Tier- und Pflanzenarten sind vom Menschen bedroht. Die Aufgabe des Naturschutzes ist es, die Ursachen der Bedrohung zu beseitigen und die Lebensräume zu schützen.

Teste dich! (Lösungen im Anhang)

Tiere

1 ○ Nenne drei Haustiere. Beschreibe, weshalb der Mensch diese Tiere hält.

2 ◐ Erkläre, wie der Mensch aus dem Wildtier Wolf viele verschiedene Hunderassen züchten konnte.

3 ◐ Beschreibe Ziele, die der Mensch bei der Zucht von Rindern verfolgt.

4 ◐ Nenne die zwei typischen Merkmale der Säugetiere. Begründe deine Antwort. → 1

1

5 Gebisse lassen Rückschlüsse auf die Ernährung zu.

a ○ Ordne die Schädel in Bild 2 der Katze, dem Hausschwein und dem Pferd zu. Gib dabei an, ob die Tiere Allesfresser, Pflanzenfresser oder Fleischfresser sind.

b ◐ Begründe deine Zuordnungen.

c ◐ Beschreibe die Funktionen folgender Zähne: Backenzähne beim Pferd, Reiß- und Fangzähne bei der Katze.

Bau der Blütenpflanzen und Blüten

6 ○ Fertige eine Schemazeichnung einer Blütenpflanze an. Beschrifte die Bestandteile und nenne deren Aufgaben.

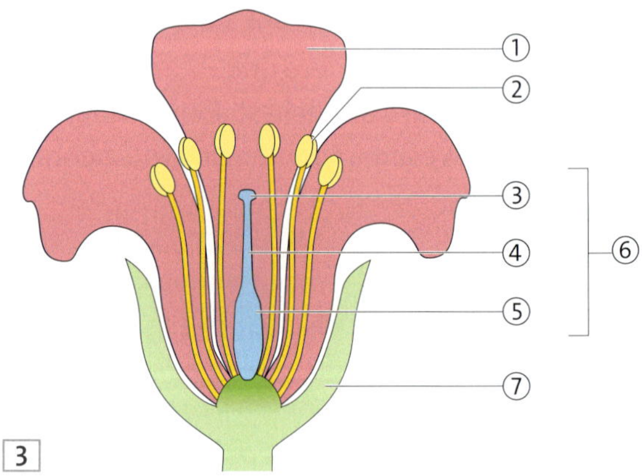

3

7 ◐ Ordne den nummerierten Bestandteilen der Blüte die folgenden Begriffe zu: Fruchtknoten, Griffel, Kelchblatt, Kronblatt, Narbe, Staubblatt mit Staubbeutel, Stempel. → 3

8 ◐ Beschreibe die Bestäubung der Kirsche.

9 ○ Nenne alle Voraussetzungen, die für die Keimung der Bohne erfüllt sein müssen.

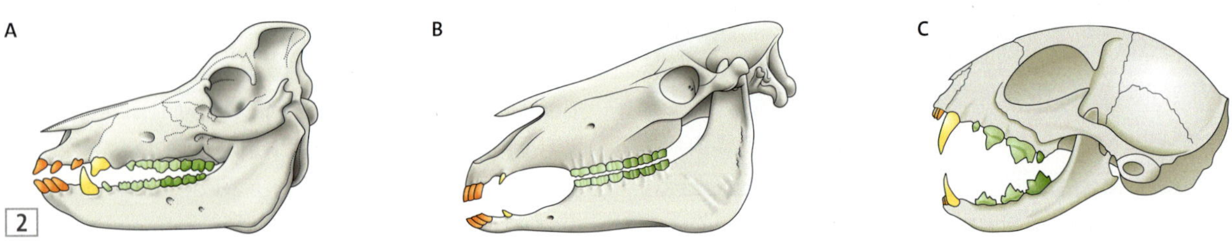

2

Lebensräume

10 ○ Nenne verschiedene Umweltfaktoren.

11 ◐ Nenne drei verschiedene Lebensräume und beschreibe jeweils die dort herrschenden Lebensbedingungen.

12 ○ Erkläre den Satz: „Pflanzen und Tiere sind an ihren Lebensraum angepasst."

13 ○ Erläutere die Begriffe Lebensraum, Lebensgemeinschaft und Ökosystem.

4

Der Wald im Jahresverlauf

14 ○ Nenne die Stockwerke des Walds. Ordne jeder Schicht zwei Tier- und Pflanzenarten zu. Ergänze dazu die Tabelle.

Stockwerk des Walds	Tiere	Pflanzen
...	...	...

15 ◐ Erkläre, weshalb Laubbäume im Herbst ihre Blätter verlieren.

16 Im Wald gibt es viele krautige Frühblüher.

a ○ Nenne zwei Frühblüher.

b ◐ Erkläre, weshalb auf dem Boden eines Laubwalds das meiste Licht im Frühjahr und Herbst am Boden ankommt.

c ● Begründe, warum Frühblüher schon früh im Jahr wachsen und Blüten bilden können.

Nahrungsbeziehungen

17 ○ Erläutere die Begriffe Nahrungskette und Nahrungsnetz.

18 ◐ Erstelle mithilfe von Bild 5 zwei möglichst lange Nahrungsketten.

19 ● Erkläre mögliche Folgen auf das Nahrungsnetz, wenn sich die Zahl von Eichenwicklerraupen durch den Einsatz von Insektengiften stark verringern würde.

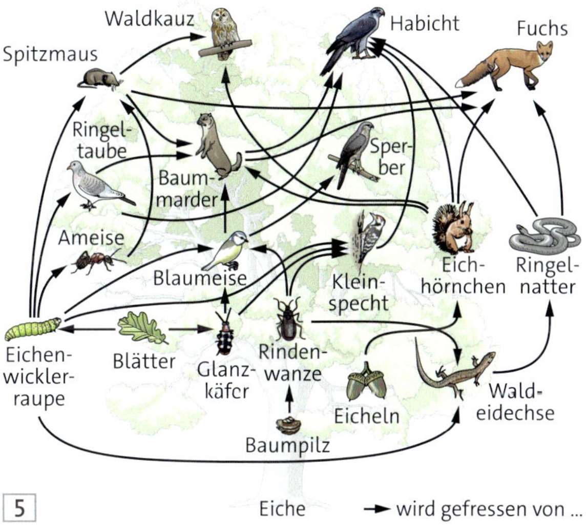

5

Luft – unsichtbar, aber vorhanden

Luft umgibt uns immer und überall. Wir brauchen sie zum Atmen. Wir bewegen uns in ihr, aber wir sehen sie nicht. Was ist eigentlich Luft?

Die für uns unsichtbare Luft hat viele spürbare Eigenschaften. Sie kann uns in der Bewegung unterstützen, aber auch hinderlich sein. Welche Eigenschaften hat Luft noch?

Vögel fliegen, Flugzeuge auch. Wie gelingt ihnen das?

Luft – ein Gemisch

1 Lufthülle der Erde

Unsere Erde ist von einer Lufthülle umgeben. Will man sie sehen, muss man die Erde verlassen. Aus dem Weltall ist sie als dünnes blaues Band zu sehen. → 1 Diese dünne Lufthülle ermöglicht das Leben auf der Erde. Der Mars und unser Mond haben eine solche Lufthülle nicht.

Luft – ein Gasgemisch • Die Luft, in der wir uns bewegen, ist ein Gasgemisch. Sie besteht zu 78 Prozent aus Stickstoff und zu 21 Prozent aus Sauerstoff. Von 100 Litern Luft sind etwa 78 Liter Stickstoff und 21 Liter Sauerstoff. → 2 Außerdem enthält Luft 0,03 Prozent Kohlenstoffdioxid. Bei 100 Litern Luft entspricht dies dem Volumen eines Tischtennisballs. Die restlichen 0,97 Prozent der Luft bestehen aus Edelgasen. Außerdem enthält Luft Wasser.

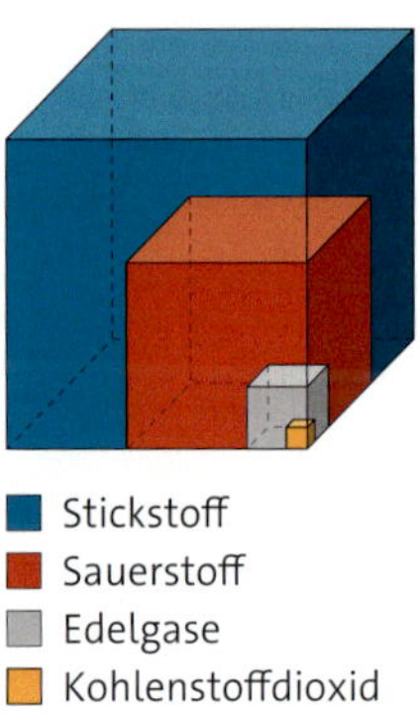

2 Zusammensetzung der Luft

Luft und ihre Bestandteile • Stickstoff, Sauerstoff und Kohlenstoffdioxid sind farblose und geruchlose Gase. In reinem Stickstoff geht ein brennendes Streichholz sofort aus und Lebewesen ersticken darin. Aufgrund dieser Beobachtungen erhielt Stickstoff seinen Namen.

Sauerstoff wird für Verbrennungsvorgänge und die Atmung von Lebewesen benötigt. Bei einer Verbrennung wird Sauerstoff verbraucht, während Kohlenstoffdioxid entsteht.

der Sauerstoff
der Stickstoff
das Kohlenstoffdioxid
das Edelgas
der Schadstoff

Kohlenstoffdioxid ist zwar ein kleiner, aber auch bedeutender Bestandteil der Luft. Pflanzen stellen aus Kohlenstoffdioxid und Wasser bei der Fotosynthese die Nährstoffe Zucker und Stärke her. Dazu benötigen sie die Energie des Sonnenlichts. → 3
Außerdem entsteht bei der Fotosynthese Sauerstoff, den die Pflanzen in die Luft abgeben und den die Menschen und Tiere einatmen.
Beim Ausatmen geben Menschen und Tiere Kohlenstoffdioxid und Wasserdampf in die Luft ab.
Die Edelgase sind Helium, Neon, Argon und Xenon. Helium wird als Gas für Luftballons verwendet.

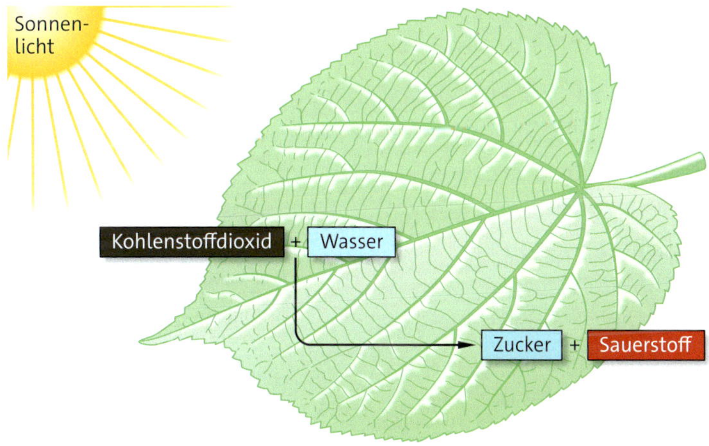

3 Fotosynthese

Schadstoffe in der Luft • Durch den Auto- und Luftverkehr sowie durch Industrieanlagen gelangen noch weitere Stoffe in die Luft. Autos, Lastkraftwagen und Flugzeuge setzen gasförmige Schadstoffe und feste Bestandteile, die Feinstäube, frei. Feinstäube sind für den Menschen schädlich, da sie über die Lunge eingeatmet werden können und in den Körper gelangen. Deshalb gibt es in manchen Städten Fahrbeschränkungen und zeitweilig Fahrverbote, um die Belastung an Schadstoffen und Feinstäuben zu verringern.

4 Autos setzen Schadstoffe frei.

Die Luft, die uns umgibt, ist ein Gemisch aus Gasen. Sie besteht aus Stickstoff, Sauerstoff, Kohlenstoffdioxid und Edelgasen. Durch Verkehr und Industrie gelangen auch Schadstoffe in die Luft.

Aufgaben

1 ○ Nenne die Hauptbestandteile der Luft und beschreibe ihre Eigenschaften.

2 ◐ Welche Bestandteile der Luft sind für Menschen, Tiere und Pflanzen wichtig? Begründe.

3 ● Bewerte das zeitweilige Fahrverbot für Autos in Städten.

Luft – ein Gemisch

Material A

Kerzentod

Materialliste: 3 Bechergläser (250 mL, 400 mL und 600 mL), Teelichter, Stoppuhr

1 Stülpe die unterschiedlich großen Bechergläser nacheinander über das brennende Teelicht. → 2
Bestimme jeweils mit einer Stoppuhr, wie lange das Teelicht brennt.
○ Halte die Ergebnisse in einer Tabelle fest. → 1

2 Wiederhole die Versuche mit zwei Teelichtern.
○ Ergänze deine Ergebnisse in der Tabelle. → 1

3 ◐ Beschreibe deine Beobachtungen.

Becherglas	Zeit bis zum „Kerzentod“	
	1 Teelicht	2 Teelichter
250 mL	?	?
400 mL	?	?
600 mL	?	?

1 Mustertabelle

4 ● Erkläre die Ergebnisse.

2 Versuchsaufbau

Material B

Die Glimmspanprobe

Finde heraus, welcher der Bestandteile der Luft für eine Verbrennung benötigt wird.

Materialliste: großes Reagenzglas oder Standzylinder, Streichholz, Sauerstoff, Holzspan

1 Lass dir von deinem Lehrer reinen Sauerstoff aus der Flasche oder Druckgasflasche in das Reagenzglas füllen.

2 Entzünde einen Holzspan und blase das Flämmchen aus. Der Holzspan glimmt jetzt. Halte den noch glimmenden Holzspan in das Reagenzglas. → 3
○ Beschreibe deine Beobachtungen.

3 Wiederhole das Experiment und halte den glimmenden Holzspan in ein Reagenzglas mit Luft.
○ Beschreibe deine Beobachtungen.

4 ● Vergleiche die Beobachtungen beim Experiment mit reinem Sauerstoff und mit Luft. Erkläre.

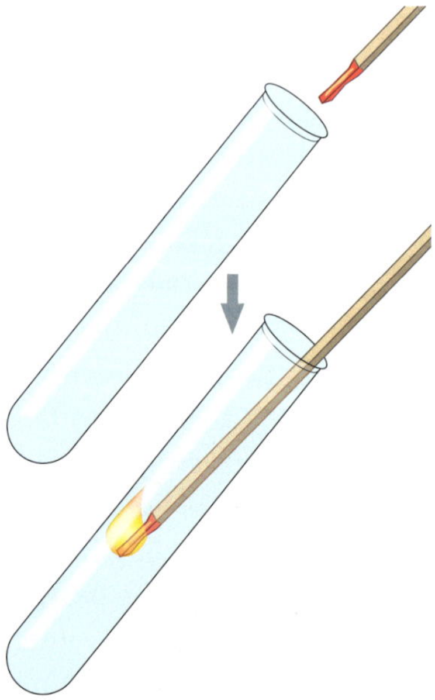

3 Versuchsaufbau

Material C

Kalkwassertrübung

Ständig atmest du Luft ein und wieder aus. Unterscheiden sich die eingeatmete und ausgeatmete Luft voneinander? Mit folgenden Informationen kannst du das herausfinden:

> *Kohlenstoffdioxid trübt Kalkwasser. Sauerstoff und Stickstoff machen das nicht.*

Materialliste: Marmeladenglas mit Deckel, Trinkhalm, Kalkwasser, Pipette

1 Atme durch den Trinkhalm in das umgedrehte Marmeladenglas aus. → 4A Verschließe das noch umgedrehte Glas sofort mit dem Deckel. Warte 20 Sekunden.

2 Drehe das Glas um. Öffne den Deckel und gib vorsichtig Kalkwasser in das Glas. → 4B Verschließe das Glas wieder und schüttle es. → 4C
- Beschreibe deine Beobachtung.

3 Führe das Experiment mit normaler Luft im Glas durch.
- Beschreibe deine Beobachtung.

4 Vergleiche und erläutere deine Ergebnisse.

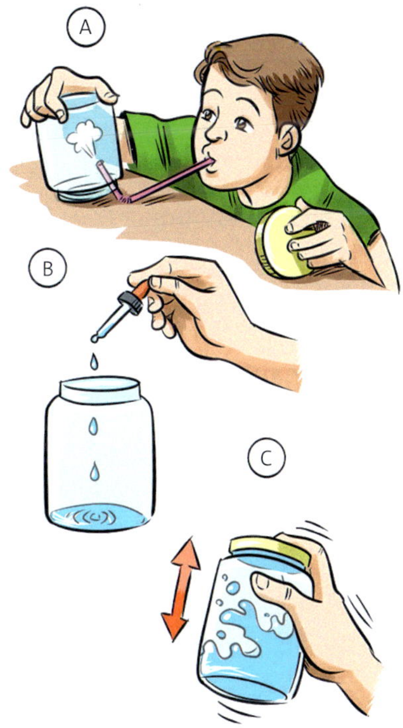

4 Versuchsaufbau

Material D

Aus- und Einatemluft

Eine bewusstlose Person mit Atemstillstand wird bei der Ersten Hilfe mit Ausatemluft beatmet.

1 Vergleiche die Zusammensetzung der Ein- und Ausatemluft miteinander. → 6

2 Begründe, warum bei der Ersten Hilfe die Beatmung mit Ausatemluft hilft.

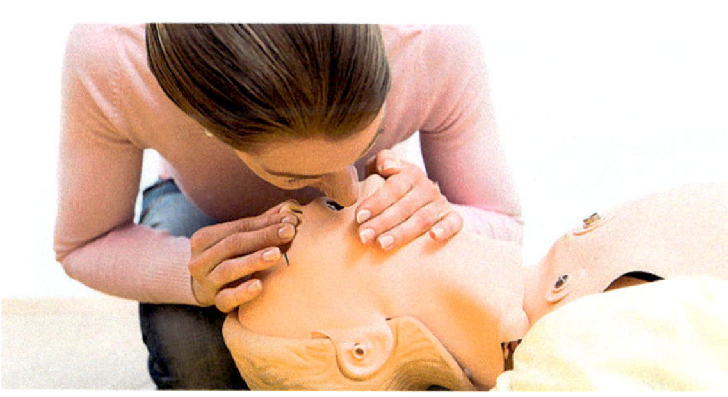

5 Eine Frau übt die Mund-zu-Mund-Beatmung.

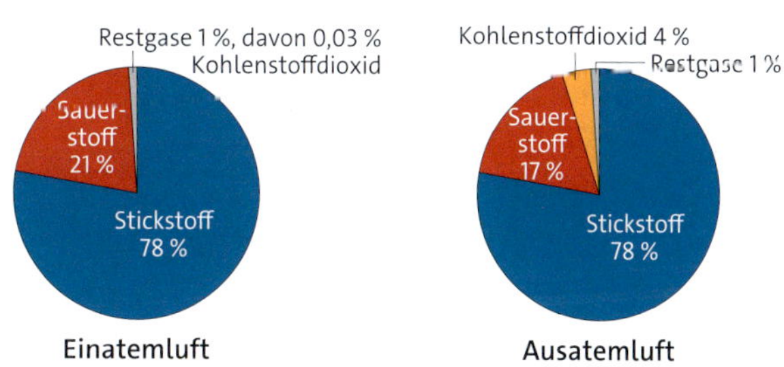

6 Zusammensetzung von Ein- und Ausatemluft

Luft – ein Gemisch

Erweitern und Vertiefen

Feinstaub

Was ist Feinstaub? • In unserer Luft gibt es Teilchen, die nicht sofort zu Boden sinken, sondern eine gewisse Zeit in der Luft bleiben. Diese Teilchen nennt man Feinstaub. Besonders der Verkehr, Heizungen und bestimmte Industriebetriebe sind große Feinstaubquellen.

Gesundheitliche Auswirkungen • Eingeatmeter Feinstaub hat schädliche Auswirkungen auf unsere Gesundheit. Entscheidend ist der Durchmesser der Staubteilchen. Teilchen mit einem Durchmesser von weniger als 2,5 Mikrometern werden kurz $PM_{2,5}$ genannt. Diese kleinen Teilchen sind besonders gefährlich, denn sie setzen sich in unserer Lunge fest. Beim Einatmen dringen sie tief in die Bronchien unserer Lunge ein und gelangen sogar in die Lungenbläschen. Von dort lassen sie sich auch durch Husten kaum wieder entfernen.

Gegenmaßnahmen • Weil der Feinstaub so schädlich ist, soll vermieden werden, dass er entsteht. Deshalb werden Filter in Industrieanlagen, Autos und Heizungen eingebaut. In einigen Städten werden Pkw- und Lkw-Verkehr zeitweise verboten. → 1

1 Fahreinschränkung für Lkws

2 Messstation für Feinstaub in Stuttgart

Messungen der Feinstaubkonzentration • Die Feinstaubkonzentration wird vor allem in den Städten genau gemessen und beobachtet. → 2 In Deutschland führt das Bundesumweltamt regelmäßig Messungen der Feinstaubbelastung der Luft durch.

Darstellung der Ergebnisse • Das Bundesumweltamt stellt seine Ergebnisse oft in Diagrammen dar. In einem Diagramm werden Informationen grafisch dargestellt, um Entwicklungen oder Zusammenhänge zu verdeutlichen. Es gibt unterschiedliche Diagrammarten, die sich für verschiedene Zwecke besonders gut eignen.

Aufgaben

1 ○ Benenne verschiedene Feinstaubquellen.

2 ◐ Erkläre, warum Feinstaub besonders gefährlich ist.

Material E

Kreisdiagramm

Mit einem Kreisdiagramm können Anteile oder Verhältnisse dargestellt werden.

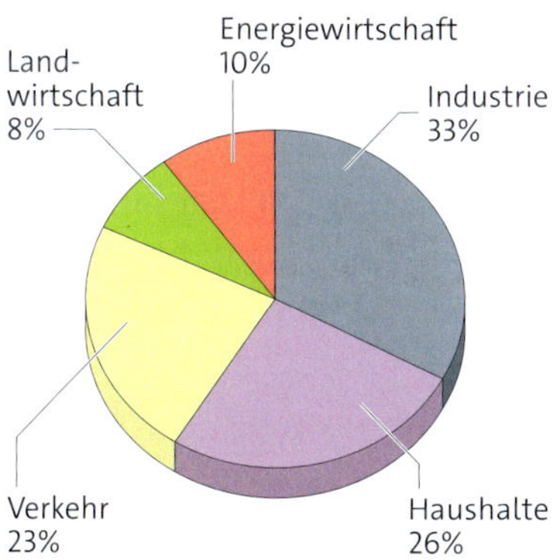

3 Feinstaubverursacher ($PM_{2,5}$) im Jahr 2015

1 ◔ Beschreibe das dargestellte Diagramm. → 3

Material F

Säulendiagramm

Ein Säulendiagramm eignet sich, um Größen miteinander zu vergleichen und Unterschiede aufzuzeigen. → 4

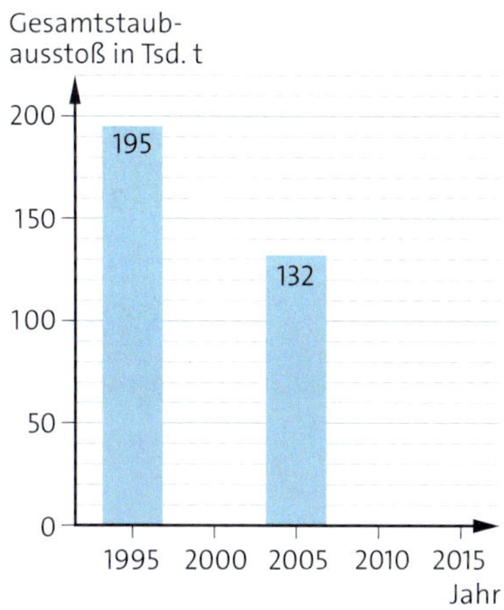

4 Gesamtstaubausstoß in Deutschland

1 ◔ Übertrage das Säulendiagramm in dein Heft und ergänze es um die noch fehlenden Werte aus Tabelle 5.

Jahr	Feinstaubausstoß ($PM_{2,5}$)
1995	195 Tsd. t
2000	160 Tsd. t
2005	132 Tsd. t
2010	117 Tsd. t
2015	100 Tsd. t

5 Feinstaubausstoß in Tausend Tonnen (Tsd. t)

2 ◔ Beschreibe das Diagramm.

3 ● Erläutere den Begriff „Gesamtstaub".

Material G

Balkendiagramm

Mit einem Balkendiagramm kann man besonders gut Rangfolgen darstellen.

1 ◔ Erläutere das dargestellte Diagramm.

2 ● Was schlägst du vor, um die Feinstaubbelastung in der Stadt in deiner Nähe zu verringern?

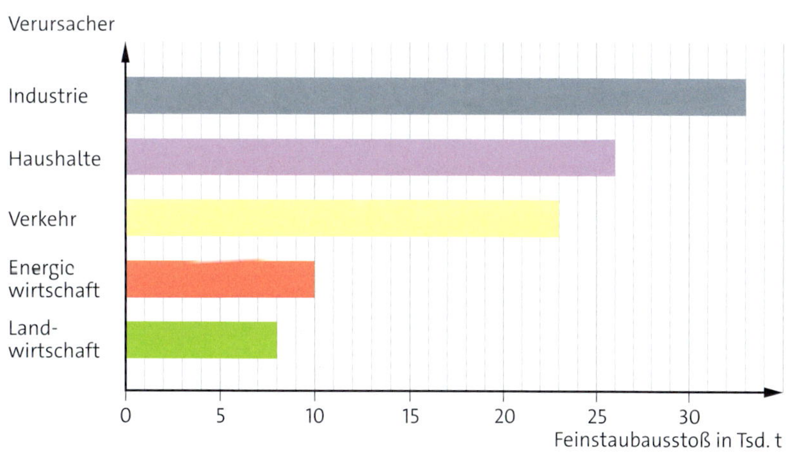

6 Verursacher des Feinstaubausstoßes im Jahr 2015

Luft – ein Gemisch

Methode

Ein Punktdiagramm erstellen

Das Bundesumweltamt ermittelt jedes Jahr die Feinstaubmenge, die in Deutschland innerhalb des Jahres in die Luft abgegeben wurde.
Nun ist es natürlich interessant zu wissen, wie sich der jährliche Feinstaubaustoß mit der Zeit verändert.
Ein Punktdiagramm eignet sich besonders gut, um die Entwicklung und Veränderung von Werten über einen bestimmten Zeitraum zu verdeutlichen. Wie geht man vor, um ein Punktdiagramm zu erstellen?

1. Daten sammeln Daten können beim Beobachten von Naturerscheinungen, durch Experimente oder beim Recherchieren ermittelt werden. Die Feinstaubkonzentration wird jedes Jahr durch Messungen bestimmt.

2. Daten ordnen Zur besseren Übersicht werden die Daten in einer Tabelle geordnet.
In Tabelle 1 sind die Mengen an Feinstaub, die in Deutschland pro Jahr ausgestoßen wurden, für den Zeitraum von 1995 bis 2015 angegeben. Die Feinstaubmengen wurden auf tausend Tonnen gerundet. → 1

3. Diagramm zeichnen Zeichne nun mithilfe der Werte aus Tabelle 1 ein Punktdiagramm auf kariertes Papier oder Millimeterpapier.

a Zeichne mit dem Lineal eine waagerechte und eine senkrechte Achse.
Die waagerechte Achse wird auch *x*-Achse und die senkrechte *y*-Achse genannt. → 2

b Trage auf der waagerechten *x*-Achse die Jahre auf, beginnend mit dem Jahr 1995. Dieses Jahr der ersten Messung ist in deinem Diagramm der Nullpunkt. Jedes weitere Jahr trägst du einen Zentimeter weiter rechts auf der *x*-Achse ein.

c Trage auf der senkrechten *y*-Achse die Feinstaubmenge ein. Für jeweils tausend Tonnen nimmst du einen Zentimeter.

d Zeichne von der *x*-Achse ausgehend beim Jahr 2000 eine Hilfslinie senkrecht nach oben. Suche dann den Wert für die zugehörige Feinstaubmenge aus Tabelle 1 auf der *y*-Achse und zeichne von dort eine waagerechte Hilfslinie. Dort, wo sich beide Hilfslinien treffen, machst du ein Kreuz. Du hast nun den Punkt markiert, der den Feinstaubausstoß im Jahr 2000 darstellt.

e Verfahre so für alle weiteren Wertepaare.

f Gib deinem Diagramm zum Schluss einen passenden Titel, zum Beispiel „Entwicklung des jährlichen Feinstaubausstoßes in Deutschland".

Jahr	1995	2000	2005	2010	2011	2012	2013	2014	2015
Feinstaubausstoß ($PM_{2,5}$) in Tsd. t	195	160	132	117	112	106	106	100	100

1 Feinstaubausstoß ($PM_{2,5}$) in Deutschland von 1995 bis 2015 in tausend Tonnen

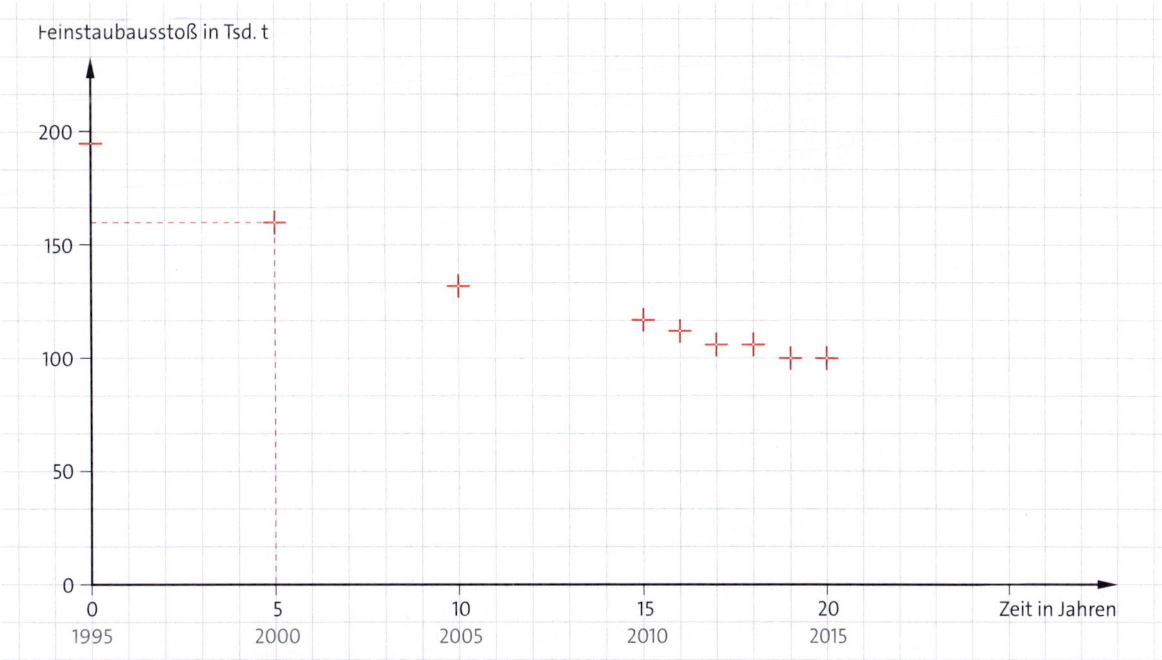

2 Entwicklung des jährlichen Feinstaubausstoßes ($PM_{2,5}$) in Deutschland

Aufgaben

1 ○ Beschreibe die Entwicklung des Feinstaubausstoßes seit 1995. → 2

2 ◐ In Tabelle 1 findest du keinen Wert für die im Jahr 2004 ausgestoßene Feinstaubmenge. Schätze den Wert für 2004 mithilfe des Diagramms ab. → 2

3 ● Feinstaubteilchen mit einem Durchmesser von 10 Mikrometern werden kurz PM_{10} genannt. Erstelle mithilfe von Tabelle 3 ein Diagramm zur Entwicklung des jährlichen Feinstaubausstoßes an PM_{10} in Deutschland.

Jahr	1995	2000	2005	2010	2011	2012	2013	2014	2015
Feinstaubausstoß (PM_{10}) in Tsd. t	329	290	245	232	232	225	229	224	221

3 Feinstaubausstoß (PM_{10}) in Deutschland von 1995 bis 2015 in tausend Tonnen

Luft und ihre Eigenschaften

1 Ein Mann kämpft mit dem Wind.

Luft umgibt uns immer. Meist bemerken wir sie nicht, wenn wir uns bewegen. Doch bereits beim Fahrradfahren spüren wir sie deutlich, sie setzt uns Widerstand entgegen. Manchmal müssen wir auch gegen Wind ankämpfen.

Luft nimmt einen Raum ein • Luft besteht wie alle anderen Stoffe aus kleinen Teilchen, den Stickstoffteilchen, den Sauerstoffteilchen, den Kohlenstoffdioxid- und den Edelgasteilchen. → 2 Die Teilchen verteilen sich im ganzen Raum und bewegen sich in ihm.

Luft gibt Widerstand • Wenn wir uns in der Luft bewegen, setzt sie uns einen Widerstand entgegen. Die Luftteilchen, die sich im Raum bewegen, prallen dabei auf uns.
Der Luftwiderstand ist abhängig von der Größe und der Form des Gegenstands. Je größer die Fläche ist, die auf die Luftteilchen trifft, umso größer ist der Luftwiderstand. → 3 Auch die Geschwindigkeit, mit der sich der Gegenstand bewegt, beeinflusst den Luftwiderstand. Je schneller sich der Gegenstand bewegt, umso größer ist der Luftwiderstand.

Luft drückt • Die Luft trifft und drückt von allen Seiten auf Gegenstände und Lebewesen. Wenn du still sitzt, nimmst du die Luft in deiner Umgebung nicht wahr. Dennoch prallen die Teilchen, die sich im Raum bewegen, auf dich. Wir sind immer dem Druck dieser Teilchen ausgesetzt, dem Luftdruck. Er ist umso größer, je dichter die Luftteilchen beieinander sind.

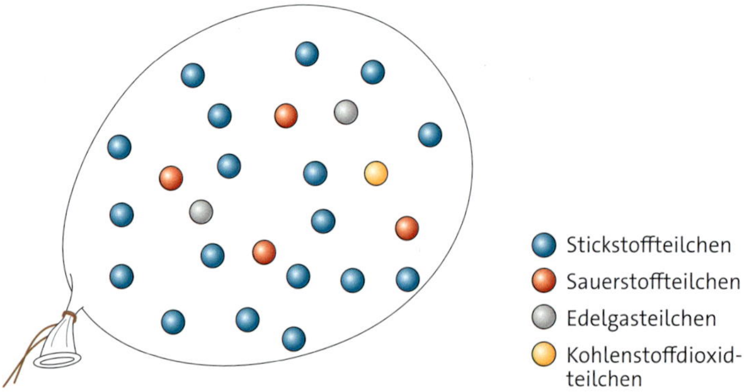

2 Luftballon mit den Luftbestandteilen im Modell

die Teilchen
der Luftwiderstand
der Luftdruck
die Thermik

In großen Höhen, zum Beispiel auf der Zugspitze, ist der Abstand der Luftteilchen größer als im Tal. Auf der Zugspitze ist der Luftdruck deshalb niedriger. Man sagt: „Die Luft in den Bergen ist dünn."

Luft bewegt • Luft setzt uns nicht nur Widerstand entgegen, sondern sie bewegt uns auch. In Form von Wind lässt sie Drachen steigen, sie trägt und bewegt Gleitschirm- und Segelflieger ebenso wie Vögel.
Erwärmt die Sonne die Erde, erwärmt sie auch die Luft in Bodennähe. Mit steigender Temperatur bewegen sich die Luftteilchen schneller und ihr Abstand untereinander wird größer. Die Luft wird weniger dicht und steigt auf. Diese aufsteigende Bewegung, die man Thermik nennt, nutzen Vögel, Segelflieger und Gleitschirmflieger. → 4
Auch im Haus kannst du fühlen, wie die warme Luft nach oben steigt. Die von der Heizung erwärmte Luft steigt unter die Zimmerdecke, in Fußbodennähe ist es kühler.
Dass sich Luft ausdehnt und zusammenzieht, kannst du auch an einem Luftballon beobachten, der in der Kälte kleiner wird und sich in der Wärme ausdehnt.

Die Luft nimmt jeden Raum vollständig ein. Sie übt auf Gegenstände und Lebewesen Druck aus, den Luftdruck. Sie setzt bewegten Gegenständen oder sich bewegenden Menschen Widerstand entgegen, den Luftwiderstand. Warme Luft steigt auf.

3 Rennrad- und Hollandradfahrer

4 Gleitschirmflieger

Aufgaben

1 „Luft ist nichts!" Nimm zu dieser Aussage Stellung.

2 Erkläre, warum der Rennradfahrer schneller den Berg runterrollt als der Hollandradfahrer. → 3

3 Gleitschirmflieger fliegen häufig bei sonnigem Wetter. Begründe.

Luft und ihre Eigenschaften

Material A

Seltsamer Trichter

Materialliste: Erlenmeyerkolben, Einlochstopfen, Zweilochstopfen, Trichter, Becherglas

1 Verschließe den Erlenmeyerkolben mit dem Zweilochstopfen. Befestige den Trichter in einem der Löcher des Stopfens. → 1
Gieße nun Wasser in den Trichter.
▢ Beschreibe deine Beobachtung.

1 Versuchsaufbau

2 Verschließe den Erlenmeyerkolben mit einem passenden Einlochstopfen, in dem du zuvor einen Trichter befestigt hast. → 1
Gieße wederum Wasser in den Trichter.
▢ Beschreibe deine Beobachtung.

3 ◔ Vergleiche die Beobachtungen aus Versuchsteil 1 und 2. Erkläre.

Material B

Schwieriger Luftballon

Materialliste: Plastikflasche, Luftballon, Trinkhalm

1 Puste den Luftballon auf. Ist es einfach oder schwer, ihn aufzublasen?

2 Stecke einen Luftballon in die leere Plastikflasche, sodass sein Mundstück aus dem Flaschenhals ragt. Puste nun den Ballon auf, sodass er sich in der Flasche ausdehnt.
▢ Beschreibe deine Beobachtung.

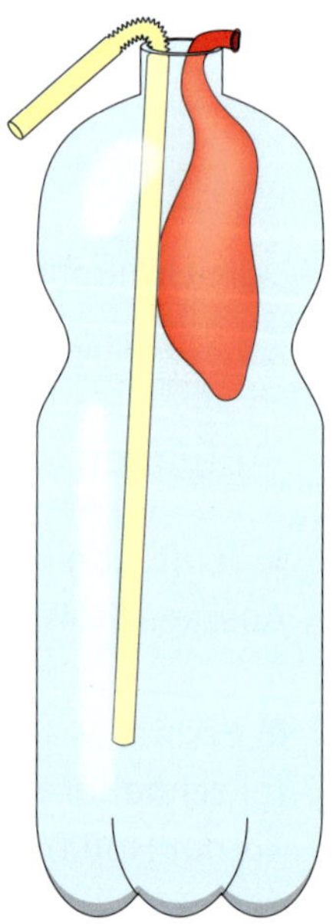
2 Plastikflasche mit Luftballon und Trinkhalm

3 Versuche erneut den Luftballon wie in Versuchsteil 2 in der Flasche aufzublasen. Stecke diesmal vorher einen Trinkhalm in den Flaschenhals, sodass er weit in die Flasche hineinreicht, aber immer noch aus der Flasche herausragt. → 2
▢ Beschreibe deine Beobachtung.

4 ◔ Vergleiche deine Beobachtungen aus den Versuchsteilen 2 und 3. Erkläre.

Material C

Kartentrick

Materialliste: Marmeladenglas, Spiel- oder Ansichtskarte, Wanne, Wasser

1 Befülle das Glas randvoll mit Wasser. Decke das Glas anschließend mit der Spiel- oder Ansichtskarte ab.

2 Halte die Karte und drehe das Glas über der Wanne um. Lass die Karte los. → 3

3 ○ Beschreibe deine Beobachtung.

4 ● Erkläre die Beobachtung. Verwende die Begriffe „Luftdruck“ und „Luftteilchen“.

3 Versuchsaufbau

Material D

Die Taucherglocke

Schon bevor es moderne Taucherausrüstungen gab, erforschten Menschen den Meeresgrund mit Taucherglocken. Wie funktioniert eine solche Taucherglocke?

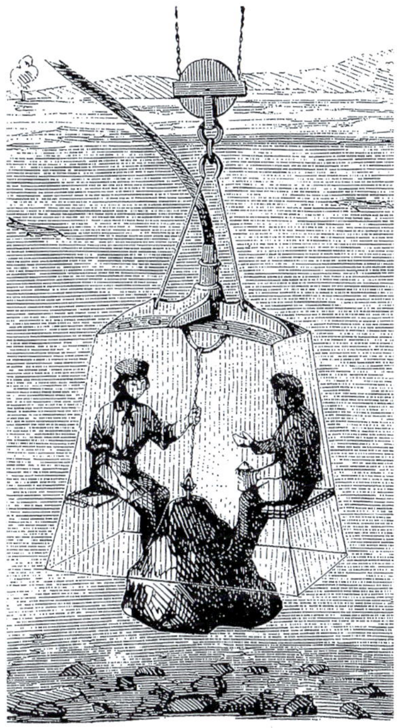

4 Taucherglocke

Materialliste: Plastikwanne, kleine Spielfigur, Aluminiumhülle eines Teelichts, durchsichtiger Plastikbecher (400 mL)

1 Fülle die Wanne zur Hälfte mit Wasser. Setze die Spielfigur in die Aluminiumhülle und anschließend beides auf die Wasseroberfläche.

2 Die Spielfigur soll nun auf den Grund der Wanne tauchen, ohne nass zu werden. Benutze dazu den Becher. → 5

3 ◐ Erkläre, warum die Figur nicht nass wird.

4 ◐ Vergleiche deine Vorrichtung mit einer Taucherglocke. → 4

5 ● Warum kann die Luft in der Glocke nicht nach unten entweichen? Stelle eine Vermutung auf.

5 Wie kann die Spielfigur auf den Grund tauchen, ohne nass zu werden?

Luft und ihre Eigenschaften

Material E

Bewegung ohne Berührung

Materialliste: Trinkhalme, Tischtennisbälle, Wattebäusche

1 Bewege die Gegenstände über die Tischfläche, ohne sie zu berühren.

2 ▢ Beschreibe deine Vorgehensweise.

3 ◔ Was bewegt sich in diesem Experiment? Erläutere deine Beobachtung.

Material F

Bewegtes Papier

Materialliste: Papierblatt A4

1 Halte das Blatt Papier senkrecht vor dich. Lege die freie Handfläche mittig auf das Blatt. Lass das Blatt nun los und bewege dich durch den Raum, ohne dass es herunterfällt. → 1

2 ◔ Erkläre, warum das Blatt Papier nicht runterfällt.

1 Mädchen mit Papier

Material G

Gewollt oder ungewollt?

2 Verschiedene Fortbewegungsmittel

Manche Bewegungen werden durch den Luftwiderstand ermöglicht, während andere durch ihn behindert werden.

1 ▢ Entscheide für jedes gezeigte Fortbewegungsmittel, ob der Luftwiderstand gewollt oder ungewollt ist. → 2

2 ◔ Erläutere, von welchen Bedingungen der Luftwiderstand abhängt.

3 ▢ Finde weitere Beispiele für gewollten und ungewollten Luftwiderstand.

Material H

Fallschirm

Materialliste: Müllsackfolie, vier 40 cm lange Bindfäden, kleine Spielfigur, Bindedraht

1 Baue einen Fallschirm.
- a Schneide ein Quadrat aus der Folie aus.
- b Befestige die Bindfäden an den Ecken des Quadrats. Binde die vier freien Enden der Fäden zusammen.
- c Befestige die Spielfigur mithilfe des Bindedrahts am Knoten der vier Fäden.
- d Prüfe im Treppenhaus, ob der Fallschirm funktioniert.

Material I

Heißer Aufstieg

Vögel nutzen die Thermik zum Gleiten und Aufsteigen. Kannst du mit folgendem Versuch ein Wattestückchen zum Aufsteigen bringen?

Materialliste: Stativmaterial, Kunststoffröhre, Kerze, Streichhölzer, „luftig" auseinandergezogenes Wattestückchen

1 Befestige die Kunststoffröhre senkrecht am Stativ. → 3

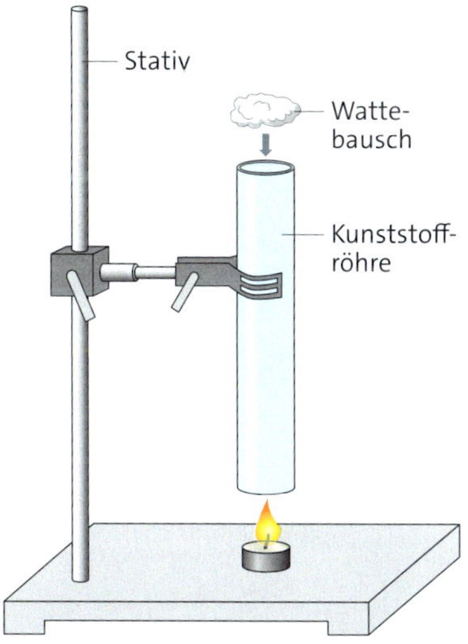

3 Versuchsaufbau

2 Entzünde die Kerze und stelle sie unter die Röhre.

3 Führe das Wattestückchen von oben vorsichtig in die Kunststoffröhre.

4 ○ Beschreibe deine Beobachtung.

5 ● Erkläre deine Beobachtung. Verwende die Begriffe: *Luftteilchen – Bewegung – weniger dicht – steigt auf.*

Material J

Der sich selbst aufblasende Luftballon

Kannst du einen Luftballon dazu bringen, sich von alleine aufzublasen? Finde es mit folgendem Experiment heraus.

Materialliste: Luftballon, gekühlte Glasflasche, Wanne mit warmem Wasser

1 Stülpe den Luftballon über den Flaschenhals der gekühlten Glasflasche. Tauche die Flasche in eine Wanne mit warmem Wasser. → 4
○ Beschreibe deine Beobachtung.

2 Nimm die Flasche aus der Wanne und spüle sie kalt ab.
○ Beschreibe, was passiert.

3 ● Erkläre deine Beobachtungen mit dem Teilchenmodell. Fertige dazu eine Skizze an.

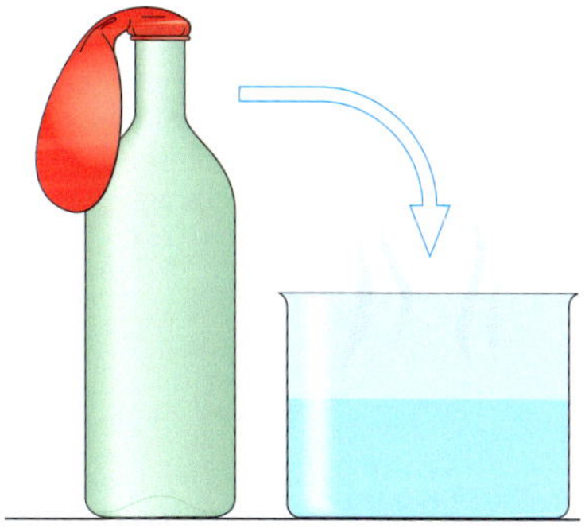

4 Versuchsaufbau

Temperatur im Teilchenmodell

Jeder Stoff besteht aus kleinsten Teilchen, die sich ständig bewegen.
Mit steigender Temperatur bewegen sich die Teilchen schneller und ihr Abstand untereinander wird größer. Genauso bewegen sich die Teilchen bei niedrigeren Temperaturen langsamer, wodurch ihr Abstand geringer wird.

Verbreitung von Früchten und Samen

1 Wie kommt die Birke auf das Dach?

Pflanzen kannst du an den ungewöhnlichsten Orten finden. Der Löwenzahn wächst auch in Mauerritzen, Birken wachsen manchmal sogar in Dachrinnen. Sie wurden dort sicher nicht angepflanzt. Aber wie gelangten sie dorthin?

2 Der Löwenzahn

3 Die Früchte des Löwenzahns

Verbreitung durch den Wind • Wenn du eine „Pusteblume" in die Hand nimmst und darauf pustet, wirbeln viele Schirmchen davon. Die „Pusteblume" des Löwenzahns besteht aus über 150 Einzelfrüchten. → 3
Die kleinen aus Haaren der Fruchthülle gebildeten „Fallschirme" sorgen dafür, dass die Samen nur langsam zu Boden fallen. So kann sie der Wind über weite Strecken mitnehmen. Solche Flugfrüchte finden sich auch bei einigen Bäumen wie Ahorn oder Birke.

Tiere verbreiten Samen und Früchte • Mit farbigen Lockfrüchten werden Tiere angelockt. Manchmal verlieren die Tiere Früchte beim Transport. Werden die Früchte gefressen, gelangen die unverdaulichen Samen über den

die Windverbreitung
die Tierverbreitung
die Wasserverbreitung
die Selbstverbreitung

Kot an einen anderen Ort. Manche Früchte bleiben auch am Fell von Tieren haften. Die Samenschale kann klebrig oder mit kleinen Haken besetzt sein, wie bei der Klette. → 4 Trockenfrüchte wie Nüsse, Sonnenblumenkerne oder Bucheckern fallen von den Bäumen. Sie werden von Eichhörnchen und Hamstern als Vorrat für den Winter versteckt. → 5 Nicht alle Verstecke finden sie später wieder. Dann keimen die Samen aus.

Verbreitung durch das Wasser • Viele Wasserpflanzen wie die Teichrose bilden mit Luft gefüllte Schwimmfrüchte. → 6 Diese werden durch leichte Strömungen im See transportiert. Nach einer Zeit füllt sich die Schwimmfrucht mit Wasser und sinkt an anderer Stelle zu Boden. Eine neue Teichrose kann nun dort wachsen. Auch Kokosnüsse gelangen so über Tausende Kilometer zu neuen Stränden. Auf diese Weise können auch Inseln, die durch Vulkanausbrüche neu entstanden sind, von Pflanzen besiedelt werden.

Selbstverbreitung • Manche Pflanzen sorgen selbst dafür, dass ihre Samen verbreitet werden. Die reifen Schleuderfrüchte des Springkrauts platzen bei Berührung oder Erschütterung auf und schleudern die Samen bis zu zwei Meter weit weg. → 7 Der Klatschmohn hingegen verstreut seine Samen, wenn sich die reifen Samenkapseln im Wind neigen. Man bezeichnet die Frucht des Klatschmohns daher als Streufrucht.

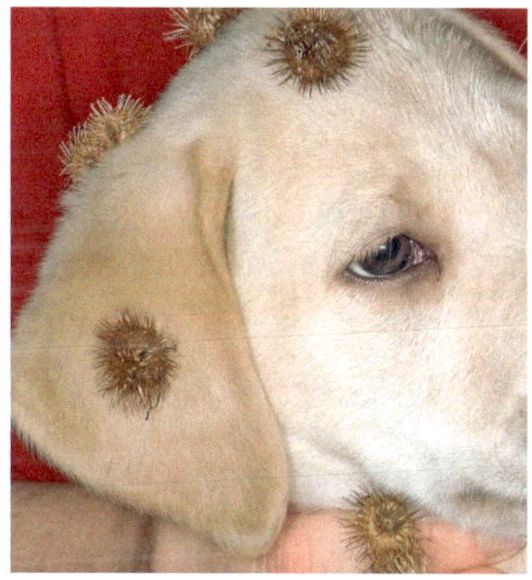

4 Hund mit Klettfrüchten

5 Eichhörnchen mit Walnuss

6 Schwimmfrucht der Teichrose

7 Springkraut mit Schleuderfrucht

Die Verbreitung von Samen und Früchten erfolgt durch Wind, Wasser, Tiere oder durch Selbstverbreitung.

Aufgaben

1 ○ Nenne verschiedene Verbreitungsformen von Früchten und Samen.

2 ◐ Beschreibe, wie auch der Mensch unbeabsichtigt Früchte und Samen verbreiten kann.

3 ◐ Erkläre, wie die Birke in die Dachrinne kommt. → 1

Verbreitung von Früchten und Samen

Material A

Wir bauen eine „Ahornfrucht“

Die Früchte des Ahorns verfügen über besondere Flugvorrichtungen. Sie haben eigene Tragflügel. → 1

Materialliste: DIN-A4-Blatt, Bastelschere, Stift, Lineal, 2 Büroklammern, Stoppuhr

1 Zeichne die Linien wie in Bild 2 auf dein Papier und schneide das Papier an der durchgezogenen Linie ein.

2 Die zwei Seitenteile werden an der gestrichelten Linie gefaltet. Beschwere dein Modell mit einer Büroklammer, die den Samen darstellen soll.

3 Lass dein Modell und eine Büroklammer aus 2 Metern Höhe zu Boden fallen. Miss die Zeiten, die sie dafür brauchen.

a ○ Beschreibe den Fall der Büroklammer und deiner „Ahornfrucht“.

b ◐ Erläutere den Vorteil der besonderen Bauweise der Ahornfrucht.

1 Die Ahornfrucht

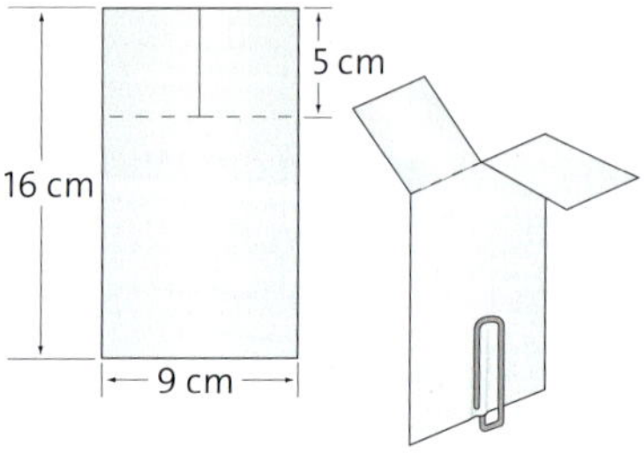

2 Modell der Ahornfrucht

Material B

Flugfrüchte im Test

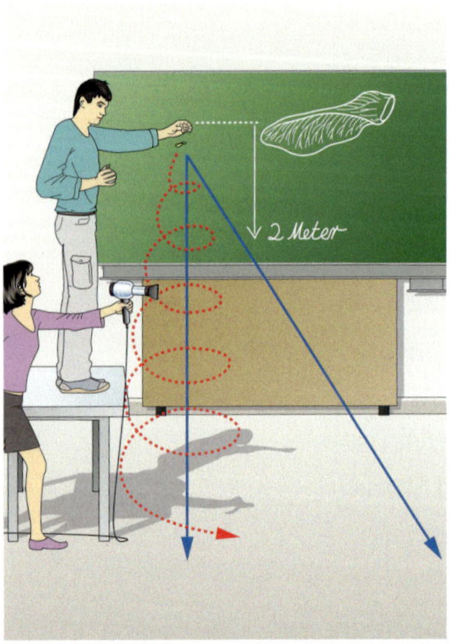

3 Versuchsaufbau zum Flugtest

Pflanzen finden sich an den ungewöhnlichsten Orten. Flugfrüchte machen dies möglich.

Materialliste: Flugfrüchte von Ahorn, Linde, Birke oder Löwenzahn, Frucht einer Eiche, Maßband, Föhn, Stoppuhr, Schere

1 Lass die Flugfrüchte aus 2 Metern Höhe fallen und miss mit der Stoppuhr die Zeit, in der die Flugfrucht zu Boden fällt.

2 Erzeuge seitlich mit dem Föhn einen Luftstrom und wiederhole dieselben Versuche.

◐ Begründe die unterschiedlichen Flugzeiten bei den Schritten 1 und 2.

3 Entferne die Flugvorrichtungen mit einer Schere. Wiederhole die beiden vorangegangenen Schritte.
◐ Begründe die unterschiedlichen Flugzeiten der Früchte im Vergleich zu den Schritten 1 und 2.

4 ◐ Stelle Vermutungen über die Vorteile der Flugvorrichtungen bei der Verbreitung der Samen an.

Material C

Die Natur als Vorbild

Bei einigen Pflanzen haben sich sehr spezielle Samen entwickelt. Forscher und Techniker versuchen, diese „Erfindungen" der Natur nachzumachen. So entstand die Bionik. Dieser Begriff setzt sich aus den Worten Biologie und Technik zusammen.

1 ○ Erkläre den Begriff Bionik.

2 ○ Ordne den Samen 4–6 die entsprechende technische Erfindung A–C zu.

4 Ahornfrucht

5 Zanonia-Samen

6 Löwenzahnsamen

A Gleitschirm

B Propeller

C Drachenflieger

Material D

Vulkaninsel Surtsey

1 ◐ Stelle Vermutungen darüber an, was die Forscher mit dem Experiment vor Island beweisen wollten. Begründe sie. → 7

2 ◐ Erläutere, wie Vögel bei der Ansiedlung von Pflanzen auf Surtsey beteiligt sein können.

3 ● Forscher bezeichnen Surtsey als das „Labor des Lebens". Erkläre diese Bezeichnung.

Im Jahr 1963 entstand durch einen Vulkanausbruch nahe Island die neue Insel Surtsey. → 8 Nur wenige Forscher dürfen diese Insel betreten. Seit über 50 Jahren erforschen sie dort, wie sich Pflanzen auf einer neuen Insel ansiedeln. → 9 Im Rahmen eines Experiments wurden dazu 10 Millionen Plastikperlen vor der 20 km entfernt bewohnten Nachbarinsel Heimaey ins Meer geschüttet.

7 Eine besondere Insel

8 Die Insel Surtsey 1963

9 Die Insel Surtsey heute

Vögel – zum Fliegen gebaut

1 Ein Schwan startet zum Flug.

Höckerschwäne sind große Vögel. Oft sieht man sie auf dem Wasser schwimmen. Schwäne können jedoch auch gut fliegen. Beim Start schlagen sie mit den Flügeln und laufen auf dem Wasser, bis sie sich in die Luft erheben. Wie können diese großen Vögel fliegen?

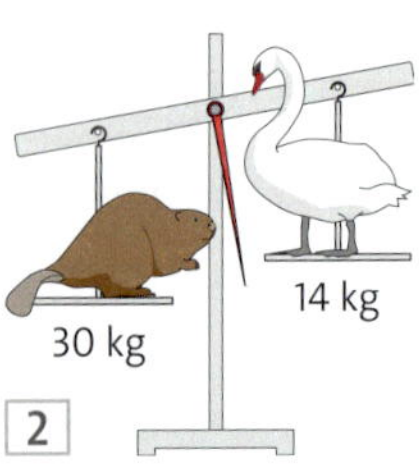

2

Leichtbauweise • Ein ausgewachsener Schwan wiegt rund 14 Kilogramm. Ein gleich großes Säugetier wie der Biber wiegt dagegen 30 Kilogramm. → 2 Der Körper des Schwans muss also leicht gebaut sein. Seine Knochen besitzen eine dünne Wand und sind hohl. Der Schnabel besteht aus leichtem Horn und hat keine Zähne. Auch die Federn bestehen aus Horn. Die „Leichtbauweise" der Vögel ist eine wichtige Voraussetzung für das Fliegen.

Ernährung • Vögel fressen häufig. Sie verdauen schnell und haben keine Harnblase. Nahrungsreste werden mit dem Kot schnell ausgeschieden. So wird das Körpergewicht durch die Nahrung nur kurz verändert.

Fortpflanzung • Vögel legen Eier ab. In den Eiern entwickeln sich die Jungtiere. Das Gewicht der Vögel nimmt also durch die heranwachsenden Jungtiere nicht zu – anders als bei Säugetieren.

Skelett und Stromlinienform • Das Knochengerüst der Vögel ist sehr fest. Die Wirbelknochen sind von der Brust bis zum Schwanz starr miteinander verbunden. Das Brustbein ist besonders groß. Es ist mit den Rippenknochen fest verwachsen. → 3 An diesen Knochen setzen die Flugmuskeln an.

die **Leichtbauweise**
die **Stromlinienform**
die **Federn**

Durch die festen Verbindungen der Knochen verbiegt sich die Wirbelsäule beim Flug nicht. So nimmt der Vogel beim Fliegen eine Stromlinienform an – genau wie viele Fische beim Schwimmen. Durch die Stromlinienform braucht der Vogel weniger Energie zum Fliegen.

Federn • Der Körper eines Vogels ist fast vollständig von unterschiedlichen Federn bedeckt: → 4

- Die Schwungfedern bilden Tragflächen beim Fliegen.
- Mit den Steuerfedern kann der Vogel die Richtung des Flugs bestimmen.
- Daunenfedern und Deckfedern bedecken den Vogel. Sie halten ihn warm und schützen vor Wind und Wetter.

Die Kiele und Äste der Federn sind hohl und sehr leicht. Trotzdem sind die Federn stabil genug, um den Vogel in der Luft zu tragen.

> Der Vogelkörper ist leicht gebaut. Der starre Knochenbau unterstützt beim Fliegen eine Stromlinienform. Die Federn halten den Vogel warm und schützen ihn. Sie ermöglichen den Vogelflug.

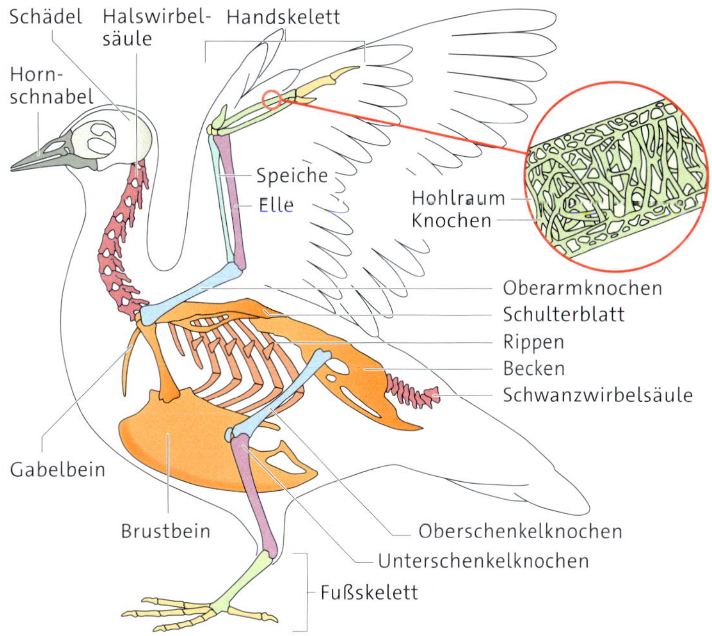

3 Das Skelett eines Vogels

Daunenfedern bedecken den ganzen Vogelkörper. Sie bestehen aus dem Kiel und langen fadenfömigen Ästen. Sie schließen Luft ein und halten so den Vogel warm.

Deckfedern befinden sich außen über den Daunenfedern. Die Äste bilden eine flache und geschlossene Fahne. Die Federn liegen wie Dachziegel übereinander.

Schwungfedern wachsen am Flügel. Sie besitzen ebenfalls eine geschlossene Fahne. Die Fahne ist in einen schmalen und in einen breiten Teil unterteilt.

Steuerfedern befinden sich am Schwanz des Vogels. Ihre geschlossene Fahne ist in zwei gleich große Teile unterteilt.

4 Die Vogelfedern

Aufgaben

1 ○ Beschreibe die Leichtbauweise des Vogelkörpers.

2 ◐ Das starre Knochengerüst der Vögel hat beim Fliegen einen Vorteil. Erkläre ihn.

Vögel – zum Fliegen gebaut

Material A

Verschiedene Federn

Ein Vogel besitzt verschiedene Federn. Sie unterscheiden sich in ihrem Aussehen.

Materialliste: unterschiedliche Vogelfedern

1 ▢ Ordne die Federn den Federtypen zu. → 1

2 ◔ Beschreibe die Kennzeichen der Federn.

3 ◔ Deckfedern, Schwungfedern und Steuerfedern besitzen eine geschlossene Fahne. Die Äste der Fahne lassen sich auseinanderreißen und wieder zusammenfügen. Erkläre mithilfe der Bilder, was beim Auseinanderreißen und beim Zusammenfügen geschieht. → 2 3

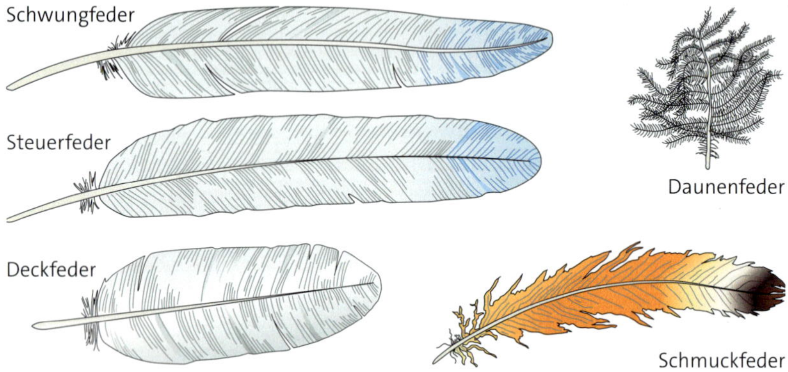

1 Federtypen

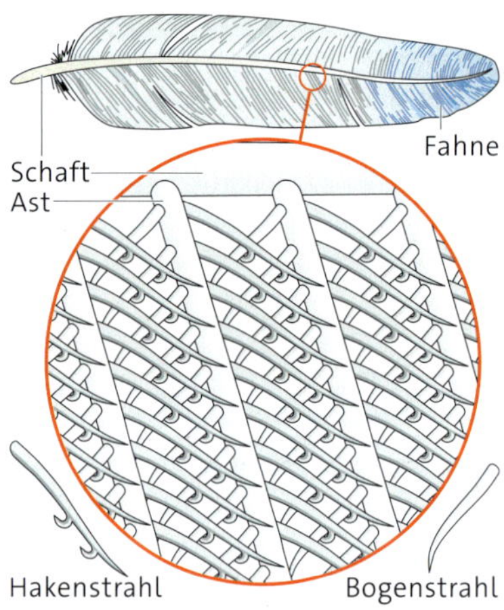

2 Zusammengefügt

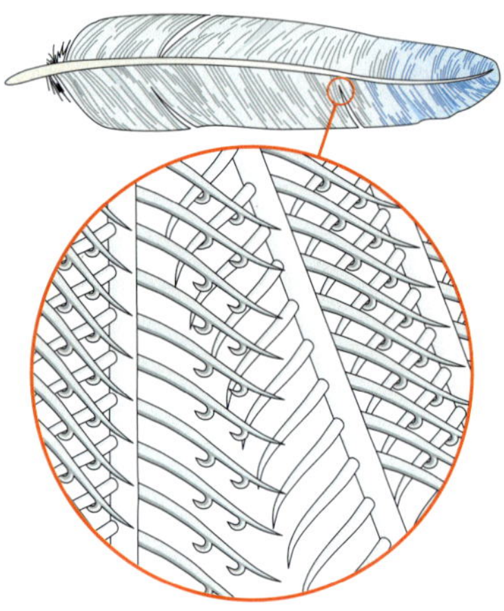

3 Auseinandergerissen

Material B

	Länge	Gewicht
Amsel	26 cm	110 g
Eichhörnchen	27 cm	480 g
Buntspecht	23 cm	95 g
Mauswiesel	22 cm	130 g
Seeadler	105 cm	6700 g
Biber	100 cm	30000 g

4 Körperlänge und -gewicht

Auf die Waage, bitte!

Vergleicht man das Körpergewicht bei Vögeln und gleich großen Säugetieren, so zeigen sich erhebliche Unterschiede.

1 ▢ Vergleiche das Gewicht der gleich großen Tiere in der Tabelle. → 4 Benenne den Unterschied zwischen Säugetieren und Vögeln.

2 ◔ Erkläre, wie dieser Unterschied zustande kommt.

3 ◔ Erkläre die Bedeutung des Unterschieds für die Vögel.

Material C

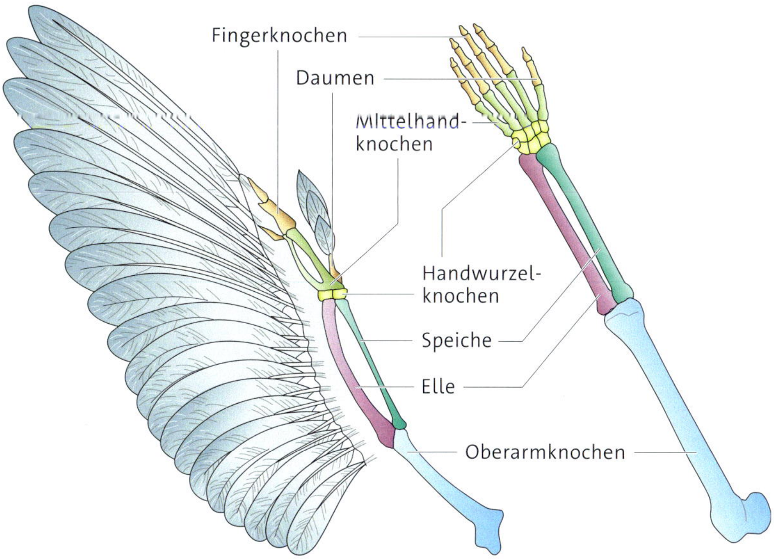

5 Armskelette: Vogel, Mensch

Knochenbau vergleichen

1 ○ Beschreibe den Knochenbau beim Armskelett von Vogel und Mensch. → 5

2 ◐ Vergleiche die Knochen miteinander. → 6

	Vogel	Mensch
Oberarmknochen	gebogen, nicht länger als Elle, Speiche	gerade, länger als Elle, Speiche
...	...	...

6 Beispieltabelle

Material D

Halten Federn warm?

Materialliste: Daunenfedern, Deckfedern, 2 Bechergläser (250 mL), 2 große Reagenzgläser, 2 Thermometer, Wasser (40 °C)

1 Fülle ein Becherglas mit Daunenfedern. Drücke die Federn leicht an. → 7
Fülle beide Reagenzgläser bis knapp unter den Rand mit warmem Wasser.
Stelle ein Reagenzglas in die Daunenfedern, das andere in das leere Becherglas.

a ○ Miss die Wassertemperaturen 10 Minuten lang jede Minute. Notiere die Messwerte.

b ◐ Stelle die Messwerte in einem Punktdiagramm dar.

c ◐ Halten die Daunenfedern warm? Beantworte die Frage mithilfe des Diagramms.

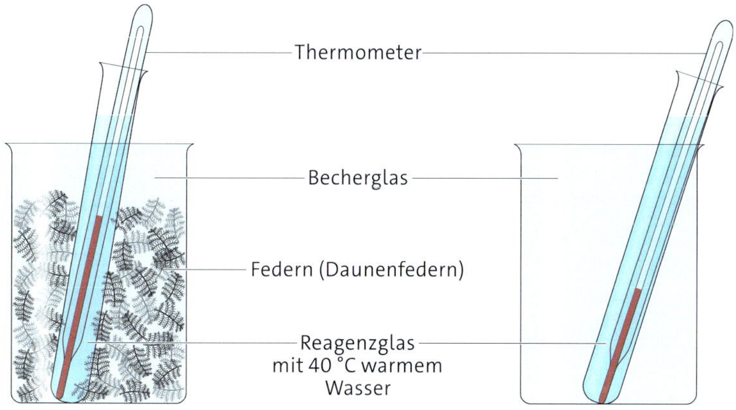

7

2 Wiederhole den Versuch mit Deckfedern.
◐ Vergleiche mit den Messwerten bei Daunenfedern. Erkläre den Unterschied.

Fliegen wie die Vögel

1 Der Mäusebussard

In Gebieten mit vielen Wiesen und Äckern kannst du den Mäusebussard beobachten. Er kreist lange in der Luft. Schließlich lässt er sich auf seinen Ansitz sinken. Von dort lauert er seiner Beute auf.
Wie kann der Mäusebussard so lange in der Luft bleiben, ohne mit seinen Flügeln zu schlagen?

Gleitflug • Beim Anflug auf den Ansitz lässt der Mäusebussard seine Flügel weit ausgebreitet. Er gleitet ganz langsam nach unten. Diese Flugform heißt Gleitflug.
Warum kann der Vogel kilometerweit gleiten? Ein Grund dafür liegt in den Flügeln: Sie sind gewölbt. → 2 Wenn Luft an den Flügeln vorbeistreicht,

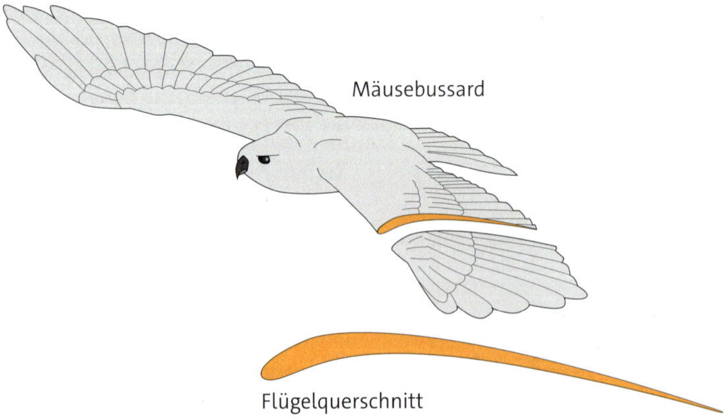

2 Der Flügel ist gewölbt.

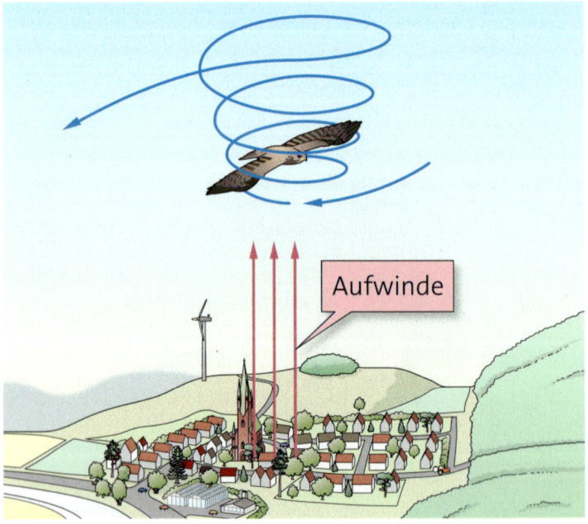

3 Segelflug

der **Gleitflug**
der **Auftrieb**
der **Segelflug**
der **Ruderflug**

werden sie ein wenig angehoben – und damit auch der Vogel. Dieser Auftrieb sorgt dafür, dass der Vogel nur langsam zu Boden sinkt.

Segelflug • Der Mäusebussard kann in große Höhen aufsteigen, ohne dass er mit den Flügeln schlägt. Dabei nutzt er Aufwinde aus. Diese Flugform heißt Segelflug. → 3

Ruderflug • Wenn der Mäusebussard von seinem Ansitz startet, schlägt er kräftig mit den Flügeln. Dieser Ruderflug wird von den Schwungfedern unterstützt:

- Beim Abwärtsschlag werden die Schwungfedern mit ihrer breiten Fahne von der Luft gegen die Nachbarfedern gedrückt. → 4 So bilden alle Federn eine luftundurchlässige Fläche. Der Vogel stößt sich von der Luft ab und gelangt nach oben.
- Beim Aufwärtsschlag drückt die Luft auf die Oberseite der Flügel, sodass die Federn kippen. → 5 Dadurch kann die Luft zwischen den Federn hindurchfließen und der Vogel verliert kaum an Höhe.
- Anschließend beginnt die Bewegungsabfolge von vorn.

Der Ruderflug erfordert viel mehr Energie als Gleit- und Segelflug.

Beim Gleitflug nutzen Vögel den Auftrieb an den gewölbten Flügeln. Beim Segelflug nutzen sie Aufwinde. Beim Ruderflug schlagen die Vögel mit den Flügeln, um in der Luft zu bleiben.

4 Ruderflug: Abwärtsschlag von oben nach unten

5 Ruderflug: Aufwärtsschlag von unten nach oben

Aufgaben

1 ○ Nenne die drei Flugformen, die der Mäusebussard beherrscht.

2 ○ Gib an, welche der drei Flugformen am meisten Energie braucht.

3 ◐ Beschreibe eine der drei Flugformen genau.

4 ● An einem Sommertag bleibt ein Raubvogel lange in der Luft, ohne mit den Flügeln zu schlagen. Erkläre diese Beobachtung.

Fliegen wie die Vögel

Methode

Modelle helfen verstehen

Bussarde können lange Zeit ohne Flügelschlag durch die Luft gleiten. Liegt das auch an ihrer Flügelform? Fliegende Vögel lassen sich nur schlecht untersuchen, um diese Frage zu beantworten. An einem Modell des Flügels lassen sich dagegen Untersuchungen durchführen. → 1

Auch andere Fragen kannst du mit Modellen untersuchen. Zwischen Modell und Wirklichkeit gibt es aber stets Unterschiede:

- Modelle sind oft kleiner oder größer als die eigentlichen Gegenstände.
- Modelle sind in der Regel aus anderen Materialien hergestellt als die eigentlichen Gegenstände. So besteht unser Flügelmodell aus Papier – der Vogelflügel besteht aus Federn, Muskeln, Haut und Knochen.
- Modelle untersuchen oft nur eine einzelne Eigenschaft des eigentlichen Gegenstands. Unser Flügelmodell konzentriert sich auf die gewölbte Form des Flügels. Diese Beschränkung macht das Modell anschaulich.

1 Ein gewölbtes Blatt Papier als Flügelmodell

Gehe bei Untersuchungen mithilfe von Modellen in vier Schritten vor:

1. Frage stellen Formuliere eine klare Frage für die Untersuchung.

2. Modell herstellen Plane und baue das Modell.

3. Modell nutzen Führe die Untersuchung durch. Beschreibe deine Beobachtungen. Beantworte die Untersuchungsfrage.

4. Modell und Wirklichkeit vergleichen Beschreibe, wie sich das Modell von der Wirklichkeit unterscheidet. Welche Eigenschaften hast du untersucht, welche nicht?

Aufgabe

1 ◐ Was geschieht, wenn Wind über den Flügel eines Bussards strömt? Untersuche diese Frage mit dem Flügelmodell. → 1

a Stelle das Modell her.
Tipps: Spanne das Blatt Papier so in das Buch ein, dass das Blatt etwa zur Hälfte heraushängt. Beschwere das freie Ende des Blatts mit einer Büroklammer.

b Nutze das Modell.

c Vergleiche Modell und Wirklichkeit.

Material A

Aufwind im Modell

Materialliste: Glasrohr (etwa 5 cm Durchmesser), Kerze, Daunenfeder, Stativmaterial

1 ◐ Untersuche den Aufwind im Modell (siehe Methode).

Führe den Versuch wie in Bild 2 durch. Beschreibe deine Vorgehensweise.
Achtung • Brandgefahr!

2 ○ Beschreibe die Vorteile des Aufwinds für den Mäusebussard.

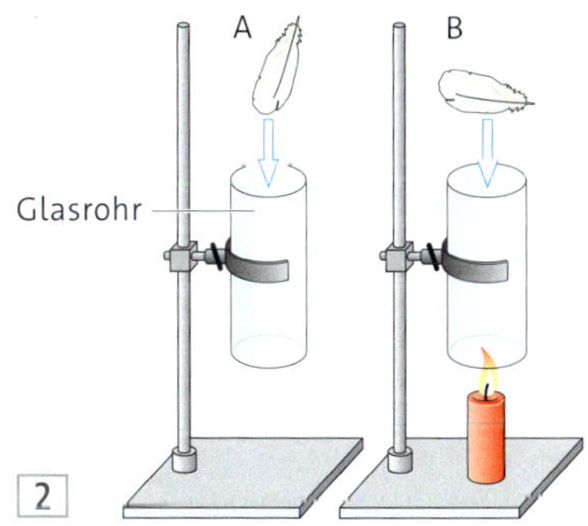

2

Material B

Federleicht

Materialliste: Steuerfeder, Schreibpapier („80 g/m²"), Schere, Feinwaage

1 Zeichne den Umriss der Steuerfeder auf das Blatt Papier. Schneide ihn aus.
a ○ Wiege erst das ausgeschnittene Papier und dann die Feder auf der Feinwaage. Notiere deine Messwerte.
b ○ Sammelt die Messwerte der ganzen Klasse und vergleicht sie an der Tafel.

2 ◐ Beschreibe den Vorteil, der sich für Vögel aus dem geringen Gewicht ihrer Federn ergibt.

Material C

Reißfest

Materialliste: Steuerfeder, Blatt Papier (DIN A4), Schere

1 Schneide aus dem Papier einen 4 cm breiten Streifen. Knicke den Papierstreifen und die Steuerfeder in der Mitte einmal hin und her. Versuche beide danach mit leichtem Zug auseinanderzureißen.
a ○ Notiere die Anzahl der Knicke bis zum Reißen.
b ○ Sammelt die Messwerte der ganzen Klasse und vergleicht sie.

2 ◐ Beschreibe den Vorteil, der sich für Vögel aus der Haltbarkeit der Federn ergibt.

Material D

Luftdurchlässig?

Materialliste: Kerze, Vogelfeder mit Fahne, Trinkhalm

1 Puste die Kerzenflamme mit dem Trinkhalm aus. Versuche es auch mit einer Vogelfeder vor der Flamme. → 3
◐ Beschreibe und erkläre deine Beobachtungen.

2 ◐ Beschreibe die Vorteile, die sich für Vögel aus den beobachteten Eigenschaften der Feder ergeben.

3

Fliegen wie die Vögel

Erweitern und Vertiefen

Von den Vögeln abgeschaut

1 Adler im Flug

2 Segelflugzeug

Ein uralter Menschheitstraum • Der Wunsch, sich wie ein Vogel durch die Luft zu bewegen und in ferne Länder zu fliegen, beschäftigt die Menschen seit Jahrtausenden. Betrachtet man den eleganten Flug der Vögel, fällt sofort auf: Zum Fliegen braucht man Flügel. → 1
Bereits in der griechischen Sagenwelt wird der erste Flugversuch von Dädalus und Ikarus beschrieben. Der Sage nach bauten die beiden aus Wachs und Federn Vogelflügel nach, um mit ihnen vor König Minos von der Insel Kreta zu fliehen. Dädalus gelang die Flucht nach Sizilien, während Ikarus beim Fliegen der Sonne zu nahe kam. Das Wachs löste sich auf und Ikarus stürzte ins Meer . → 3

Ein Traum wird verwirklicht • Im 15. Jahrhundert baute der berühmte Maler und Universalgelehrte Leonardo da Vinci einen Flugapparat, indem er die Flügel von Vögeln nachbaute. Das Fliegen gelang ihm jedoch nicht, was zum Teil daran lag, dass ihm noch nicht die richtigen Materialien zur Verfügung standen. Es dauerte dann weitere 400 Jahre, bis es Otto Lilienthal gelang, das erste Gleitflugzeug zum Fliegen zu bringen. → 4 Den Durchbruch in der Geschichte des Fliegens erreichten die Gebrüder Wright. Sie ergänzten den Gleitflieger Lilienthals durch Propeller, Motor und Seitenruder und starteten 1903 zum ersten Motorflug. → 5

3 Dädalus und Ikarus in der griechischen Sage

4 Otto Lilienthals geglückter Flugversuch 1896

5 Erstes motorbetriebenes Flugzeug

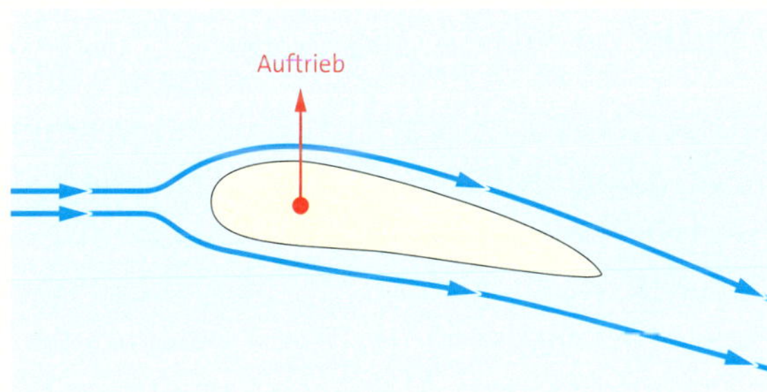

6 Flügel mit Luftströmung und Auftrieb

Der Natur abgeschaut • Die Grundlagen des Fliegens haben sich die Menschen von den Vögeln abgeschaut. Wie diese nutzten sie mit ihren Flugapparaten die Aufwinde und starteten von Hügeln oder Türmen in die Lüfte.

Entscheidend für den Erfolg war die Form der Flügel. Wie bei den Vögeln mussten diese an der Oberseite gewölbt sein und an der Unterseite abgeflacht. → 6 Durch diese Wölbung strömt die Luft an der Oberseite schneller am Flügel entlang als an der Unterseite. Dadurch entsteht ein Druckunterschied. An der Unterseite des Flügels ist der Druck höher als an der Oberseite. Zusätzlich wird durch die Neigung der Flügel die Luft nach unten umgelenkt. Dadurch wird die Tragfläche nach oben angehoben. Startet ein Flugzeug, entsteht bei leicht angestelltem Flügel und zunehmender Geschwindigkeit ein genügend großer Auftrieb. Das Flugzeug hebt ab.

Moderne Flugzeugtechnik • Bei modernen Flugzeugen ist neben der Flügelform auch die Größe der Flügel wichtig. Segelflugzeuge haben lange, breite Tragflächen. Die schnelleren Passagierflugzeuge und Transportflugzeuge haben kürzere Tragflächen, brauchen dafür aber Start- und Landeklappen an den Tragflächen. Die Flugrichtung wird durch Höhen- und Seitenruder bestimmt.

Bionik • Bei der Konstruktion der Flugzeugflügel dienten die Vogelflügel den Technikern zum Vorbild. Viele andere geniale Konstruktionen wurden aus der Natur übernommen.

Diese Wissenschaft, die Lösungen der Natur in die Technik überträgt, nennt man Bionik. Bionik ist eine Wortkombination aus Biologie und Technik.

Aufgaben

1 ○ Beschreibe die Form einer Tragfläche. Fertige eine Zeichnung an.

2 ◐ Erläutere mithilfe deiner Zeichnung, wie der Auftrieb an der Tragfläche entsteht.

3 ● Finde weitere Beispiele für technische Konstruktionen, die ein Vorbild in der Natur haben.

Fliegen wie die Vögel

Material E

Der Schulhof wird zur Startbahn – den Auftrieb erfahren

Mit folgendem Experiment kannst du den Auftrieb am eigenen Leib erfahren.
Das Experiment gelingt nur, wenn du es an einem windigen Tag durchführst.

Materialliste: Brett (40 cm breit, 60 cm lang, 1 cm dick)

1 Prüfe zunächst, aus welcher Richtung der Wind kommt.

2 Halte das Brett über deinen Kopf parallel zum Boden. Laufe in dieser Haltung gegen den Wind langsam los und werde dann immer schneller. → 1

3 Laufe die gleiche Strecke jetzt mit dem Wind zurück. Halte das Brett in gleicher Weise wie in Versuchsteil 2.

4 Wiederhole das Experiment mehrmals mit schräg gehaltenem Brett. Verändere den Winkel von leicht schräg bis steil.

1 Laufendes Mädchen mit Brett

5 ◐ Beschreibe, was sich verändert.

6 ● Erkläre.

Material F

Beobachten des Gewichts – den Auftrieb erfahren

Untersuche den Auftrieb mit einer Personenwaage auf dem Schulhof.
Das Experiment gelingt nur, wenn du es an einem windigen Tag durchführst.

Materialliste: Brett (40 cm breit, 60 cm lang, 1 cm dick), analoge Personenwaage

1 Wiege dich mit dem Brett zunächst im Klassenraum. Notiere dein Gewicht.

2 Stelle dich im Schulhof mit dem Brett auf die Waage und halte es gegen den Wind in unterschiedlichen Winkeln über deinen Kopf. Beobachte die Anzeige der Waage.

3 ○ Erstelle eine Tabelle, in der du die unterschiedlichen Stellungen des Bretts einzeichnest. → 2
Notiere unter jeder Stellung den jeweils abgelesenen Wert auf der Waage.

4 ◐ Beschreibe den Zusammenhang zwischen dem „gemessenen Gewicht" und dem Winkel des Bretts.

5 ● Erkläre den gefundenen Zusammenhang.

Stellung des Bretts	?	?	?	?	?
Abgelesenes Gewicht	? kg	? kg	? kg	? kg	? kg

2 Mustertabelle

Material G

Flügel – die Form macht's!

Materialliste: DIN-A5-Papier, 2 Trinkhalme, 2 Holzspieße, Lineal, Klebstoff, Büroklammern, Föhn (Kaltstufe), Styroporblock

1 Baue ein Flügelmodell. Lege das DIN-A5-Papier im Querformat vor dich und knicke es etwa 1–2 cm von der Mittellinie entfernt über das Lineal. Klebe die Schmalseiten aufeinander. → 3

2 Befestige die zwei Holzspieße im Abstand von 16 cm auf einem Styroporblock.

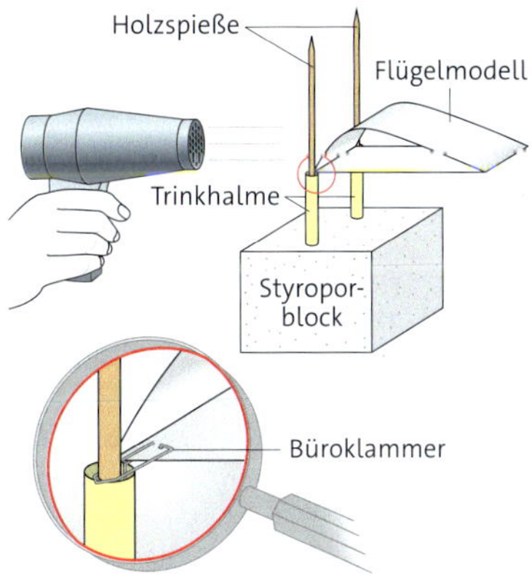

3 Versuchsaufbau

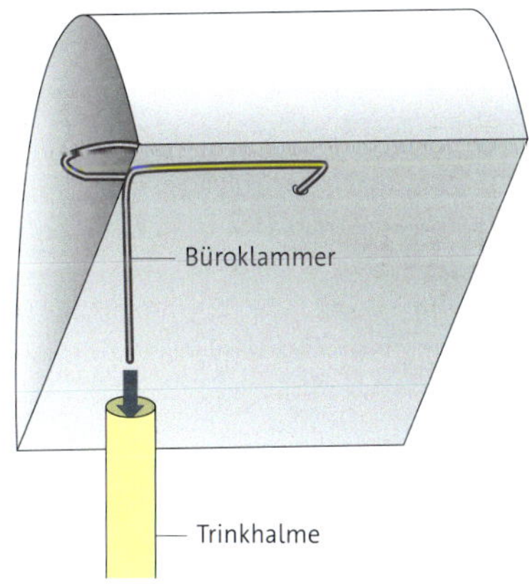

4 Detailansicht

3 Kürze die Trinkhalme auf 10 cm und schiebe sie über die Holzspieße. Befestige mit zwei Büroklammern das Flügelmodell an den Halmen.

4 Blase mit dem Föhn gegen die Vorderseite des Flügels. ▢ Beschreibe, was geschieht.

5 ◔ Erkläre deine Beobachtungen.

Material H

Papierflieger

Materialliste: DIN-A4-Papier unterschiedlicher Stärke

1 Falte den Papierflieger nach der Anleitung sowohl aus dünnem als auch aus dickem Tonpapier. → 6

2 Untersuche die Flugeigenschaften der beiden Flieger. Wirf bei Windstille möglichst gerade und immer mit gleichem Schwung.

3 Miss Flugweite und Flugdauer für beide Flieger und trage die Werte in eine Tabelle ein. → 5

4 Vergleiche deine Werte mit denen deiner Mitschüler.

	Flugweite	Flugdauer
dünnes Papier	? m	? s
dickes Papier	? m	? s

5 Mustertabelle

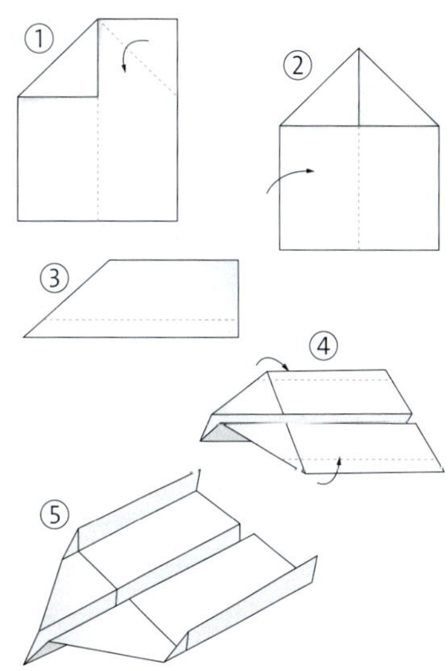

6 Versuchsaufbau

Luft – wo das Wetter entsteht

1 Wolkentürme

2 „Schäfchenwolken“

Ein Blick in den Himmel zeigt graue Wolkentürme; ein starker Regen kündigt sich an. Leichte Schäfchenwolken am blauen Himmel versprechen einen schönen Tag. Das Wetter ist unser täglicher Begleiter, doch wie und wo entsteht es?

Luft und Wetter • Die Lufthülle, die unsere Erde umgibt, nennt man auch Atmosphäre. Sie enthält nicht nur Sauerstoff, Stickstoff und Kohlendioxid, sondern sie transportiert auch Wasser.

Zum Weltraum hin ist die Atmosphäre nicht scharf abgegrenzt. Unser Wetter entsteht hauptsächlich im unteren Bereich der Atmosphäre bis in eine Höhe von ca. 17 Kilometern.

Die Bewegungen der Luft und des Wassers in der Luft bestimmen unser Wetter.

Wasserkreislauf • Durch die Sonneneinstrahlung verdunstet überall auf der Erde Wasser aus Flüssen, Seen und Meeren. Der Wasserdampf steigt mit der erwärmten Luft auf. → 3 Warme Luft kann mehr Wasser aufnehmen als kalte.

Die Luft kühlt sich in der Höhe ab. Der Wasserdampf kondensiert zu kleinen Tropfen und bildet in höheren Luftschichten Wolken.

Aus den vielen kleinen Tropfen bilden sich in den Wolken große Tropfen.

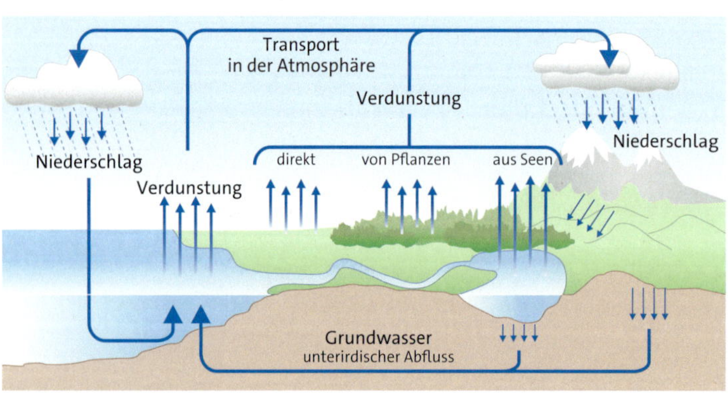

3 Wasserkreislauf

die Atmosphäre
der Wasserkreislauf
das Hochdruckgebiet
das Tiefdruckgebiet
der Wind

Werden diese zu schwer, kann die Luft sie nicht mehr tragen und es regnet. Der Regen fällt auf die Erde und fließt in die Flüsse und in die Meere zurück. Der Wasserkreislauf beginnt von vorne.

Hochdruck, Tiefdruck und Wind • In manchen Gebieten erwärmt die Sonne die Luft stärker als in anderen. Diese erwärmte Luft steigt auf. Es entstehen Bereiche mit geringerem Luftdruck, sogenannte Tiefdruckgebiete. Über kalten Gebieten ballt sich dichtere Luft zusammen, es entstehen Hochdruckgebiete. Der Druckunterschied zwischen einem Tiefdruck- und einem Hochdruckgebiet wird durch Wind ausgeglichen. Die Luftteilchen bewegen sich immer von einem Bereich mit vielen Teilchen zu einem Bereich mit weniger Teilchen. Diese Luftströmung von Hoch- zu Tiefdruckgebieten nehmen wir als Wind wahr. Landflächen erwärmen sich schneller als Wasserflächen und kühlen auch schneller ab. Aufgrund der unterschiedliche Erwärmung von Land und Meer strömt die Luft am Tag vom Meer zum Land. → 4 In der Nacht weht der Wind vom Land zum Meer. → 5

Verdunstung und Regen halten den Wasserkreislauf in Gang. Die Sonne erwärmt die Erdoberfläche unterschiedlich. Es entstehen Hochdruckgebiete und Tiefdruckgebiete. Der Druckunterschied wird durch Teilchenbewegung ausgeglichen. Es entsteht Wind.

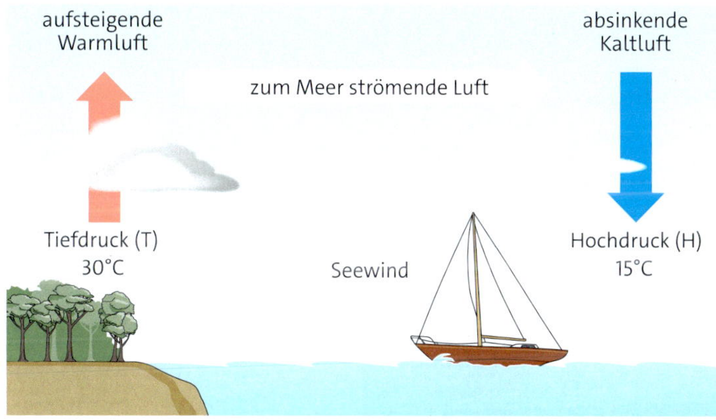

4 Entstehung von Hochdruck, Tiefdruck und Wind am Tag

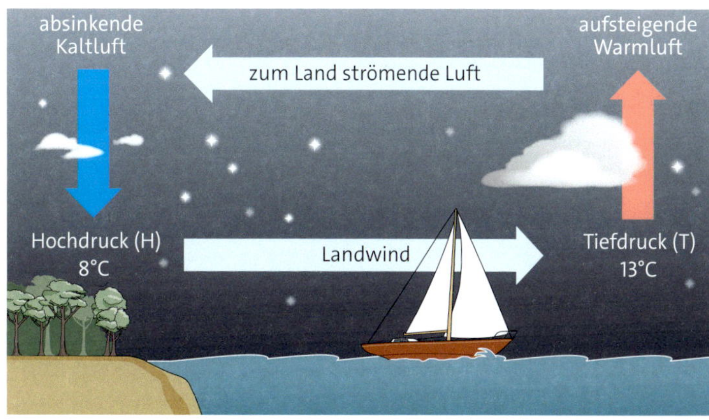

5 Entstehung von Hochdruck, Tiefdruck und Wind in der Nacht

Aufgaben

1 ○ Beschreibe den Wasserskreislauf.

2 ◐ Erkläre, warum warme Luft nach oben steigt. Nutze das Teilchenmodell.

3 ● Beschreibe mithilfe der Bilder 4 und 5, warum der Wind am Tag vom Meer zum Land strömt und in der Nacht vom Land zum Meer.

Luft – wo das Wetter entsteht

Material A

Hoch hinaus

Materialliste: Doppelkammerteebeutel, Streichhölzer, feuerfeste Unterlage

1 Teebeutelrakete

1 Öffne den Teebeutel an der Klammer und entferne den Inhalt. Entfalte den Beutel so, dass eine Röhre entsteht.

2 Stelle die Röhre des Teebeutels auf die feuerfeste Unterlage. Entzünde nun den Teebeutel am oberen Rand. → 1 Achte darauf, dass er nicht umfällt.

3 ◔ Erkläre deine Beobachtungen.

Material B

Teelichtkreis

1 ● Erkläre das Verhalten der Flammen mit den Begriffen Tief- und Hochdruck. → 2

2 Teelichtkreis

Material C

Wir bauen ein Barometer

Materialliste: 2 leere Gläser, Luftballon, Sand, Schaschlikspieß, Pappe, Klebeband, Gummi, Holzstab

1 Schneide aus dem Luftballon ein Stück heraus und spanne diese Haut über die Öffnung eines Glases. Befestige sie gut gespannt mit einem Gummiring.

2 Brich den Schaschlikspieß durch und klebe ihn so auf die Luftballonhaut, dass die Spitze übersteht und das abgebrochene Ende in der Mitte der Ballonhaut liegt.

3 Schneide aus der Pappe einen 15 cm langen und 3 cm breiten Streifen. Markiere den Mittelpunkt und zeichne im Zentimeterabstand in beide Richtungen eine Skala.

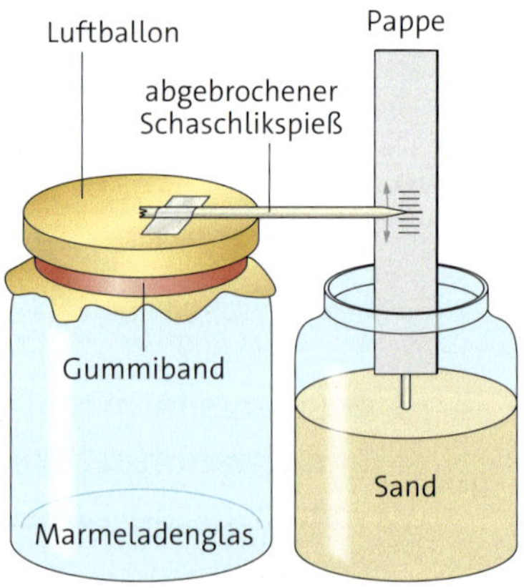

3 Versuchsaufbau

4 Befestige die Skala an einem Holzstab. Fülle das zweite Glas mit Sand und stecke den Holzstab so tief hinein, dass der Zeiger, also die Spitze des Schaschlikspießes, auf den Mittelstrich deiner Skala zeigt.

5 ◔ Führe ein Beobachtungsprotokoll. Notiere dazu in regelmäßigen Abständen den Stand deines Zeigers und das Wetter in diesem Moment.

6 ● Erläutere den Zusammenhang zwischen der Zeigerstellung deines Barometers und dem Wetter.

Material D

Wolkenbruch

Die Regenmenge kannst du mit einem Regenmesser selbst ermitteln.

Materialliste: Plastikflasche, Kieselsteine, Klebeband, Schere, Papierstreifen, Folienstift

1 Schneide den oberen Teil der Flasche ab. Beklebe die Schnittkanten mit Klebeband.

2 Fülle einige Kieselsteine in den unteren Teil der Flasche. Übertrage die Zentimeterskala von deinem Lineal auf Papier. Klebe die Skala auf die Flasche, sodass die Nullmarke über den Kieselsteinen ist. Fülle dann bis zur Nullmarke Wasser in deinen Regensammler und setze den oberen Flaschenteil verkehrt herum, wie einen Trichter, auf.

3 Stelle deinen Regensammler windgeschützt im Freien auf. Nach jeder Messung muss der Sammler bis zur Nullmarke gefüllt sein.

4 ▢ Berechne die Niederschlagsmenge nach einem Regenschauer. Eine Wasserstandsänderung von 1 Millimeter entspricht dabei 1 Liter Regen pro Quadratmeter.

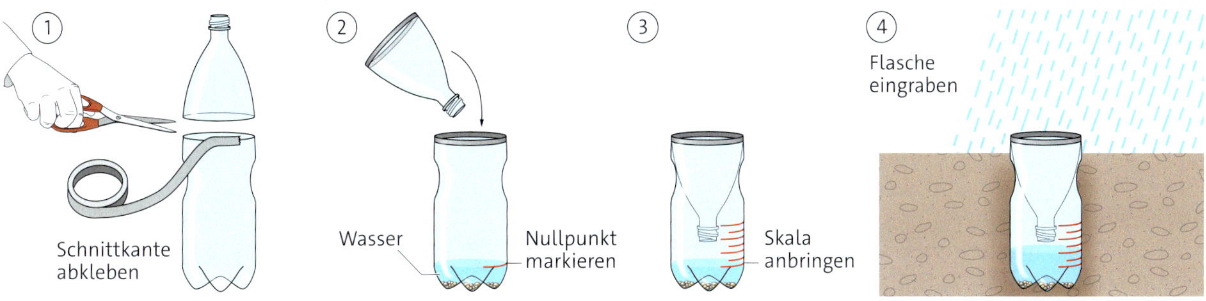

4 So baust du deinen Regenmesser.

Material E

Luftbewegung im Modell

Materialliste: rechteckige Glaswanne, Wärmelampe, Kühlakku, Räucherstäbchen, Kapsel eines Teelichts, Sand, schwarze Pappe, Streichhölzer

1 Fülle die Teelichtkapsel mit Sand, stecke das entzündete Räucherstäbchen hinein.

2 Stülpe die Glaswanne über das Räucherstäbchen, sodass es sich auf der rechten Seite der Wanne befindet.

3 Bestrahle die Seite mit dem Räucherstäbchen mit der Wärmelampe. Lehne den Kühlakku an die gegenüberliegende Wand. Befestige die Pappe an der hinteren Außenseite.

4 ▢ Beschreibe deine Beobachtungen.

5 ● Erkläre deine Beobachtungen.

6 ◐ Nenne Naturphänomene, die durch dieses Modell beschrieben werden.

Zusammenfassung

Bestandteile der Luft • Die Luft ist ein Gemisch von vielen Gasen → 1 Sie enthält Sauerstoff, Stickstoff, Edelgase und Kohlenstoffdioxid.

- Sauerstoff ist nötig, damit etwas brennen kann.
- Stickstoff erstickt Flammen und Lebewesen.
- Kohlenstoffdioxid benötigen Pflanzen für die Fotosynthese.
- Edelgase sind Helium, Neon, Argon und Xenon.

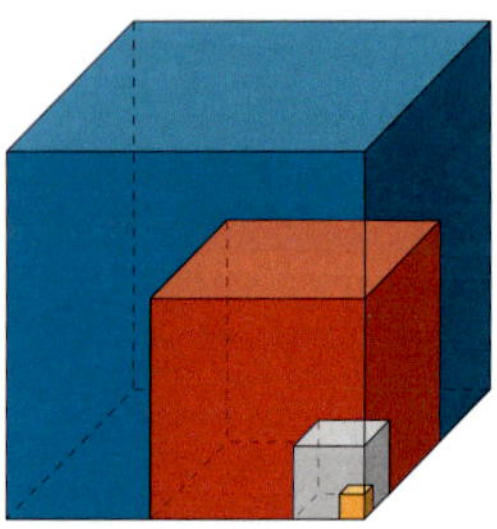

1 Zusammensetzung von 100 Litern Luft

Eigenschaften der Luft • Wie alle Stoffe besteht auch die Luft aus kleinsten Teilchen, die sich im zur Verfügung stehenden Raum verteilen. → 2 Die Teilchen sind in ständiger Bewegung und prallen auf Gegenstände und Lebewesen. Dadurch entsteht der Luftdruck, dem wir ausgesetzt sind. Sich bewegenden Gegenständen und Menschen setzt die Luft Widerstand entgegen, den Luftwiderstand.

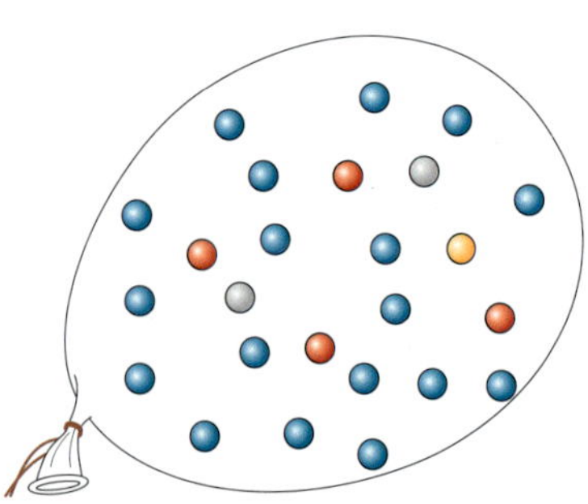

2 Luftballon mit Luftteilchen im Modell

Verbreitung von Früchten und Samen • Die Verbreitung von Früchten und Samen kann durch Wind, Wasser, Tiere, den Menschen oder durch Selbstverbreitung erfolgen. Früchte und Samen sind der Verbreitungsart angepasst.

Fliegen wie die Vögel • Die meisten Vögel sind durch Federn und Flügel sowie durch die Leichtbauweise ihrer Knochen flugfähig. Der starre Knochenbau unterstützt beim Fliegen eine energiesparende Stromlinienform. Die Form der Flügel erzeugt einen Auftrieb, der den Vogel in die Luft hebt. Die Tragflächen von Flugzeugen wurden dieser Flügelform nachempfunden.

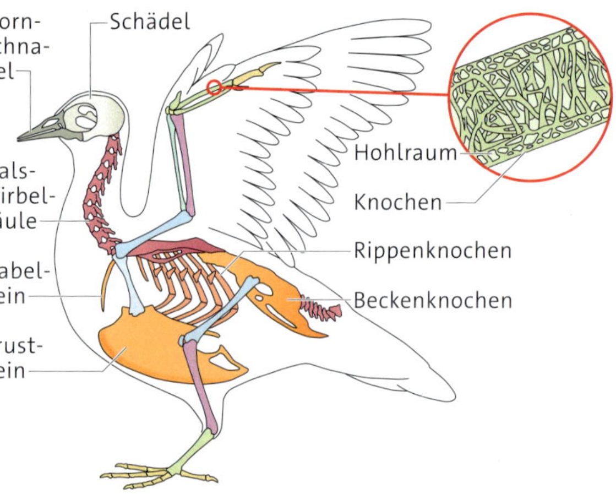

3 Skelett eines Vogels

Luft und Wetter • Die Sonne erwärmt die Erdoberfläche unterschiedlich. Dort, wo warme Luft aufsteigt, entstehen Bereiche mit geringem Luftdruck, sogenannte Tiefdruckgebiete. In kalten Gebieten entstehen Hochdruckgebiete. Der Druckunterschied wird durch Bewegung der Luftteilchen, also den Wind, ausgeglichen.

Teste dich! (Lösungen im Anhang)

Luft – ein Gemisch

1 ▢ Benenne die Bestandteile der Luft.

2 In der Chemiesammlung befindet sich eine Gasflasche, deren Etikett nicht mehr lesbar ist. Bei dem Gas in der Flasche könnte es sich um Sauerstoff oder um Kohlenstoffdioxid handeln.
● Beschreibe eine Methode, mit der du überprüfen kannst, um welches Gas es sich handelt.

Luft und ihre Eigenschaften

3 ◐ Beim Bobfahren geht es darum, möglichst schnell die Bobbahn zu durchfahren. Erkläre, warum sich Bobfahrer weit zurücklehnen und möglichst flach machen. → 4

4 Bobfahrer

4 In einem Heißluftballon wird die Luft im Ballon durch ein Feuer erwärmt. → 5
◐ Erkläre, warum der Ballon aufsteigt. Verwende die Begriffe: *Teilchen – bewegen – Abstand.*

5

Verbreitung von Früchten und Samen

5 Pflanzen verbreiten sich auf viele Arten.
a ▢ Nenne vier Verbreitungsarten von Früchten und Samen.
b ▢ Benenne die in Bild 6 dargestellte Verbreitungsart und gib den Namen der Pflanzenart an.

6

Vögel – zum Fliegen gebaut

6 ▢ Nenne die Angepasstheiten, die den Vögeln das Fliegen ermöglichen.

7 ● Erkläre, warum Vögel bei Windstille weniger gut gleiten können als an windigen Tagen.

Luft – wo das Wetter entsteht

8 ◐ Beschreibe den Zusammenhang zwischen Sonneneinstrahlung und Wetter. Verwende dazu die Begriffe: *Hochdruck – Tiefdruck – Teilchenbewegung – Wind.*

9 ● Wann kann ein Segelboot am besten aus dem Hafen auslaufen? Begründe.

Feuer – nützlich und gefährlich

Feuer fasziniert die Menschen seit Urzeiten, es spendet Wärme und Licht.

Seit ungefähr einer Million Jahren nutzt der Mensch das Feuer. Der Franzose Florent Rivere zeigt, wie die Menschen in der Steinzeit Feuer machten. Wie funktioniert das genau?

Vom Feuer gehen auch große Gefahren für Mensch und Tier aus. Was hilft, Brände zu vermeiden und zu löschen?

Der Mensch und das Feuer

1 Das Feuer hat für den Menschen schon immer eine besondere Bedeutung.

Unsere Vorfahren besaßen weder Streichhölzer noch Feuerzeuge. Es erforderte besondere Techniken, um Holz oder Pflanzenmaterial zum Brennen zu bringen. Deshalb war es sehr wichtig, das Feuer vor dem Verlöschen zu schützen. Das war die Aufgabe eines Feuerhüters.

2 Feuerstein (oben) und Markasit (unten)

3 Schlageisen

4 Zunderschwamm – ein Baumpilz

Feuer machen • Unseren Vorfahren begegnete das Feuer zunächst zufällig nach Blitzeinschlägen, Erdbränden oder Vulkanausbrüchen. In der Steinzeit entwickelten die Menschen Techniken, um selbst Feuer zu entzünden. Eine der ältesten Techniken ist das Feuerschlagen. Ein harter Feuerstein wird dabei gegen einen Stein aus Pyrit oder Markasit geschlagen. → 2
Die geschlagenen Funken müssen dann auf ein leicht entzündbares Material treffen und dieses zum Brennen bringen. Die Menschen nutzten dazu zum Beispiel Teile des Zunderschwamms. → 4
Pyrit und Markasit wurden in späteren Zeiten durch sogenannte Schlageisen aus Stahl ersetzt. → 3

der Feuerstein
das Schlageisen
der Zunderschwamm

Feuer nutzen • Die Menschen nutzten das Feuer, um sich vor wilden Tieren zu schützen, um sich zu wärmen und um in der Dunkelheit Licht zu haben. Sie bereiteten über dem Feuer ihre Nahrung zu. Dadurch konnten sie Nahrungsmittel essen, die sonst nicht genießbar waren. Außerdem konnten sie ihre Nahrungsmittel durch Erhitzen länger haltbar machen. Über dem Feuer erhitzten sie auch ihre Werkzeuge aus Holz und Stein, was diese widerstandsfähiger machte. Sie erhitzten Metallerze, um Metalle zu gewinnen. Aus den Metallen formten sie Gegenstände. In Öfen brannten sie Tongefäße. → 5

5 Brennofen für Tongefäße

Streichholz und Feuerzeug • Bereits 600 Jahre vor Christus entwickelte man in China Streichhölzer, später dann auch in Europa. Diese Streichhölzer entzündeten sich allerdings leicht von selbst. Alltagstaugliche Zündhölzer sind eine Erfindung der Neuzeit. → 6 Auch das moderne Einwegfeuerzeug wurde erst 1960 entwickelt. → 7 Diese Feuerzeuge enthalten ein besonderes Gas, das durch das Drehen eines Reibrads über einem Feuerstein entzündet wird.

6 Streichholz

7 Feuerzeug

Im Laufe der Geschichte entwickelte der Mensch unterschiedliche Methoden, um Feuer zu entzünden. Feuer wurde und wird zur Nahrungszubereitung, Wärmegewinnung sowie zur Herstellung von Werkzeugen und Alltagsgegenständen genutzt. Die Entwicklung des Menschen ist eng verbunden mit seiner Fähigkeit, das Feuer zu beherrschen.

Aufgaben

1 ○ Beschreibe die Möglichkeiten, die unsere Vorfahren hatten, um Feuer zu machen.

2 ◐ Erstelle eine Liste mit Nahrungsmitteln, die in der Regel vor dem Essen erhitzt werden müssen.

3 ● Die Entwicklung des Menschen hängt mit seiner Beherrschung des Feuers zusammen. Begründe.

Der Mensch und das Feuer

Material A

Feuer machen – eine Kunst

Im Laufe der Geschichte entwickelte der Mensch verschiedenste Techniken, um Feuer zu machen. → 1 – 4

1 ○ Beschreibe die gezeigten Techniken mit deinen eigenen Worten.

2 ◐ Beurteile die Techniken hinsichtlich ihres Zeit- und Arbeitsaufwands.

1 Schlageisen und Feuerstein

2 Feuerbohrer

3 Feuerbogen

4 Streichholz

Material B

5 Ötzis „Feuergefäß“

Feuer bewahren

Die Menschen entwickelten nicht nur Techniken, um Feuer zu machen, sondern auch um es zu bewahren. Am Fundort der Gletschermumie „Ötzi“ fand man ein Gefäß aus Birkenrinde. → 5 „Ötzi“ nutzte es, um die glühende Holzkohle seiner letzten Feuerstelle mit sich zu tragen. Er wickelte die Kohle in frisch gepflückte Blätter, bevor er sie ins Gefäß packte. Damit besaß bereits „Ötzi“ eine Methode zur Feuerbewahrung.

1 ○ Beschreibe Ötzis Technik zur Feuerbewahrung.

2 ◐ Erkläre, warum es für die Menschen in der Steinzeit wichtig war, Feuer zu bewahren.

Material C

Funkenstreicher

Materialliste: feuerfeste Unterlage, Tonschale, Funkenstreicher aus dem Outdoorhandel, Zunder oder Rohrkolbensamen, Heu

1 Fülle etwas Zunder oder Rohrkolbensamen und etwas Heu in die Tonschale.

2 Streiche mit dem Funkenstreicher Funken, bis sich der Zunder oder die Rohrkolbensamen entzünden.

3 Lege nun etwas Heu nach und puste vorsichtig, bis eine kleine Flamme entsteht.

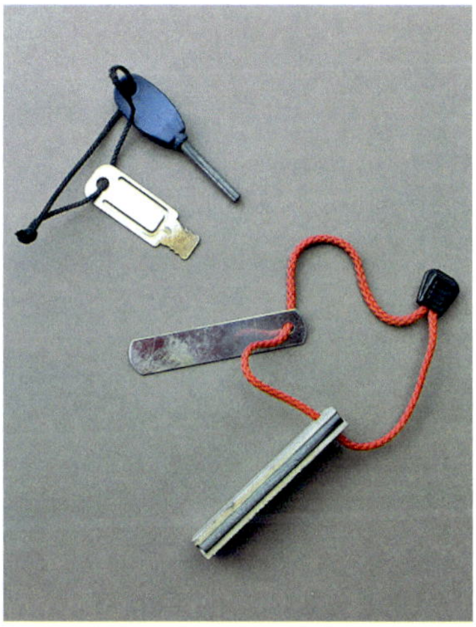

6 Funkenstreicher

Material D

Feuerbohrer

Materialliste: feuerfeste Unterlage, Hartholz mit Vertiefung, Bohrer, Zunder oder Rohrkolbensamen, Heu

1 Fülle etwas Zunder oder Rohrkolbensamen in die Vertiefung des Hartholzes.

2 Setze den Bohrer mit der Rundspitze in die Vertiefung.

3 Drehe den Bohrer zwischen den Handflächen, bis sich der Zunder entzündet.

4 Lege nun etwas Heu nach und puste vorsichtig, bis eine kleine Flamme entsteht.

7 Feuerbohrer

Material E

Feuerbogen

Materialliste: feuerfeste Unterlage, Hartholz mit Vertiefung, Bogen, Haltestein mit Vertiefung, Zunder oder Rohrkolbensamen, Heu

1 Fülle etwas Zunder oder Rohrkolbensamen in die Vertiefung des Hartholzes. Setze den Bohrer mit der Rundspitze in die Vertiefung. Spanne den Bohrer in den Bogen und fixiere ihn mit dem Haltestein in der Senkrechten.

2 Führe den Bogen nun gleichmäßig hin und her, sodass sich der Bohrer dreht, bis sich der Zunder entzündet.

3 Lege nun etwas Heu nach und puste vorsichtig, bis eine kleine Flamme entsteht.

8 Feuerbogen

Achtung • Vorsicht im Umgang mit offenen Flammen! Haare zusammenbinden! Halstücher ablegen!

Drei Dinge braucht das Feuer

1 Was braucht ein Feuer?

Ein Lagerfeuer spendet Licht und Wärme. Ein Feuer zu entzünden ist aber nicht immer einfach. Willst du zum Beispiel feuchtes Laub entzünden, so qualmt es bloß. Nicht jedes Material kann brennen und manchmal geht ein schon brennendes Feuer wieder aus. Welche Bedingungen braucht ein Feuer?

Brennstoff • Damit ein Feuer entstehen kann, muss ein brennbarer Stoff vorhanden sein. Holz, Kohle, Öl und Gas sind solche Stoffe. Aber auch Kunststoffe und sogar einige Metalle können brennen. Bei einer Verbrennung entstehen aus den Brennstoffen andere Stoffe wie Kohlenstoffdioxid und Wasser. Außerdem entstehen Wärme und Licht.

Sauerstoff • Bläst man in ein Feuer, lodert es kräftig auf. Woran liegt das? Die Luft ist ein Gasgemisch, das vor allem aus Stickstoff und Sauerstoff besteht. → 2 Durch das Zublasen von Luft führst du dem Feuer also Sauerstoff zu. Sauerstoff ist für jede Verbrennung nötig. Ohne Sauerstoff erlischt ein Feuer.

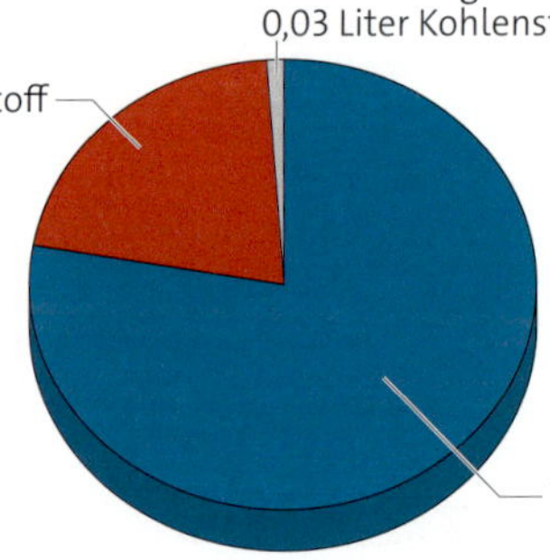

2 Zusammensetzung von 100 Litern Luft

der Brennstoff
der Sauerstoff
die Zündtemperatur
das Verbrennungsdreieck

Zündtemperatur • Ein brennbarer Stoff und Sauerstoff sind allein nicht ausreichend, damit ein Feuer entsteht. Ein Stapel Holz kann beispielsweise über Jahre an der Luft gelagert werden, ohne dass er anfängt zu brennen. Ein brennbarer Stoff entzündet sich erst bei einer bestimmten Temperatur von selbst. Die Temperatur, ab der sich ein Stoff entzündet, nennt man Zündtemperatur. Jeder Stoff hat eine eigene Zündtemperatur. → 3 Ein Streichholz entzündet sich zum Beispiel bereits bei 60 °C. Bei Papier sind 175 °C und bei Holz und Kohle sogar 300 °C zur Entzündung nötig. Um einen Stoff zum Brennen zu bringen, ist also eine bestimmte Temperatur und nicht unbedingt eine offene Flamme nötig.

Verbrennungsdreieck • Um ein Feuer zu entfachen und zu unterhalten, müssen also drei Voraussetzungen gegeben sein: ein brennbarer Stoff, ausreichend Sauerstoff und die entsprechende Zündtemperatur. Die drei Bedingungen bilden ein sogenanntes Verbrennungsdreieck. → 4

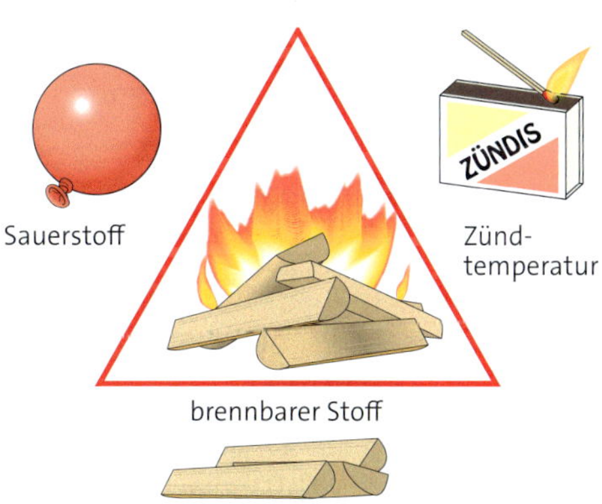

3 Verbrennungsdreieck

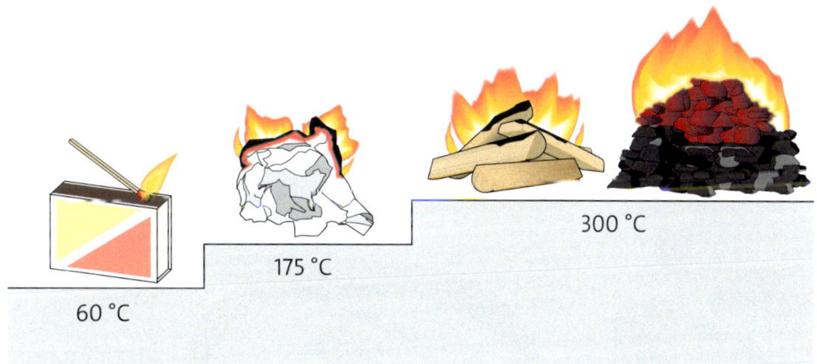

4 Stufenzündung

Um ein Feuer zu entzünden, benötigt man einen Brennstoff, ausreichend Sauerstoff sowie die entsprechende Zündtemperatur des Brennstoffs.

Aufgaben

1 ▢ Benenne die Bedingungen, die erfüllt sein müssen, damit ein Feuer brennt.

2 ◪ Jan möchte ein Feuer im Ofen machen. Sein Plan ist etwas durcheinandergeraten. Schreibe ihn richtig auf:
- Das brennende Papier wird so heiß, dass die Entzündungstemperatur des Holzes erreicht wird.
- Die Flamme ergreift das Papier.
- Das Holz fängt Feuer.
- Ein Streichholz wird entzündet.

3 ● Fett in einer Pfanne beginnt zu brennen, wenn es zu stark erhitzt wird. Begründe dies.

Drei Dinge braucht das Feuer

Material A

Brennt oder brennt nicht?

1 Versuchsaufbau

Stoff	brennt	brennt nicht
Aluminium	?	?
Laub	?	?
…	…	…

2 Mustertabelle

Achtung • Im Stehen experimentieren! Lange Haare zusammenbinden! Halstücher ablegen!

Materialliste: Tonschale, Sand, Stabfeuerzeug, Testmaterialien: Aluminium, Baumwollstoff, Kalkstein, Kupfer, Laub, Naturkork, Papier, Brot, Eisennagel, Feuerstein, Haare, Holz, Trockenfrüchte …

1 Verteile in der Tonschale eine fingerdicke Sandschicht.

2 Lege die Testmaterialien nacheinander auf den Sand und versuche, sie mit dem Stabfeuerzeug in Brand zu setzen. → 1

3 ○ Stelle deine Ergebnisse in einer Tabelle zusammen. → 2

Material B

Kerzentod

3

4

Achtung • Im Stehen experimentieren! Lange Haare zusammenbinden! Halstücher ablegen!

Materialliste: Becherglas, Teelichter oder Kerze, Korkscheiben, Stoppuhr

1 Stülpe das Becherglas über die brennende Kerze. → 3
○ Notiere deine Beobachtung.

2 Wiederhole das Vorgehen. Setze das Becherglas diesmal auf drei Korkscheiben. → 4
○ Notiere deine Beobachtung.

3 ◔ Vergleiche deine Beobachtungen und erkläre sie.

Material C

Die heiße Strecke

Achtung • Führe diesen Versuch nur mithilfe deiner Lehrkraft durch. Im Stehen experimentieren! Lange Haare zusammenbinden! Halstücher ablegen!

Materialliste: Stativmaterial, Kupferblech (abgekantet), Küchenbrenner, Streichhölzer

1 Befestige das Kupferblech am Stativ.

2 Reihe mehrere Streichhölzer auf dem Kupferblech in daumenbreiten Abständen hintereinander auf.

3 Die Lehrkraft erhitzt nun das Kupferblech von unten. → 5

4 ○ Beschreibe deine Beobachtung.

5 ◐ Erkläre deine Beobachtung.

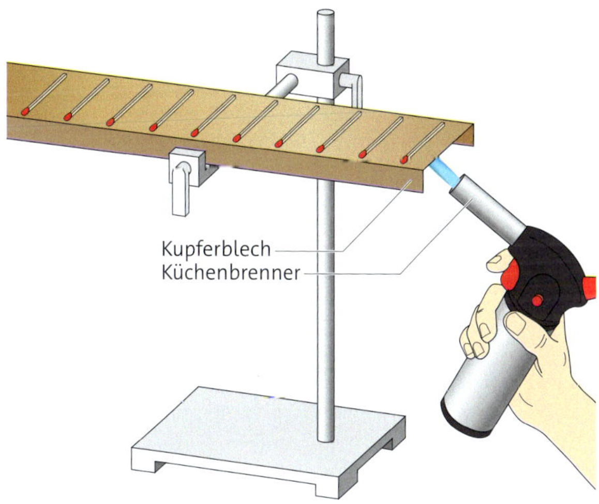

5 Versuchsaufbau

Material D

So funktioniert ein Streichholz

Streichhölzer bestehen oft aus Holz von Pappeln. Die Reibfläche der Schachtel ist durch aufgeleimten Glasstaub rau. Beim Darüberstreichen erwärmt sich der Streichholzkopf.
Zum Entzünden des Holzes reicht die Temperatur eigentlich nicht aus. Aber die Reibfläche enthält etwas roten Phosphor. Beim Reiben bleiben davon winzige Mengen am Streichholzkopf hängen. Das entstehende Gemisch ist leicht entzündlich. Seine Zündtemperatur wird beim Reiben überschritten.

6 So funktioniert es.

1 ◐ Schreibe Schritt für Schritt auf, wie das Streichholz funktioniert: → 6
- Der Streichholzkopf reibt über die Reibfläche.
- ...

7

Drei Dinge braucht das Feuer

Erweitern und Vertiefen

Fein zerteilt brennt besser

1 Aufgeschichtetes Osterfeuer

2 Feuerspucker auf dem Jahrmarkt

Lagerfeuer bauen • Ein Lagerfeuer zu entfachen ist gar nicht so einfach. Damit es gut brennt, muss es verschiedene Schichten haben.

Über dem locker zusammengeknüllten Zeitungspapier verteilt man zunächst feine Holzspäne. Darüber stapelt man kleines Feuerholz. Die dicken Holzscheite werden erst als oberste Schicht gestapelt. → 1

Warum beginnt man eigentlich nicht direkt mit den dicken Holzscheiten?

Fein zerteilt brennt besser • Je kleiner zerteilt der Brennstoff ist, umso besser brennt er. Das fein zerteilte Holz hat eine größere Oberfläche. Das ermöglicht einen besseren Kontakt mit dem Sauerstoff in der Luft, der für die Verbrennung benötigt wird.

Das fein zerteilte Holz lässt sich deshalb leichter entzünden als die dicken Scheite und brennt auch schneller ab.

Eisen brennt • Eine Eisentür ist feuerhemmend und auch ein Eisennagel kann über einer Kerzenflamme nicht zum Brennen gebracht werden. Eisenwolle lässt sich hingegen leicht entzünden. Der Zündfunke einer Batterie reicht dazu aus. Auch hier ist der Zerteilungsgrad entscheidend für die Brennbarkeit.

Feuershows • Bei Feuershows oder auf Jahrmärkten faszinieren Feuerspucker die Zuschauer. → 2 Der Feuerspucker pustet einen fein zerteilten Brennstoff, zum Beispiel Bärlappsporen, in eine Flamme. Die Sporen sind so fein zerteilt, dass sie alle gleichzeitig und explosionsartig verbrennen.

Aufgabe

1 Du willst ein Lagerfeuer machen.

a ○ Beschreibe, wie du am besten vorgehst.

b ◐ Begründe deine Vorgehensweise.

Material E

Eisen brennt

Materialliste: Eisennagel, Eisenwolle, Streichhölzer, Flachbatterie

1 Versuche zunächst, den Eisennagel und anschließend die Eisenwolle mit einem Streichholz zu entzünden. → 3

2 ▢ Vergleiche deine Beobachtungen. Erkläre die unterschiedliche Brennbarkeit.

3 Schaffst du es, die Eisenwolle mit einer Flachbatterie zu entzünden? Probiere es aus.

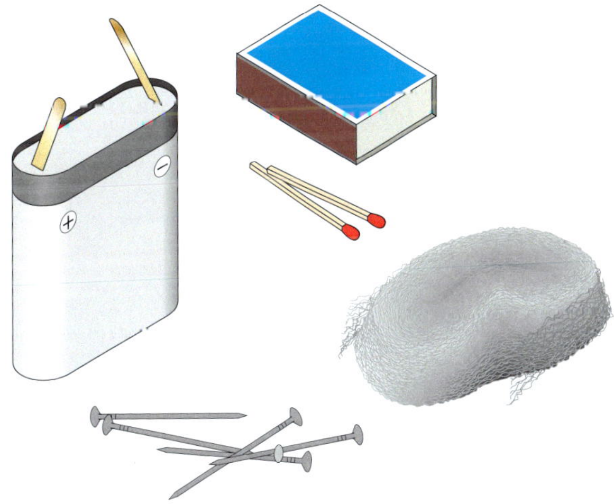

3

Material F

Feuerwolke

Materialliste: Pappkarton ohne Deckel, Alufolie, Bärlappsporen, Trinkhalm mit Knickgelenk, Kerze

1 Schlage den Pappkarton von innen mit Alufolie aus.

2 Stelle den Pappkarton mit der kurzen Seite aufrecht auf den Tisch. Stelle die Kerze unten in die Mitte des Kartons. Entzünde die Kerze.

3 Fülle eine kleine Portion Bärlappsporen in das abgewinkelte Stück des Trinkhalms.

4 Führe nun das geknickte Trinkhalmende nahe an die Kerzenflamme und blase kräftig durch das lange Stück des Trinkhalms die Sporen in die Flamme. → 4

4 Versuchsaufbau

Die Kerze – eine kleine Gasfabrik

1 Kerzen auf einem Markt

2 Kerzen in einer Kirche

Kerzen aus Bienenwachs und Talg sind in fast allen Kulturen bekannt. Bis in die heutige Zeit verbreiten sie Licht und eine besondere Atmosphäre.

Ein anspruchsvolles Produkt • Kerzen sind neben Fett- und Öllämpchen die ersten Lichtquellen, die man auch in geschlossenen Räumen nutzen konnte. Über viele Jahrhunderte war das Handwerk des Kerzenmachers sehr angesehen. Er stellte ein anspruchsvolles Produkt her. Seine Kerzen mussten bei gleichmäßiger Flamme dauerhaft brennen, ohne zu viel Ruß zu entwickeln. Jede Kerze besteht aus Wachs und einem Docht. Das Kerzenwachs moderner Kerzen besteht hauptsächlich aus Paraffin und der Docht aus geflochtenen Baumwollfäden. Der Docht ist so geflochten, dass sich seine Spitze beim Brennen krümmt. Dadurch wird die Rußbildung verringert.

Die Kerze – eine Gasfabrik • Wird der Docht einer Kerze entzündet, so schmilzt das feste Wachs in der Nähe der Flamme. Es bildet sich eine kleine Pfütze aus flüssigem Wachs um den Docht. Das flüssige Wachs steigt im Docht nach oben und verdampft an der Spitze. Das gasförmige Wachs brennt. An einer Kerze brennt also nicht der Docht, sondern das Wachs. Der Docht hat die Aufgabe, das Wachs wie in einem Aufzug nach oben zu bringen und an seiner Spitze zu verteilen.

Wo bleibt das Wachs? • Wenn eine Kerze längere Zeit brennt, wird das Wachs immer weniger. Während der Verbrennung wird das Wachs verbraucht, genauso wie der Sauerstoff aus der Luft. Bei der Verbrennung entstehen dafür neue Stoffe: Kohlenstoffdioxid und Wasser.

das Paraffin
der Docht
der Flammenkern
der Flammenmantel
der Flammensaum

3 Kerzenflamme

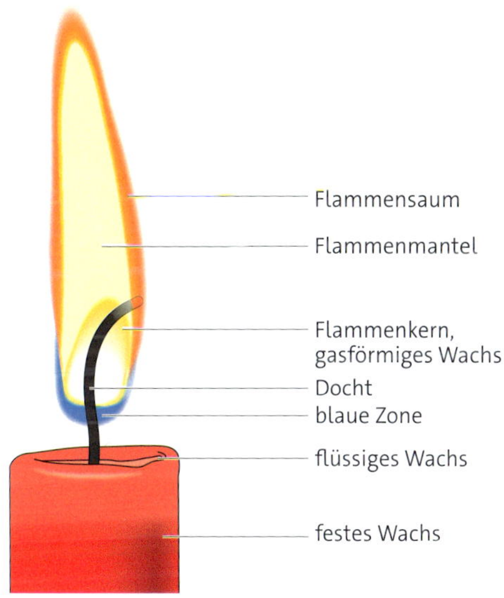

4 Zonen einer Kerzenflamme

Die Kerzenflamme • Beim Blick in eine Kerzenflamme lassen sich deutlich unterschiedlich gefärbte Zonen erkennen. → 3 4 Den oberen Teil des Dochts umgibt zunächst ein dunkler Kern. Diese Zone enthält den brennbaren Wachsdampf. Im Flammenkern brennt das Wachs nicht, denn es fehlt der Sauerstoff.
Den dunklen Kern umgibt ein gelber, heller Bereich, der Flammenmantel. Hier verbrennt das Wachs. Da nicht genügend Sauerstoff vorhanden ist, verbrennt das Wachs jedoch unvollständig. Bei einer unvollständigen Verbrennung entsteht glühender Ruß und die Flamme leuchtet.
Im Außenbereich, dem Flammensaum, kommt viel Luft an die Flamme. Der Flammensaum rußt nicht. Hier verbrennt der glühende Ruß des Flammenmantels vollständig.

Im unteren, blauen Teil der Kerzenflamme verbrennt das Wachs sofort vollständig.

Eine Kerze ist eine kleine Gasfabrik. Das gasförmige Wachs verbrennt unter Verbrauch von Sauerstoff. Bei der Verbrennung entstehen Kohlenstoffdioxid, Wasser und Ruß.

Aufgaben

1 ○ Zeichne das Bild der Kerzenflamme mit den verschiedenen Zonen farbig in dein Heft und beschrifte es.

2 ○ Nenne die Stoffe, die beim Abbrennen einer Kerze entstehen.

3 ● Erläutere die Aussage: „Die brennende Kerze ist ein Wachsvergaser."

Die Kerze – eine kleine Gasfabrik

Material A

Flammenzonen

Achtung • Im Stehen experimentieren! Lange Haare zusammenbinden! Halstücher ablegen!

Materialliste: Stumpenkerze, Feuerzeug, Holzstäbchen (Cocktailspieße)

1 Entzünde die Kerze.

2 Fasse das Holzspießchen an beiden Enden an und führe es waagerecht durch die dickste Stelle der Flamme. → 1

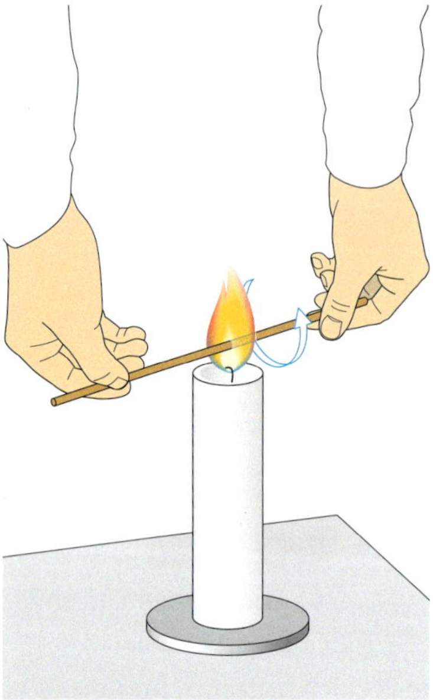

1 Holzspieß und Kerze

Drehe das Holzspießchen dabei gleichmäßig, sodass es nicht anbrennt und die Flamme ruhig bleibt.

3 Nimm das Holzstäbchen wieder aus der Flamme.

4 ○ Beschreibe, was du auf dem Stäbchen erkennen kannst.

5 ◐ Erkläre deine Beobachtung.

Material B

Paraffingas entzünden

Achtung • Im Stehen experimentieren! Lange Haare zusammenbinden! Halstücher ablegen!

Materialliste: Stumpenkerze, Streichhölzer

1 Entzünde die Kerze.

2 Entzünde das Streichholz. Lösche die Kerze durch leichtes und nicht zu heftiges Pusten.

2 Nähere das Streichholz von oben dem Docht an.

3 Nähere sofort, nachdem du die Kerze ausgepustet hast, langsam das brennende Streichholz von oben dem Docht an. → 2

4 ○ Beschreibe deine Beobachtung.

5 ◐ Erkläre deine Beobachtung.

Material C

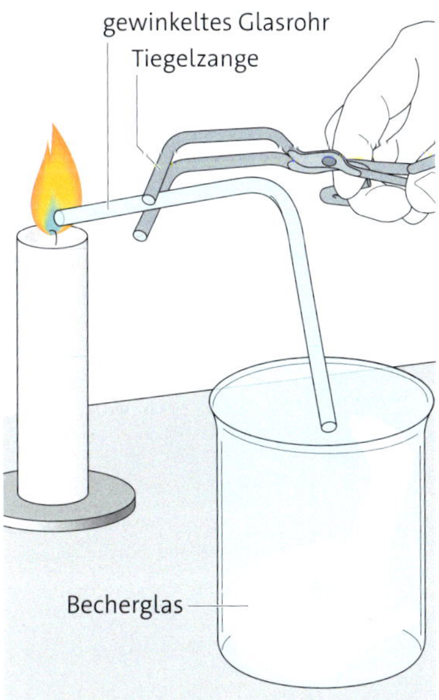

3 Paraffingas ausleiten

Paraffingas ausleiten

Achtung • Im Stehen experimentieren! Lange Haare zusammenbinden! Halstücher ablegen!

Materialliste: Kerze, Tiegelzange, kleines Becherglas, gewinkeltes Glasrohr (6 cm/6 cm), Streichhölzer

1 Entzünde die Kerze.

2 Halte das Glasrohr mit der Tiegelzange in die Kerzenflamme. Die Öffnung des Röhrchens muss dabei genau im Kern der Flamme sein. Die andere Öffnung endet im Becherglas. → 3

3 Im Becherglas bildet sich weißer Nebel. Lege das Röhrchen zur Seite, wenn er ein Drittel des Glases füllt.

4 Entzünde ein Streichholz und lass es in das Becherglas fallen. → 3

5 ▢ Beschreibe deine Beobachtung.

6 ◔ Erkläre.

Material D

Paraffin brennt ohne Docht

Achtung • Den folgenden Versuch führt deine Lehrkraft als Demonstrationsversuch durch.

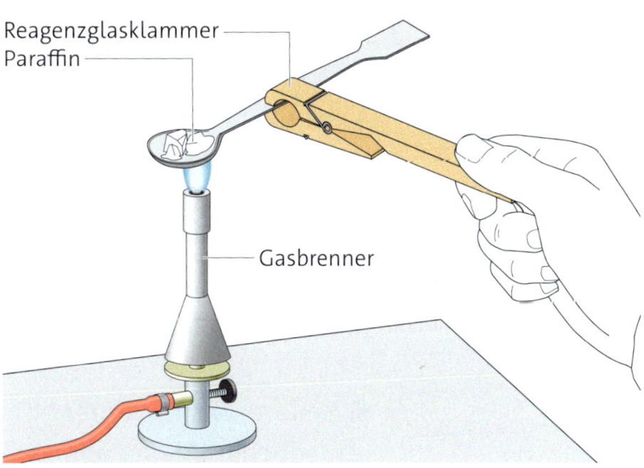

4 Paraffin wird erhitzt.

Materialliste: Kerzenwachs (Paraffin), Reagenzglasklammer, Löffel, Gasbrenner

1 Ein etwa erbsengroßer Paraffinkrümel wird auf den Löffel gelegt.

2 Der Löffel wird mit dem Reagenzglashalter über der rauschenden Flamme des Gasbrenners erhitzt. → 4

3 Beobachte, was während und nach dem Erhitzen mit dem Paraffin passiert.
▢ Notiere deine Beobachtungen.

4 Sarah sagt: „Bei einer Kerze brennt der Docht."
● Nimm zu ihrer Aussage Stellung.

Die Kerze – eine kleine Gasfabrik

Material E

Der Docht als Wachsaufzug

Materialliste: Glasschale oder Becherglas, langes Stück Docht, Lebensmittelfarbe, Wasser

1 Gib etwa 10 mL Wasser in das Becherglas und färbe es mit der Lebensmittelfarbe ein. → 1

2 Tauche das untere Ende des Dochts in die gefärbte Flüssigkeit. → 2

3 ▢ Beschreibe deine Beobachtungen.

4 ● Welche Aufgabe erfüllt der Docht bei einer Kerze? Erläutere.

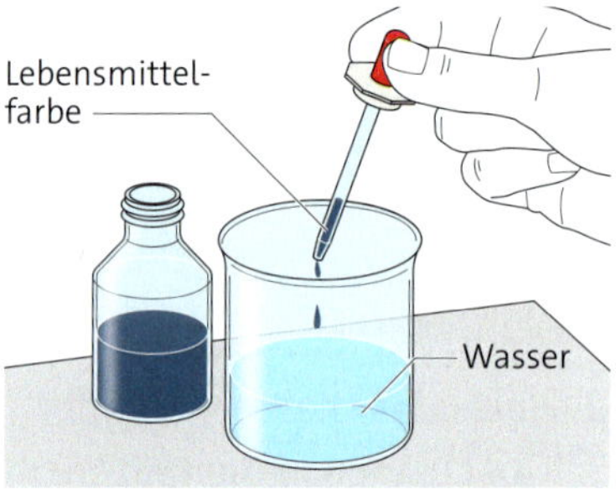

1 Wasser färben

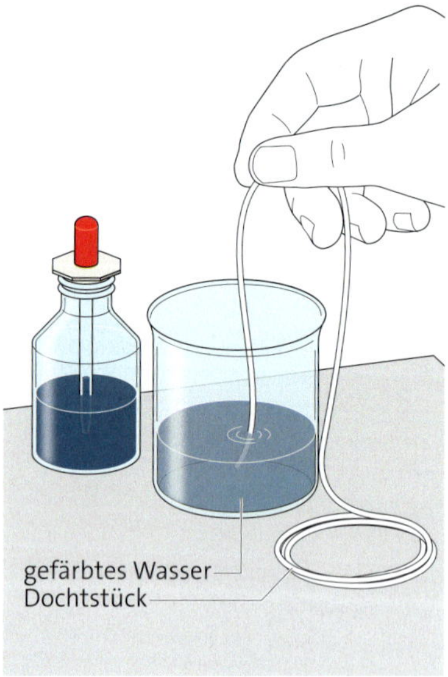

2 Docht eintauchen

Material F

Flammensaum

Achtung • Im Stehen experimentieren! Lange Haare zusammenbinden! Halstücher ablegen!

Materialliste: Stumpenkerze abgebranntes Streichholz

1 Lass die Kerze mit ruhiger Flamme brennen. Schaue genau auf den äußeren Rand der Flamme.

3 Nähere das Streichholz von der Seite.

2 Nähere dich nun ganz langsam mit dem hellen Streichholzende von der Seite dem Rand der Kerzenflamme an. → 3

3 ▢ Was kannst du beobachten? Beschreibe deine Beobachtungen.

4 ◐ Zeichne ein farbiges Bild der Kerzenflamme mit den unterschiedlichen Zonen. Beschrifte dein Bild.

5 ● Erkläre, wie die unterschiedlichen Zonen der Kerzenflamme entstehen.

Material G

Glasglocke über der Kerze

Achtung • Im Stehen experimentieren! Lange Haare zusammenbinden! Halstücher ablegen!

Materialliste: Stumpenkerze, Becherglas, Streichhölzer

1 Entzünde die Kerze.

2 Halte das Becherglas einige Sekunden über die Kerzenflamme. Der untere Rand der Vase sollte dabei auf Höhe der Flammenspitze sein. → 4

3 ▢ Beschreibe deine Beobachtung.

4 ▢ Welches Verbrennungsprodukt hast du nachgewiesen?

4 Versuchsaufbau

Material H

Kalkwasserprobe

Achtung • Im Stehen experimentieren! Lange Haare zusammenbinden! Halstücher ablegen!

Materialliste: Teelicht, Marmeladenglas mit Deckel, Holzspieß, Stabfeuerzeug, Pipette, Kalkwasser

1 Stelle das Teelicht in das offene Marmeladenglas und entzünde es mit dem Stabfeuerzeug. → 5

2 Verschließe das Glas mit dem Deckel. Lass es, nachdem das Teelicht erloschen ist, eine Minute lang ruhig stehen.

3 Drehe anschließend den Deckel auf und hole das Teelicht mit dem Holzspieß aus dem Glas heraus. → 6

4 Gib eine Pipette Kalkwasser in das Glas und schwenke es. → 7

5 ▢ Beschreibe deine Beobachtung.

6 ▢ Welches Verbrennungsprodukt hast du nachgewiesen?

Tipp:
Mit klarem Kalkwasser kann man Kohlenstoffdioxid nachweisen. Bei Kontakt mit Kohlenstoffdioxid wird das Kalkwasser trüb.

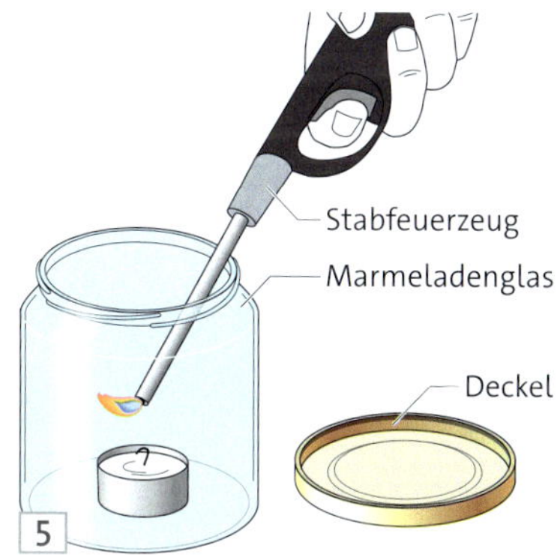

5

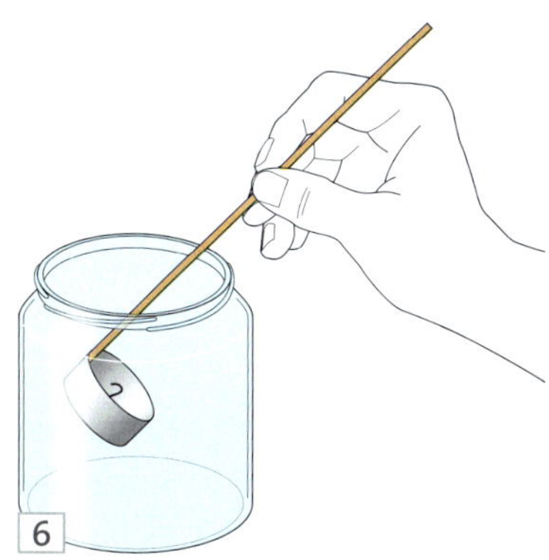

6

7

Feuer ist gefährlich

1 Löscheinsatz der Feuerwehr

Wohnungs- und Hausbrände stellen für die Menschen schon immer eine besondere Gefahr dar. Ganze Dörfer und Städte wurden schon zum Raub der Flammen.
In unseren Dörfern und Städten gibt es Spezialisten für die Brandbekämpfung, die Feuerwehren.

Gefahren des Feuers • Bei einem Brand geht die Gefahr nicht nur von der hohen Temperatur aus.
Besonders gefährlich sind die entstehenden Rauchgase. Selbst bei kleinen Bränden können sich giftige Rauchschwaden ausbreiten. Menschen, die diesen Rauch einatmen, können ersticken.

Brandbekämpfung • Ein Feuer kann nur entstehen und weiterbrennen, wenn ein brennbarer Stoff, ausreichend Sauerstoff und die entsprechende Zündtemperatur vorhanden sind. Dieses Wissen nutzt man, um Brände zu löschen.
Um Waldbrände zu bekämpfen, schlägt man Schneisen in den Wald. So wird dem Feuer der Brennstoff entzogen.
Mit einer Löschdecke oder dem Schaumlöscher wird die Luftzufuhr unterbunden. Dem Feuer wird also der Sauerstoff entzogen.
Beim Löschen von Feuer mit Wasser wird die Temperatur gesenkt. Die nötige Zündtemperatur wird nicht mehr erreicht und das Feuer erlischt.

die Rauchgase
die Brandbekämpfung
die Brandursache

Brände vermeiden • Die Feuerwehr rückt in Deutschland pro Jahr bei etwa 180 000 echten Bränden aus. Wohnungs- und Hausbrände sind dabei besonders gefährlich. Die Brandursachen können sehr unterschiedlich sein. → 2 Oft spielt Unachtsamkeit eine Rolle. So führen vergessene brennende Kerzen und offene Feuer häufig zu Bränden. Auch defekte Elektrogeräte oder überlastete Stromkabel gehören zu den häufigsten Brandursachen. → 3 4 Viele dieser Brände ließen sich durch Achtsamkeit vermeiden. Rauchmelder sind Frühwarnsysteme und für Wohnungen vorgeschrieben. → 5 Sie helfen, einen Brand frühzeitig zu entdecken, die Feuerwehr zu alarmieren und so den Schaden zu begrenzen.

Aufgrund der hohen Temperaturen und der giftigen Rauchgase ist Feuer gefährlich. Um einen Brand zu bekämpfen, kann man den Brennstoff entfernen, die Luftzufuhr unterbrechen oder die Temperatur senken.

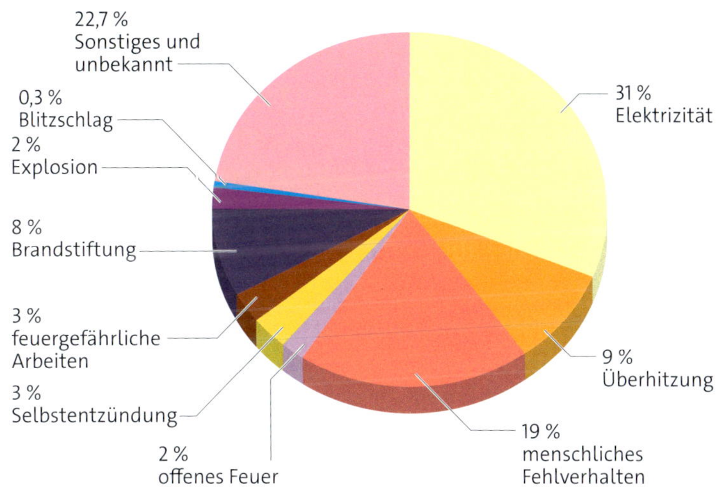

2 Brandursachenstatistik in Deutschland für das Jahr 2016

3 Brandursache: defekter Haartrockner

4 Kabelbrand

Aufgaben

1 Beschreibe und erkläre, was passiert, wenn du einen Eimer Wasser in ein Lagerfeuer kippst.

2 Begründe, warum man bei einem Zimmerbrand die Fenster und Türen schließen sollte.

3 Beschreibe das Diagramm in Bild 2.

5 Rauchmelder können Leben retten.

Feuer ist gefährlich

Material A

Was tun, wenn's brennt?

Achtung • Im Stehen experimentieren! Haare zusammenbinden! Halstücher ablegen!

Materialliste: Tonschale, Sand, Spritzflasche mit Wasser, festes Tuch, Küchenpapier, Stabfeuerzeug → 1

1 Lege ein Blatt Küchenpapier in die Tonschale.

2 Überlege dir verschiedene Methoden, mit denen du das brennende Papier löschen könntest.

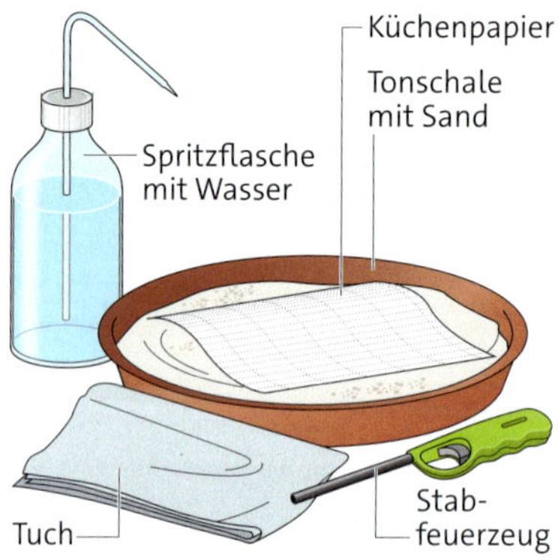

1 Materialien

3 ▢ Zünde das Papier an und probiere die Löschmethoden aus.

4 ▢ Notiere in der Tabelle, wie du jeweils vorgehst und ob die Löschmethode funktioniert. → 2

Löschmittel	?
So gehe ich vor:	?
Welche Bedingung für die Verbrennung entfällt?	?
Methode funktioniert?	?

2 Mustertabelle

Material B

Feuerkiller

3 Versuchsaufbau

Achtung • Im Stehen experimentieren! Haare zusammenbinden! Halstücher ablegen!

Materialliste: großes, hohes Becherglas, Mineralwasser in der Glasflasche, passender Stopfen mit kurzem Glasrohr, ca. 50 cm langes Schlauchstück, Stumpenkerze, Stabfeuerzeug

1 Stelle das Teelicht in das Becherglas und entzünde es mit dem Stabfeuerzeug.

2 Befestige den Schlauch am Glasrohr des Stopfens.

3 Öffne die Mineralwasserflasche und gieße etwa ein Drittel Wasser ab. Verschließe die Flasche mit dem Stopfen.

4 Schüttle die Flasche leicht und leite das entweichende Gas mit dem Schlauch in das Becherglas. → 3
Tipp: Halte den Schlauch dabei an den Rand des Becherglases möglichst weit nach unten.

5 ◔ Beobachte, was geschieht. Erkläre deine Beobachtung.

Material C

Löschen mit kaltem Metall

Achtung • Im Stehen experimentieren! Haare zusammenbinden! Halstücher ablegen!

Materialliste: Stumpenkerze, Metallklotz (Aluminium, Eisen oder Kupfer), Streichhölzer

1 Entzünde die Kerze.

2 Ziehe den Metallklotz zügig schräg über den Kern der Flamme. → 4

3 Beschreibe, was passiert.

4 Erkläre, welche Wirkung das kalte Metall hat.

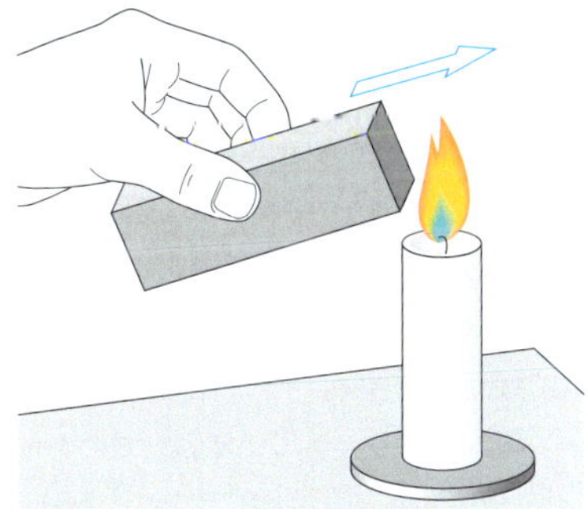

4 Metallklotz und Kerze

Material D

Löschmethoden

Ein Feuer braucht drei Bedingungen: einen brennbaren Stoff, genügend Sauerstoff und die jeweilige Zündtemperatur. Dies sind die drei Ecken des Verbrennungsdreiecks. Um ein Feuer zu löschen oder um es zu vermeiden, reicht es aus, eine Ecke zu entfernen.

1 Beschreibe die Löschmethoden A–F und nenne jeweils die Bedingung, die dem Feuer entzogen wird. Erstelle eine Tabelle.

Löschmethode	Entzogene Bedingung
?	?
?	?

A

B

C

D

E

F

Feuer ist gefährlich

Erweitern und Vertiefen

Explosiv und nicht zu löschen

Die Gefahr im Umgang mit brennbaren Stoffen wird oft unterschätzt. Du hast bereits erfahren, dass manche Stoffe, fein verteilt, sehr leicht entzündbar sind. Das macht sie besonders gefährlich.
Es gibt sogar Brände, die nicht mehr gelöscht werden können.

Grillbrände • Durch unsachgemäßen Umgang mit dem Grill entstehen immer wieder Brände und schlimme Verletzungen. So sollten zum Anzünden der Grillkohle immer Grillanzünder aus festen Stoffen verwendet werden.
Auf keinen Fall darf man brennbare Flüssigkeiten wie Spiritus oder Benzin auf heiße Kohlen sprühen. Dies führt zu Stichflammen oder zu explosionsartigen Verbrennungen. → 1

Fettbrände • Wenn beim Grillen Fett auf die heißen Kohlen oder in die Flammen tropft, dann kann es sich entzünden. Auch in der Küche kann sich das Öl in der Pfanne entzünden, wenn es überhitzt wird.
In beiden Fällen entstehen Fettbrände. Keinesfalls darf man versuchen einen solchen Fettbrand mit Wasser zu löschen. Das Wasser würde sofort verdampfen und heiße Fetttröpfchen mit sich reißen. Der Brand würde sich explosionsartig ausbreiten. → 2

1 Eine Stichflamme wird demonstriert.

2 Ein Fettbrand wird mit Wasser gelöscht.

Staubexplosionen • Vermischt sich feiner Staub mit der Luft, kann es leicht zu heftigen explosionsartigen Verbrennungen kommen. Je kleiner und feiner verteilt die Staubkörnchen sind, desto größer ist die Gefahr einer Entzündung. Bereits ein kleiner Funke oder ein heißes Metallteil genügen und der fein verteilte Staub verbrennt explosionsartig. Nicht nur Staub, sondern auch Sägemehl, Mehl oder Ruß kann sich auf diese Art entzünden.

Der brennende Berg in Dudweiler • In der Nähe von Dudweiler im Saarland befindet sich in einer Schlucht im Innern des Felsens eine Kohlelagerstätte. Die Lagerstätte geriet vor mehr als 300 Jahren in Brand und kokelt seitdem vor sich hin. Frühere Löschversuche mit Wasser scheiterten und heute ist der „Brennende Berg“ eher eine Touristenattraktion.
Viel gravierender stellt sich die Situation in China dar. Hier brennen Kohlelagerstätten tief unter der Erde und machen ganze Landstriche unbewohnbar. → 4 Auch in den USA, Indien, Indonesien und Australien gibt es unterirdisch brennende Lagerstätten von Kohle. Der älteste Brandherd liegt wohl in Australien. Er befindet sich mehrere Meter unter der Erde und brennt bereits seit 6000 Jahren.
Brände von Kohlelagerstätten können natürlichen Ursprungs sein. Wenn die Kohle durch Erdrutsche mit Sauerstoff in Kontakt kommt, kann sie sich entzünden. Viele der unterirdischen Kohlenbrände wurden jedoch durch den Menschen verursacht, zum Beispiel durch Unfälle beim Bergbau.

3 Staubexplosion in einem Getreidesilo

4 Brennende Kohlelagerstätte in China

Aufgaben

1 ◐ „Sprühe nie eine brennbare Flüssigkeit in eine Flamme!“ Begründe diese Regel.

2 ○ Beschreibe, wie es zu einer Staubexplosion kommen kann.

3 ● Die Kohlenbrände in China gelten als eine der größten ökologischen Katastrophen. Erläutere dies.

Feuer ist gefährlich

Methode

Einen Experten befragen

Wenn du mehr über ein bestimmtes Thema wissen möchtest, kannst du einen Experten befragen, der sich in dem Themengebiet besonders gut auskennt.
Experten in Sachen Brandschutz und Brandbekämpfung sind die Mitglieder der örtlichen Feuerwehr. Sie können euch alles über Brandschutzmaßnahmen und das richtige Verhalten im Brandfall sagen.
Bevor ihr jemanden von der Feuerwehr zu euch in die Schule einladet, solltet ihr die Befragung gut vorbereiten.

1. Fragen sammeln Was möchtet ihr den Experten fragen? Sammelt eure Fragen zunächst in kleineren Gruppen. Vergleicht eure Fragen anschließend in der Klasse.
Eure Fragen könnten so lauten:

Wie alarmiere ich am schnellsten die Feuerwehr?

Welche Brandschutz- und Löschmaßnahmen gibt es an unserer Schule?

2. Fragen aufteilen Überlegt euch vorher, wie die Befragung ablaufen soll. Ihr könntet die Fragen zum Beispiel in der Klasse aufteilen, sodass jede Tischgruppe für einen bestimmten Themenbereich zuständig ist. Legt im Vorfeld eine grobe Reihenfolge der Themenfelder fest.

3. Befragung Hört dem Experten gut zu und notiert seine Antworten. Ihr dürft auch spontan Fragen stellen, die euch im Laufe des Gesprächs einfallen.

1 Ein Experte in Sachen Brandschutz

4. Rundgang Erkundet gemeinsam mit dem Experten von der Feuerwehr die einzelnen Brandschutzeinrichtungen in eurer Schule. Macht euch Notizen zu seinen Erklärungen.

5. Nachbearbeitung Formuliere mithilfe deiner Notizen einen Text über die Brandschutzmaßnahmen an deiner Schule und das richtige Verhalten im Brandfall. Ergänze deine Notizen durch die Informationen auf der folgenden Seite.

Brandschutzeinrichtungen

Löschdecke • Sie benutzt man, wenn eine Person in Flammen steht. Man wickelt die Decke schnell über die brennende Person, legt sie auf den Boden und klopft sie mit der flachen Hand ab.

Wandhydrant • Der Wasseranschluss mit Schlauch wird im Brandfall zum Löschen aufgedreht. Die Düse am Schlauchende muss ebenfalls aufgedreht werden. Der Schlauch ist meistens um die 30 Meter lang.

Straßenhydrant • Im Straßenbereich gibt es Anschlüsse zum öffentlichen Wasserleitungsnetz. Die Feuerwehr kann einen Schlauch anschließen und das Wasser zum Löschen nutzen.

Feuerwehrzufahrt • Im Brandfall muss die Feuerwehr mit dem Löschfahrzeug dicht an das Gebäude herankommen. In der Feuerwehrzufahrt dürfen deshalb keine Autos parken. Sie muss frei gehalten werden.

Feuerschutztür • Räume, in denen besonders brennbare Stoffe wie Holz oder Chemikalien lagern, besitzen solche Türen. Sie sind aus Stahl mit einer Füllung aus Beton und bilden für Feuer eine Barriere.

Fluchtwegeschild • Es zeigt den Weg an, den du im Notfall benutzen sollst. Das ist der schnellste Weg aus dem Gebäude nach draußen. Der Fluchtweg darf nie durch Gegenstände zugestellt werden.

Feuer – nützlich und gefährlich

Zusammenfassung

Der Mensch und das Feuer • Die Entwicklung des Menschen ist sehr eng mit seiner Fähigkeit verbunden, das Feuer zu beherrschen. Es dient zur Nahrungszubereitung, Wärmegewinnung und Herstellung von Werkzeugen und Gegenständen. Im Laufe der Geschichte entwickelte der Mensch verschiedene Techniken, um Feuer zu machen und um es zu bewahren.

1 Zunder, Markasit und Feuerstein

Feuer entzünden ... • Um ein Feuer zu entzünden, müssen drei Bedingungen erfüllt sein: Man braucht einen brennbaren Stoff, genügend Sauerstoff und die Zündtemperatur des brennbaren Stoffs muss überschritten sein.

... und bekämpfen • Um einen Brand zu bekämpfen, kann man den Brennstoff entfernen, die Luftzufuhr unterbrechen oder die Temperatur senken.

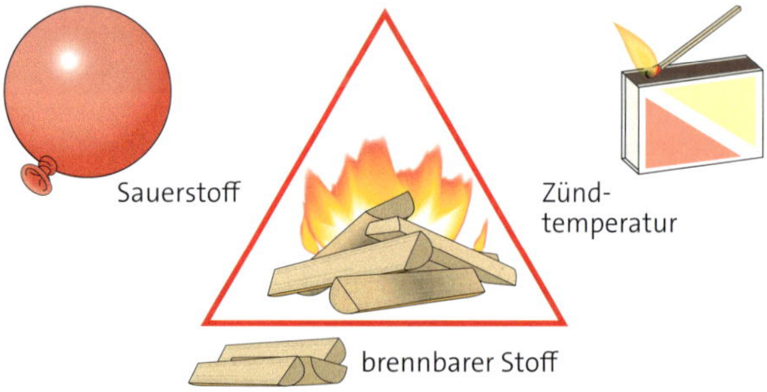

2 Verbrennungsdreieck

3 Brennstoff entziehen

4 Sauerstoffzufuhr unterbinden

5 Abkühlen mit Wasser

Die Kerze • Die Kerze ist eine kleine Gasfabrik. Flüssiges Wachs wandert am Docht nach oben und verdampft an der Spitze. Das gasförmige Wachs verbrennt unter Verbrauch von Sauerstoff. Die Flamme der Kerze lässt sich in unterschiedliche Zonen einteilen: den Flammenkern, den Flammenmantel und den Flammensaum. Neben Wasser und Kohlenstoffdioxid entsteht auch Ruß als Verbrennungsprodukt.

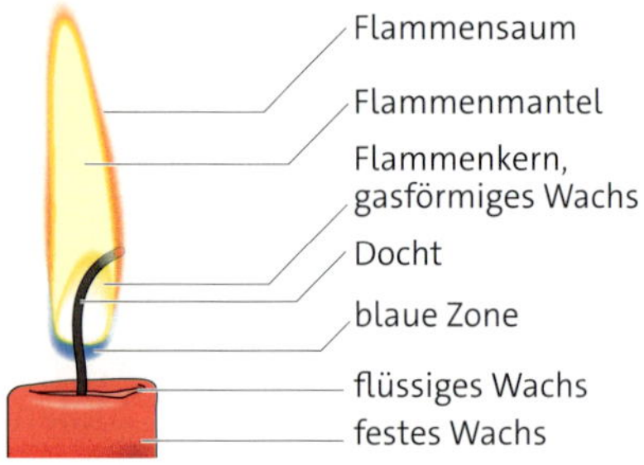

6 Flammenzonen

Teste dich! (Lösungen im Anhang)

Der Mensch und das Feuer

1 Das Feuer war und ist für uns Menschen von großem Nutzen. Nenne Beispiele.

Bedingungen für ein Feuer

2 Ein leeres Becherglas wird über eine brennende Kerze gestülpt. Beschreibe und erkläre, was geschieht.

3 Der Junge in Bild 7 hat eine Bedingung für ein Feuer nicht berücksichtigt.
a Nenne die vergessene Bedingung.
b Beschreibe, wie man vorgehen muss, um ein Lagerfeuer zu entzünden.

7 Warum klappt es nicht?

4 Ein Eisennagel brennt nicht, Eisenwolle dagegen schon. → 8 Erkläre dies.

8

Die Kerze

9

5 Kerzen können sehr unterschiedlich geformt sein. → 9 Der grundlegende Aufbau ist jedoch immer gleich.
a Nenne die beiden Bestandteile einer Kerze.
b Beschreibe die Aufgaben der Bestandteile.
c Bewerte folgende Aussage: „Bei einer Kerze brennt der Docht."

Feuer bekämpfen

6 Begründe folgende Brandschutzmaßnahmen:
a Im Brandfall Türen und Fenster schließen!
b Das Rauchen ist in Garagen, in Autowerkstätten und an Tankstellen verboten.
c Benutze niemals Spiritus als Grillanzünder.
d Lösche einen Fettbrand niemals mit Wasser.
e Lege um ein Lagerfeuer einen Kreis aus Steinen. → 10

10

Wasser – ein besonderer Stoff

Wasser ist ein Stoff mit besonderen Eigenschaften und ermöglicht das Leben auf unserem Planeten. Welche Eigenschaften besitzt Wasser?

Flüsse und Meere nutzen wir mit unseren Schiffen als natürliche Transportwege.
Wieso schwimmen diese riesigen Schiffe?

Wasser ist ein Lebensraum für Tiere und Pflanzen.
Wie leben die Tiere im Wasser?

Wasser hat besondere Eigenschaften

1 Die Erde

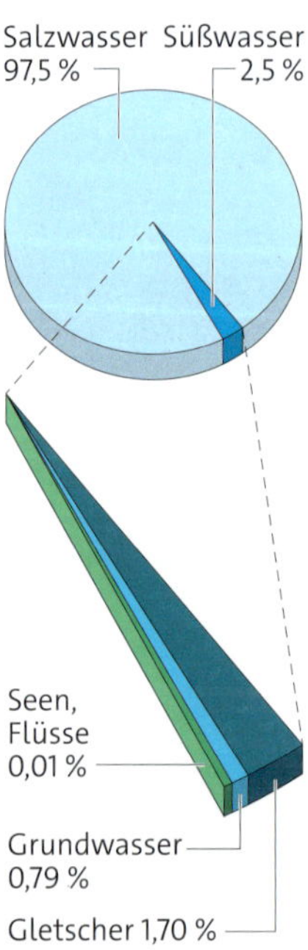

2 Wasserverteilung auf der Erde

Die Erde erscheint aus dem Weltraum betrachtet als Wasserplanet mit eingestreuten Landmassen. Wasser ist eine Flüssigkeit, die jeder kennt. Und doch besitzt es ganz spezielle Eigenschaften.

Wasserverteilung • Die Meere, Seen und Flüsse auf der Erde bedecken mehr als 70 Prozent der Oberfläche. Von der gesamten Wassermenge auf der Erde sind 97,5 Prozent Salzwasser und 2,5 Prozent Süßwasser. → 2 Nur ein kleiner Teil des vorhandenen Süßwassers kann als Trinkwasser genutzt werden. Es wird aus Grundwasser oder Flüssen und Seen gewonnen. Der Rest des Süßwassers ist im Eis der Pole und Gletscher gebunden.

Wasser löst Stoffe • Wir sehen es dem Wasser nicht an, aber wir wissen, dass verschiedene Mineralwässer oder unser Leitungswasser unterschiedlich schmecken. Der unterschiedliche Geschmack wird durch die im Wasser gelösten Mineralstoffe und Salze verursacht. Ist im Wasser viel Salz gelöst, nennt man es Salzwasser. Das Salz wurde über große Zeiträume vom Wasser der Flüsse aus den Gesteinen der Erde gelöst und in die Meere gespült. In sogenannten Salzgärten wird aus Meerwasser Salz gewonnen. → 4
Nur destilliertes Wasser enthält keine gelösten Stoffe. Dieses Wasser ist nicht dauerhaft als Trinkwasser geeignet, da ihm die Mineralstoffe fehlen, die der menschliche Körper braucht.

Löslichkeit • Zur Geschmacksverbesserung löst man Zucker im Tee oder Kochsalz in der Suppe. Die Salz- oder Zuckerteilchen verteilen sich im Wasser, bis sie nicht mehr sichtbar sind. Rühren und Erwärmen verstärken den Lösevorgang. Kann das Wasser keinen Stoff mehr aufnehmen, ist die Lösung gesättigt. Der ungelöste Stoff bleibt im Gefäß liegen. Die Löslichkeit von Stoffen ist unterschiedlich. → 3

Stoff	So viel löst sich in 100 g Wasser bei 20 °C
Zucker	203,9 g
Kochsalz	36,0 g
Gips	0,26 g
Kalkstein	0,0015 g

3 Löslichkeit verschiedener Stoffe

die Wasserverteilung
die Löslichkeit
die Volumenänderung
die Oberflächenspannung

Gase und Flüssigkeiten lösen sich in Wasser • Limonaden sind Lösungen aus Mineralwasser, Früchteextrakten, Geschmacksstoffen und dem Gas Kohlenstoffdioxid.
Bei niedrigeren Temperaturen löst sich mehr Gas in Wasser als bei hohen Temperaturen.

Wasser ändert sein Volumen • Bei Erwärmung und beim Übergang vom festen in den flüssigen Zustand dehnen sich die meisten Stoffe aus. Wasser dagegen dehnt sich beim Gefrieren aus. Aus diesem Grund sollte man Getränkeflaschen nicht im Gefrierfach vergessen. → 5

Wasser hat eine „Haut" • Wasserläufer sind Insekten, die auf der Wasseroberfläche laufen können. → 6 Wasser besteht aus kleinen Teilchen, den Wassermolekülen. Zwischen den Wassermolekülen wirken Kräfte, die diese zusammenhalten.
Diese Kräfte bewirken auch, dass das Wasser eine hautähnliche Oberfläche ausbildet. Die Fähigkeit der Wasserteilchen, an der Oberfläche zusammenzuhalten, bezeichnet man als Oberflächenspannung. Auf dieser Oberfläche kann sich der Wasserläufer bewegen.

Auf der Erde gibt es viel Wasser, aber nur ein kleiner Teil ist Trinkwasser. Wasser kann Stoffe lösen. Beim Gefrieren dehnt sich Wasser aus. Wasser besitzt eine Oberflächenspannung.

4 Salzgarten

5 Diese Flasche war zu lange im Eisfach.

6 Wasserläufer

Aufgaben

1 ○ Zeichne ein Raster von 10 × 10 Kästchen auf kariertes Papier. Zeichne die Wasser- und Landfläche ein. 1 Kästchen entspricht 1 Prozent.

2 ◐ Wie wird aus Süßwasser Salzwasser? Beschreibe.

3 ● Wie gewinnt man Speisesalz aus Meerwasser? Erläutere den Vorgang. → 4

Wasser hat besondere Eigenschaften

Methode

Das Versuchsprotokoll

Sicher hast du schon den einen oder anderen Versuch im Unterricht durchgeführt. Versuche machen Spaß, aber wozu macht man sie sonst noch?
Forscher führen Versuche durch, um Naturerscheinungen planmäßig zu beobachten. Dazu schreiben sie auf, was sie getan, beobachtet und gemessen haben.
Protokolle sind wichtig, um mit anderen über Beobachtungen und Versuche sprechen und Ergebnisse vergleichen zu können.
Sie unterstützen uns, Regeln der Natur zu erkennen.

1 Welche Stoffe lösen sich in Wasser?

1. Frage stellen Schreibe die Frage auf, die du mit dem Versuch beantworten möchtest.
Beispiel: Lösen sich Sand, Mehl, Speiseöl und Zuckersirup in Wasser?

2. Vermutung aufschreiben Schreibe auf, welche Antwort du auf die Frage erwartest.
Beispiel: Die festen Stoffe lösen sich nicht in Wasser, die Flüssigkeiten lösen sich in Wasser.

3. Versuch planen Überlege dir, wie dein Versuch ablaufen soll und welche Materialien du brauchst.
Beispiel: Für den Versuch benötige ich 4 Bechergläser, Löffel, Wasser, Sand, Mehl, Speiseöl und farbigen Zuckersirup.

4. Versuch durchführen Beschreibe, wie du deinen Versuch durchführst. Mithilfe einer Skizze kannst du den Versuchsaufbau übersichtlich darstellen.
Beispiel: Zuerst fülle ich in alle Bechergläser gleich viel Wasser. Dann gebe ich in jedes Becherglas jeweils einen Löffel voll Sand, Mehl, Speiseöl oder Zuckersirup. Nach 5 Minuten rühre ich kräftig um.

5. Beobachtungen festhalten Beobachte deinen Versuch und notiere, was du siehst. Du kannst deine Beobachtungen als Text, als Zeichnung oder in einer Tabelle festhalten.
Beispiel: Sand und Mehl setzen sich als Bodensatz ab. Öl schwimmt auf dem Wasser. Der Zuckersirup ist nicht mehr zu sehen, das Wasser hat die Farbe des Sirups angenommen.

6. Versuch auswerten Werte die Beobachtungen aus, die du bei deinem Versuch gemacht hast. Beantworte damit deine Versuchsfrage.
Beispiel: Sand, Mehl und Speiseöl lösen sich nicht in Wasser, Zuckersirup dagegen schon.

Versuchsprotokoll

Name: Anne Schmidt Datum: 13.4.2016

Versuchsfrage: Lösen sich Sand, Mehl, Speiseöl und Zuckersirup in Wasser?

Vermutung: Sand und Mehl lösen sich nicht in Wasser, Speiseöl und Zuckersirup lösen sich in Wasser.

Planung: Für den Versuch benötige ich 4 Bechergläser, Löffel, Wasser, Sand, Mehl, Speiseöl und farbigen Zuckersirup.

Durchführung: Zuerst fülle ich in alle Bechergläser gleich viel Wasser. Dann gebe ich in jedes Becherglas jeweils einen Löffel voll Sand, Mehl, Speiseöl oder Zuckersirup. Nach 5 Minuten rühre ich kräftig um.

Beobachtung: Sand und Mehl setzen sich als Bodensatz ab. Öl schwimmt auf dem Wasser. Der Zuckersirup ist nicht mehr zu sehen, das Wasser hat die Farbe des Zuckersirups angenommen.

Auswertung: Sand, Mehl und Speiseöl lösen sich nicht in Wasser. Zuckersirup löst sich in Wasser.

2 Annes Versuchsprotokoll zum Versuch „Lösen sich Sand, Mehl, Speiseöl und Zuckersirup in Wasser?"

Versuchsprotokoll

Name: Niklas Schneider Datum: 13.4.2016

Versuchsfrage: Löst sich Zuckersirup in heißem Wasser schneller als in kaltem Wasser?

Durchführung: Ich fülle 2 Bechergläser mit kaltem Wasser. Das Wasser in einem Becherglas erhitze ich mit einer Heizplatte. Dann gebe ich in beide Bechergläser je einen Löffel Zuckersirup.

Beobachtung: Nach 5 Minuten ist der Zuckersirup im heißen Wasser vollständig gelöst. Im kalten Wasser ist noch etwas Sirup am Boden übrig. Zuckersirup löst sich in heißem Wasser schneller als in kaltem.

3 Niklas' Versuchsprotokoll zum Versuch „Löst sich Zuckersirup in heißem Wasser schneller als in kaltem?"

Aufgaben

1 ○ Erkläre, warum Forscher Versuche durchführen und Protokolle schreiben.

2 ○ Beschreibe, wie man bei einem Versuchsprotokoll vorgehen muss.

3 ◐ Niklas' Versuchsprotokoll stimmt nicht ganz. → 3 Überprüfe, welche Schritte er vergessen hat. Schreibe diese in dein Heft.

4 ● Niklas hat Beobachtung und Auswertung vermischt. Trenne beide Teile voneinander und berichtige Niklas' Protokoll.

Wasser hat besondere Eigenschaften

Material A

Aroma aus dem Teebeutel

Materialiste: Glas, Teebeutel

1 Fülle das Glas mit kaltem Wasser. Lege den Teebeutel hinein. Nicht umrühren! Lass das Glas einige Zeit stehen.

2 ○ Beschreibe deine Beobachtung.

3 ◐ Erkläre die Beobachtung mit dem Teilchenmodell.

Material B

Shake it Baby

Material: Sodasprudler, Getränkeflasche aus Weichplastik, Schlauchstück ca. 50 cm

1 Fülle die Flasche zu zwei Dritteln mit Wasser. Befestige das Schlauchstück an der Öffnung des Sodasprudlers. Fülle durch mehrmaliges Drücken der Taste des Sodasprudlers Kohlenstoffdioxid in die Flasche. → 1 Verschließe die Flasche und schüttle sie kräftig.

2 ○ Beschreibe deine Beobachtung.

3 ◐ Erkläre deine Beobachtung.

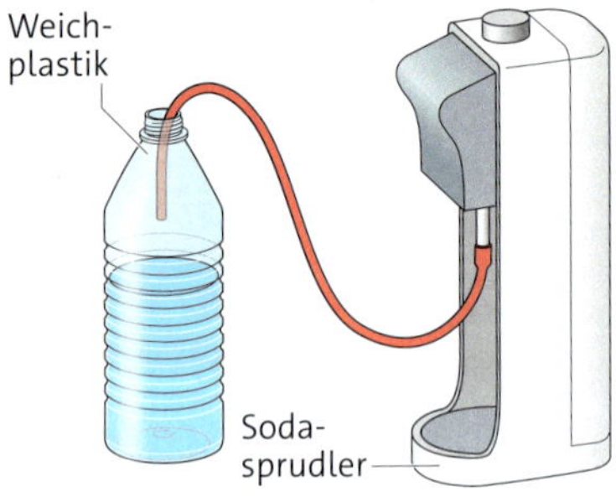

1 Versuchsaufbau

Material C

Eine Grenze beim Lösen?

Finde heraus, wo beim Lösen von Salz in Wasser die „Grenze" ist. Diese ist erreicht, wenn trotz Rührens noch ein Bodensatz Salz ungelöst liegen bleibt.

Materialliste: Becherglas, Salz, Rührstab, Messlöffel, Waage

Wiege einen gestrichenen Messlöffel Salz. Fülle dann 100 mL Wasser in das Becherglas. Gib Löffel für Löffel Salz ins Wasser und rühre jeweils gut um, bis alles Salz gelöst ist. Zähle, nach wie vielen Löffeln kein weiteres Salz mehr gelöst wird.

1 ◐ Berechne, wie viel Gramm Salz sich gerade noch im Wasser lösen.

2 Betrachte Bild 2.

a ○ Erläutere den dargestellten Zusammenhang.

b ○ Lies ab, wie viel Zucker sich bei 80 °C in 100 mL Wasser lösen.

c ● Berechne, wie viel Zucker in einer Kanne mit 500 mL Tee bei 60 °C gelöst werden können.

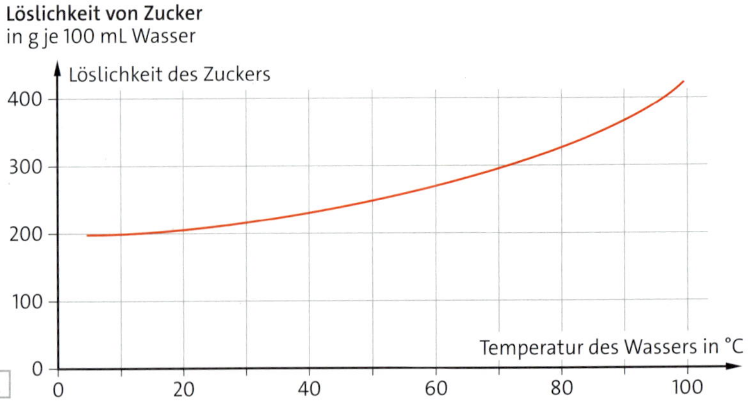

2

Material D

Schwimmende Büroklammer

Materialliste: Trinkglas, Büroklammern, Spülmittel, Küchenkrepp, Wasser

1 Fülle ein Glas mit Wasser und bringe eine Büroklammer zum „Schwimmen" auf der Wasseroberfläche. → 3
Tipp: Nutze das Papiertuch!

3 Schwimmende Büroklammer

2 ● Erkläre, warum die Büroklammer nicht untergeht. Nutze folgende Begriffe: *Wasserteilchen – Kräfte – Oberflächenspannung.*

3 Versuche so viele Büroklammern auf die Wasseroberfläche zu legen wie möglich.

4 Gib einen Tropfen Spülmittel in das Glas.
● Beschreibe und erkläre, was passiert.

Material E

Siebbremse

Materialliste: Küchensieb mit feinem Gewebe, Trinkglas, Plastikwanne, Wasser

1 Arbeite über der mit Wasser gefüllten Wanne.
Fülle das Trinkglas randvoll mit Wasser. Stülpe das Sieb über die Öffnung des Glases und presse es fest auf.
Drehe das Glas mit dem Sieb um. → 4

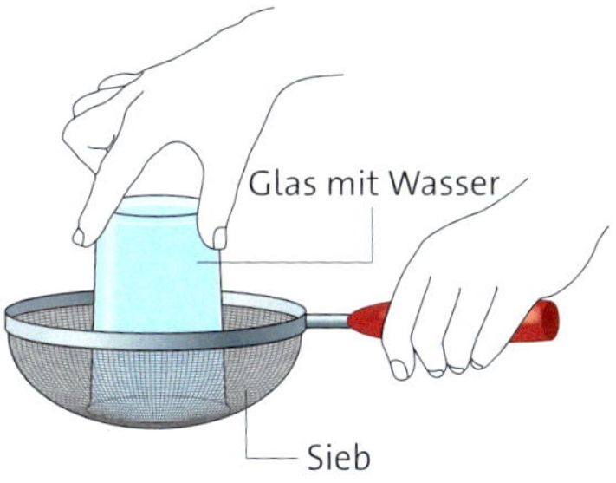

4 Sieb und Wasserglas

2 Neige das Glas etwas zur Seite, sodass zwischen Sieb und Glasrand ein kleiner Luftspalt entsteht.

3 ○ Beschreibe deine Beobachtungen.

4 ◐ Erkläre deine Beobachtungen.

Material F

Wasserknoten

Materialliste: Plastikbecher, Nagel, Kerze, Reagenzglasklammer, Streichhölzer, Schüssel, Wasser

1 Halte die Spitze des Nagels mit einer Reagenzglasklammer kurz in die Kerzenflamme. Stich mit dem heißen Nagel vier Löcher in die Seite des Bechers mit je einem halben Zentimeter Abstand zueinander.

2 Befülle den Becher mit Wasser und lass ihn über der Schüssel auslaufen. → 5

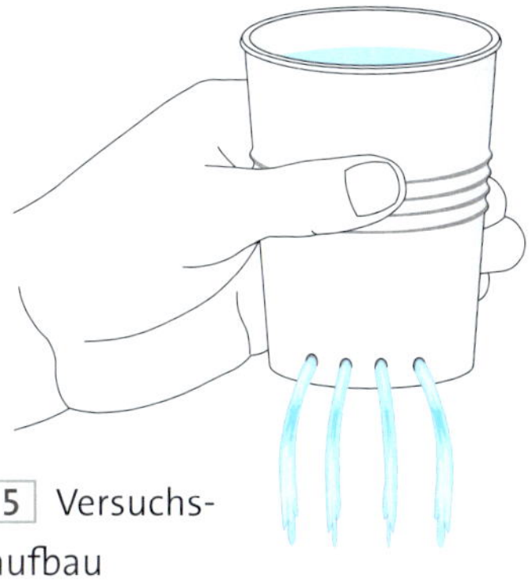

5 Versuchsaufbau

3 Die vier einzelnen Wasserstrahlen lassen sich „zusammenknoten". Probiere es aus.

4 ◐ Stelle Vermutungen an, warum das Wasser beim Ausfließen zusammenbleibt.

Schwimmen, Schweben, Sinken – Dichte

1 Schiffswrack auf dem Meeresgrund

2 Holzfloss

Eine Eisenkugel sinkt im Wasser, während eine gleich große Holzkugel schwimmt. Die Erklärung, dass die Eisenkugel schwerer ist, reicht nicht aus. Ein Baumstamm, der sicher schwerer ist als die Eisenkugel, schwimmt trotzdem.

Zwei neue Begriffe • Um das Rätsel zu lösen, beschäftigen wir uns zunächst mit zwei Begriffen: der Masse und dem Volumen eines Gegenstands.

Masse • Die Masse eines Körpers bestimmt man mit einer Waage. In der Umgangssprache sagt man: „Die Tafel Schokolade wiegt 100 Gramm" oder „Sie hat ein Gewicht von 100 Gramm". In den Naturwissenschaften benutzt man für „Gewicht" den Begriff „Masse". Man sagt: „Die Masse der Tafel Schokolade beträgt 100 Gramm."

Jeder Gegenstand hat eine Masse. Die Einheit der Masse ist ein Kilogramm. Ein Kilogramm hat 1000 Gramm: 1 kg = 1000 g.

Volumen • Jeder Gegenstand nimmt einen Raum ein. Diesen von dem Gegenstand eingenommenen Raum bezeichnet man als sein Volumen. Ein Würfel mit einer Kantenlänge von 10 Zentimetern hat zum Beispiel ein Volumen von 1000 Kubikzentimetern: $10\,cm \cdot 10\,cm \cdot 10\,cm = 1000\,cm^3$. Füllt man diesen Würfel mit Wasser, benötigt man genau einen Liter. Deshalb entspricht ein Milliliter einem Kubikzentimeter.

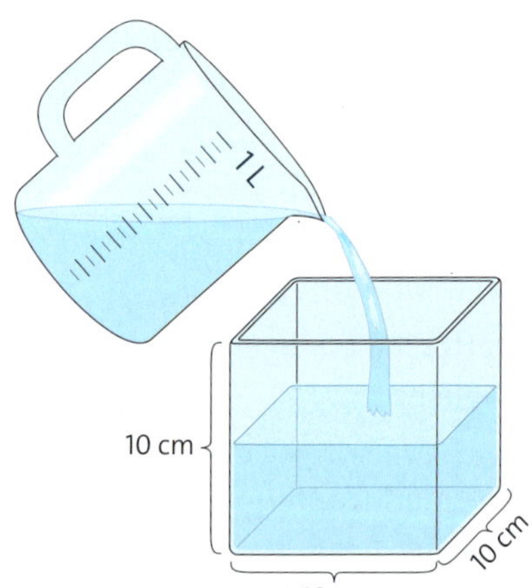

3 Würfel mit 10 cm Kantenlänge

die Masse
das Volumen
die Dichte

Das Volumen gibt an, wie viel Raum ein Gegenstand einnimmt.
Die Einheit ist ein Kubikmeter (m^3):
$1\,m^3 = 1\,000\,000\,cm^3 = 1000\,L$
$1000\,cm^3 = 1\,L = 1000\,ml$
$1\,cm^3 = 1\,mL$

Dichte • Wiegt man einen „Wasserwürfel", einen Eisenwürfel und einen Holzwürfel mit dem Volumen von $1000\,cm^3$, so erhält man unterschiedliche Ergebnisse für die Massen. Teilt man die Masse durch das Volumen, so erhält man einen Wert, den man in den Naturwissenschaften „Dichte" nennt. → 4
Ob ein Gegenstand auf dem Wasser schwimmt, im Wasser schwebt oder untergeht, hängt von seiner Dichte ab. → 5 Auch Flüssigkeiten wie Öl schwimmen auf dem Wasser.

Schwimmen im Toten Meer • Auch Nichtschwimmern gelingt es, im Toten Meer zu schwimmen. → 6 Das Wasser des Toten Meers hat einen extrem hohen Salzgehalt und dadurch eine viel höhere Dichte als das Wasser im Schwimmbad. Dadurch verändert sich das Schwimm- und Sinkverhalten von Gegenständen.

Ein Gegenstand schwimmt auf dem Wasser, wenn seine Dichte kleiner ist als die Dichte des Wassers. Der Gegenstand sinkt, wenn seine Dichte größer ist. Ist die Dichte gleich, schwebt der Körper in der Flüssigkeit. Durch Zugabe von Salz kann die Dichte von Wasser erhöht werden.

Stoff	**Wasser**	**Eisen**	**Holz (Eiche)**
Masse in g pro Würfel	1000	7900	710
Dichte in g pro cm^3 $\left(\frac{g}{cm^3}\right)$	1	7,9	0,71
Gegenstand im Wasser	schwebt	sinkt	schwimmt

4 Schwimmen, schweben oder sinken?

Die Dichte des Gegenstands ist …	**Der Gegenstand …**
… kleiner als die Dichte des Wassers.	… schwimmt.
… gleich der Dichte des Wassers.	… schwebt.
… größer als die Dichte des Wassers.	… sinkt.

5 Auf die Dichte kommt es an!

6 Eine Frau liest Zeitung im Toten Meer.

Aufgaben

1 ○ Schwimmt Butter auf dem Wasser? Begründe deine Vermutung.

2 ◐ Für einen Flossbau stehen drei Holzarten zur Verfügung: Fichte, Eiche und Ebenholz. → 7 Welches Holz wählst du? Begründe deine Entscheidung.

3 ● Björn wettet mit Ronja, dass eine Dose Cola schwimmt. Was vermutest du? Plane einen Versuch, um Björns Wette zu überprüfen.

Holzart	**Dichte** $\left(\frac{g}{cm^3}\right)$
Fichte	0,47
Eiche	0,71
Ebenholz	1,1

7 Holzarten

Schwimmen, Schweben, Sinken – Dichte

Material A

Masse bestimmen

Materialliste: Waage, verschiedene Massestücke (1 g, 50 g, 500 g, 1 kg ...), verschiedene Gegenstände: Radiergummi, Spitzer aus Metall, Schraube, Kartoffel, Knete, Steine, Buch ...

1 Schätze zunächst die Massen der Gegenstände ab, indem du sie mit den Massestücken vergleichst. → 2

2 Erstelle eine Tabelle und trage deine Schätzungen ein. → 1

Gegenstand	Geschätzte Masse	Gemessene Masse
Radiergummi	? g	? g
?	? g	? g

1 Mustertabelle

3 Wiege die Gegenstände mit der Waage. Notiere ihre Masse in der Tabelle und vergleiche mit den Schätzwerten.

2 Verschiedene Massestücke

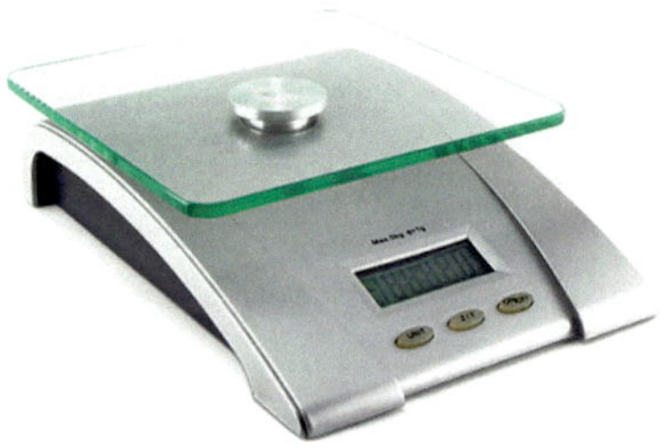

3 Digitalwaage

Material B

Volumen bestimmen

Materialliste: Messzylinder mit Skala; Gegenstände an Fäden: Radiergummi, Anspitzer aus Metall, Schraube, Kartoffel, Knete, Steine ...

1 ▢ Bestimme das Volumen der verschiedenen Gegenstände. → 4
Beachte dabei die Hinweise zum richtigen Ablesen. → 5

a Notiere zu jedem Gegenstand zwei Messwerte. → 6

b Berechne jeweils das Volumen des Gegenstands aus den beiden Messwerten.

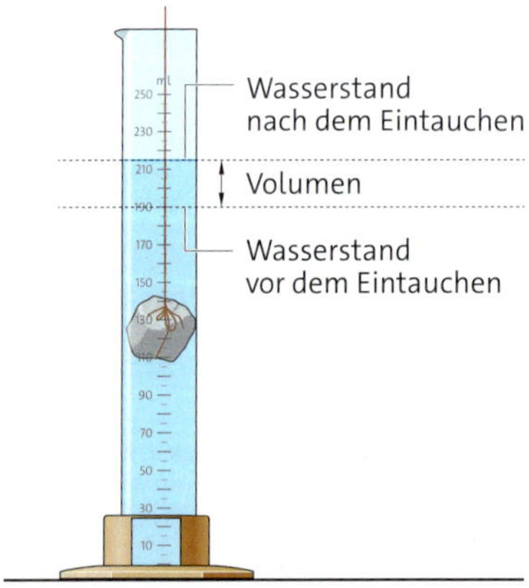

4 Versuchsaufbau

5 So liest du richtig ab.

Gegenstand	Wasserstand vorher	Wasserstand nachher	Volumen	
Radiergummi	? mL	? mL	? mL	? cm^3
?	? mL	? mL	? mL	? cm^3

6 Beispieltabelle

Material C

Schwebendes Ei

Kannst du ein Ei im Wasser zum Schweben bringen?

Materialliste: rohes Ei oder gekochtes Ei ohne Schale, 250-mL-Becherglas, Salz, Löffel

1 Fülle ein Becherglas zur Hälfte mit Wasser und lege ein Ei hinein. Beobachte die Lage des Eies (A).

2 Gib nun löffelweise Salz in das Wasser und löse es unter vorsichtigem Rühren auf. Fahre damit so lange fort, bis sich die Lage des Eies ändert (B).

3 ▢ Fertige für die Lage A und B eine Skizze an und beschrifte sie.

4 ◐ Erkläre die Lageänderung des Eies.

5 Was wird passieren, wenn du salzfreies Wasser vorsichtig oben aufgießt?
◐ Notiere deine Vermutung und probiere es anschließend aus.

7 Schwebendes Ei

Material D

Drei Luftballons

Ein Luftballon schwebt in der Mitte einer Wasserwanne. Womit könnte er befüllt sein?

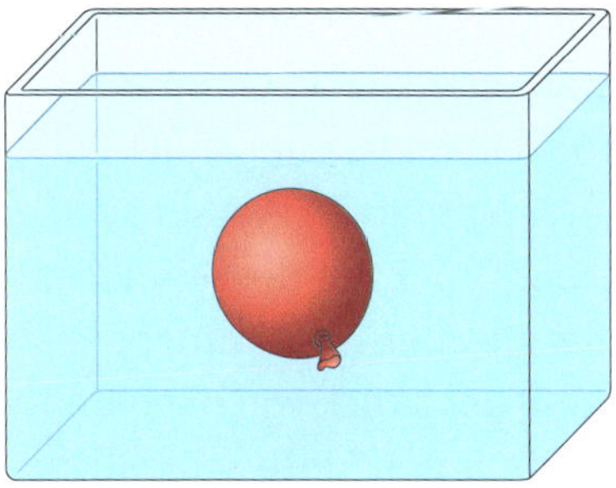

8 Schwebender Luftballon

Materialliste: Luftballons, Wanne, Becherglas (250 mL), Kochsalz, Löffel, Trichter, Wasser

1 Puste einen Luftballon zur Hälfte auf.
Fülle den zweiten Luftballon mit Wasser bis zur gleichen Größe auf. Benutze dazu den Trichter.
Löse Salz in Wasser und befülle mit der Lösung einen dritten Luftballon wieder bis zur gleichen Größe.

2 Fülle die Wanne zu zwei Dritteln mit Wasser.
Lege die drei Ballons nacheinander in die wassergefüllte Wanne.

3 ▢ Beschreibe deine Beobachtungen.

4 ◐ Erkläre deine Beobachtungen.

5 ▢ Womit ist der Luftballon in Bild 8 befüllt?

Schwimmen, Schweben, Sinken – Auftrieb

1 Lastkähne bestehen aus Eisenplatten und schwimmen trotzdem.

Eine Eisenkugel sinkt sofort. Dagegen kann man an jedem großen Fluss kleinere und größere Schiffe beobachten, die aus Eisen- oder Stahlplatten bestehen und trotzdem schwimmen.

Und Eisen schwimmt doch! • Im letzten Kapitel haben wir die Dichte als Eigenschaft eines Stoffs kennengelernt, die entscheidend ist, ob ein Gegenstand aus diesem Stoff im Wasser schwimmt, schwebt oder sinkt. Obwohl Eisen eine höhere Dichte als Wasser hat, können Schiffe aus Eisen schwimmen. → 1 Auch ein Modellboot oder eine Schüssel, die auf dem Wasser schwimmen, lassen sich nicht so einfach unter Wasser drücken. → 2 Es wirkt ihnen eine Kraft entgegen. Woher kommt diese Kraft?

2 Das Kind versucht, eine Schüssel ins Wasser zu drücken.

Der Auftrieb • Verantwortlich für die Schwimmfähigkeit der Schiffe ist der Auftrieb, den sie im Wasser erfahren. Befindet sich ein Gegenstand im Wasser, übt das Wasser von allen Seiten Druck auf ihn aus. Im Schwimmbad kann man spüren, dass der Druck zunimmt, je tiefer man im Wasser sinkt. Während der Druck auf die Seiten des Körpers bei gleicher Tiefe immer gleich groß ist, sind der Druck von oben und der Druck von unten, unterschiedlich groß. → 3

die **Auftriebskraft**
der **Auftrieb**
die **Gewichtskraft**

Da der Wasserdruck an der Unterseite des Körpers größer ist als an der Oberseite, ergibt sich eine nach oben gerichtete Kraft. Man bezeichnet sie als Auftriebskraft.
Die Auftriebskraft wirkt der nach unten gerichteten Gewichtskraft des Körpers entgegen. Ist die Auftriebskraft größer als die Gewichtskraft, schwimmt der Gegenstand. Ist sie kleiner als die Gewichtskraft, geht der Gegenstand unter. Sind Auftriebs- und Gewichtskraft gleich groß, so schwebt der Gegenstand.

Ein Schiff schwimmt • Setzt man ein Schiff ins Wasser, so verdrängt es eine bestimmte Wassermenge.
Wiegt das Schiff weniger als die verdrängte Wassermenge, schwimmt es. Wiegt das Schiff mehr, geht es unter. Grundsätzlich entspricht die Auftriebskraft immer der Gewichtskraft der verdrängten Wassermenge.
Schiffe sind so geformt, dass sie eine möglichst große Wasserverdrängung haben.
Ein beladenes Schiff sinkt tiefer ins Wasser ein als ein unbeladenes und verdrängt deshalb mehr Wasser. → 4

Taucht man einen Körper in eine Flüssigkeit wie Wasser ein, so übt diese eine nach oben gerichtete Kraft auf den ganz oder teilweise eingetauchten Körper aus. Diese Kraft nennt man Auftriebskraft. Die Auftriebskraft ist genauso groß wie die Gewichtskraft des Wassers, die der Körper verdrängt.

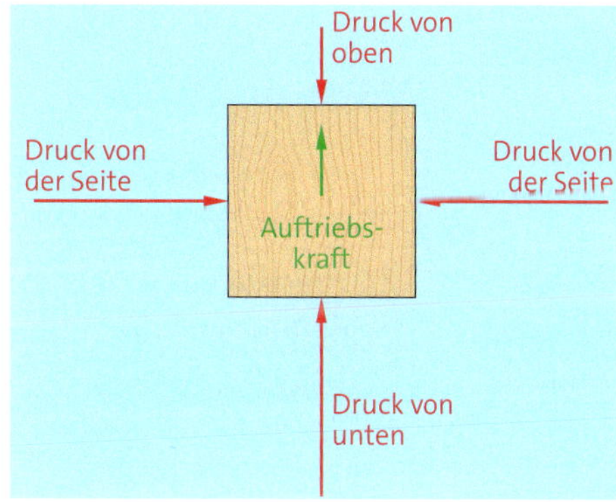

3 Druck auf einen Gegenstand im Wasser

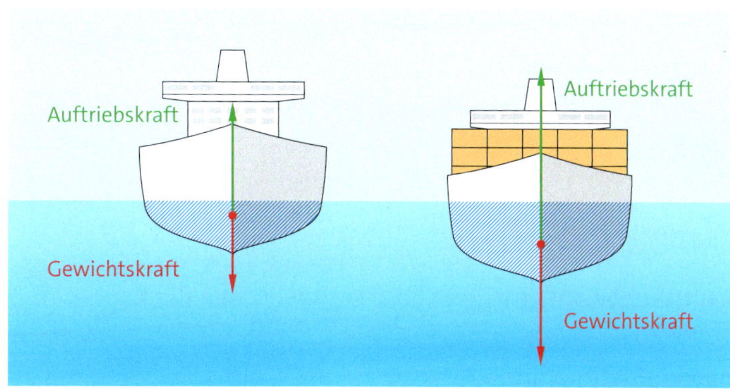

4 Auftriebs- und Gewichtskraft beim unbeladenen und beim beladenen Schiff

Aufgaben

1 ○ Warum fühlst du dich im Wasser leichter? Erkläre.

2 ◐ Eine Knetkugel geht im Wasser unter. Beschreibe, wie du sie zum Schwimmen bringst.

3 ● Ein schwimmendes Schiff wird beladen. Erkläre, warum es weiterhin schwimmt, obwohl seine Gewichtskraft durch das Beladen größer wird.

Schwimmen, Schweben, Sinken – Auftrieb

Material A

Schwimmt oder schwimmt nicht?

Materialliste: Wanne, Wasser, verschiedene Gegenstände aus Holz, Metall und unterschiedlichen Kunststoffen

1 Überprüfe die Gegenstände auf ihre Schwimmfähigkeit.

2 Übertrage die Mustertabelle in dein Heft und notiere deine Ergebnisse. → 1

3 Teste verschiedene Obst- und Gemüsesorten auf ihre Schwimmfähigkeit. Fertige eine weitere Tabelle mit deinen Ergebnissen an.

Gegenstand	Material/Stoff	Schwimmt oder sinkt?	Bemerkung
Holzbrett	Holz	?	?
?	?	?	?

1 Mustertabelle

Material B

Kugelschwimmen

Materialliste: Wanne, Wasser, Waage, Kugeln unterschiedlicher Größe aus Holz, Metall, Knete, Styropor®, Plastik ... → 2

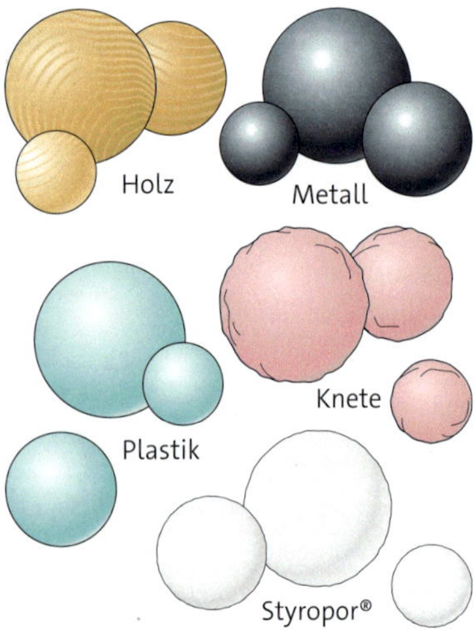

2 Unterschiedliche Kugeln

1 Wiege die Kugeln und teste sie auf ihre Schwimmfähigkeit.

2 Übertrage die Mustertabelle in dein Heft und notiere deine Ergebnisse. → 3

3 ◐ Beschreibe den Einfluss von Masse, Größe und Material auf die Schwimmfähigkeit eines Gegenstands.

4 ◐ Vervollständige den folgenden Satz in deinem Heft:

Die Schwimmfähigkeit eines Gegenstands hängt nicht von seiner (...) ab, sondern aus welchem (...) er besteht.

Kugelmaterial	Masse	Schwimmt oder sinkt?
Holz	?	?
?	?	?

3 Mustertabelle

Material C

Bootsbau aus Knete

Materialliste: Knete, 2 gleich große Bechergläser, Wasser, Wanne, Waage, Holzspieß

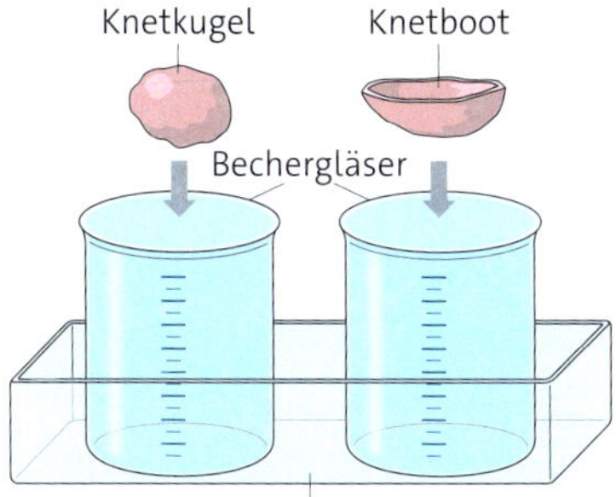

4 Versuchsaufbau

1 Forme zwei gleich große Knetkugeln. Überprüfe auf der Waage, ob beide Kugeln die gleiche Masse haben.

2 Forme eine Kugel so um, dass sie schwimmt.

3 Stelle beide Bechergläser in die Wanne und fülle sie randvoll mit Wasser. Gib in das eine Becherglas die Knetkugel und in das andere das Knetboot. Das überlaufende Wasser sammelt sich in der Wanne. → 4

4 Entferne vorsichtig, ohne weiteres Wasser zu verschütten, die Knetkugel und das Knetboot aus den Bechergläsern. Benutze dazu den Holzspieß.

5 Vergleiche die Wasserstände in den beiden Bechergläsern.

6 ● Erkläre, warum dein Knetboot im Vergleich zur Kugel schwimmt.

Material D

Auftrieb spüren

Materialliste: Wanne, Wasser, verschiedene Hohlformen: Boote, Kunststoffschüsseln ...

1 Versuche, die verschiedenen Formen in der Wanne unter Wasser zu drücken.

2 ○ Beschreibe, was du spürst.

3 ◐ Erkläre deine Beobachtung.

Material E

Der beste Kahn von allen

Materialliste: Fotokarton (10 cm × 15 cm), Schere, Klebstoff, Büroklammern, Wanne, Küchenkrepp, Waage

1 Baue aus dem Karton ein Quaderboot. → 5

2 Fülle die Plastikwanne mit Wasser. Setze dein Boot auf die Wasserfläche und belade es mit Büroklammern, bis es sinkt.

3 Trockne die Ladung auf dem Küchenkrepp und wiege sie.

4 Baue ein zweites Boot mit einer anderen Randhöhe.

5 ◐ Welches Boot trägt mehr? Formuliere einen Zusammenhang.

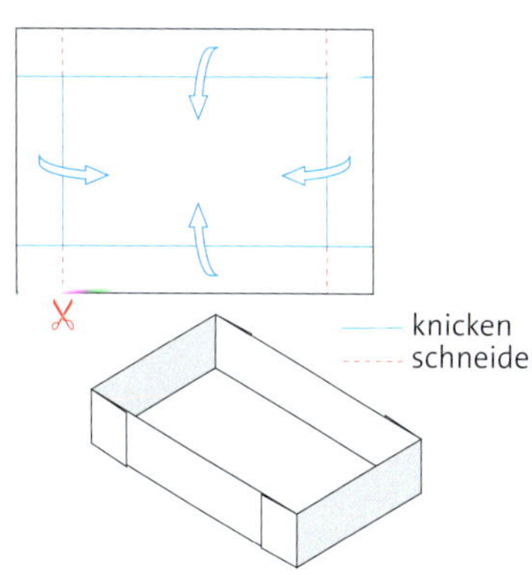

5 Bauanleitung

Lebensraum Wasser

1 Bachforelle

Die Bachforelle lebt in Bächen mit schnell fließendem, klarem Wasser. Trotz der starken Strömung bewegt sie sich kaum. Blitzschnell ergreift sie dann zwischen den Kieselsteinen Insektenlarven. Welche Fähigkeiten hat die Bachforelle, um im Wasser leben zu können?

Skelett • Wie alle Wirbeltiere besitzen Fische ein Innenskelett mit Wirbelsäule und Rippen. Fische haben keine Gliedmaßen wie Arme und Beine. Dafür haben sie Flossen, die aus den sogenannten Flossenstrahlen bestehen. Dies sind ganz feine und bewegliche Knochenstäbe, an denen eine weiche Flossenhaut gespannt ist. Forellen haben zusätzlich eine Fettflosse, die keine Knochenstäbe hat.

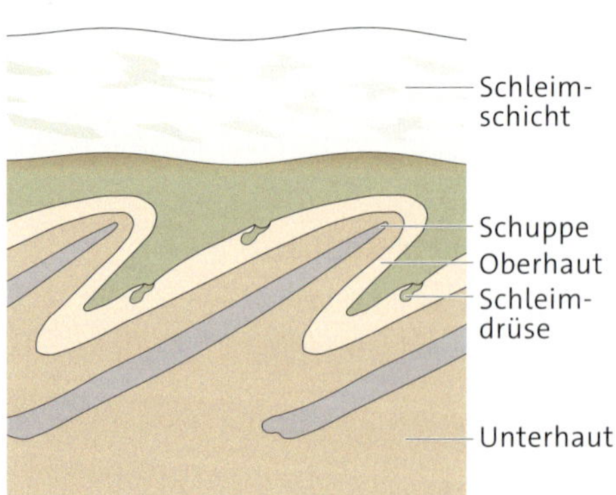

3 Querschnitt durch die Haut

Haut • Die Haut der Bachforelle besteht aus mehreren Schichten. → 3 In den unteren Hautschichten sind die Schuppen verankert. Sie überlappen sich wie Dachziegel und bedecken die gesamte Oberfläche des Fischs. Die dünne Oberhaut bedeckt die Schuppen. Die Drüsenzellen in der Oberhaut bilden Schleim, sodass die Haut der Bachforelle glitschig wird. Das Wasser gleitet so leicht am Körper vorbei. Somit bietet er dem Wasser nur wenig Widerstand.

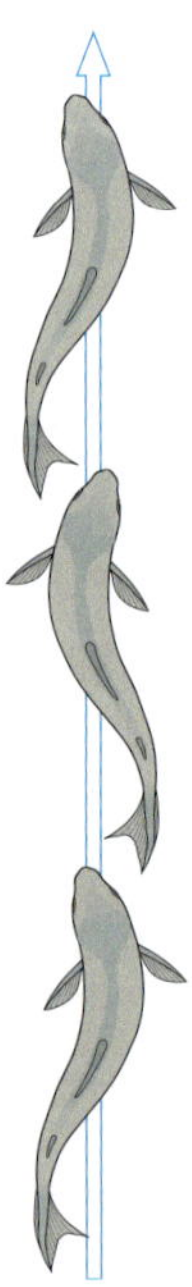

2 Wie Fische schwimmen

Fortbewegung • Die Bachforelle bewegt sich mithilfe ihrer Muskeln. An der Wirbelsäule ansetzende Muskeln bewegen den Fischkörper wellenartig. Die ebenfalls mit der Wirbelsäule verbundene Schwanzflosse ist dabei das Hauptantriebsorgan. Sie drückt den Fischkörper mit kräftigen seitlichen Schlägen nach vorn durch das Wasser. Brustflossen und Bauchflossen dienen der Steuerung. Mithilfe der Rückenflosse und der Afterflosse hält sich die Forelle aufrecht im Wasser. Ihr Körper läuft am Kopf und am Schwanz spitz zu. Diese Körperform nennt man Stromlinienform. So kann sich die Bachforelle leicht durch das Wasser bewegen. → 2

der Fisch
die Flosse
die Schwimmblase
die Kiemen

Sinnesorgane • Die Bachforelle kann mit ihren Augen unter Wasser gut sehen. Das Gehör liegt geschützt im Schädel. Die Bachforelle besitzt wie alle Fische ein besonderes Sinnesorgan, das Seitenlinienorgan. Damit erkennt sie feine Wasserströmungen, die beispielsweise von Hindernissen oder Beutetieren ausgelöst werden. So kann sich die Forelle auch bei schlechter Sicht und Dunkelheit orientieren.

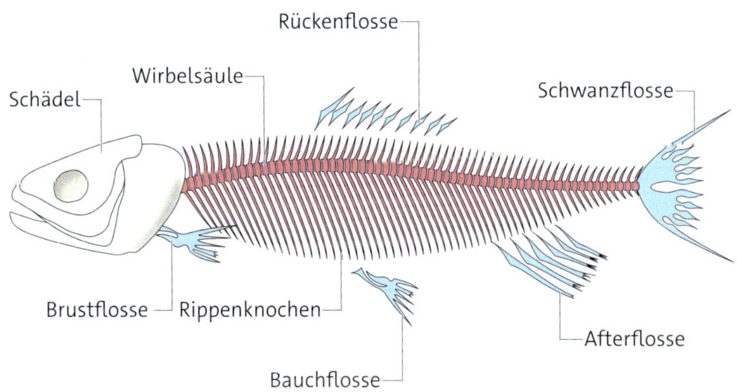

4 Skelett eines Fischs

Atmung • Fische atmen mit Kiemen. Sie liegen an den Seiten des Kopfs und sind durch einen harten Kiemendeckel geschützt. Kiemen bestehen aus Kiemenbögen. An jedem Bogen sitzen Kiemenreusen und Kiemenblättchen. → 5 Die Kiemenreusen filtern Schmutzteilchen aus dem Wasser. An den dünnhäutigen, gut durchbluteten Kiemenblättchen findet der Gasaustausch statt. Sauerstoff wird aus dem Wasser aufgenommen und Kohlenstoffdioxid abgegeben. Bei hoher Aktivität benötigt ein Fisch mehr Sauerstoff, da sein Stoffwechsel mehr Energie für Bewegungen bereitstellen muss.

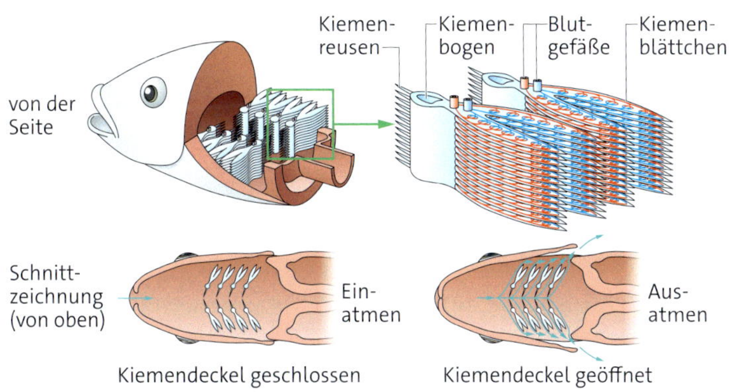

5 Bau der Kiemen

Schwimmblase • Die Dichte eines Fischkörpers ist größer als die von Wasser. Deshalb würde ein Fisch ohne Flossenbewegungen zu Boden sinken. Gas besitzt eine geringere Dichte als Wasser und steigt nach oben. Durch Aufnahme von Gas in die Schwimmblase oder durch die Abgabe können sich Fische an die Druckverhältnisse in unterschiedlichen Wassertiefen anpassen und schweben.

Wechselwarm • Fische sind wechselwarm. Ihre Körpertemperatur entspricht der sie umgebenden Wassertemperatur. Die Aktivität eines Fischs ist bei hohen Wassertemperaturen höher als bei niedrigen.

Fische sind Wirbeltiere. Sie atmen mit Kiemen und sind an ein Leben im Wasser angepasst.

6 So sinken oder steigen viele Fische.

Aufgabe

1 ○ Nenne Angepasstheiten der Fische an ein Leben im Wasser.

Material A

Untersuchung eines Fischs – Präparation

Materialliste: eine noch nicht ausgenommene Forelle, Präparierschale, Schere, Pinzette, Präpariernadel, Papiertücher, Lupe, weißes Papier, Bleistift, Glasstab → 1

1 Betrachte zunächst den Fisch von außen.
▢ Zeichne den Umriss des Fischs.

2 Suche Maul, Augen, Schwanzflosse, Rückenflosse, Afterflosse, Brustflossen, Bauchflossen, After, Seitenlinienorgan und Fettflosse.
◐ Zeichne diese Körperteile in den Fischumriss ein und beschrifte die Zeichnung.

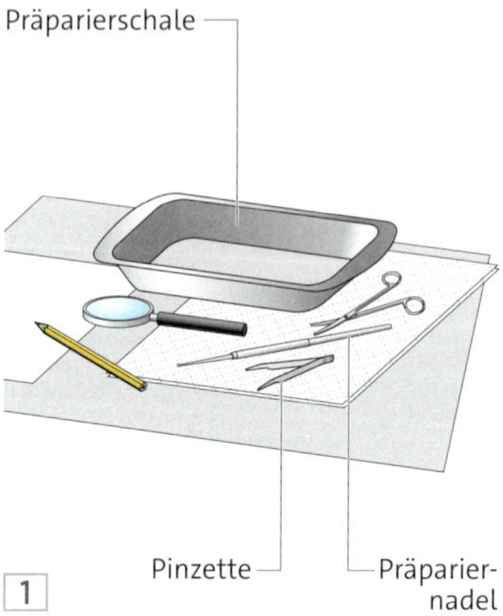

1

3 Schneide mit der Schere ein Stück einer Flosse und ein Stück der Fettflosse ab. Betrachte beide Stücke.
▢ Beschreibe, wodurch sich die Flossen unterscheiden.

4 Hebe mit der Pinzette den Kiemendeckel an.
▢ Notiere, was du darunter erkennst.

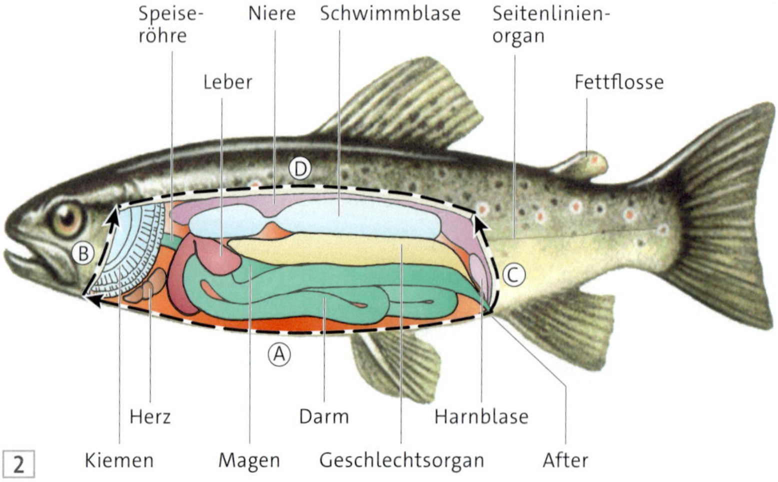

2

5 Schneide mit der Schere den Kiemendeckel ab.
◐ Verfolge mit dem Glasstab den Weg des Wassers und beschreibe ihn.

6 Trenne mit der Schere ein Kiemenblättchen ab.
◐ Betrachte es mit der Lupe und zeichne es.

7 Schneide mit der Schere vom After bis zu den Kiemen. → 2 (A) Schneide dann weiter in Richtung Rücken. (B) Setze neu am After an und schneide bis zur Wirbelsäule. (C) Klappe die Haut auf. Hebe sie über der Seitenlinie ab. (D)
Tipp: Führe die Schere sehr flach, damit du die inneren Organe nicht verletzt. Klappe die abgetrennten Teile hoch. So siehst du, wie du weiterschneiden musst.
a ◐ Vergleiche die Lage der inneren Organe mit Bild 2.
b ◐ Fertige eine weitere Umrisszeichnung der Forelle an. Zeichne die inneren Organe ein und beschrifte sie.

8 Nach der Untersuchung:
- Arbeitsplatz aufräumen
- Präparierbesteck reinigen
- Tische reinigen
- Hände waschen

Material B

Orientierung in der Dunkelheit

Fische orientieren sich in dunklem und trübem Wasser mit dem Seitenlinienorgan:
An jeder Seite des Fischs verläuft ein Kanal. Kleine Röhrchen verbinden ihn mit der Außenwelt. Am Grund der Kanäle sitzen Gruppen von Sinneszellen. Strömungen im Wasser biegen sie zur Seite. Dabei entsteht ein Signal, das über einen Nerv ins Gehirn geleitet wird.

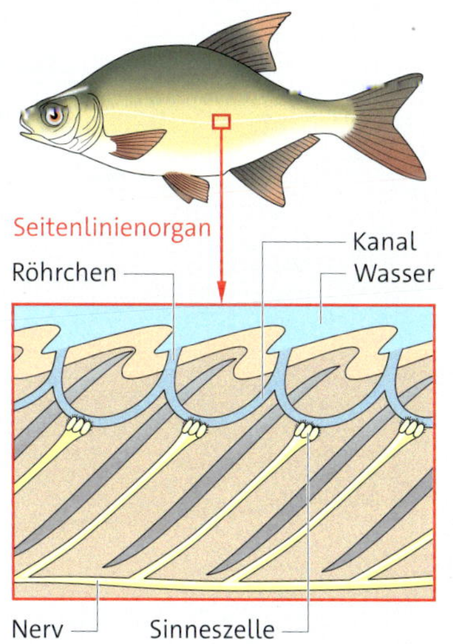

3 Orientierung mit dem Seitenlinienorgan

Das Seitenlinienorgan

1 Beschreibe, wie sich die Sinneszellen bewegen, wenn Wasser am Fisch vom Kopf in Richtung Schwanz vorbeifließt.

2 Beschreibe die Funktion des Seitenlinienorgans.

Material C

Körperform

In einem Versuch wurden vier gleich schwere Körper an einer Schnur durch ein Wasserbecken gezogen. Alle Körper waren unterschiedlich geformt. Man hat die Zeit gemessen, die jeder einzelne Körper vom Start bis zum Ziel benötigte. Die Ergebnisse sind in der Tabelle dargestellt. → 5

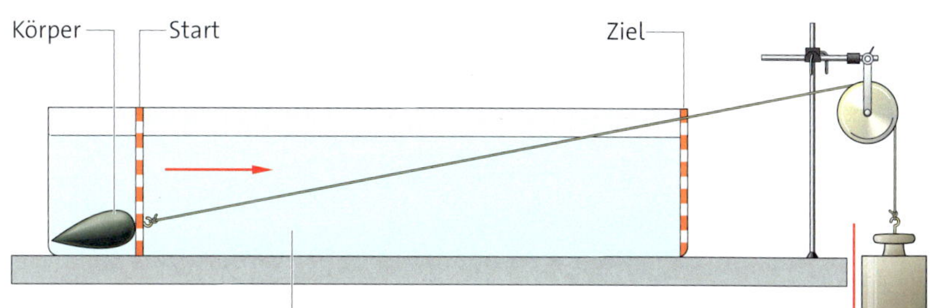

4

1 Betrachte Bild 4.
a Beschreibe den Aufbau des Versuchs.
b Erkläre die Versuchsergebnisse. → 5
c Ziehe Rückschlüsse aus den Versuchsergebnissen auf die Körperform von Fischen.

2 Erläutere zwei weitere Angepasstheiten der Fische an ein Leben im Wasser, die nicht mit dem Versuch untersucht wurden.

Zugrichtung →	Zeit
spindelförmiger Körper	4 s
zylinderförmig	7 s
tropfenförmig	6 s
Würfel	11 s

5 Tabelle

Wie überleben Fische unter dem Eis?

1 Zugefrorener See

Im kalten Winter frieren stehende Gewässer und Seen zu. Das erfreut viele Schlittschuhläufer. Aber was geschieht mit den Fischen und anderen Seebewohnern? Wie können sie im zugefrorenen See überleben?

Wassertemperatur im See • Wer im Sommer in einem tiefen See taucht, stellt fest, dass das Wasser zum Grund hin immer kälter wird. → 2 Anders im Winter: Unter dem Eis wird es nach unten hin wärmer. → 3 Wie kommt es dazu?

Beim Abkühlen zieht sich Wasser zunächst zusammen ... • Im Herbst und im Winter kühlt sich das Wasser an der Oberfläche des Sees ab. Beim Abkühlen bis auf 4 Grad Celcius (°C) zieht es sich dabei zunächst zusammen. Es verringert sein Volumen. Seine Dichte wird also größer.
Das bedeutet, dass ein Wasserwürfel von 20 °C leichter ist als ein Wasserwürfel der gleichen Größe von 4 °C. → 4
Bei 4 °C ist das Wasser am dichtesten und der Wasserwürfel am schwersten. Deshalb sinkt das Wasser von 4 °C im See nach ganz unten.

... und dehnt sich dann wieder aus • Wenn das Wasser an der Oberfläche weiter unter 4 °C abkühlt, sinkt es nicht nach unten. Wasser von 4 °C dehnt sich beim Abkühlen nämlich wieder aus. Sein Volumen nimmt zu. Die Dichte des Wassers nimmt also ab.
Der 1 °C kalte Wasserwürfel ist leichter als der Wasserwürfel von 4 °C und schwimmt deshalb darüber.

Die Wassertemperatur an der Oberfläche nimmt so lange ab, bis das Wasser zu Eis gefriert. Da Eis eine geringere Dichte als das Wasser darunter hat, schwimmt es auf der Wasseroberfläche.

Anomalie des Wassers • Die meisten Stoffe ziehen sich beim Übergang vom flüssigen in den festen Zustand zusammen. Die Dichte der meisten Stoffe wird beim Gefrieren also größer. Das ungewöhnliche Verhalten von Wasser, das sich beim Gefrieren ausdehnt, wird deshalb als Anomalie bezeichnet.

Ab einer gewissen Tiefe frieren Seen und Gewässer im Winter nicht komplett bis zum Grund hin zu. Die Fische und andere Lebewesen können unter der Eisschicht im Wasser überleben.

Aufgaben

1 ▢ Beschreibe, wie sich die Dichte von Wasser beim Abkühlen von 20 bis 0 °C verändert.

2 ◪ Felix überlegt, eine Wasserflasche zum Kühlen ins Gefrierfach zu legen. Was rätst du ihm? Begründe.

3 ■ Erläutere folgenden Satz: „Dass Fische und andere Seebewohner im Winter überleben können, verdanken sie der Anomalie des Wassers."

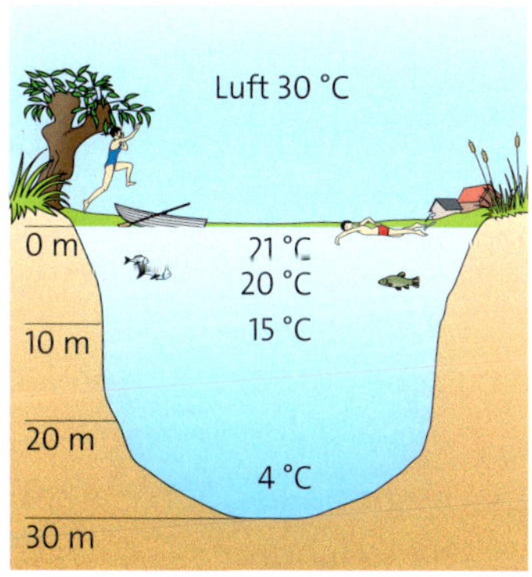

2 See im Sommer

3 See im Winter

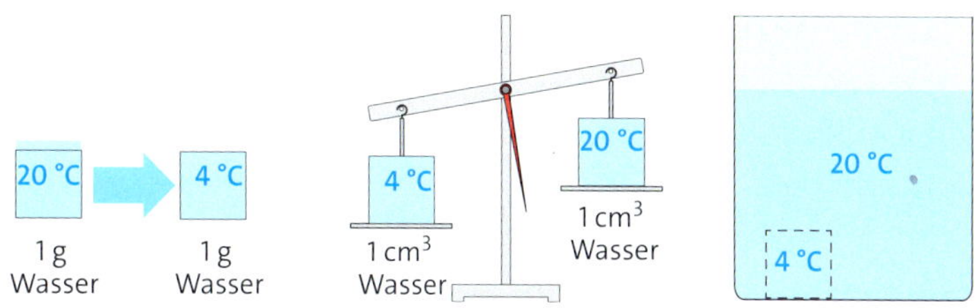

4 Der Wasserwürfel von 4 °C ist schwerer als der Wasserwürfel von 20 °C.

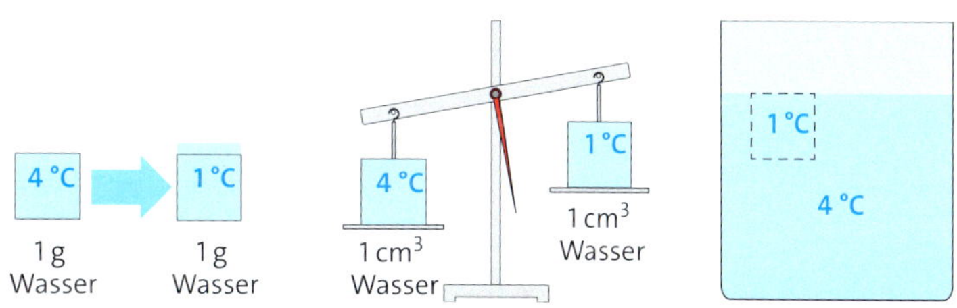

5 Der Wasserwürfel von 1 °C ist leichter als der Wasserwürfel von 4 °C.

6 Fisch unter dem Eis

Wie überleben Fische unter dem Eis?

Material A

Wenn Wasser gefriert ...

Materialliste: Kühlschrank mit Gefrierfach, kleines, schmales Schraubglas mit Deckel, Tüte

1 Fülle das Glas randvoll mit Wasser und verschließe es mit dem Deckel. Es soll keine Luftblase im Glas sein.
Hülle das Glas in eine Plastiktüte und stelle es ins Gefrierfach.

2 ○ Beschreibe deine Beobachtungen.

3 ◐ Erkläre deine Beobachtungen.

Material B

Volumenänderung beim Gefrieren

Materialliste: Reagenzglas, Styroporbox, „Kältemischung" aus 3 Teilen Eis und 1 Teil Salz, Klebeband oder Marker, Kältehandschuh

1 Markiere den Wasserstand im Reagenzglas. → 1 Stelle es dann in die Styroporbox mit der „Kältemischung".
○ Beschreibe, was du beim Abkühlen beobachtest.

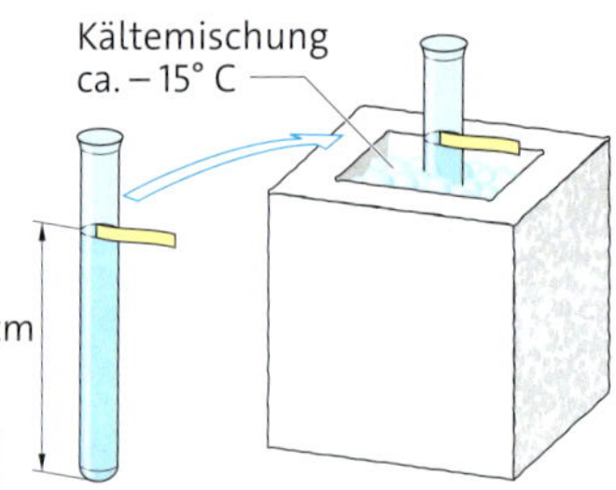

1

Material C

Temperaturen unter Eis

Materialliste: Styropor, Stativmaterial, großes Becherglas, 3 Thermometer, Eis, Wasser

1 ◐ Vermute, wo die niedrigste und wo die höchste Wassertemperatur gemessen wird. → 2
Probiere es dann aus.

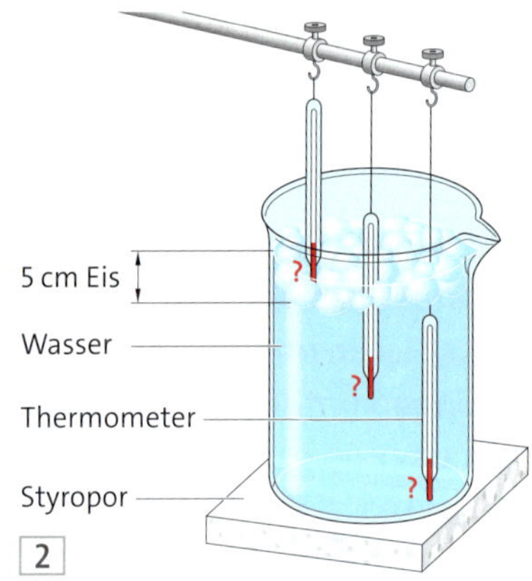

2

Material D

Wasser und Wachs

3 Eis

4 Wachs

Eine randvoll mit Wasser und eine randvoll mit flüssigem Wachs gefüllte Teelichtkapsel wurden in ein Gefrierfach gestellt. Nach zwei Stunden wurden die Kapseln wieder herausgeholt. → 3 4

1 ○ Beschreibe, wie sich Wasser und Wachs beim Gefrieren verhalten.

2 ◐ Gib jeweils an, wie sich die Dichte von Wasser und Wachs beim Gefrieren verändert. Begründe.

3 ● Schwimmt ein Wachsklüpmchen auf flüssigem Wachs? Begründe deine Antwort.

Erweitern und Vertiefen

Eisberge – schwimmende Riesen

5 Eisabbruch in Island

Schwimmende Berge • Eisberge sind riesige Brocken aus gefrorenem Süßwasser. Sie werden von den Gletschern auf Grönland oder der Antarktis „geboren", wenn dort Eisbrocken abbrechen und ins Meer stürzen. → 5 Man sagt auch: „Gletscher kalben Eisberge." Eisberge schwimmen, weil gefrorenes Wasser eine geringere Dichte hat als flüssiges Wasser. Außerdem ist im Eis Luft eingeschlossen. Große Eisberge „überleben" bis zu 30 Jahre.

Gefahr für die Schifffahrt • Nur etwa ein Siebtel eines Eisbergs ragt aus dem Meer. → 6 Der Rest liegt unsichtbar unter Wasser. Er hat einen viel größeren Umfang als der sichtbare Teil. Eisberge sind daher für die Schifffahrt sehr gefährlich. Schiffe müssen einen großen Sicherheitsabstand einhalten.
Das bekannteste Schiffsunglück mit einem Eisberg war der Untergang der Titanic im April 1912.

6 Eisberg in der Antarktis

Aufgaben

1 ○ Beschreibe, wie Eisberge entstehen.

2 ○ Vermute, was mit der Redensart „Das ist nur die Spitze des Eisbergs" gemeint ist.

3 ◐ Erkläre, warum Eisberge schwimmen.

Wasser – ein unverzichtbarer Stoff

1 Lebewesen sind auf Wasser angewiesen.

Wasser ist ein notwendiger Stoff für das Leben auf der Erde. Tiere Pflanzen und Menschen brauchen Wasser zum Leben.

Wassergehalt von Lebewesen • Der Wassergehalt von Lebewesen ist sehr unterschiedlich und an ihren jeweiligen Lebensraum angepasst. → 2 Der Mensch besteht ungefähr zu 60 Prozent aus Wasser. Bei Säuglingen und Kleinkindern ist der Anteil deutlich höher. Eine Qualle besteht fast ausschließlich aus Wasser.
Wasser hat für Lebewesen vielfältige Aufgaben.

Lösungsmittel • Als Lösungsmittel ermöglicht Wasser, dass im Körper Stoffe aufgebaut, umgewandelt und abgebaut werden können.

Transport • Wasser ist Bestandteil des Bluts. Das Blut transportiert Nährstoffe, Mineralstoffe, Vitamine sowie auch Abwehrstoffe zu den Zellen des Körpers. Abgebaute Stoffe werden zu den Nieren transportiert und ausgeschieden.

Baustoff • Der Körper benötigt zum Wachstum und bei der Neubildung von Zellen Wasser.

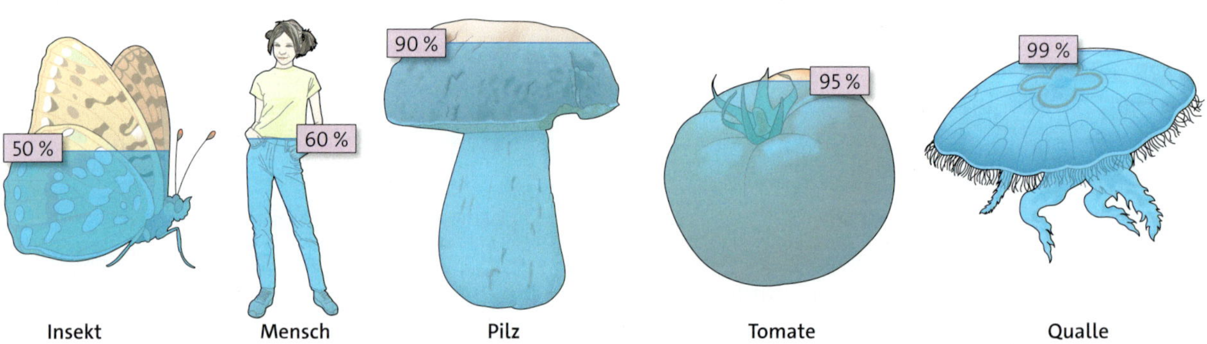

2 Durchschnittlicher Wassergehalt verschiedener Lebewesen

der Wassergehalt
der Wärmehaushalt
der Wasserhaushalt

Wärmehaushalt • Die Körpertemperatur des Menschen liegt bei ungefähr 36,5 Grad Celcius. Bei hohen Außentemperaturen muss sich der Körper vor Überhitzung schützen. Wasser wird als Schweiß über die Haut nach außen abgegeben. Durch die Verdunstung des Schweißes wird der Körper gekühlt. → 3

Wasserhaushalt • Die Aufnahme, die Abgabe und die Speicherung von Wasser unterscheidet sich bei Lebewesen. Ihr Wasserhaushalt ist an den jeweiligen Lebensraum angepasst. Wassermangel führt bei vielen Lebewesen zur Schädigung von Zellen und Organen oder sogar zum Tod. Der Mensch muss täglich 1,5 bis 2 Liter Wasser zu sich nehmen, da der Körper das Wasser nicht speichern kann und über die Haut und die Nieren ausscheidet. Ein Wasserverlust von ungefähr 20 Prozent führt bei Menschen zum Tod. Wüstenmäuse überstehen über einen längeren Zeitraum einen Wasserverlust von ungefähr 70 Prozent. Das Bärtierchen, Mückenlarven oder Pilzsporen überleben sogar einen vollständigen Wasserverlust. → 4

Ohne Wasser können Pflanzen, Tiere und Menschen nicht leben. Wasser ist Lösungsmittel, Transportmittel und Baustoff und es reguliert die Körpertemperatur. Der Wasserhaushalt von Lebewesen ist an ihren jeweiligen Lebensraum angepasst.

3 Menschen schwitzen.

4 Bärtierchen

Aufgaben

1 ○ Nenne Gründe, warum Wasser als Grundstoff des Lebens gilt.

2 ◐ Erkläre, wie der Körper des Menschen sich vor Überhitzung schützt.

3 ● Recherchiere, wie Pflanzen und Tiere in Wüstenzonen ohne Wasseraufnahme überleben.

Wasser – ein unverzichtbarer Stoff

Erweitern und Vertiefen

Wasserverbrauch und Wasserreinigung

1 Wasserverbrauch durch Körperpflege

Wasserverbrauch • In Deutschland verbraucht ein Mensch pro Tag durchschnittlich 127 Liter sauberes Wasser. Nur 3 Liter werden vom Körper benötigt. Die übrigen 124 Liter werden unter anderem für Körperpflege, Wäschewaschen, Toilettenspülungen und Reinigung verbraucht. → 1

Woher kommt unser Trinkwasser? • Nur ungefähr 2,5 Prozent des Wassers auf der Erde sind Süßwasser und davon können wir nur einen geringen Anteil als Trinkwasser nutzen. Das Trinkwasser, unser wichtigstes Lebensmittel, muss sauber, ohne gefährliche Stoffe und Krankheitserreger sein. Grundwasser und Quellwasser sind meist als Trinkwasser nutzbar. Versickert Regenwasser im Boden, wird es bei seiner Wanderung durch die Gesteinsschichten gereinigt und mit Mineralstoffen angereichert, bis es sich in der Tiefe sammelt. Um an dieses Wasser zu gelangen, bohren wir Brunnen und pumpen es an die Oberfläche. Wasserwerke kontrollieren die Wasserqualität und verteilen das Trinkwasser über Rohrleitungen an die Haushalte.

Abwasser und Wasserreinigung • Das schmutzige Wasser, das durch die Abflussleitungen die Häuser verlässt, bezeichnet man als Abwasser. Es darf nicht sofort in Seen, Flüsse oder Meere eingeleitet werden, sondern muss erst eine Kläranlage mit mindestens drei Reinigungsstufen durchlaufen. → 2

Grobe Verschmutzungen werden in der mechanischen Reinigungsstufe entfernt. Dazu strömt das Abwasser durch drei große Becken. Im ersten Becken kämmen Rechen größere Gegenstände aus dem Abwasser. Im darauffolgenden Sandfangbecken werden Sand und Öle aus dem Wasser entfernt. Durch das anschließende Vorklärbecken fließt das Wasser langsamer. Feine Schwebstoffe setzen sich am Boden ab, werden abgepumpt und in Faultürme geleitet. Dort entsteht ein Gas, das zur Energiegewinnung verbrannt wird.

In der biologischen Reinigungsstufe bauen Bakterien den größten Teil der Verunreinigungen ab.

In der chemischen Reinigungsstufe werden manche Chemikalien entfernt. Medikamente und kleinste Teilchen aus Kosmetikprodukten können jedoch nicht entfernt werden.

Nach dem Durchlaufen der Kläranlage darf das Wasser in Flüsse und Seen eingeleitet werden.

Aufgaben

1 Beschreibe Möglichkeiten, wie du deinen Wasserverbrauch verringern kannst.

2 Stelle dir vor, du wärst ein Zahnpastateilchen. Beschreibe deine Reise durch die Kläranlage.

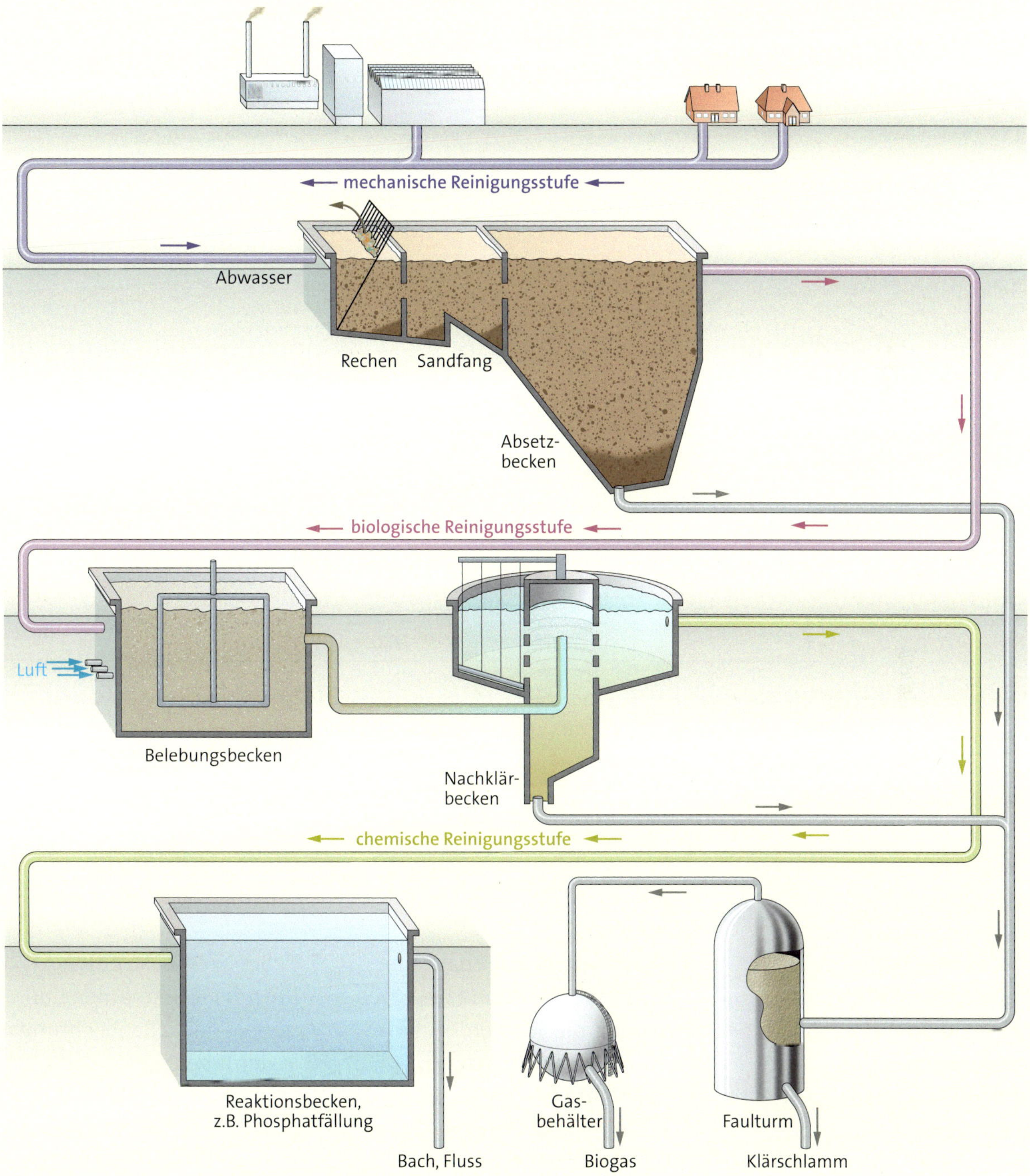

2 Wasserreinigung in der Kläranlage

Wasser – ein unverzichtbarer Stoff

Material A

Wasser und das Wachstum von Kressesamen

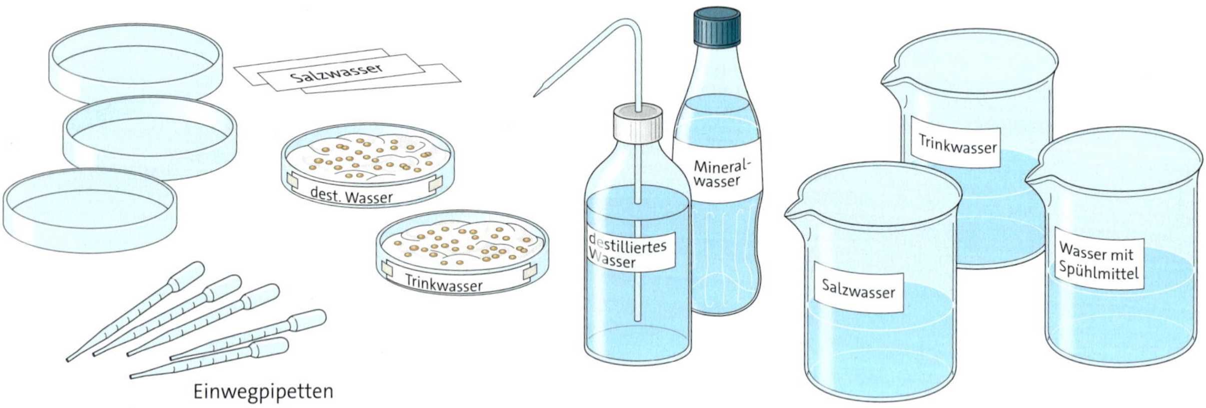

1 Petrischalen und Wasserproben

Wachstumsbeobachtung Kresse	Trinkwasser	Destilliertes Wasser	Salzwasser	Wasser mit Spülmittel	Mineralwasser
1. Tag	?	?	?	?	?
2. Tag	?	?	?	?	?
3. Tag	?	?	?	?	?
4. Tag	?	?	?	?	?
5. Tag	?	?	?	?	?
6. Tag	?	?	?	?	?

2 Mustertabelle

Untersuche das Wachstum von Kressesamen mit verschiedenen Wasserproben.

Materialliste: 5 Petrischalen, Watte, Kressesamen, Trinkwasser, destilliertes Wasser, Salzwasser, Wasser mit Spülmittel, Mineralwasser, Einmalpipetten

1 Bedecke den Boden der Petrischalen mit Watte.

2 Verteile die Kressesamen auf der Watte.

3 Ordne jeder Petrischale eine Wasserprobe zu und beschrifte die Schalen. → 1

4 Befeuchte die Watte jeder Petrischale einmal täglich mit der entsprechenden Wasserprobe mit einer Einwegpipette.

5 Übertrage die Mustertabelle in dein Heft. → 2

6 ▢ Beobachte die Entwicklung der Kressesamen und notiere deine Beobachtung in der Tabelle.

7 ◔ Werte den Versuch aus.

Material B

Überleben in der Wüste

In der Wüste ist es extrem heiß und trocken. Dennoch leben auch hier einige Tiere. Wie können sie trotz ständigen Wassermangels überleben?

1 ▢ Beschreibe, wie das Dromedar und der Stenocara-Käfer an das Wüstenleben angepasst sind.

2 ◐ Vergleiche beide Überlebensstrategien miteinander.

Dromedar

Dromedare können große Wassermengen in ihrem Körper speichern. Von dem aufgenommenen Wasser scheiden sie nur wenig pro Tag wieder als Urin aus. Da ihnen höhere Körpertemperaturen nicht schaden, ist ihre Schweißbildung reduziert.

Stenocara-Wüstenkäfer

Der in Wüsten lebende Stenocara-Käfer krabbelt auf Sanderhöhungen und reckt seinen Hinterleib in die Höhe. Die Luftfeuchtigkeit kondensiert am Panzer des Käfers, sodass sich nach und nach feine Tropfen ansammeln, welche Richtung Mund abfließen.

Material C

Reinigung von Schmutzwasser

Materialliste: Sand, Erde, kleine Zweige, Blätter, hohes Becherglas, Wasser, Löffel

1 Mische 500 mL Wasser mit Sand, Zweigen und Blättern und verrühre die Mischung mit einem Löffel. Lass die Mischung nach dem Umrühren stehen und beobachte die Bestandteile.

2 ▢ Beschreibe deine Beobachtung.

Material D

Schmutzfilter Boden

Materialliste: Schmutzwasser, Trinknippelflasche, Stativ, Messer, Grobsand, Feinsand, Mineralboden, Becherglas, Wattepad

1 Entferne den Flaschenboden und spanne die Flasche ins Stativ. Stelle das Becherglas darunter. Fülle Grobsand, dann Feinsand jeweils 2 cm hoch in die Flasche. Fülle bis zur Hälfte mit mineralischem Bodenmaterial auf.
Gieße Schmutzwasser auf und öffne den Auslauf.

2 ▢ Beschreibe deine Beobachtung.

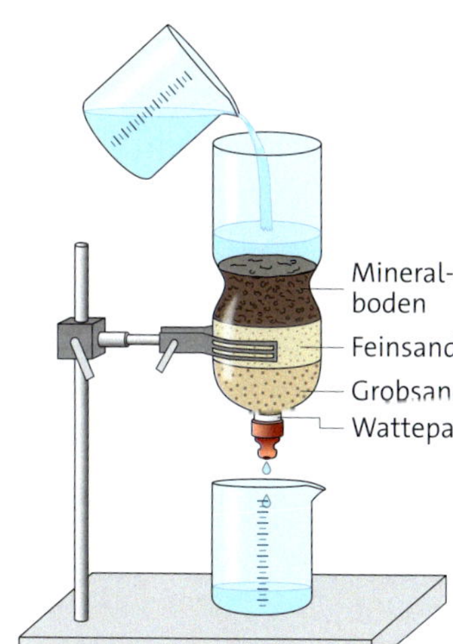

3 Versuchsaufbau

Wasser – ein besonderer Stoff

Zusammenfassung

Bedeutung des Wassers • Im Körper von Lebewesen übernimmt Wasser vielfältige Aufgaben als Lösungs- und Transportmittel, Baustoff und für die Regulation des Wärmehaushalts. Von der gesamten Wassermenge auf der Erde sind 97,5 Prozent Salzwasser und 2,5 Prozent Süßwasser. Nur ein kleiner Teil des Süßwassers kann als Trinkwasser genutzt werden.

Wasser und seine Eigenschaften • Feststoffe wie Salze, aber auch Gase und Flüssigkeiten lösen sich in Wasser. Aufgrund der starken Anziehungskräfte zwischen den Wasserteilchen bildet Wasser eine hautähnliche Oberfläche aus. Bei 4 Grad Celsius hat Wasser seine größte Dichte. Im Winter gefrieren Seen deshalb nie vollständig bis zum Grund zu.

Schwimmen, Schweben, Sinken – Dichte • Die Dichte ist eine wichtige Stoffeigenschaft. Man erhält den Wert für die Dichte, wenn man die Masse eines Gegenstands durch sein Volumen teilt. Ob ein Gegenstand auf dem Wasser schwimmt, schwebt oder sinkt, hängt von seiner Dichte ab. → 1

Die Dichte des Gegenstands ist ...	Der Gegenstand ...
... kleiner als die Dichte des Wassers.	... steigt auf, bis er schwimmt.
... gleich der Dichte des Wassers.	... schwebt.
... größer als die Dichte des Wassers.	... sinkt bis zum Boden.

1 Einfluss der Dichte auf das Schwimmverhalten

Schwimmen, Schweben, Sinken – Auftrieb • Grund dafür, dass Schiffe aus Eisen schwimmen, ist die Auftriebskraft. Da der Druck auf einen Gegenstand in Wasser von unten größer ist als von oben, erfährt er eine nach oben gerichtete Kraft. Ein Gegenstand schwimmt im Wasser, wenn diese Auftriebskraft größer ist als seine Gewichtskraft. Die Auftriebskraft eines Schiffs ist umso größer, je mehr Wasser es verdrängt.

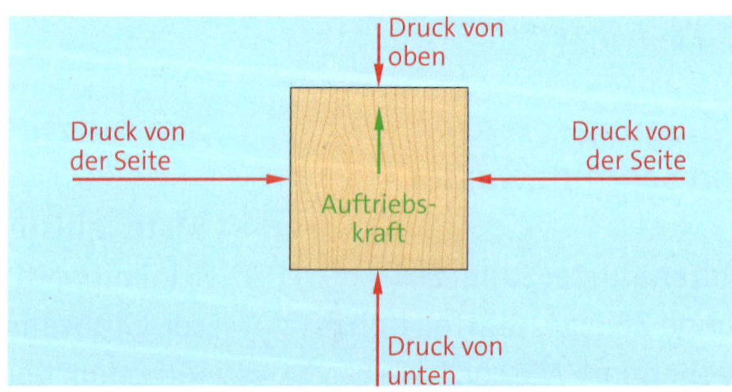

2 Druck auf einen Gegenstand im Wasser

Fische • Die Fische sind an das Leben im Wasser angepasst. Mit ihren Flossen schwimmen sie durchs Wasser. Ihre schlüpfrige Haut und die Stromlinienform ihrer Körper helfen ihnen, besonders leicht voranzukommen. Mit dem Seitenlinienorgan nehmen Fische kleinste Wasserströmungen wahr. So orientieren sie sich im dunklen und trüben Wasser. Fische atmen mit Kiemen.

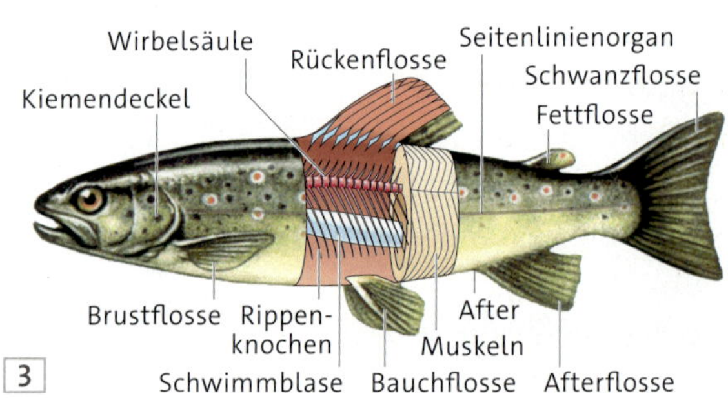

3

Teste dich! (Lösungen im Anhang)

Bedeutung des Wassers

1 Lara sagt: „Wieso soll ich sparsam mit Wasser umgehen? 70 Prozent der Erdoberfläche sind doch mit Wasser bedeckt!“ Bewerte ihre Aussage.

2 „Kein Leben ohne Wasser!“ Erläutere diese Aussage.

Eigenschaften des Wassers

3 Erkläre, warum der „Wasserberg“ nicht überläuft. → 4

4 Nach frostreichen Wintern kommt es häufig zu Steinschlägen in Gebirgen → 5 und Straßen sind oft mit Schlaglöchern übersäht. → 6
Erkläre, wie es zu diesen Erscheinungen kommt. Nutze die Begriffe:
Wasser – Gefrieren – ausdehnen.

4

5

6

Schwimmen, Schweben, Sinken – Dichte

5 Eine Holzkugel und eine Eisenkugel werden ins Wasser gegeben. Erkläre das unterschiedliche Verhalten der Kugeln.

6 Emma sagt: „Eisen ist schwerer als Wasser und geht deshalb unter.“
Bewerte den Satz und formuliere ihn mithilfe der Fachsprache neu.

7 Erkläre, warum es auch Nichtschwimmern gelingt, im Toten Meer zu schwimmen.

Schwimmen, Schweben, Sinken – Auftrieb

8 Ein Modellschiff aus Metall schwimmt, eine gleich schwere Metallkugel nicht. Erkläre.

Fische

9 Fische sind gut an das Leben im Wasser angepasst. Benenne mindesten vier Merkmale dafür.

10 Fische atmen mit besonderen Organen. Beschreibe mithilfe von Bild 7, wie die Atmung der Fische vor sich geht.

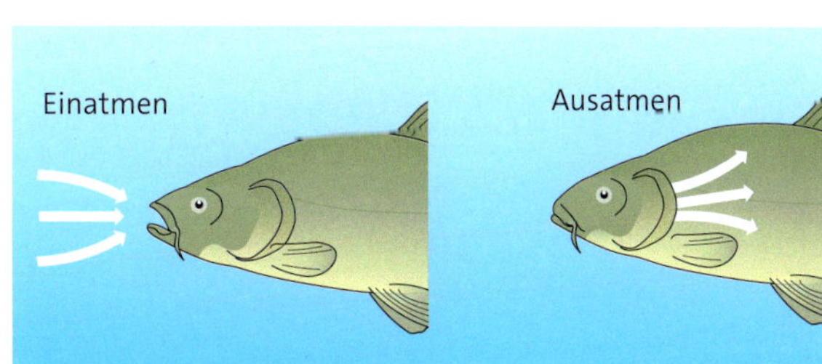

7 Atmung von Fischen

Stoffe im Alltag

Beim Frühstück begegnen dir verschiedene Dinge aus ganz unterschiedlichen Stoffen: Besteck aus Metall, Teller und Tassen aus Porzellan, Eierbecher aus Kunststoff. Doch was sind Stoffe eigentlich?

In Salzgärten wird in flachen Becken Kochsalz aus Meerwasser gewonnen. Welches Verfahren zum Trennen von Stoffen wird hier angewandt?

Die pflanzlichen und tierischen Abfallstoffe in einem Komposthaufen verändern sich mit der Zeit. Wie verändern sich Stoffe?

Nicht verwechseln: Stoff und Gegenstand

1 Ein Steg aus Holz, ein Boot aus Holz, ein Haus aus Holz ...

Der Steg, das Boot oder auch die Bäume auf dem Bild haben eine Gemeinsamkeit. Alle bestehen aus dem gleichen Material: Holz.

Stoffe • Forscher haben einen eigenen Begriff für Materialien: Materialien werden Stoffe genannt.
Aus einem Stoff können verschiedene Gegenstände hergestellt werden. Diese unterscheiden sich in ihrem Verwendungszweck. Der Steg und das Boot sind Beispiele dafür.

Gegenstände bestehen aus Stoffen • Ein Gegenstand muss nicht immer aus dem gleichen Stoff hergestellt sein. So kann man beispielsweise einen Teller aus Porzellan, aus Kunststoff oder aus anderen Stoffen herstellen. → 2
Ein Gegenstand, wie zum Beispiel ein Auto, kann auch aus mehreren Stoffen bestehen. → 3

Forscher bezeichnen Materialien mit dem Begriff Stoff.

2 Teller

3 Autoinnenraum

Aufgaben

1 ○ Übernimm die Tabelle in dein Heft. Trage die im Text genannten Stoffe und Gegenstände ein.

Stoff	Gegenstand
?	?

2 ◐ Nenne jeweils drei weitere Beispiele für einen Stoff und einen Gegenstand.

der Stoff
der Gegenstand

Material A

Baum Sand Wasser Auto Gold Holz

Tisch Tasse Kette Silber Regal

Luft Buch Papier Schere

Stoff oder Gegenstand?

1 ▢ Sortiere die Begriffe oben nach Stoff und Gegenstand. Trage das Ergebnis in eine Liste oder Tabelle ein.

2 ◔ Erstelle eine eigene Liste mit zehn Begriffen, die entweder Stoffe oder Gegenstände bezeichnen. Tausche die Liste mit einem Mitschüler aus und sortiere die Begriffe anschließend.

3 ◔ Suche fünf Gegenstände, die in dem Raum sind, in dem du dich gerade befindest. Gib an, aus welchem Stoff oder aus welchen Stoffen der jeweilige Gegenstand besteht.

Material B

Gemeinsamkeiten

4

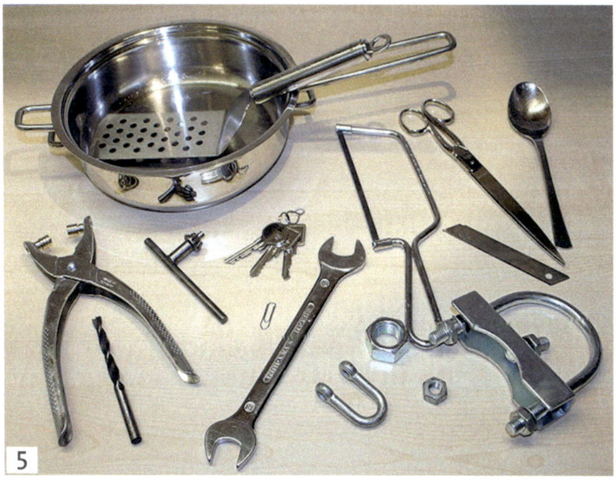
5

1 ◔ Nenne Gemeinsamkeiten der Gegenstände auf den Bildern 4 und 5.

2 ● „Ein Glas ist ein Gegenstand, Glas ist ein Stoff." Erläutere diese Aussage.

Nicht verwechseln: Stoff und Gegenstand

Methode

Sicheres Experimentieren

Forscher gewinnen ihre Erkenntnisse oft mithilfe von Experimenten. Dabei werden nicht selten auch Chemikalien und der Gasbrenner verwendet. Damit dir, deinen Mitschülern und deinem Lehrer bei diesen Experimenten nichts passiert, musst du einige Regeln beachten.

1. Verhalten im Nawi-Raum

- Renne nicht umher.
- Essen und Trinken sind im Nawi-Raum verboten!
- Schau dir an, wo sich Not-Aus-Schalter, Augendusche, Erste-Hilfe-Box, Feuerlöscher und Löschdecke befinden.

2. Vor dem Experiment

- Räume den Tisch auf, sodass nur noch die Dinge darauf liegen, die du für den Versuch brauchst. → 1
- Stelle deine Tasche unter den Tisch, damit niemand darüber stolpern kann und der Gang frei bleibt.
- Lies Anleitungen für Versuche immer genau durch und besprich Unklarheiten mit deinem Lehrer.
- Setze immer eine Schutzbrille auf! → 2
- Benutze Handschuhe, wenn du mit ätzenden oder hautgiftigen Substanzen arbeitest.
- Binde lange Haare immer zum Zopf zusammen, damit du sie nicht versehentlich an der Flamme anzündest! → 3
- Lass den Versuchsaufbau gegebenenfalls von deinem Lehrer kontrollieren.

1 Versuch gut vorbereiten!

2 Schutzbrille aufsetzen!

3 Lange Haare zusammenbinden!

3. Beim Experimentieren

- Teste nie den Geschmack von Chemikalien!
- Erhitze Flüssigkeiten sehr vorsichtig. Halte das Reagenzglas schräg vom Körper weg und richte die Öffnung nicht auf Personen. → 4
- Halte für eine Geruchsprobe die Nase nicht direkt über das Gefäß. Fächle dir stattdessen die Dämpfe immer nur mit der Hand zu. → 5
- Fasse Chemikalien nicht mit den Fingern an. Benutze immer einen sauberen Spatel.
- Arbeite immer mit kleinsten Mengen. → 6 Schütte Reste nie in die Gefäße zurück.
- Melde jede „Panne“ sofort deinem Lehrer. → 7

4. Nach dem Experimentieren

- Entsorge Reste nur nach Aufforderung durch den Lehrer in dafür vorgesehene Behälter.
- Räume den Arbeitsplatz auf, wische den Tisch ab und wasche dir die Hände.

Aufgaben

1 ○ Begründe die Regel: „Immer eine Schutzbrille aufsetzen.“

2 ● Diskutiert in der Gruppe mögliche Folgen einer Geruchsprobe direkt aus dem Gefäß.

4 Reagenzglas schräg vom Körper weghalten!

6 Nur mit kleinen Mengen arbeiten!

5 Dämpfe nur zufächeln!

7 Unfälle melden! Abfälle richtig entsorgen!

Aggregatzustände von Stoffen

1 Gestein kann sowohl fest (**A**) als auch flüssig sein (**B**).

Steine sind fest, Wasser ist flüssig und Luft ist ein Gas. Aber das ist nicht immer so: In einem Vulkan können Steine flüssig sein, Wasser gefriert im Winter zu Eis und verdunstet bei Sonnenschein zu Wasserdampf.

Aggregatzustände • Stoffe können fest, flüssig oder gasförmig sein. Diese drei Zustandsarten nennen wir die Aggregatzustände. Welchen Aggregatzustand ein Stoff einnimmt, hängt vor allem von der Temperatur ab. Eis schmilzt bei 0 °C zu Wasser. Wasser siedet bei 100 °C, es entsteht Wasserdampf. Dieser Wasserdampf kann wieder zu flüssigem Wasser werden, wenn er an einer kalten Glasscheibe kondensiert. Wasserdampf kann an kalten Tagen auch direkt zum Feststoff werden. → 2 Dieser feste Raureif kann sich auch wieder in Luft auflösen. Wird ein fester Stoff direkt gasförmig, spricht man vom Sublimieren. Wird ein gasförmiger Stoff wiederum fest, nennt man dies Resublimieren.

2 Eichenblatt mit Raureif

Schmelz- und Siedetemperatur • Die Temperatur beim Übergang vom festen in den flüssigen Aggregatzustand heißt Schmelztemperatur. Die Temperatur beim Übergang vom flüssigen in den gasförmigen Zustand heißt Siedetemperatur. Schmelztemperatur und Siedetemperatur hängen von der Art des Stoffs ab: Soll Sauerstoff flüssig werden, so muss man ihn auf −183 °C abkühlen. Daher ist Sauerstoff auch im Winter immer gasförmig.
Eisen bleibt dagegen bis 1536 °C im festen Aggregatzustand. Daher wird ein Gegenstand aus Eisen auch bei größter Hitze im Sommer nie flüssig.

Teilchenmodell • Das Teilchenmodell ist eine Vorstellung zum Aufbau von Stoffen. Wir stellen uns vor, dass alle Stoffe aus einzelnen kleinsten Teilchen bestehen. Diese sind so winzig, dass man sie nicht sehen kann. Mithilfe des Teilchenmodells kann man die Aggregatzustände von Stoffen beschreiben und erklären.

der Aggregatzustand
die Schmelztemperatur
die Siedetemperatur

Feststoff • Im festen Aggregatzustand halten die kleinsten Teilchen eines Stoffs stark zusammen. Sie liegen dicht an dicht und bewegen sich zitternd an ihren Plätzen. → 3

Flüssigkeit • Wird ein Stoff erwärmt, bewegen sich die kleinsten Teilchen stärker. Ihr Zusammenhalt wird schwächer. Bei Erreichen der Schmelztemperatur wird der Stoff flüssig. Die Teilchen haben nun keine festen Plätze mehr und bewegen sich gegeneinander.

Gas • Bei noch höherer Temperatur bewegen sich die Teilchen noch schneller. Bei Erreichen der Siedetemperatur wird der flüssige Stoff gasförmig. Die Teilchen besitzen keinen Zusammenhalt mehr und verteilen sich im Raum.

Stoffe können fest, flüssig oder gasförmig sein. Der Aggregatzustand eines Stoffs hängt vor allem von der Temperatur ab. Die Aggregatzustände und ihre Übergänge sind mithilfe des Teilchenmodells erklärbar.

Aufgaben

1 ○ Nenne die drei Aggregatzustände.

2 ◐ Beschreibe mithilfe von Bild 3 folgende Vorgänge mit den Fachbegriffen: Nasse Wäsche trocknet; Brille beschlägt; Wasserpfütze gefriert; Morgentau bildet sich; Eiszapfen „verschwindet“; Schokolade wird im Sonnenlicht weich.

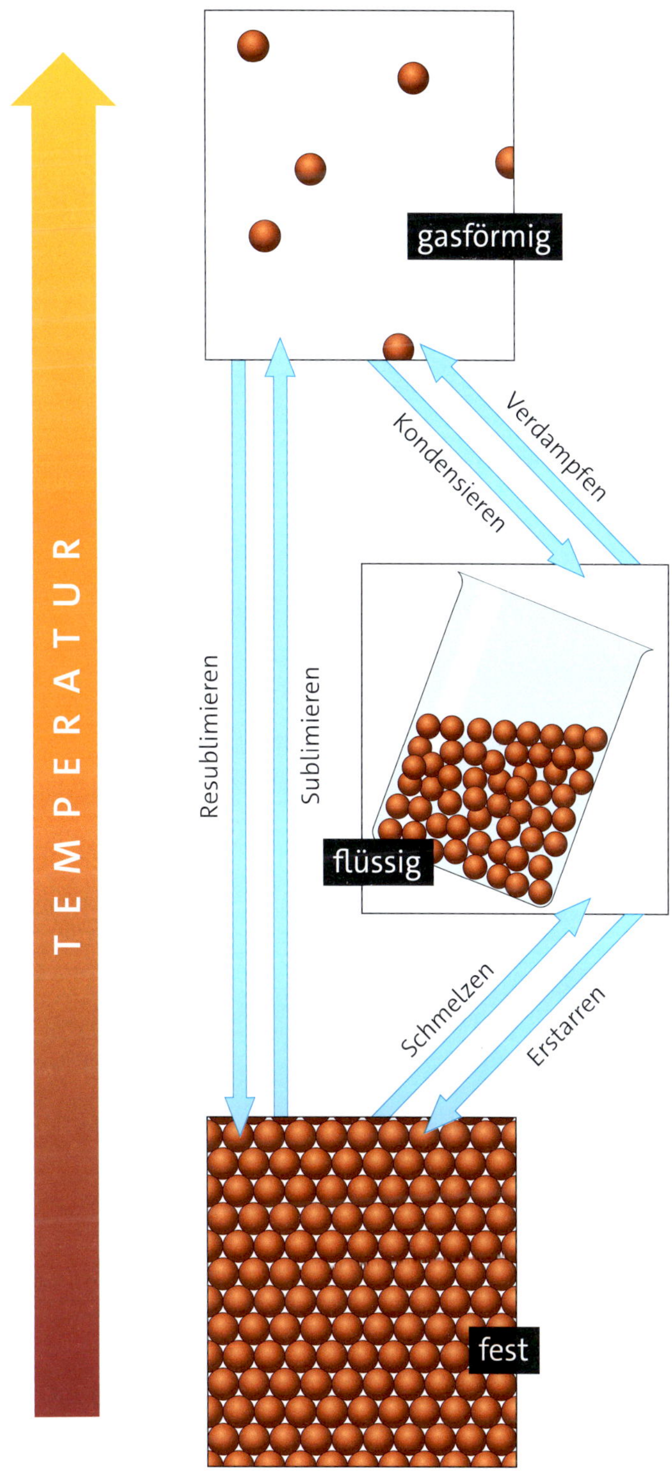

3 Die Übergänge zwischen den drei Aggregatzuständen

Aggregatzustände von Stoffen

Material A

Aggregatzustände verschiedener Stoffe

1 Lies ab, welche der Stoffe bei Zimmertemperatur (20 °C) fest, flüssig oder gasförmig sind. → 1

2 Nenne die Stoffe, die bei:
a 150 °C flüssig sind.
b 80 °C gasförmig sind.
c 100 °C fest sind.

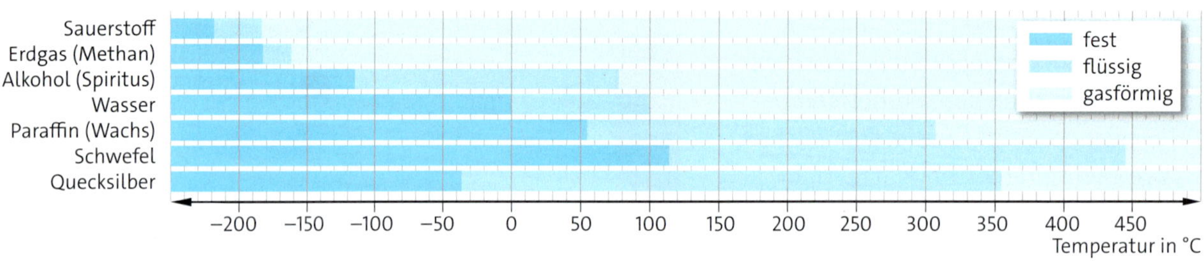

1 Aggregatzustände bei verschiedenen Temperaturen

Material B

Schmelz- und Siedetemperaturen

Die Tabelle in Bild 2 ist etwas durcheinandergeraten.

Stoff	Aggregatzustand bei Raumtemperatur	Schmelztemperatur Siedetemperatur
Aluminium 	flüssig	−272 °C −269 °C
 Spiritus	fest	−114,5 °C 78 °C
 Heliumgas	gasförmig	660 °C 2 743 °C

2

1 Erstelle eine neue Tabelle in deinem Heft und ordne den Stoffen die richtigen Aggregatzustände, Schmelz- und Siedetemperaturen zu.

2 Erweitere deine Tabelle durch die folgenden Stoffe: Blei, Bienenwachs, Eisen, Gold, Heizöl, Kokosfett, Kupfer, Speiseöl, Zink. Recherchiere die Siede- und Schmelztemperaturen der Stoffe im Internet.

3 Füge in deine Tabelle auch Abbildungen der Stoffe oder Abbildungen von Gegenständen aus den jeweiligen Stoffen ein.

Material C

Schmelztemperaturen bestimmen

Materialliste: Heizplatte, Becherglas (250 mL), 3 Reagenzgläser, Thermometer, Spatel, Margarine, Schokolade, Gelatinepulver

1 Baue den Versuch wie in der Zeichnung auf. → 3 Gib dann nacheinander Margarine, Schokolade und Gelatinepulver in jeweils ein Reagenzglas in das kalte Wasserbad und erhitze es vorsichtig. Sobald dein Stoff schmilzt, notierst du diese Schmelztemperatur.

2 ▢ Notiere deine Ergebnisse in einer Tabelle.

3 ◐ Nenne Tipps, wie man Schmelztemperaturen ganz genau bestimmen kann.

4 ◐ Du hast ein Teelicht und ein Thermometer. Beschreibe, wie du damit die Schmelztemperatur von Wachs bestimmen kannst.

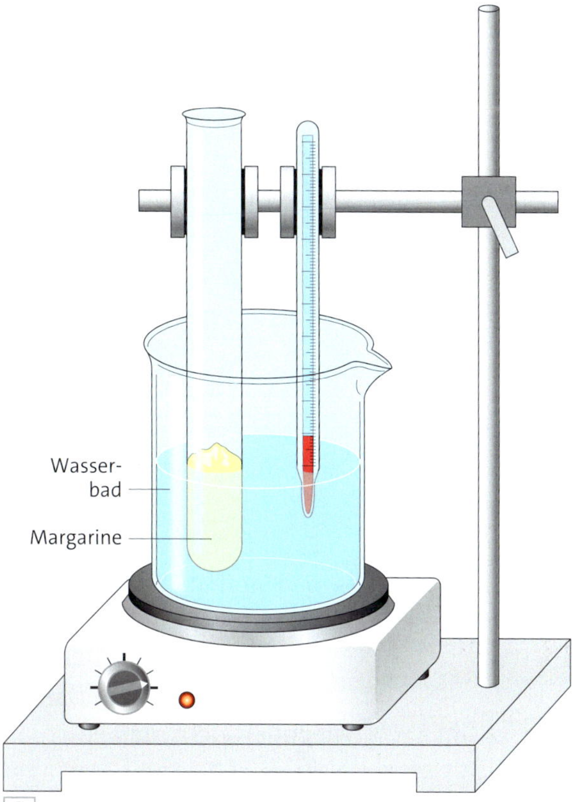

3

Material D

Die Kerze genauer betrachtet

Bei einer brennenden Kerze ist Wachs in allen drei Aggregatzuständen vorhanden.

1 ◐ Beschreibe für das Wachs die Übergänge zwischen den Aggregatzuständen mit den passenden Fachbegriffen.

2 ● Erläutere, was bei den Übergängen der Aggregatzustände mit den kleinsten Wachsteilchen geschieht.

4

Eigenschaften von Stoffen

1 Jeder Schüler soll einen Stoff so beschreiben, dass er eindeutig erkennbar ist.

Es gibt eine riesige Zahl von verschiedenen Stoffen. Teilweise ist es schwierig, sie zu unterscheiden.

Stoffe beschreiben • Das Aussehen von Stoffen kann man beschreiben, zum Beispiel die Farbe, den Aggregatzustand oder die Oberfläche. Es gibt aber auch Stoffe mit ganz ähnlichem Aussehen, zum Beispiel Zucker und Salz. Zur weiteren Unterscheidung kann man auch Geruch und Geschmack testen. Aber: Im Labor dürfen Stoffe nie gekostet werden! Einige andere Stoffeigenschaften können nur mit Experimenten bestimmt werden.

2 Eisen: leichter als Holz?

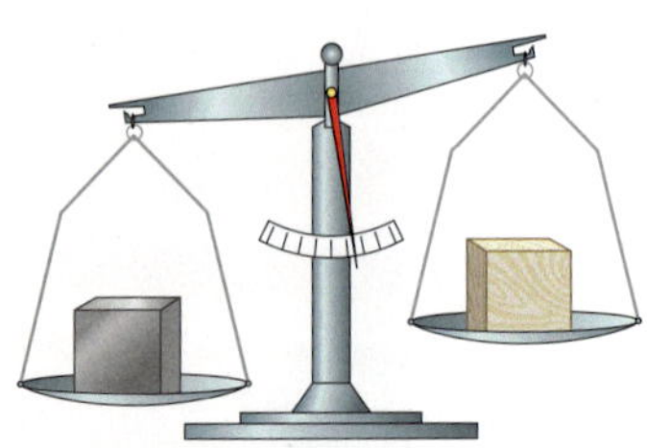

3 Eisen: schwerer als Holz

Stoffsteckbriefe • In einem Stoffsteckbrief werden wichtige Eigenschaften eines Stoffs aufgelistet, wie Aussehen, Aggregatzustand und Geruch.

Dichte • „Eisen ist schwerer als Holz." Das stimmt so nicht, denn ein Eisenschlüssel ist zum Beispiel leichter als ein großer Holzklotz. → 2 Die Aussage stimmt nur, wenn man die Massen gleich großer Gegenstände vergleicht. Ein Würfel aus Eisen ist schwerer als ein gleich großer Würfel aus Holz. → 3 Man sagt: „Eisen hat eine größere Dichte als Holz." Zur Berechnung der Dichte eines Gegenstands muss man den Wert für seine Masse in Gramm (g) durch den Wert für sein Volumen in Kubikzentimetern (cm^3) oder Millilitern (mL) teilen.

$$\text{Dichte} = \frac{\text{Masse}}{\text{Volumen}}$$

Die Dichte wird in $\frac{g}{cm^3}$ oder $\frac{g}{mL}$ angegeben.

die Stoffeigenschaft
der Stoffsteckbrief
die Dichte
die Leitfähigkeit
die Magnetisierbarkeit

Härte • Einige Stoffe lassen sich leicht verformen, andere kaum oder gar nicht. Sie unterscheiden sich in ihrer Härte.

Wärmeleitfähigkeit • Eine Glasflasche aus dem Kühlschrank fühlt sich kalt an. Steht sie eine Weile im Zimmer, wird das Wasser darin warm. Das Glas hat die Temperatur der Umgebung angenommen und an das Wasser im Innern der Flasche weitergeleitet. Diese Eigenschaft nennt man Wärmeleitfähigkeit. Die meisten Metalle haben eine hohe Wärmeleitfähigkeit und werden deshalb beim Bau von Heizkörpern verwendet. Wolle oder Kork leiten Wärme schlecht, sie besitzen eine geringe Wärmeleitfähigkeit. Diese Stoffe werden zur Isolation gegen Wärme oder Kälte genutzt.

Elektrische Leitfähigkeit • Einige Stoffe sind in der Lage, elektrischen Strom zu leiten. Dazu gehören Metalle wie Eisen, Kupfer und Aluminium. Sie werden als Leiter bezeichnet. Holz, Gummi, Glas, Plastik und Porzellan dagegen leiten den elektrischen Strom nicht und werden daher Nichtleiter oder Isolatoren genannt.

Magnetismus • Ein Magnet ist ein Gegenstand, der bestimmte Stoffe anzieht oder abstößt. Magnetisierbare Stoffe wie Eisen werden von Magneten angezogen. Nichtmagnetisierbare Stoffe wie Holz, Gummi, Plastik, Glas oder Porzellan werden nicht von Magneten angezogen.

4 Beim Bau eines Hauses werden wärmeleitende, stromleitende und isolierende Materialien eingesetzt.

Wichtige Stoffeigenschaften sind Aussehen, Geruch, Geschmack, Aggregatzustand, Dichte, Härte, Wärmeleitfähigkeit, elektrische Leitfähigkeit und magnetische Eigenschaften. In einem Steckbief werden die Eigenschaften eines Stoffs aufgelistet.

Aufgaben

1 ○ Nenne sechs Eigenschaften von Stoffen.

2 ◐ Begründe, warum die Schülerin in Bild 1 meint, dass die Beschreibung des Stoffs nicht eindeutig sei.

3 ● Überlege, wo in einem Haus wärmeleitende, stromleitende und isolierende Materialien eingesetzt werden. → 4

Eigenschaften von Stoffen

Methode

Einen Stoffsteckbrief erstellen

In Bild 2 siehst du eine Kugelsammlung aus folgenden Stoffen: Holz, Zellstoff, Kork, Bienenwachs, Glas, Alabaster, Quarz, Zinn und Basalt. Jeder dieser Stoffe hat eine für ihn gültige Kombination an Eigenschaften. Um die Stoffe zu vergleichen und Steckbriefe zu erstellen, untersuchst du die Stoffe systematisch.

1. Stoffeigenschaften mit den Sinnen erkennen Untersuche die Kugel zunächst auf Eigenschaften, die du mit deinen Sinnen erkennen kannst. Beantworte folgende Fragen:
Welche Farbe hat die Kugel?
Ist sie durchsichtig oder undurchsichtig?
Glänzt sie wie Fett, Glas oder Metall?
Hat die Kugel einen typischen Geruch?
Ist die Oberfläche rau, samtig, glatt oder fettig?

2. Stoffeigenschaften mit Experimenten bestimmen Manche Stoffeigenschaften kannst du nicht mit deinen Sinnen erkennen, aber durch Experimente ermitteln.

a Elektrische Leitfähigkeit
Überprüfe mit der Versuchsanordnung aus Bild 1, ob deine Kugel den elektrischen Strom leitet.

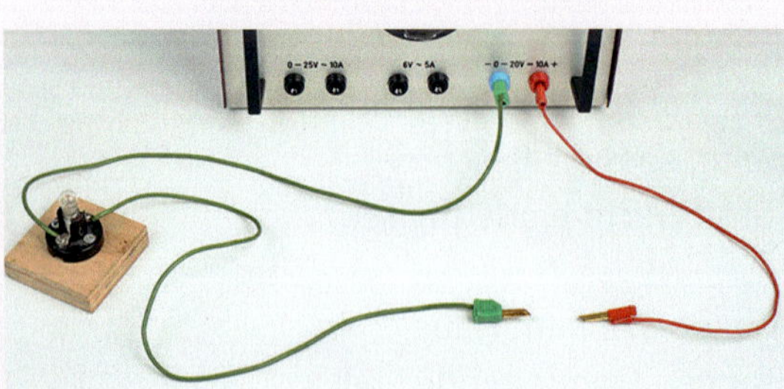

1 Versuchsanordnung

2 Kugeln aus verschiedenen Stoffen

b Magnetisierbarkeit
Überprüfe mithilfe eines Stabmagneten, ob die Kugel magnetisierbar ist.

c Härte
Prüfe mit einem Zahnstocher aus Holz und danach mit einem Eisennagel, ob sich das Material der Kugel ritzen lässt. Teile ein:

mit Zahnstocher ritzbar:	weich
mit Eisennagel ritzbar:	hart
nicht ritzbar:	sehr hart

3. Ergebnisse dokumentieren Fasse nun deine Ergebnisse stichwortartig in einem Steckbrief zusammen. → 3

Stoffsteckbrief: Bienenwachs
Farbe: gelb bis orange
Durchsichtigkeit: durchscheinend
Glanz: schwach fettig glänzend
Geruch: honigartig
Oberfläche: glatt, leicht klebrig
elektrische Leitfähigkeit: nein
Magnetisierbarkeit: nein
Härte: weich

3

Material A

Die Dichte bestimmen

Materialliste: Kubikzentimeterwürfel aus verschiedenen Stoffen (Holz, Eisen, Aluminium, Kupfer, Hartgummi ...) → 4, Waage, Becherglas, Pipette, Wasser, Spiritus, Glycerin, Pflanzenöl

1 Überprüfe, ob es sich um Kubikzentimeterwürfel handelt. Miss dazu die Kantenlänge der Würfel aus und berechne das Volumen.

2 Wiege die Würfel auf der Waage und notiere ihre Massen. → 4

3 Stelle das Becherglas auf die Waage und drücke die Tara-Taste. Gib mit der Pipette genau 10 mL Wasser in das Glas. Notiere die Masse in der Tabelle. → 5 Verfahre für die anderen Flüssigkeiten genauso.

4 Kubikzentimeterwürfel

4 Berechne die Dichte der Feststoffe und der Flüssigkeiten. Trage die Ergebnisse in die Tabelle ein.

Feststoff	**Masse**	**Volumen**	**Dichte**
Eisen	7,9 g	1 cm^3	7,9 $\frac{g}{cm^3}$
...	?	?	?
Flüssigkeit	**Masse**	**Volumen**	**Dichte**
Wasser	10 g	10 mL	1 $\frac{g}{mL}$
...	?	?	?

5 Mustertabelle

Material B

Aus welchem Stoff besteht ein Spitzer?

Materialliste: 20 mL Messzylinder, 2 Metallspitzer (ohne Schneide), Feinwaage

1 Wiege die beiden Spitzer und notiere ihre Masse.

2 Fülle den Messzylinder zur Hälfte mit Wasser. Lies den genauen Füllstand ab und notiere ihn. → 6

3 Lass die Spitzer in das Wasser gleiten und lies den Wasserstand erneut ab. → 6
Berechne das Volumen der beiden Spitzer in mL.

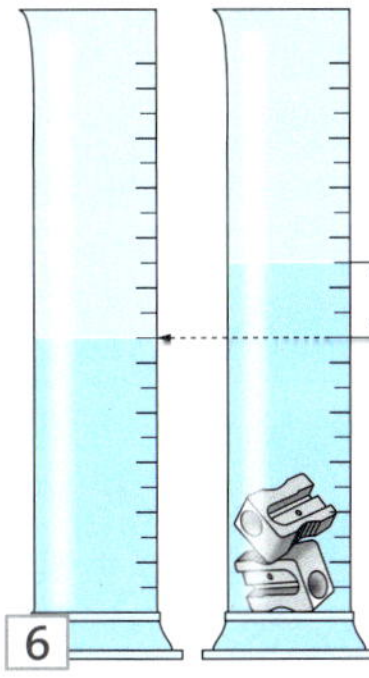

6

4 Berechne die Dichte aus den Werten für Masse und Volumen.

5 Benenne den Stoff, aus dem der Spitzer besteht. → 7

Stoff	**Dichte in $\frac{g}{mL}$**
Eisen	7,9
Magnesium	1,74
Zink	7,17
Silber	10,49
Aluminium	2,7

7 Dichten verschiedener Stoffe

Stoffgruppen unterscheiden

1 Woraus besteht dein Mobiltelefon?

Du verwendest es jeden Tag, um mit Freunden in Kontakt zu sein oder im Internet zu surfen. Aber woraus besteht dein Mobiltelefon?

Stoffgruppen • Stoffe mit einer Kombination gemeinsamer Eigenschaften werden in Stoffgruppen zusammengefasst.

2 Metalle werden in verschiedenen Gegenständen verarbeitet.

Metalle • Einige Teile deines Handys bestehen aus Metall. Du erkennst Metalle daran, dass sie an glatten Oberflächen einen spiegelnden Glanz haben, weil sie das Licht reflektieren. → 2 Metalle leiten elektrischen Strom und Wärme. Sie sind meist leicht verformbar. Einige Metalle, zum Beispiel Eisen, sind magnetisierbar. Der Kern unserer Erde besteht zum größten Teil aus Eisen. Weitere häufige Metalle sind Aluminium, Calcium, Magnesium, Natrium und Kalium. Gold, Silber und Platin werden zur Herstellung von Schmuck verwendet. Sie sind sehr beständig und selten und daher sehr wertvoll.

Salze • Salze lassen sich meist gut in Wasser auflösen. Die wässrigen Lösungen leiten den elektrischen Strom. Salzkristalle sind spröde: Sie knirschen beim Zerdrücken auf fester Unterlage und zerbröseln. Du kennst aus der Küche Kochsalz, Soda und Natron. → 3 Salzartige Stoffe kommen auch in einigen Handy-Displays vor und sorgen dafür, dass du ein farbiges Bild siehst.

Steinartige Stoffe • Diese Stoffgruppe ist von der Menge her die größte der Welt. Zu ihr zählen alle Bestandteile unserer Gesteine, zum Beispiel Granit. Auch Glas, Porzellan und Ton gehören zu den steinartigen Stoffen. Diese Stoffe sind spröde und schmelzen erst bei hohen Temperaturen. Sie sind nicht löslich in Wasser und leiten den elektrischen Strom nicht. Die Front deines Handys besteht aus Glas.

die Stoffgruppe
die Metalle
die Salze
die steinartigen Stoffe
die flüchtigen Stoffe

Kunststoffe • Kunststoffe, Baumharz und Bernstein werden in der Hitze weich oder zersetzen sich. Sie haben einen harzartigen Charakter. In Wasser sind sie meist nicht löslich und den elektrischen Strom leiten sie auch nicht. Die Schutzhülle deines Handys, Teile der SIM-Karte und viele innere Bauteile bestehen aus Kunststoff. → 5

Leichtflüchtige Stoffe • Stoffe mit niedrigen Schmelz- und Siedetemperaturen bezeichnet man als leichtflüchtig. Zu dieser Gruppe zählen die Gase in unserer Luft und leicht verdampfbare Flüssigkeiten wie Spiritus und Essig. Auch leicht schmelzende Feststoffe wie Wachs zählen dazu. Leichtflüchtige Stoffe besitzen eine geringe Härte und sind weder magnetisierbar noch leiten sie den elektrischen Strom.

Weitere Stoffgruppen • Je nachdem, ob man andere gemeinsame Eigenschaften, den Verwendungszweck oder die Herkunft von Stoffen betrachtet, kann man viele weitere Stoffgruppen zusammenstellen. So werden zum Beispiel alle Stoffe, von denen Gefahren ausgehen, als Gefahrstoffe zusammengefasst oder Stoffe natürlichen Ursprungs als Naturstoffe.

Metalle sind verformbar und metallisch glänzend. Sie leiten Wärme und den elektrischen Strom. Andere Stoffgruppen wie Salze, Kunststoffe, steinartige und leichtflüchtige Stoffe besitzen ebenfalls eine Kombination an gemeinsamen Eigenschaften.

3 Natron – ein Salz aus der Küche

4 Granit, Porzellan, Glas

5 Teile deiner SIM-Karte bestehen aus Kunststoff.

Aufgaben

1 ○ Nenne vier Eigenschaften, mit denen du Metalle von Kunststoffen unterscheiden kannst.

2 ◐ Ordne fünf Stoffe in deiner Umgebung den Gefahrstoffen und Naturstoffen zu.

3 ● Für die Einrichtung im Badezimmer werden oft steinartigen Stoffe wie Granit, Porzellan oder Glas verwendet. → 4 Begründe dies.

Stoffgruppen unterscheiden

Material A

Zwei Magnete

Ermittle Regeln zur Anziehung und Abstoßung von Magneten.

Materialliste: 2 rot-grüne Stabmagneten, Eisenstück

1 Bewege die Enden zweier Stabmagneten aufeinander zu. Probiere dabei alle möglichen Kombinationen aus.

2 Bewege nun einen Stabmagneten und ein Eisenstück aufeinander zu.

1 Verschiedene Magnete

Probiere auch hier alle möglichen Kombinationen aus.

3 ◐ Skizziere deine Versuchsanordnungen und deine Beobachtungen.

4 ● Formuliere eine Regel zur Anziehung und Abstoßung von Magneten sowie zum Erkennen von Eisen.

Material B

Welche Münzen sind magnetisch?

Materialliste: Cent- und Euromünzen, Magnet

1 Untersuche, welche Münzen magnetisierbar sind, also von einem Magneten angezogen werden.
○ Erstelle eine Tabelle mit deinen Ergebnissen. → 2

2 ○ Ergänze in deiner Tabelle zu jeder Münze die enthaltenen Metalle. → 3

3 ◐ Nur zwei der enthaltenen Metalle sind magnetisierbar. Welche? Begründe deine Entscheidung.

Münze	Magnetisierbar?	Enthaltene Metalle
1 Cent	?	?
2 Cent	?	?
5 Cent	?	?
...	...	...

2 Mustertabelle

Metalle in Geldmünzen

Die rötlichen Cent-Stücke bestehen aus Eisen mit einem Überzug aus Kupfer.

Die goldglänzenden Cent-Stücke bestehen aus einem Schmelzgemisch aus Kupfer, Aluminium, Zink und Zinn.

Der innere Teil der 1-Euro-Münze besteht aus einem Schmelzgemisch aus Kupfer und Nickel. Der äußere Teil enthält zusätzlich Zink. Bei der 2-Euro-Münze ist es umgekehrt.

3

Material C

Wärmeleitfähigkeit

Verschiedene Metalle leiten Wärme unterschiedlich gut.

4 Mit diesen Materialien kannst du herausfinden, welches Metall Wärme am besten leitet.

1 Erkläre mit eigenen Worten, was man unter Wärmeleitfähigkeit versteht.

2 Plane mit den Gegenständen in Bild 4 einen Versuch, mit dem man Aluminium, Eisen und Kupfer nach ihrer Wärmeleitfähigkeit sortieren kann.

3 Führe den Versuch durch und erstelle ein Versuchsprotokoll.

Material D

Getränkeverpackungen

Materialliste: Getränkekarton einer H-Milch, Schere, Kleber

Getränkeverpackungen für H-Milch bestehen nicht nur aus einem Stoff, sondern aus drei Schichten verschiedener Stoffe. Die innerste Schicht ist aus Aluminium. Aluminium ist ein leichtes Metall und bildet für Sauerstoff und Licht eine Barriere. Das Getränk in der Verpackung ist länger haltbar, wenn es nicht mit Sauerstoff und Licht in Kontakt kommt. Die mittlere Schicht ist aus stabilem Papier. Die äußerste Schicht ist aus Kunststoff, der das Papier vor Durchnässung von außen schützt.

5

1 Schneide aus einer Getränkeverpackung ein kleines Stück aus. Trenne die Schichten voneinander.

2 Erstelle eine Skizze vom Aufbau einer Getränkeverpackung. Beschrifte die verschiedenen Schichten und klebe jeweils das passende Stück dazu.

3 Begründe, warum gerade die genannten Stoffe für die Verpackung verwendet werden. → 5

4 Nenne weitere Gegenstände, die aus verschiedenen Stoffen bestehen, und begründe die Verwendung der Stoffe anhand ihrer Eigenschaften.

Stoffgruppen unterscheiden

Erweitern und Vertiefen

Kennzeichnung von Gefahrstoffen

Bei der Durchführung von Experimenten musst du über die Gefahren von Chemikalien Bescheid wissen. Die wichtigsten Informationen über die Gefahren und den sicheren Umgang mit dem jeweiligen Gefahrstoff findest du auf dem Etikett. → 1 Dort findest du das Gefahrenpiktogramm und die Signalwörter. Zusätzlich sind Gefahrenhinweise, die sogenannten H-Sätze, und Sicherheitshinweise, die sogenannten P-Sätze, angegeben. Auch die Gefahrstoffe im Haushalt werden nach diesem System gekennzeichnet. → 2

Gefahrenpiktogramme • Die neun Gefahrenpiktogramme geben eine schnelle Information über die Hauptgefahr, die von einem Stoff ausgeht. → 3

Signalwörter • Es gibt zwei verschiedene Signalwörter, die sofort über den Gefährdungsgrad eines Stoffs oder eines Stoffgemischs Auskunft geben.

GEFAHR für schwerwiegende Gefahrenkategorien

ACHTUNG für weniger schwerwiegende Gefahrenkategorien

Gefahrenhinweise und Sicherheitshinweise • Durch die H-Sätze (englisch **H**azard: Gefahr) wird angegeben, ob von den Stoffen physikalische Gefahren, Gesundheitsgefahren oder Umweltgefahren ausgehen.

Durch die P-Sätze (englisch **P**recautionary: vorbeugend) werden Vorsorgemaßnahmen beim Umgang mit dem Stoff oder Hinweise zu seiner Entsorgung gegeben.

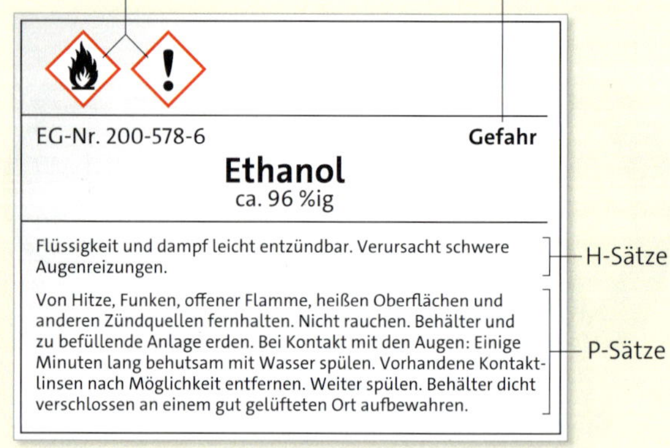

1 Etikett für Ethanol (Brennspiritus)

2 Gefahrstoffe gibt es auch im Haushalt.

Aufgaben

1 ○ Informiere dich über die Gefahren, die von Essigsäure ausgehen.

2 ◐ Nenne zu drei Piktogrammen jeweils einen Stoff, der dieses Piktogramm trägt. → 3

3 ● Begründe den P-Satz „Von Zündquellen fernhalten – nicht rauchen“ für Brennspiritus.

Gefahren-piktogramm	Die gekennzeichneten Stoffe und Gemische ...	Signalwort
	können sich selbst zersetzen, können explodieren.	Gefahr oder Achtung
	sind entzündbar, können sich selbst erhitzen, entwickeln bei Berührung mit Wasser entzündbare Gase.	Gefahr oder Achtung
	haben eine brandfördernde Wirkung.	Gefahr oder Achtung
	stehen unter Druck (gilt für Gase).	Achtung
	verursachen Verätzungen der Haut und schwere Augenschäden.	Gefahr oder Achtung
	sind giftig, bereits in geringen Mengen lebensgefährlich.	Gefahr
	sind gesundheitsschädlich, verursachen Haut- und/oder Augenreizungen, allergische Reaktionen, Reizungen der Atemwege, Schläfrigkeit und Benommenheit.	Achtung
	können beim Verschlucken und Eindringen in die Atemwege tödlich sein, können Organe schädigen.	Gefahr oder Achtung
	sind giftig für Wasserorganismen.	Achtung

3 Kennzeichnung von Gefahrstoffen mit Piktogrammen

T+: sehr giftig T: giftig	Xn: gesundheits schädlich Xi: reizend	E: explosions-gefährlich	F+: hoch entzündlich F: leicht entzündlich	C: ätzend	O: brand-fördend	N: umwelt-gefährlich

4 Diese Gefahrensymbole dürfen seit dem 01.06.2015 nicht mehr aufgebracht werden. Du findest sie teilweise noch auf alten Gefäßen.

Reinstoffe und Stoffgemische

1 Schon beim Frühstück begegnen dir Stoffgemische, zum Beispiel dein Müsli.

2 Eine Plastikflasche besteht aus PET, einem Reinstoff.

Zum Frühstück gibt es oft Müsli. Es besteht meist aus Haferflocken, Früchten, Nüssen und Milch.

Stoffgemische und Reinstoffe • Müsli ist ein Stoffgemisch. Wenn du zum Beispiel keine Rosinen magst, kannst du das Stoffgemisch durch Aussortieren der Rosinen leicht trennen. Wenn sich ein Stoff nicht weiter auftrennen lässt, handelt es sich um einen Reinstoff.
Unser Hausmüll ist ebenfalls ein Stoffgemisch, ein Gemenge aus festen Stoffen. Es besteht aus verschiedenen Stoffen wie Glas, Plastik und Papier. Wir trennen diese Stoffe und sammeln sie in unterschiedlichen Abfalltonnen. Die Müllabfuhr bringt die Stoffe zu Recyclinganlagen. Dort werden diese Wertstoffe aufbereitet und zu neuen Produkten verarbeitet.

Suspensionen und Lösungen • Wird ein fester Stoff in einer Flüssigkeit gelöst, entsteht ebenfalls ein Stoffgemisch. Beim Verrühren von Erde in Wasser entsteht zum Beispiel Schlamm. Die festen Bestandteile der Erde sind im Schlamm noch gut zu erkennen. Man bezeichnet das Gemisch als Suspension.
Es gibt auch Stoffgemische, denen man nicht ansieht, dass es sich um Gemische handelt, wie zum Beispiel Salzwasser. Das Salz im Wasser kannst du selbst mit dem Mikroskop nicht mehr erkennen. Ein solches Gemisch bezeichnet man als Lösung.
Stoffgemische wie Schlamm oder Salzwasser kann man nicht durch Aussortierten trennen. Man braucht andere Trennverfahren. Mit dem passenden Verfahren lassen sich aber auch diese Stoffgemische in Reinstoffe trennen.

der Reinstoff
das Stoffgemisch
die Suspension
die Lösung
das Trennverfahren

Sedimentieren und Dekantieren • Suspensionen aus Flüssigkeiten und groben Feststoffen kannst du trennen, indem du das Gemisch einfach stehen lässt. Die Feststoffe setzen sich auf dem Boden des Gefäßes ab. Diesen Bodensatz nennt man Sediment und den Vorgang Sedimentieren. Dann gießt du die überstehende Flüssigkeit ab. Dies nennt man Dekantieren. Auf diese Weise kannst du Schlamm in Erde und Wasser auftrennen. → 3

Filtrieren • Suspensionen aus Flüssigkeiten und feineren Feststoffen werden mithilfe eines Filters voneinander getrennt. Dazu faltest du einen Rundfilter zu einem Viertelkreis und legst ihn dann in einen Trichter ein. Anschließend gibst du das Stoffgemisch in den Trichter. Die Feststoffe bleiben als Rückstand im Filter, die Flüssigkeit fließt durch den Filter und landet als Filtrat im Auffanggefäß. → 4

Eindampfen • Lösungen aus Flüssigkeiten und Feststoffen, wie zum Beispiel Salzwasser, können durch Eindampfen getrennt werden. Dazu gibst du das Gemisch in ein Uhrglas und platzierst es auf einem Agraffenofen. → 5 Du erhitzt das Gemisch so lange, bis der flüssige Anteil verdampft ist. Das Salz bleibt im Uhrglas als Rückstand zurück

Stoffgemische lassen sich durch verschiedene Verfahren trennen. Stoffe, die sich nicht weiter trennen lassen, sind Reinstoffe.

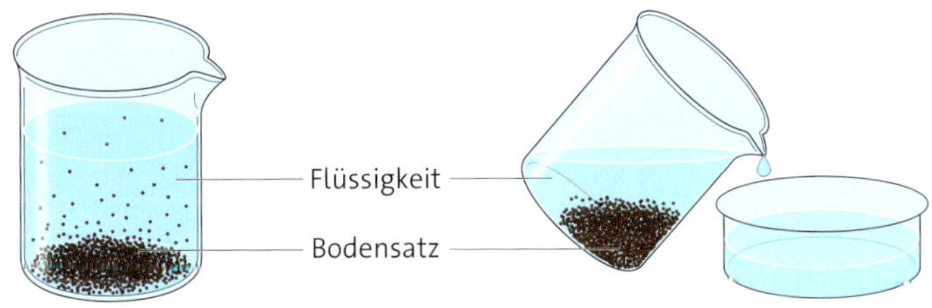

3 Sedimentieren und Dekantieren

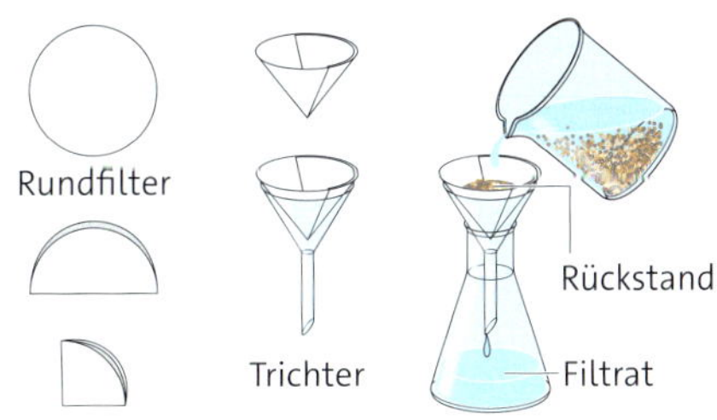

4 Stofftrennung durch Filtrieren

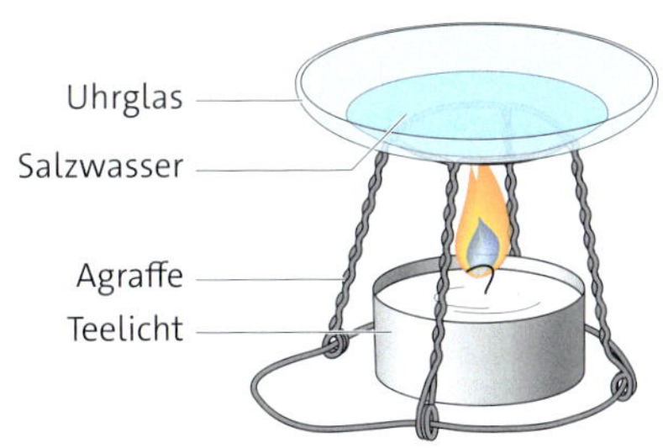

5 Stofftrennung durch Eindampfen

Aufgaben

1 Reinstoffe und Gemische in der Küche:
a ○ Nenne jeweils zwei.
b ◐ Begründe, warum es Reinstoffe oder Gemische sind.

2 In Salzgärten wird Salz aus Salzwasser gewonnen (Bild → S. 235).
a ○ Benenne das Trennverfahren, das hier angewandt wird.
b ● Beschreibe das Verfahren.

Reinstoffe und Stoffgemische

Material A

1 Robin Son ist auf einer einsamen Insel gestrandet.

Gerettet – aber woher bekommt man Trinkwasser?

Robin Son war auf einem Schiff im tropischen Pazifik unterwegs. Unglücklicherweise ist das Schiff in einem Sturm in Seenot geraten. Doch Robin hat Glück im Unglück – er ist auf einer Insel gestrandet. Zu seinem Pech gibt es auf der Insel kein Trinkwasser. Nur Salzwasser, das durch die Brandung mit Sand verunreinigt ist, steht ihm am Strand zur Verfügung.
Die Insel ist unbewohnt und hat natürlich auch kein Klärwerk. Immerhin ist aber die Holzkiste mit Robins Küchenausrüstung angeschwemmt worden. → 2

2 Diese Geräte befinden sich in der angeschwemmten Holzkiste.

1 Plane einen Versuch, mit dem Robin Son den Sand aus dem Wasser entfernen kann. Erstelle dazu eine beschriftete Versuchsskizze.

2 Wie lassen sich Salz und Wasser trennen?
Und wie kann Robin das salzfreie Wasser auffangen? Plane einen Versuch und erkläre ebenfalls mithilfe einer beschrifteten Skizze.

3 Robin hat zum Abendessen einen Fisch gefangen und möchte ihn mit Salz würzen. Beschreibe, wie er aus dem Meerwasser körniges Salz gewinnen kann.

Material B

Woraus bestehen Smarties?

Materialliste: 2 Uhrgläser, Löffel, Sektverschluss (Agraffe), Uhrglas, Teelicht, Streichhölzer, heißes und kaltes Wasser, Smartie, Schutzbrille

1 Schwenke ein ganzes blaues Smartie in sehr wenig kaltem Wasser (ein Teelöffel), bis sich der Farbstoff aufgelöst hat.
Nimm das Smartie aus dem kalten Wasser und schwenke es nun kurz in wenig heißem Wasser, bis es seine weiße Farbe verliert. → 3
Gieße die Lösung ab und dampfe sie vorsichtig auf dem Agraffenofen ein. Trage dabei eine Schutzbrille!

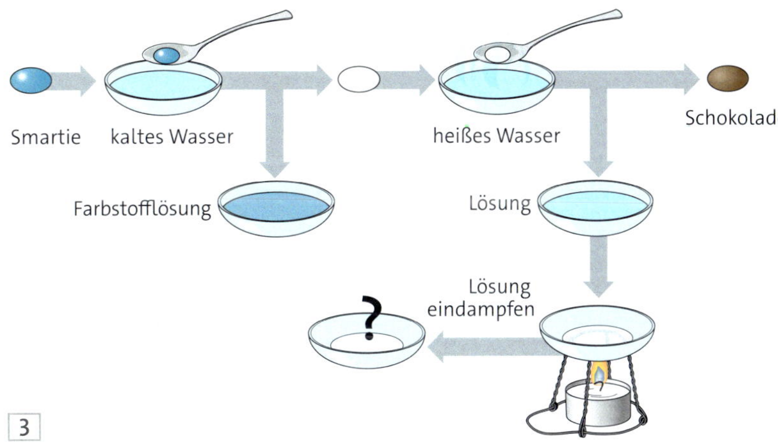

3

2 Schau auf die Verpackung. ◔ Stelle Vermutungen an, welche Inhaltsstoffe nach dem Eindampfen zurückbleiben.

Material C

Filzstiftdetektive

Jemand hat mit schwarzem Filzstift in deinen Notizblock gekritzelt. Mithilfe der Papierchromatografie findest du heraus, wer der Täter war.

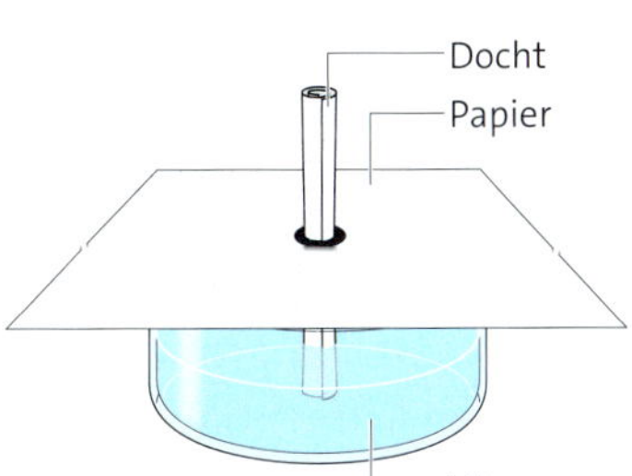

4

Materialliste: schwarze Filzstifte deiner Mitschüler (verschiedene Hersteller), Löschpapier, flache Gefäße, Wasser

1 Schneide ein Löschpapier in mehrere Stücke. Male mit jedem Stift einen dicken Punkt auf ein Papierstück. Rolle aus weiteren Papierstücken „Dochte" und stecke sie durch die gemalten Punkte. Lege die Papierstücke auf die Gefäße. Die Dochte müssen ins Wasser ragen, die Papierstücke nicht. → 4

2 ○ Vergleiche die entstandenen Farbmuster und beschreibe deine Beobachtungen. → 5

5 Ein mögliches Ergebnis.

Müll trennen, Materialien sortieren

1 Jede Mülltonne hat eine bestimmte Farbe.

Wir produzieren viele verschiedene Arten von Müll. Bei uns in Deutschland wird der Müll daher schon zu Hause vorsortiert und getrennt abgeholt.

Wertstoffe • Einen wichtigen Teil unseres Mülls bilden die sogenannten Wertstoffe. Pro Einwohner sind das etwa 32 Kilogramm im Jahr. Wertstoffe werden in Wertstofftonnen oder in „gelben Säcken“ gesammelt. Alles, was den „Grünen Punkt“ trägt, gehört zu den Wertstoffen. → 2 Das können zum Beispiel Joghurtbecher aus Kunststoff oder Milchverpackungen sein. Seit 1991 gibt es dazu ein Gesetz. Laut diesem Gesetz müssen die Hersteller die Verpackungen zurücknehmen und wiederverwerten. Die Wertstoffe werden so aufbereitet, dass sie erneut oder für andere Zwecke verwendet werden können. Man nennt diesen Vorgang Recycling. Die Kosten dafür trägt der Verbraucher, denn sie werden auf den Verkaufspreis aufgeschlagen.

2 Grüner Punkt

Papier • Mengenmäßig noch wichtiger ist der Müll aus Papier und Pappe. Altpapier wird in Papiertonnen gesammelt. Bei Papier liegt die Wiederverwertungsquote bei vorbildlichen 83 %. Aus diesem sogenannten recycelten Papier werden zum Beispiel Kartons hergestellt. Auch Schulhefte aus recyceltem Papier sind vielerorts erhältlich.

Glas • Glas lässt sich sehr gut wiederverwerten. Einwegglas wird farblich getrennt gesammelt, danach von Metallresten getrennt und anschließend geschmolzen. Dann kann es wieder zu Flaschen oder Gläsern geformt werden. Mehrwegflaschen werden im Geschäft zurückgenommen, gründlich gereinigt und erneut verwendet.

Metalle • Konservendosen gehören in den Wertstoffmüll. Elektroschrott wird getrennt gesammelt. Für große Metallabfälle gibt es den Schrotthändler oder den Wertstoffhof. Wertvolles Metall ist auch in Handys enthalten.

der Wertstoff
das Recycling
der Biomüll
der Sperrmüll
der Problemmüll

Biomüll • Vor allem in der Küche und im Garten fällt Biomüll an. Auf dem Kompost verrotten diese Materialien vollständig. Da aber nicht jeder Haushalt einen Komposthaufen hat, gibt es in manchen Gemeinden Biotonnen. Deren Inhalt wird in große Kompostierungsanlagen gebracht.

Sperrmüll • In jedem Haushalt fällt auch Müll an, der zu sperrig für die Mülltonne ist. Dieser Sperrmüll wird mit speziellen Fahrzeugen eingesammelt, gepresst und dann in Trennanlagen sortiert oder verbrannt.

Problemmüll • Lacke und Batterien zählen zum Problemmüll. Ihre Wiederverwertung ist sehr aufwendig, teilweise sogar unmöglich. Dennoch ist es wichtig, sie sachgerecht zu entsorgen. Energiesparlampen enthalten giftiges Quecksilber. Daher gibt es eine Rücknahmepflicht der Hersteller.

Abfall vermeiden • Restmüll, der nicht wiederverwertet wird, landet auf Mülldeponien oder er wird in Müllverbrennungsanlagen verbrannt. Diese Deponien und Anlagen müssen streng überwacht und von der Umwelt abgegrenzt werden. Es ist deshalb sehr wichtig, Müll zu vermeiden. Wenn kein Abfall entsteht, muss er auch nicht entsorgt werden.

Durch Mülltrennung können Stoffe wiederverwertet werden. Das spart Deponieraum und schont die Umwelt.

3 Die „gelbe Tonne" – was gehört hinein?

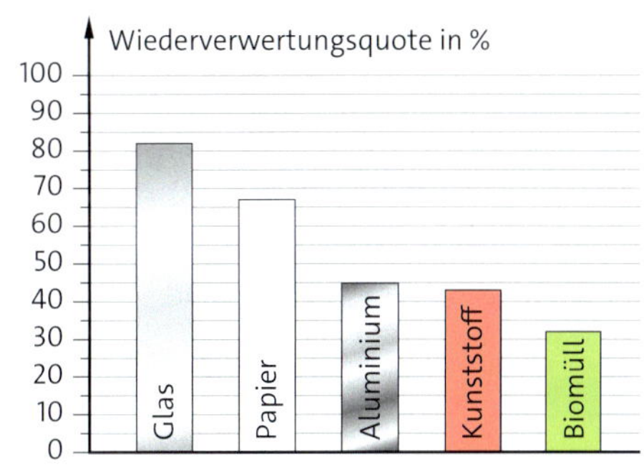

4 Wiederverwertungsquote nach Material

Aufgaben

1 ▢ Nenne für jede Müllsorte zwei Beispiele.

2 ◔ Erstelle eine Tabelle zu den Müllsorten und sortiere folgende Gegenstände ein: Metalldeckel, Joghurtbecher, benutztes Papiertaschentuch, Filzstift, verschimmeltes Brot,Quecksilberthermometer, eingetrocknete Wandfarbe, Zeitung, Katalog.

3 ● Begründe, warum Müllvermeidung besser ist als die Wiederverwertung von Müll.

Müll trennen, Material sortieren

Material A

Schwimm-Sink-Trennung

Bevor die verschiedenen Kunststoffsorten in unserem Müll wiederverwertet werden können, müssen sie voneinander getrennt werden.

Kunststoff	Dichte
PE (Polyethylen) z. B. Tintenpatronen	$0{,}92\,\frac{g}{mL}$
PS (Polystyrol) z. B. Joghurtbecher	$1{,}04\,\frac{g}{mL}$
PET (Polyethylen-terephthalat) z. B. Trinkflaschen	$1{,}38\,\frac{g}{mL}$

1 Kunststoffe und ihre Dichten

Materialliste: Kunststoffabfälle aus PE, PS und PET, Schere, Seitenschneider, Becherglas, Löffel, Sieb, Salz, Papiertücher

1 Zerkleinere die Gegenstände aus Kunststoff und vermische alles. Gib das Gemisch in ein Becherglas mit Wasser. Rühre um. → 2

2

2 Entferne die oben schwimmende Schicht mit dem Löffel und lege alles auf ein Tuch.

3 Füge löffelweise Salz in das Becherglas und rühre um. Schöpfe wieder die oberste Schicht ab und lege alles auf ein weiteres Papiertuch.

4 Trenne mit dem Sieb die verbliebenen Kunststoffstücke von der Salzlösung.

5 ● Erkläre, wie die Schwimm-Sink-Trennung funktioniert.

Material B

Mehrweg gegen Einweg

Verwirrung beim Getränkekauf: Es gibt Pfandflaschen aus Glas, Pfandflaschen aus Kunststoff, Einwegflaschen ...

3 Werbung für Mehrwegflaschen

Mehrwegflaschen aus Glas können bis zu 50-mal neu befüllt werden. Glas ist stabil, geschmacksneutral und gut zu reinigen. Mehrwegflaschen aus Kunststoff werden bis zu 20-mal befüllt.

Einwegflaschen aus Glas wandern nach Gebrauch direkt in den Glascontainer. Sie werden eingeschmolzen und zu neuen Flaschen geformt. Einwegflaschen aus Kunststoff werden nach Gebrauch zerkleinert und der Kunststoff wiederverwertet.

1 Es gibt Einweg- und Mehrwegflaschen.

a ◯ Beschreibe den generellen Unterschied.

b ◐ Nenne je zwei Beispielgetränke.

2 ◐ Begründe, warum Pfand auf Einwegflaschen aus Kunststoff erhoben wird.

3 Finde heraus, ob bei dir zu Hause Einweg- oder Mehrwegflaschen benutzt werden.

Langzeitversuch zum natürlichen Recycling

Manchmal brauchen Naturwissenschaftler viel Geduld beim Experimentieren. Sie bauen Versuche auf, die dann über Tage und Wochen dauern. In der Wetter- und Klimaforschung und bei Versuchen mit Lebewesen laufen Experimente manchmal sogar über Monate oder Jahre.
Hier wird ein Langzeitversuch vorgestellt, bei dem du wochenlang beobachtest und dokumentierst. Du untersuchst, welche Materialien auf dem Kompost vollständig verrotten, also welche Materialien die Natur zurücknimmt und abbaut.

Materialliste: flache, durchsichtige Plastikschälchen mit Deckel (z. B. für Fleischsalat), Blumenerde, Klebeetiketten, briefmarkengroße Materialstücke: Aluminium, Eisen, Kupfer, Papier, Pappe, Kork, Holz, Glas, Porzellan, Gips, verschiedene Kunststoffe, Textilien, Brotrinde, Wachs, Fett, Seife, Schokolade, Wurst, Käse, Speck, Obstschalen

4 Materialien für den Langzeitversuch

1. Versuch aufbauen Lege jeweils ein Material auf den Boden der Schale. Fülle die Schale dann randvoll mit Blumenerde, die du mit etwas Wasser anfeuchtest. → 4
Drücke sie gut fest. Verschließe die Dosen gut und halte sie die ganze Zeit über verschlossen. Klebe ein beschriftetes Etikett mit der Materialbezeichnung darauf.

2. Beobachten und Dokumentieren Stelle die Dosen mit dem Boden nach unten in einen Raum mit Zimmertemperatur. Fertige eine Liste mit allen Materialien an, die du testest. Betrachte in der ersten Woche täglich deine Dosen. Ändern die Materialproben ihr Aussehen? Notiere die Veränderungen oder notiere „unverändert". Gib jeweils das Datum deiner Beobachtung an. → 5

Material	Veränderung	Datum
Aluminium	?	?

5 Mustertabelle

In den fünf folgenden Wochen betrachtest du die Materialproben alle zwei Tage.

3. Entsorgen Nach sechs Wochen wird der Versuch beendet. Gib alle verschlossenen Dosen mit ihrem Inhalt in den Hausmüll.

4. Fazit ziehen Notiere unter deiner Tabelle dein Versuchsergebnis. Welche Materialien verrotten vollständig, sodass ihre Abfälle auf dem Kompost entsorgt werden können?

Umwandlung von Stoffen

1 Auf einem Grill wird Essen zubereitet.

Seit Urzeiten nutzt der Mensch das Feuer. Es verbreitet Wärme und Behaglichkeit und hilft bei der Zubereitung von Nahrung. Doch was passiert eigentlich bei der Verbrennung von Stoffen?

Verbrennung • Wird von brennbaren Stoffen gesprochen, denken wir oft nur an Holz oder Heizöl. Aber auch Kunststoffe und sogar Metalle sind brennbar. In Müllverbrennungsanlagen werden die brennbaren Anteile unseres Abfalls verbrannt. Bei Verbrennungsvorgängen wird Energie als Licht und Wärme freigesetzt. → 1
Die Ausgangsstoffe werden durch Verbrennungsvorgänge in andere Stoffe umgewandelt, die neue Eigenschaften haben. Deswegen wird eine Verbrennung als Stoffumwandlung bezeichnet.

Korrosion • Manche Stoffe reagieren auch ohne Flammenbildung mit Sauerstoff. Eisen oder Stahl wandeln sich durch Kontakt mit Sauerstoff und Wasser zu Rost um. Diese Verwitterung kannst du beispielsweise bei Metallzäunen sehen. → 2
Man nennt diesen Vorgang Korrosion. Auch sie ist eine Form der Stoffumwandlung.

2 Rost an einem Metallgeländer

die Verbrennung
die Korrosion
die Biosynthese
der Stoffabbau

Biosynthesen • In ihren grünen Blättern wandeln Pflanzen Wasser und Kohlenstoffdioxid in Zucker und Sauerstoff um. → 3 Dieser Vorgang heißt Fotosynthese. Für unser Leben auf der Erde ist es die bedeutendste Stoffumwandlung. Zucker wird in den Pflanzen zu Stärke, Zellstoff und anderen Pflanzenbausteinen umgewandelt.

Natürlicher Stoffabbau • Pflanzliches und tierisches Material wird bei der Kompostierung, beim Verfaulen, Verschimmeln und Verwesen in seine Bestandteile zersetzt. → 4 Diese Umwandlungen finden in der Natur überall und ständig statt.

Thermische Zersetzungen • Wärme und Hitze können Umwandlungen in Stoffen verursachen. Wir nutzen dies bei der technischen Herstellung von Gips und Kalk → 5 , aber auch beim Backen, Braten und Grillen. → 1

Elektrochemische Reaktionen • Ohne diese Umwandlungen könntest du kein Smartphone und keine Taschenlampe betreiben. Alles, was in Batterien und Akkus geschieht, ist mit der Veränderung von Stoffen verknüpft.

Farbreaktionen • Bei manchen Umwandlungen entstehen oder verändern sich farbige Stoffe. Dein Tintenkiller löst zum Beispiel eine Farbreaktion aus.

Stoffe werden durch Stoffumwandlungen in neue Stoffe mit neuen Eigenschaften umgewandelt.

3 Blattgrün: Ort der Fotosynthese

4 Zersetzung von Holz

5 Kalkwerk in Steeden: Stoffumwandlung für die Baustelle

Aufgaben

1 ○ Nenne drei Formen der Stoffumwandlung.

2 ◐ Nenne vier weitere Gegenstände, die rosten können.

3 ◐ Überlege, wo bei deinen Sachen Batterien und Akkus verwendet werden. Erstelle eine Liste.

Umwandlung von Stoffen

Material A

Eisen in feuchter Luft

1 Versuchsaufbau

Eine gut sichtbare Stoffumwandlung gelingt dir, wenn du Eisen der feuchten Luft aussetzt.

Materialliste: Schraubglas mit Deckel, Gegenstand aus Eisen: Eisennagel, Büroklammer oder Eisenwolle

1 Befeuchte den Gegenstand aus Eisen mit Wasser.

2 Gib den gut befeuchteten Gegenstand in ein Schraubdeckelglas und verschließe es mit dem Deckel. → 1

3 Beobachte die Veränderungen im Glas nach zwei Stunden, nach einem Tag, nach zwei Tagen ... und notiere sie. → 2

Zeitpunkt	Beobachtung
nach 2 Stunden	?
...	?

2

4 ▢ Öffne das Glas nach einer Woche und beschreibe das Aussehen des Eisenmaterials.

Material B

Farbreaktionen: Blue Bottle

Du kannst mit dem Jeansfarbstoff Indigo Farbreaktionen durchführen. Du lässt ihn scheinbar verschwinden und „zauberst" ihn wieder herbei.

Materialliste: PET Getränkeflasche (0,5 L), Spatel, Wasser, Indigotin (wasserlösliches Indigo), Wäscheentfärber (mit Dithionit) ⚠ → 3

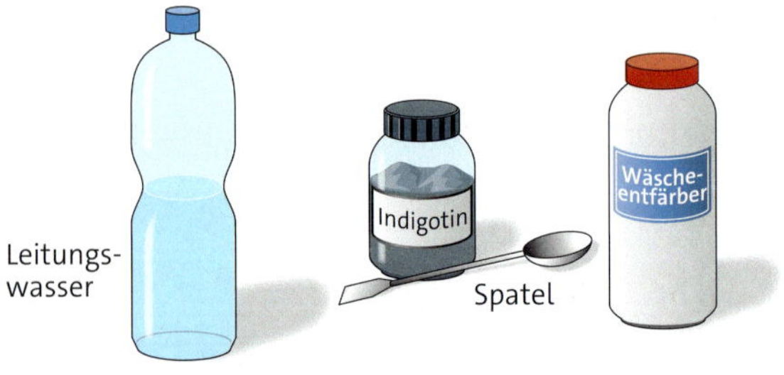

3 Versuchsmaterialien

1 Fülle die Flasche zur Hälfte mit Leitungswasser. Füge eine Spatelspitze Indigotin hinzu. Schüttle kurz.

2 Füge eine Spatelspitze Entfärber hinzu und schwenke vorsichtig um.

3 Wenn die Lösung blassgelb aussieht, verschließt du die Flasche gut und schüttelst sie ganz kräftig durch.

Durch Zusatz des Wäscheentfärbers mit dem Wirkstoff Dithionit hast du den blauen Farbstoff in einen gelblichen umgewandelt. Durch das kräftige Schütteln hast du Luft und damit auch Sauerstoff in die Lösung gebracht, der die Reaktion zurück zum blauen Farbstoff bewirkt.

Erweitern und Vertiefen

In der Müllverbrennungsanlage

Restmüll ist brennbar. In einer Müllverbrennungsanlage kann man durch die Verbrennung sogar Strom erzeugen. → 4

Verbrennung • Jeden Tag bringen Müllfahrzeuge ihren eingesammelten Rest-, Sperr- und Gewerbemüll zur Müllverbrennungsanlage und kippen alles in einen großen Lagerbunker. Ein Greifarm schaufelt den Müll auf ein Brennrost. Alles Brennbare wird vom Feuer verzehrt, das niemals erlischt. Die nicht brennbaren Teile fallen zusammen mit der Asche durch den Rost nach unten. Dieser Rückstand wird auch als Schlacke bezeichnet. Die Schlacke enthält viel Eisenschrott und kann im Straßenbau verwendet werden.

Stromerzeugung • Die heißen Rauchgase werden genutzt, um Wasser zu erhitzen und zu verdampfen. Der Wasserdampf treibt eine Turbine an, die an einen Generator angeschlossen ist. So wie dein Fahrraddynamo erzeugt auch ein Generator Strom, wenn er sich dreht.

Reinigung der Abgase • Bevor die Rauchgase die Anlage verlassen, werden sie mehrfach gefiltert und gereinigt. Durch die Filter wird Staub und Feinstaub abgetrennt und in einer Art Dusche werden schädliche Stoffe ausgewaschen. Das Abwasser mit den ausgewaschenen Stoffen wird zur Kläranlage geleitet. Das gereinigte Abgas besteht hauptsächlich aus Kohlenstoffdioxid und verlässt die Anlage durch den hohen Schornstein.

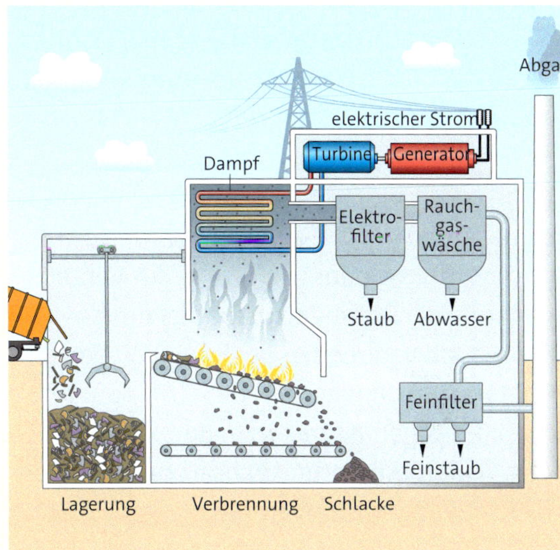

4 Aufbau einer Müllverbrennungsanlage

Aufgaben

1 Ständig werden Stoffe in die Müllverbrennungsanlage geliefert, während andere Stoffe die Anlage verlassen.

a ○ Übertrage folgendes Schaubild in dein Heft:

b ◐ Trage alle Stoffe ein, die in die Anlage hineingehen (Input), und alle Stoffe, die die Anlage verlassen (Output).

c ◐ Gib die Aggregatzustände der Stoffe an.

2 ● „Nach dem Verbrennen sind alle Müllprobleme weg." Diskutiere diese Aussage.

Stoffe im Alltag

Zusammenfassung

Stoffe und Gegenstände • Das Material, aus dem ein Gegenstand besteht, nennt man Stoff. Ein Gegenstand ist ein Körper, der aus einem bestimmten Stoff besteht.

Aggregatzustand • Stoffe sind bei Zimmertemperatur fest, flüssig oder gasförmig. Zur Veranschaulichung der Aggregatzustände wird das Teilchenmodell verwendet. Bei Erreichen der Schmelztemperatur wechselt der Stoff vom festen in den flüssigen Aggregatzustand. Bei Erreichen der Siedetemperatur wechselt der Stoff vom flüssigen in den gasförmigen Aggregatzustand.

Eigenschaften der Stoffe • Wichtige Eigenschaften der Stoffe sind das Aussehen, der Geruch, der Aggregatzustand, die Schmelz- und Siedetemperaturen, die Leitfähigkeit von Wärme und Strom, die Dichte, die Magnetisierbarkeit und die Härte. Sie können in Steckbriefen erfasst werden.

Stoffgruppen • Metalle haben einen typischen Glanz, leiten elektrischen Strom und Wärme und sind meistens gut verformbar. Salze und steinartige Stoffe sind dagegen meist spröde. Die wässrigen Lösungen der Salze sind elektrisch leitend. Steinartige Stoffe und Kunststoffe leiten den Strom nicht. Kunststoffe lassen sich häufig beim Erwärmen verformen.

1 Münzen sind aus Metall.

2 Müll ist ein Stoffgemisch.

Reinstoffe und Stoffgemische • Ein Stoff, der sich nicht weiter auftrennen lässt, ist ein Reinstoff. Zu diesen gehören Kupfer, Eisen und Wasser. Ein Stoffgemisch besteht aus mindestens zwei Reinstoffen. → 2 Die einzelnen Bestandteile sind nicht immer erkennbar.

Trennverfahren • Durch Trennverfahren wie Filtrieren, Dekantieren, Sedimentieren und Eindampfen kann ein Stoffgemisch in seine Bestandteile zerlegt werden.

Mülltrennung und Recycling • Unser Hausmüll ist ein Stoffgemisch, mit dem wir Tag für Tag in Berührung kommen. Bestimmte Stoffe und Stoffgruppen wie Papier, Glas, Metall und Biomüll werden getrennt entsorgt und wiederverwertet. Man nennt diesen Vorgang Recycling. Das, was nicht wiederverwertet werden kann, muss auf Deponien abgelagert werden oder wird in Müllverbrennungsanlagen verbrannt.

Stoffumwandlung • Veränderungen von Stoffen werden als Stoffumwandlungen bezeichnet. Dabei entstehen neue Stoffe mit neuen Eigenschaften.

Teste dich! (Lösungen im Anhang)

Stoffe und ihre Eigenschaften

1 Backformen können aus Eisen, Glas, Silikon oder Papier sein. → 3

3 Backformen aus Eisen, Silikon, Glas und Papier

a ○ Ordne die Stoffe nach den Stoffgruppen Metall, steinartiger Stoff, Kunststoff und Naturstoff.

b ● Begründe mithilfe der Stoffeigenschaften, warum Kuchenformen aus diesen Stoffen zum Kuchenbacken geeignet sind.

2 ◐ Nenne je drei Regeln, die du vor und während des Experimentierens beachten musst.

3 Nenne Stoffeigenschaften, die du

a ○ mit den Sinnen erkennen kannst.

b ○ mit Experimenten bestimmst.

c ◐ Wähle drei der genannten Stoffeigenschaften aus Aufgabenteil b und beschreibe, wie du vorgehen musst, um sie zu bestimmen.

4 ○ Nenne jeweils die Gefahren, die von Stoffen ausgehen können, die mit den Symbolen in Bild 4 gekennzeichnet sind.

4 Zwei Gefahrensymbole

Aggregatzustände

5 Ein Wassertropfen an einem Blatt

5 ○ Nenne je ein Beispiel für Wasser in allen drei Aggregatzuständen in der Natur.

6 Nenne die Übergänge zwischen den Aggregatzuständen mit den Fachbegriffen:

a ○ von fest zu flüssig

b ○ von flüssig zu gasförmig

c ◐ von gasförmig zu flüssig

d ◐ von flüssig zu fest

e ● von fest zu gasförmig

f ● von gasförmig zu fest

Stoffumwandlung und Stofftrennung

7 Ein Streichholz brennt, ein Draht rostet, Apfelschalen werden zu Erde.
◐ Ordne den drei Vorgängen den richtigen Fachbegriff für die jeweils stattfindende Stoffumwandlung zu.

8 ◐ Erläutere die Begriffe Reinstoff und Stoffgemisch und nenne je zwei Beispiele.

9 ○ Nenne jeweils das passende Trennverfahren:

a Soße mit oben schwimmender Fettschicht

b Orangensaft mit Fruchtfleisch

Mein Körper

Im menschlichen Körper gibt es viele verschiedene Organe. Welche Aufgaben haben sie und wie wirken sie zusammen?

Du bist, was du isst – das hört man oft zum Thema gesunde Ernährung. Warum müssen wir überhaupt essen und was essen wir?

In der Pubertät verändern sich Körper und Gefühle. Was verändert sich genau?

Organsysteme des Körpers

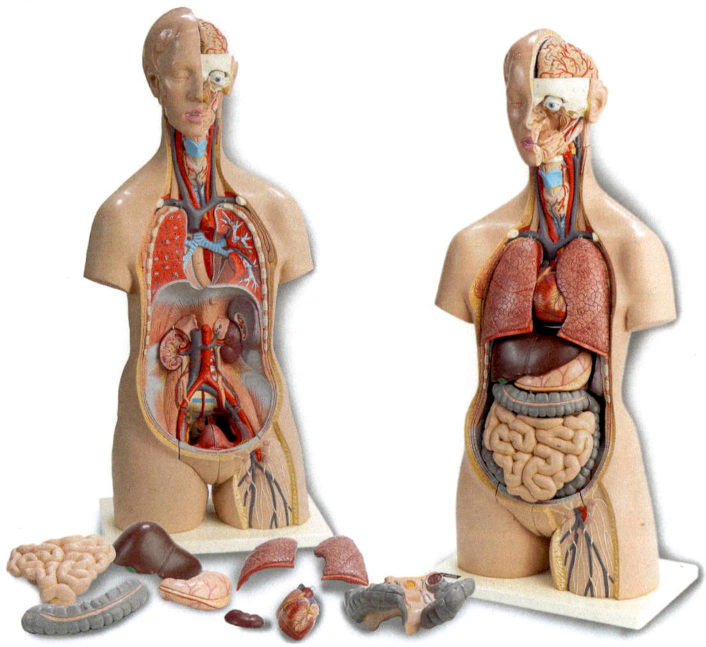

1 Strukturmodell des menschlichen Körpers

An einem Modell des menschlichen Körpers kannst du verschiedene Organe sehen. Welche verschiedenen Organe gibt es denn?

Von der Zelle zum Organismus • Zellen mit gleichem Aufbau und gleicher Aufgabe bilden zusammen ein Gewebe. Mehrere Gewebe bilden zusammen ein Organ. Jedes Organ erfüllt eine bestimmte Funktion.
Im Körper arbeiten Gewebe und Organe mit unterschiedlichen Funktionen zusammen. Man spricht vom Prinzip der Arbeitsteilung. Sie bilden deshalb ein Organsystem. Dadurch können komplizierte Prozesse wie die Verdauung im Körper ablaufen. Durch die Zusammenarbeit der Organsysteme werden die Lebensfunktionen des Körpers, des Organismus, ermöglicht.

Verdauungssystem • Der Mensch muss Nahrung aufnehmen, um daraus Energie zu gewinnen. Die Nahrung wird dabei immer weiter zerkleinert, bis sie vom Körper aufgenommen werden kann. Diesen Vorgang nennt man Verdauung. Wichtige Bestandteile des Verdauungssystems sind der Magen und der Darm. Unverdaute Nahrungsbestandteile verlassen das Verdauungssystem als Kot.

Atmungssystem • Neben der Nahrung braucht der Körper für seine Lebensvorgänge auch Sauerstoff. Diesen erhält er aus der Luft. Bei der Atmung wird Luft über die Luftröhre in die Lungen transportiert und dort in das Blut aufgenommen. Abfallstoffe wie Kohlenstoffdioxid werden ausgeatmet.

Herz-Kreislauf-System • Der Körper ist von einem feinen Netz aus Blutgefäßen durchzogen. Das Blut wird vom Herzen hindurchgepumpt. Im Blut werden Sauerstoff, Nährstoffbausteine und Abfallstoffe transportiert.

Bewegungs- und Stützsystem • Knochen bilden das bewegliche Gerüst des Körpers. Die Wirbelsäule ist dabei die zentrale Stütze unseres Körpers. Außerdem schützen einige Knochen innere Organe: So umgibt der Schädel das Gehirn, die Rippen bilden einen Schutz um Herz und Lunge. Das Stützsystem arbeitet eng mit dem Bewegungssystem zusammen. Gelenke sind bewegliche Knochenverbindungen, die Körperbewegungen ermöglichen.

die Zelle
das Gewebe
das Organ
das Organsystem
der Organismus

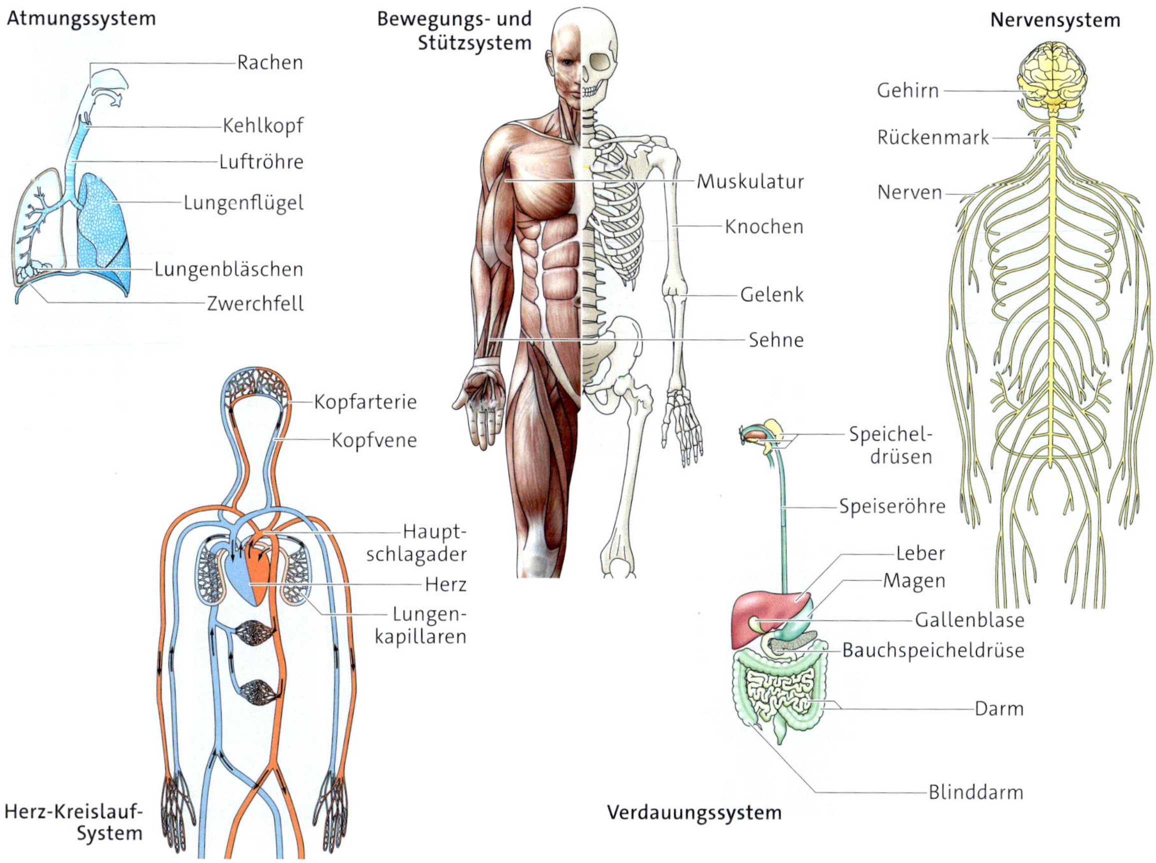

2 Organsysteme des Menschen

Muskeln bewegen den Körper. Über Sehnen sind viele Muskeln mit Knochen verbunden und sind zum Beispiel beim Gehen und Heben aktiv. Andere Muskeln bewegen Körperteile wie die Augenbrauen.

Nervensystem • Das Gehirn ist das übergeordnete Kontrollorgan des Körpers. Es ist über Rückenmark und Nerven mit den Sinnesorganen verbunden. Im Gehirn findet die Auswertung der von den Sinnesorganen aufgenommenen Informationen statt. Hier denken und fühlen wir und planen unser Handeln.

Gewebe arbeiten in Organen zusammen und bilden Organsysteme, die verschiedene Aufgaben im Organismus haben.

Aufgabe

1 Erläutere den Begriff Organsystem.

2 Notiere, was dein Körper heute schon geleistet hat. Entscheide, welche Organe daran beteiligt waren.

Organsysteme des Körpers

Material A

Organsysteme

1 ○ Ordne den Buchstaben in Bild 1 jeweils das passende Organsystem zu.

2 ○ Benenne die mit den Ziffern beschrifteten Organe in Bild 1.

3 ◔ Übertrage die Tabelle ins Heft und fülle sie aus. Ordne den Organsystemen ihre Aufgaben zu:

Organsystem	Organe	Aufgaben
?	?	?

Es kontrolliert alle Lebensvorgänge im Körper.

Es gibt dem Körper Halt.

Es ermöglicht dem Körper Bewegungen.

Es transportiert Stoffe und Wärme durch den Körper.

Es versorgt den Körper mit Sauerstoff.

Es versorgt den Körper mit Nährstoffen.

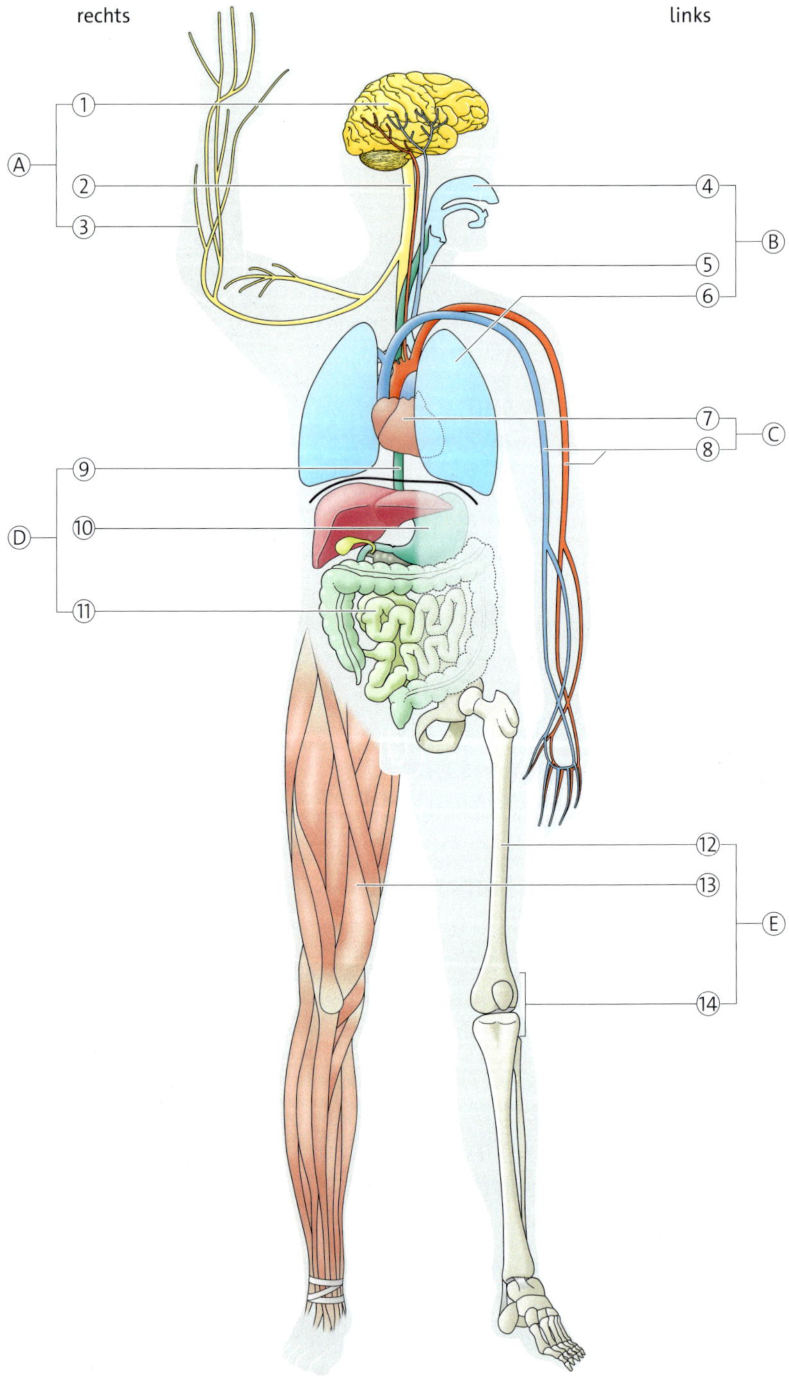

1 Der Körper des Menschen

Material B

Gesund oder ungesund?

Zur Erhaltung deiner Gesundheit und deines Wohlbefindens kannst du selbst viel beitragen.

1 Übertrage die Tabelle ins Heft und fülle sie aus.

Bild	Welche Person verhält sich auf Dauer ...	
	gesund?	**ungesund?**
2	Person B, weil sie sich aufwärmt	Person A, weil sie sich nicht aufwärmt
?	?	?

Betrachte die Zeichnungen. → 2 – 5 Alle handelnden Personen sind mit einem Buchstaben markiert.

a ○ Notiere in deiner Tabelle, wer sich auf Dauer gesund verhält und wer seiner Gesundheit schadet.

b ◐ Begründe deine Ansicht.

c ● Bewerte die gesunden Verhaltensweisen danach, wie leicht du sie im Alltag umsetzen könntest.

2 ● In jeder Zeichnung geht es um eines oder mehrere Organsysteme. Nenne sie. Begründe deine Zuordnung.

2

3

4

5

Knochen bilden das Skelett

1 Turnerin am Schwebebalken

Beim Turnen wird der Körper oft stark belastet. Er wird dabei von einem Gerüst aus Knochen gestützt. Wie ist dieses Gerüst aufgebaut?

Das Skelett • Im menschlichen Körper bilden über 200 Knochen ein Knochengerüst, das Skelett. Es besteht aus röhrenförmigen und plattenförmigen Knochen. Die langen Röhrenknochen stützen den Körper. Die Plattenknochen wie Beckenknochen und die Schulterblätter schützen die inneren Organe. Der Schädel wird als Kopfskelett bezeichnet. Die Arm- und Beinknochen bilden das Gliedmaßenskelett. Zum Rumpfskelett gehören die Wirbelsäule, der Brustkorb, der Schultergürtel und der Beckengürtel. → 2

Kopfskelett • Der Schädel ist aus einzelnen plattenförmigen Knochen zusammengesetzt, die miteinander verzahnt sind. Wie ein Helm umgeben die Schädelplatten das Gehirn und schützen es so vor Verletzungen. Nur der Unterkiefer ist mit dem Schädel beweglich verbunden. Erst dies ermöglicht ein Kauen der Nahrung mit den Zähnen.

Rumpfskelett • Die aus vielen einzelnen Knochen bestehende Wirbelsäule trägt den Schädel und stützt den Körper. Zwölf Rippenpaare bilden den Brustkorb. Sie sind hinten mit der Wirbelsäule und vorn mit dem Brustbein beweglich verbunden. Die Rippen schützen Lunge und Herz und zusammen mit dem Becken auch die Organe des Bauchraums.

das **Skelett**
das **Kopfskelett**
das **Rumpfskelett**
das **Gliedmaßenskelett**
der **Röhrenknochen**

Gliedmaßenskelett • Schulterblatt und Beckenknochen verbinden den Rumpf mit den beweglich verbundenen Arm- und Beinknochen. Sie ähneln sich in ihrem Aufbau und bestehen überwiegend aus langen Röhrenknochen. Das Beinskelett trägt das ganze Gewicht des Körpers.

Aufbau eines Röhrenknochens • Bei einem Embryo sind die Knochen sehr biegsam, weil sie aus elastischem Gewebe, dem Knorpel, bestehen. Im Laufe der Zeit werden Kalk und Mineralstoffe in den Knochen eingelagert. Das macht ihn härter und belastbarer. Knochen sind jedoch nicht massiv: In den Enden der Knochen bilden Knochenbälkchen eine netzartige Struktur. Das macht den Knochen leicht und belastbar. In den Randbereichen, der Knochenrinde, stehen die Knochenbälkchen ganz dicht. Im Innern der Knochen befindet sich die Markhöhle, die mit Knochenmark gefüllt ist. Dort werden Blutzellen gebildet. In der Knochenhaut verlaufen Blutgefäße und Nerven.

Das Skelett lässt sich in Kopf-, Rumpf- und Gliedmaßenskelett gliedern. Schädel, Brustkorb und Beckengürtel schützen die inneren Organe.

Aufgabe

1 Beschreibe, wie sich der Knorpel vom Embryo im Laufe der Zeit verändert.

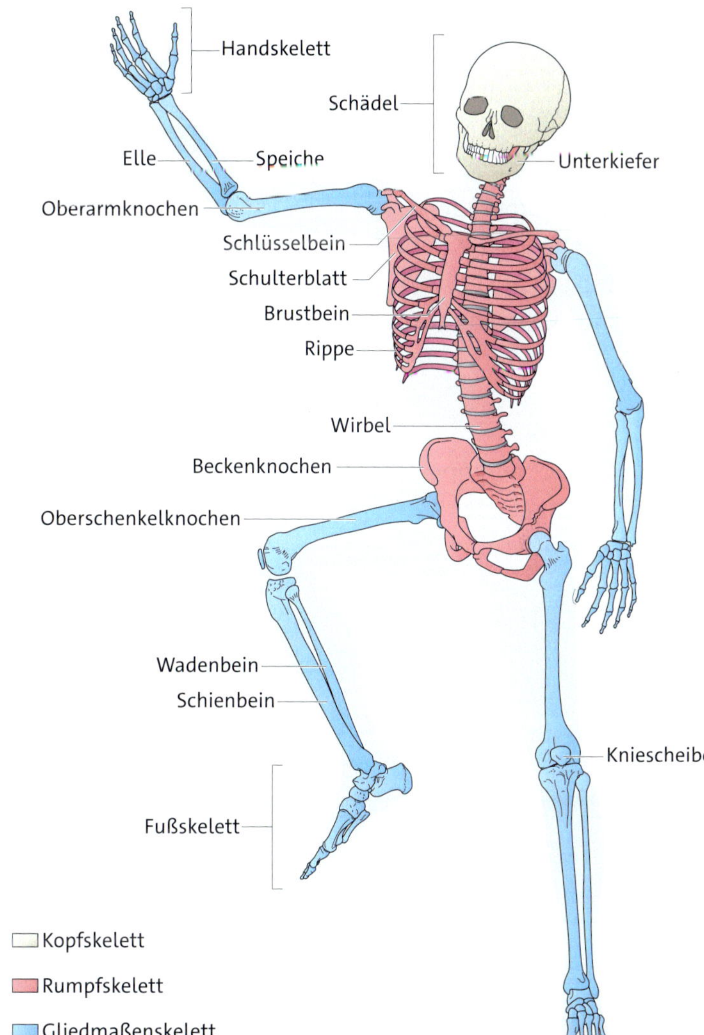

2 Das Skelett des Menschen

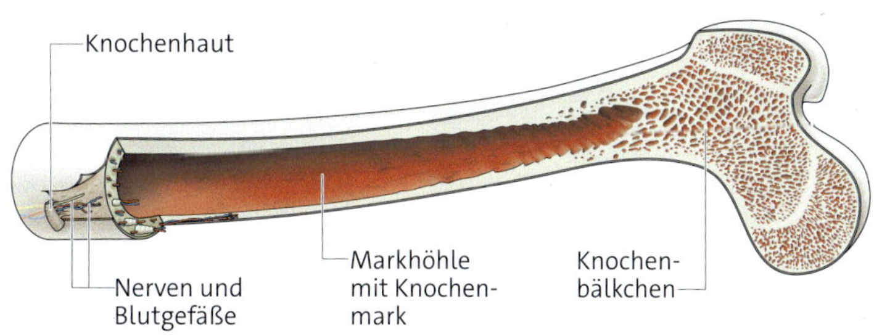

3 Aufbau eines Röhrenknochens

Knochen bilden das Skelett

Material A

Knochenbestandteile

Knochen bestehen aus dem elastischen Knorpel und dem harten Knochenkalk. Knorpel verbrennt beim Ausglühen des Knochens. Knochenkalk wird durch Salzsäure aufgelöst.

1 Aus zwei Hühnerknochen wurde Knorpel oder Knochenkalk entfernt. → 1 2

a ○ Vermute, welcher Bestandteil in Bild 1 fehlt.
b ○ Beschreibe die Eigenschaften eines ausgeglühten Knochens.
c ◐ Begründe jeweils deine Antworten.

2 Kleinkinder brechen sich nur selten einen Knochen.
● Begründe deine Antwort mithilfe der Bilder 1 und 2.

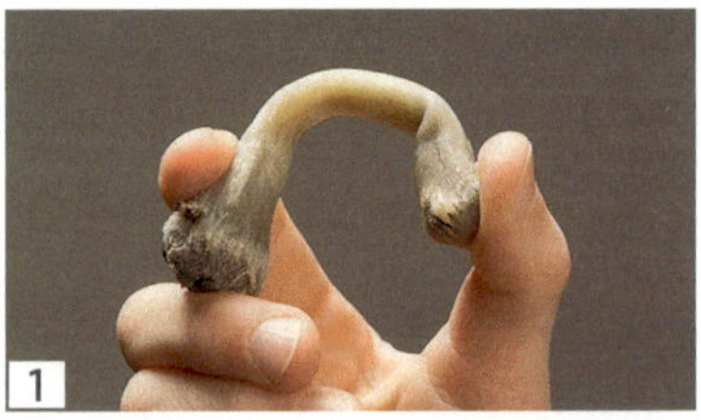

1

2

Material B

Die Natur zum Vorbild

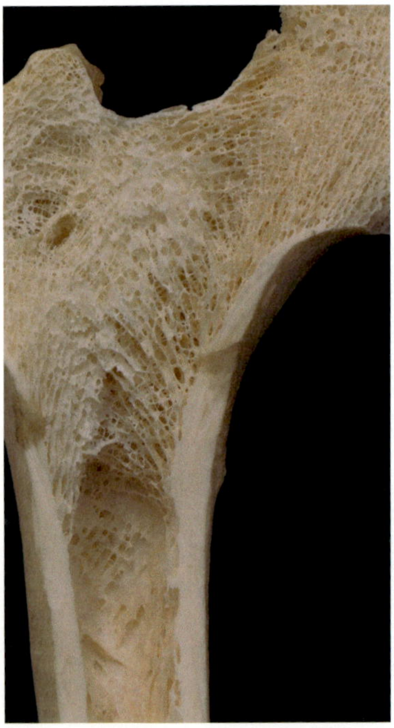

3 Knochen, stark vergrößert

4 Eiffelturm

Viele Dinge können wir uns von der Natur abschauen. Einige Architekten haben sich die besondere Bauweise innerhalb des Knochens zum Vorbild genommen.
Um den besonderen Zug- und Druckkräften standhalten zu können, bilden sich innerhalb des Knochens kleine Bälkchen, die in unterschiedlichen Winkeln wachsen und für Stabilität sorgen.

1 ○ Beschreibe die Bilder 3 und 4.

2 ◐ Nenne, Eigenschaften des Knochenbaus, die sich Architekten zunutze gemacht haben.

Material C

Fußgewölbe

Die Füße tragen bei aufrechter Haltung das ganze Körpergewicht. Das Fußskelett hat eine nach oben gewölbte Form. Diese besondere Form wird als Fußgewölbe bezeichnet. Es verteilt die Belastung, die durch das Körpergewicht entsteht. Ein gesundes Fußgewölbe kann beim Gehen, Laufen und Springen einen Teil der Erschütterungen abfedern.

Materialliste: DIN-A4-Tonpapier, 2 Bücher, ein Massestück (50 g)

1 Führe den abgebildeten Versuch durch. → 5
○ Beschreibe deine Beobachtungen.

2 ◐ Vergleiche die beiden Modelle mit dem Aufbau des Fußskeletts. → 5 6

3 ○ Beschreibe die Gewichtsverteilung am Fußskelett. → 6

4 ● Erläutere die Vorteile eines Fußgewölbes.

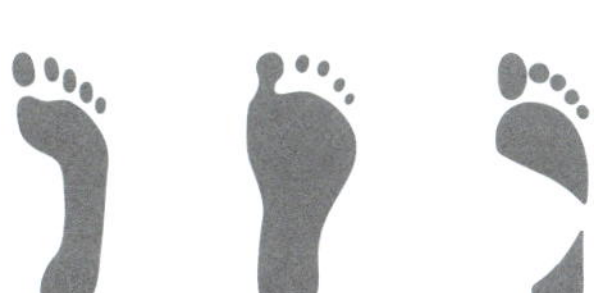
7

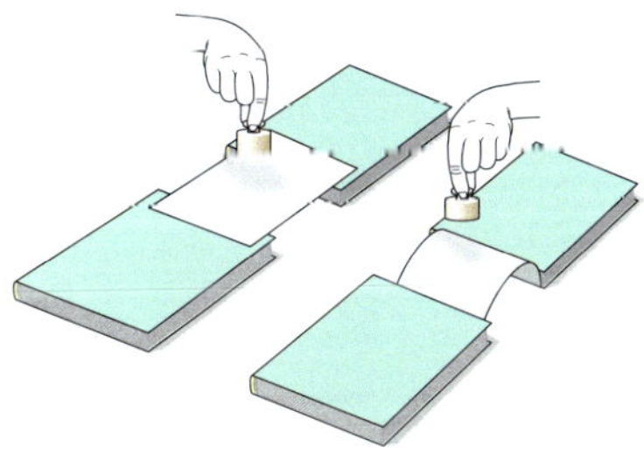
5

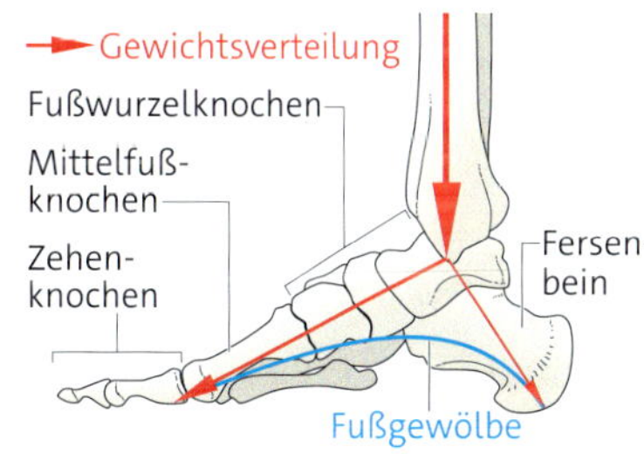

6

5 ● Erläutere den Nachteil eines Senkfußes beim Gehen, Laufen und Springen. Begründe, warum übergewichtige Personen häufig Senkfüße haben. → 9

6 ● Stelle eine Vermutung an, welche möglichen langfristigen Auswirkungen High Heels auf die Gelenke und Knochen des Mittelfußes haben können. → 10

7 ● Begründe, warum man bei einem Hohlfuß vor allem in den Zehen Schmerzen hat.

8 ○ Ordne die Fußabdrücke in Bild 7 einem Senkfuß, einem Hohlfuß und einem Normalfuß zu.

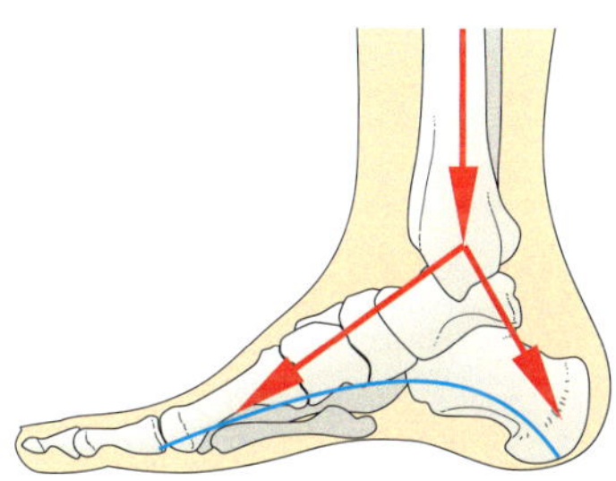
8 Normalfuß

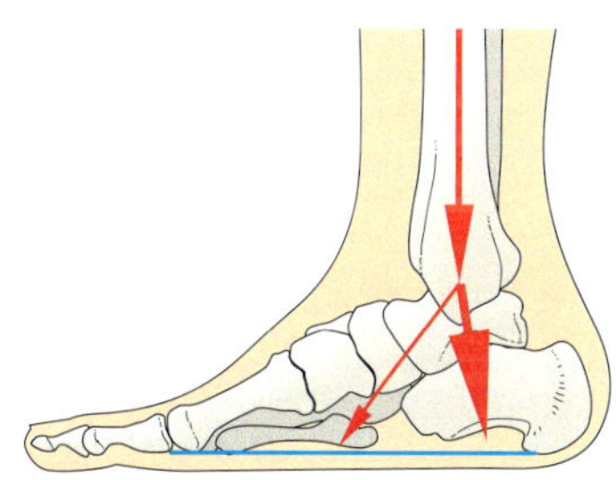
9 Senkfuß

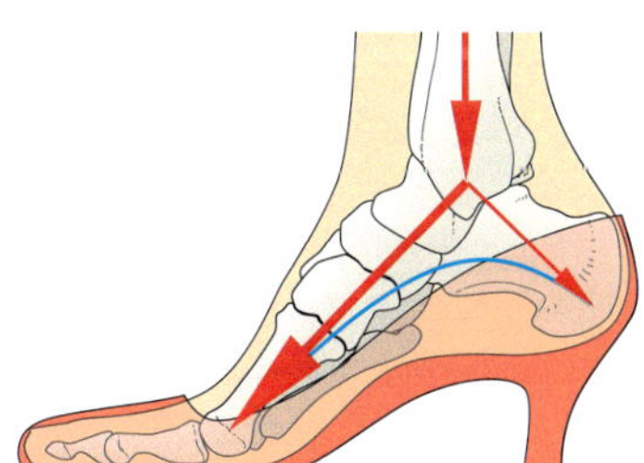
10 Belastung in High Heels

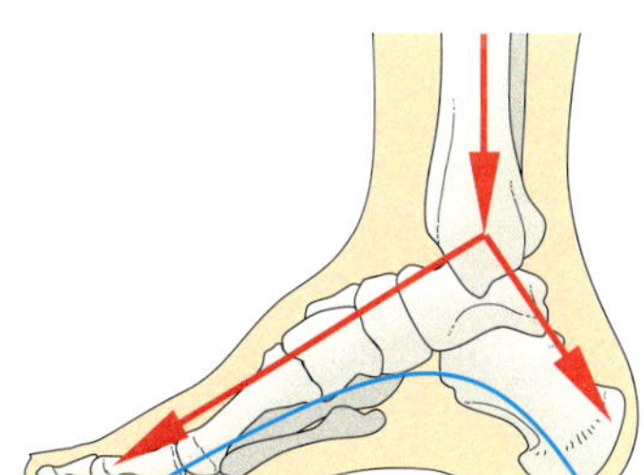
11 Hohlfuß

Die Wirbelsäule – eine bewegliche Stütze

1 Zwei Schüler beim Lernen

Es ist nicht egal, wie man sitzt. Wer falsch sitzt, kann Rückenschmerzen bekommen. Warum ist das so?

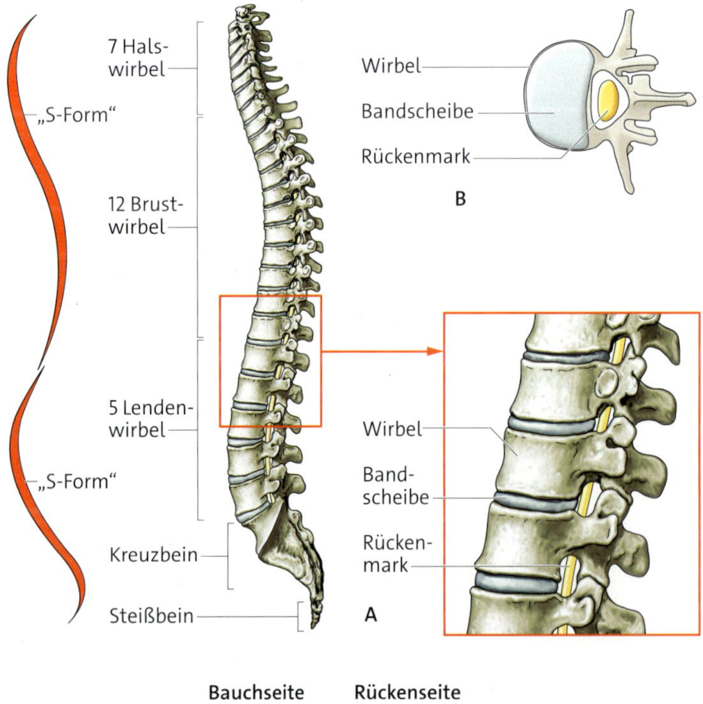

2 Wirbelsäule: **A** Seitenansicht, **B** Aufsicht auf einen Wirbel

Form und Aufgabe • Von der Seite betrachtet ist die Wirbelsäule wie ein doppeltes S geformt. → 2 Diese besondere Form ermöglicht den aufrechten Gang. Die Wirbelsäule besteht aus einzelnen Wirbelknochen, den Wirbeln. Zwischen ihnen liegen elastische Bandscheiben. Diese wirken als Stoßdämpfer. Sie verhindern auch, dass die Wirbelknochen aneinanderreiben. Durch eine falsche Haltung, beispielsweise beim Sitzen, wird die Wirbelsäule gekrümmt. Bandscheiben und Rückenmuskeln werden ungleichmäßig belastet – es kann zu Rückenschmerzen kommen. Alle Wirbel zusammen bilden einen Kanal, in dem das Rückenmark verläuft. Es enthält viele Nerven, die das Gehirn mit allen Körperteilen verbindet.

Gliederung • Die Wirbel werden nach ihrer Lage im Körper unterschieden. Es gibt sieben Hals-, zwölf Brust- und fünf Lendenwirbel. Die Kreuzbeinwirbel und die Steißbeinwirbel sind dagegen fest miteinander verwachsen. Sie bilden das Kreuzbein und das Steißbein.

Die Wirbelsäule ist die bewegliche Stütze des Körpers. Sie gliedert sich in Hals-, Brust- und Lendenwirbelsäule sowie Kreuz- und Steißbein.

Aufgabe

1 ○ Beschreibe Form, Aufbau und Gliederung der Wirbelsäule.

die Wirbelsäule
die Bandscheibe
der Wirbel

Material A

Ursachen für Rückenschmerzen

Rückenschmerzen können entstehen, wenn man die Wirbelsäule falsch oder zu stark belastet, lange sitzt und sich zu wenig bewegt.

1 Richtiges Sitzen ist wichtig.

a ○ Beschreibe die richtige Sitzhaltung und probiere sie aus. → 3

b ◐ Vergleiche die jeweilige Belastung der Bandscheiben. → 3

c ◐ Begründe die Entstehung von Rückenschmerzen durch dauerhaft falsches Sitzen. Verwende die richtigen Fachbegriffe.

2 Richtiges Heben schont den Rücken.
◐ Beschreibe die Belastung der Bandscheiben in Bild 5 und übe den richtigen Bewegungsablauf.

3 Haltungsschäden entstehen durch falsches Tragen.

a ◐ Beschreibe Bild 6 und übe das richtige Tragen der Tasche. Achte darauf, dass die Schulterriemen straff gezogen sind.

b ● Durch richtiges Tragen der Tasche auf dem Rücken kannst du Verformungen der Wirbelsäule vermeiden. Begründe diese Aussage.

4 ◐ Entwirf ein Regelwerk zur Vermeidung von Rückenschmerzen.

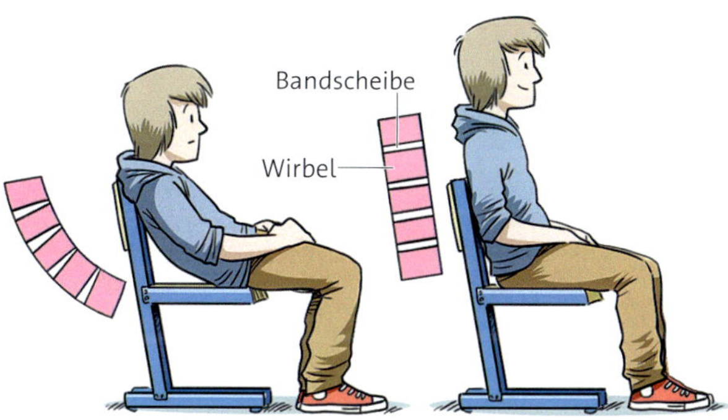

3 Falsches Sitzen — Richtiges Sitzen

4 Falsches Bücken — Richtiges Bücken

5 Falsches Heben — Richtiges Heben

6 Falsches Tragen — Richtiges Tragen

Die Wirbelsäule – eine bewegliche Stütze

Methode

Arbeiten mit einem Funktionsmodell

Modelle helfen, die Wirklichkeit anschaulich zu machen und damit besser zu verstehen. Nur die wichtigsten Merkmale werden in einem Modell berücksichtigt. Bei der Wirbelsäule ist dies der Aufbau aus Wirbeln und Bandscheiben. Das dargestellte Wirbelsäulenmodell ist ein Funktionsmodell. Es kann helfen, Zusammenhänge zwischen dem Bau und der Funktion der Wirbelsäule zu verdeutlichen. Es vernachlässigt aber manche baulichen Merkmale wie zum Beispiel die Nerven des Rückenmarks. Dagegen stellen Strukturmodelle, zum Beispiel ein Skelettmodell, den genauen Aufbau des Knochengerüsts dar.
Folgende schrittweise Vorgehensweise hat sich bei der Arbeit mit einem Modell bewährt:

1. Formulierung einer Ausgangsfrage Lege fest, was gezeigt werden soll. Überlege dir eine Fragestellung. Beispiel: Warum ist die Wirbelsäule so biegsam?

2. Herstellung des Modells Fertige Funktionsmodelle der Wirbelsäule an. Nutze dafür zum Beispiel Schaumstoff und Pappscheiben. Beachte bei der Herstellung, dass das Modell deine Ausgangsfrage beantwortet.

3. Einsatz des Modells im Rahmen von Versuchen. Beobachte und notiere deine Ergebnisse.

4. Vergleich der Wirklichkeit mit dem Modell Überlege, was an dem Modell mit der Wirklichkeit übereinstimmt und worin es sich davon unterscheidet.

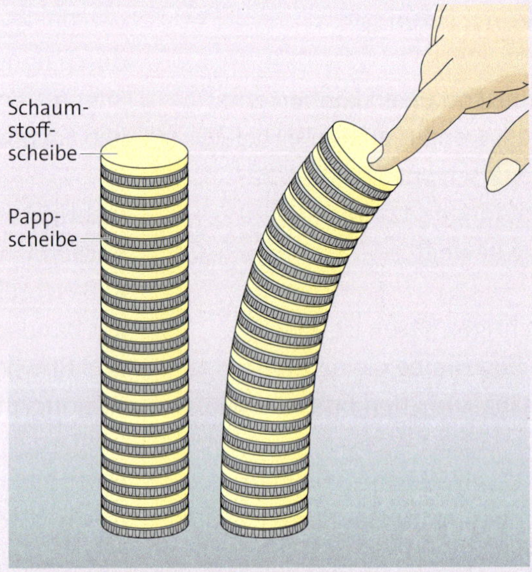

Bei diesem Modell der Wirbelsäule wurden abwechselnd feste Pappscheiben und sehr elastische Schaumstoffscheiben durch Klebstoff miteinander verbunden. Das Modell kann entweder von oben belastet oder auch zur Seite gekrümmt werden.

1 Modell zur Beweglichkeit der Wirbelsäule

Aufgaben

1 ○ Ordne die Pappscheiben und die Schaumstoffscheiben den entsprechenden Teilen der Wirbelsäule zu. → 1

2 ◐ Vergleiche die Form, die Beweglichkeit und die Größen der einzelnen Bestandteile.

3 ● Nenne Bestandteile, die im Modell nicht dargestellt sind.

Material B

Bau und Funktion der Wirbelsäule

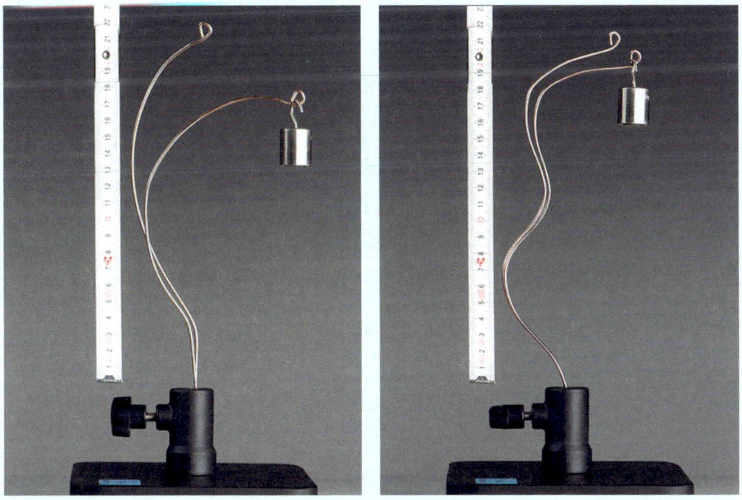

An die beiden abgebildeten Modelle aus Draht wurde jeweils ein Gewicht von 50 g gehängt.

2 Modelle zur Belastbarkeit der Wirbelsäule

1 ○ Mit Drahtmodellen kann eine bestimmte Frage überprüft werden. Formuliere diese Frage.

2 ○ Beschreibe, was auf der Abbildung der Modelle zu sehen ist. → 2

3 ◔ Erkläre die Beobachtungen. Übertrage deine Ergebnisse auf die Form der Wirbelsäule.

4 ◔ Begründe, warum eine aufrechte Haltung wichtig für dich ist.

Material C

Bandscheibenvorfall

Durch jahrelange falsche Belastung der Wirbelsäule können sich die Bandscheiben verformen. Dann können sie auf Nerven drücken. Über Nerven werden Reize, wie beispielsweise Schmerz, geleitet.

1 ○ Vergleiche die beiden Bilder miteinander. → 3

2 ◔ Begründe, warum ein Bandscheibenvorfall meist schmerzhaft ist.

3 ◔ Begründe, warum es wichtig ist, auf seine Haltung zu achten.

4 ● Begründe, warum man am Kreuz- und am Steißbein keinen Bandscheibenvorfall bekommen kann.

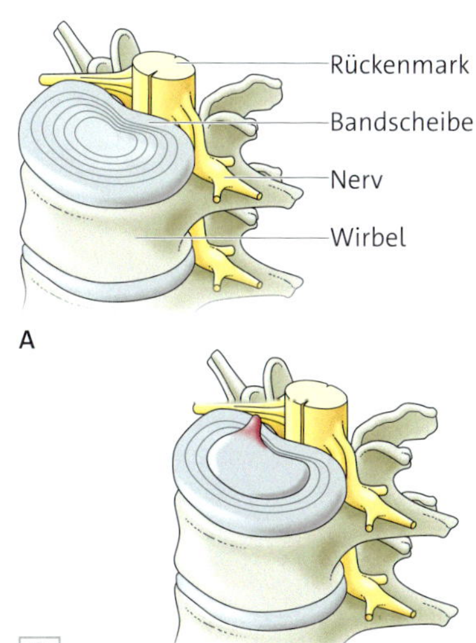

3

Gelenke, Muskeln und Sehnen

1 Jugendliche im Hochseilgarten

In einem Hochseilgarten kannst du gut beobachten, wie dein Körper Bewegungen ausführt. Wie arbeiten dabei Gelenke und Muskeln zusammen?

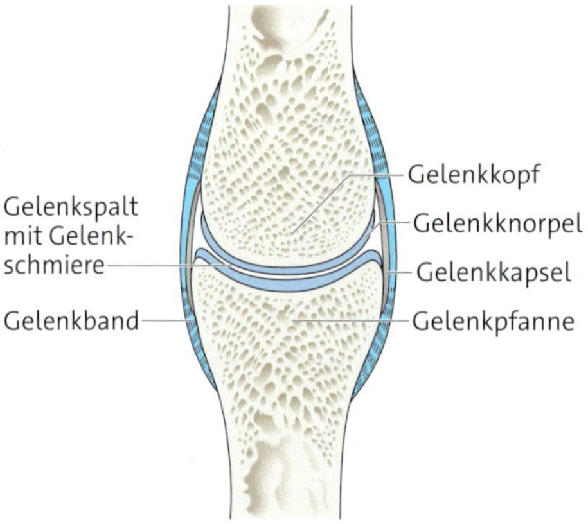

2 Aufbau eines Gelenks

Gelenke • Beim Klettern müssen Arme und Beine bewegt und die Finger zum Greifen gekrümmt werden. Dafür benötigen wir Gelenke. Durch sie sind die Knochen beweglich miteinander verbunden. Alle Gelenke sind ähnlich aufgebaut. → 2 Der Gelenkkopf des einen Knochens passt genau in die Gelenkpfanne des anderen Knochens. Beide Knochenenden sind glatt und mit elastischen Knorpeln gepolstert. Die Gelenkschmiere im Gelenkspalt vermindert zusätzlich die Reibung. Dadurch lassen sich die Knochen frei im Gelenk bewegen. Das Gelenk ist von einer festen, aber elastischen Gelenkkapsel umgeben. Kräftige Gelenkbänder halten das Gelenk zusammen.

das Gelenk
der Muskel
die Sehne
der Beugemuskel
der Streckmuskel

Muskeln bewegen den Körper • Ein Mensch besitzt über 600 Muskeln. Sie machen ungefähr die Hälfte des Körpergewichts aus. Ein Muskel besteht aus einzelnen dünnen Muskelfasern. Viele Muskelfasern bilden ein Muskelfaserbündel. Mehrere Muskelfaserbündel bilden einen Muskel. Er ist von einer Muskelhaut umgeben. → 3 Blutgefäße versorgen die Muskelfasern mit Sauerstoff und Nährstoffen. Nerven geben den Muskeln den Befehl zum Zusammenziehen.

Sehnen • An beiden Enden des Muskels geht die Muskelhaut in Sehnen über. Diese sind an den Knochen oberhalb und unterhalb eines Gelenks angewachsen. Sehnen sind etwas dehnbar. Sie übertragen die Muskelbewegung direkt auf die Knochen, mit denen sie verbunden sind.

Muskeln arbeiten zusammen • Muskeln können sich nur zusammenziehen. Dabei werden sie kürzer und dicker. Kein Muskel kann sich aus eigener Kraft strecken. Das muss ein anderer Muskel erledigen. Man spricht vom Gegenspielerprinzip. Zieht sich ein Muskel zusammen und wird dabei kürzer und dicker, wird gleichzeitig ein anderer Muskel gestreckt. Für eine Bewegung sind daher zwei Gegenspieler nötig: ein Beugemuskel und ein Streckmuskel. → 4

Gelenke verbinden die Knochen beweglich miteinander. Muskeln bewegen über Sehnen die Knochen, indem sie sich zusammenziehen.

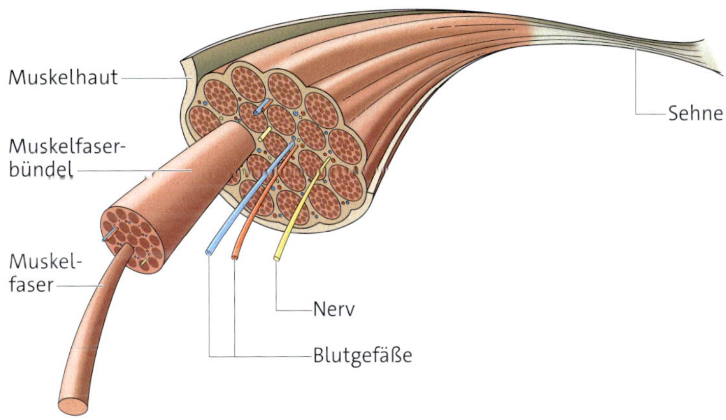

3 Aufbau eines Muskels

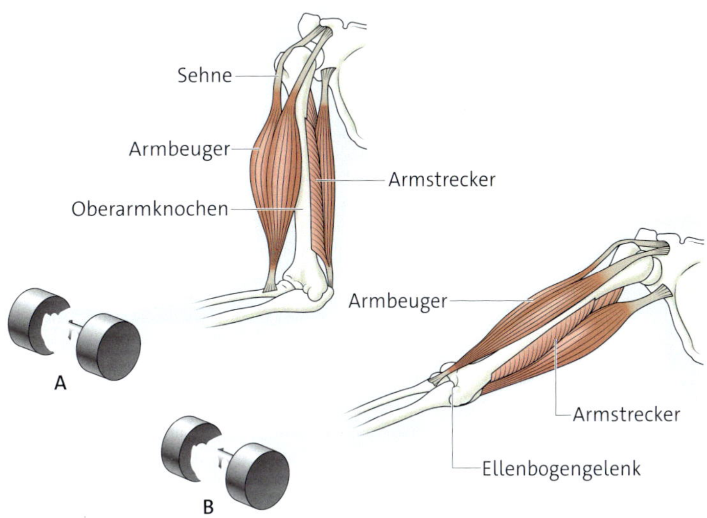

4 Bewegung des Arms: **A** Beugen, **B** Strecken

Aufgaben

1 ○ Beschreibe den Bau eines Gelenks.

2 Beugemuskel und Streckmuskel arbeiten nach dem Gegenspielerprinzip.
◐ Erläutere dieses Prinzip.

3 ● Beschreibe, wie das Beugen und Strecken des Arms ermöglicht wird. → 4

Gelenke, Muskeln und Sehnen

Material A

Gelenkarten

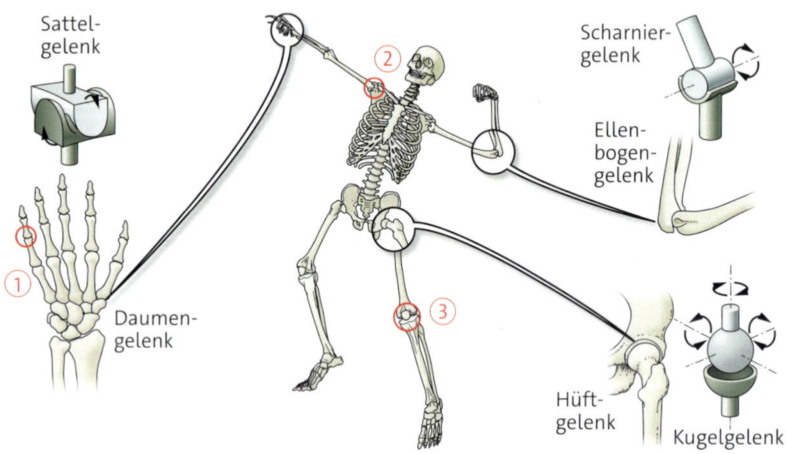

1 Gelenkarten

Für verschiedene Bewegungen haben wir in unserem Körper unterschiedliche Gelenke.

1 Beschreibe anhand der Modellgelenke, welche Bewegungen die einzelnen Gelenkarten ausführen können.

2 Nenne die mit Zahlen gekennzeichneten Gelenke. Ordne sie jeweils der entsprechenden Gelenkart zu.

Material B

Versuch 1:
Zwei Kreidestückenden werden aneinandergerieben.

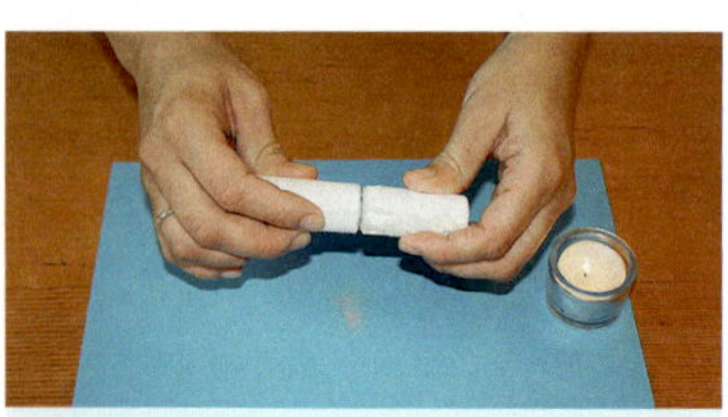

Versuch 2:
Beide Kreidestückenden werden in flüssiges Wachs gehalten. Nach dem Erkalten werden die Enden aneinandergerieben.

Modellversuche zum Gelenkaufbau

Mit einfachen Versuchen kann man den Aufbau von Gelenken nachvollziehen.

1 Führe die Versuche 1–3 durch.

Versuch 3:
Beide Kreidestückenden werden mit Wachs beschichtet. Die Enden werden in Öl getaucht und aneinandergerieben.

2 Beschreibe die Ergebnisse der Versuche.

3 Ordne den Materialien Kreide, Wachs und Öl den entsprechenden Teil eines Gelenks zu und begründe.

4 Erkläre mithilfe der Versuche die Bedeutung des Gelenkaufbaus.

5 Nenne Eigenschaften eines Gelenks, die die Versuche nicht zeigen, und erkläre, warum sie weggelassen wurden.

Material C

Muskel und „Gegenspieler“ – als Modell

Materialliste: Schere, Pappe, mehrere Klammern für Versandtaschen, mehrere Gummiringe

1 ○ Fertige das Modell an. → 2
Bewege die „Pappe 2“ deines Modells auf und ab.
Beschreibe, was mit den Gummiringen passiert.

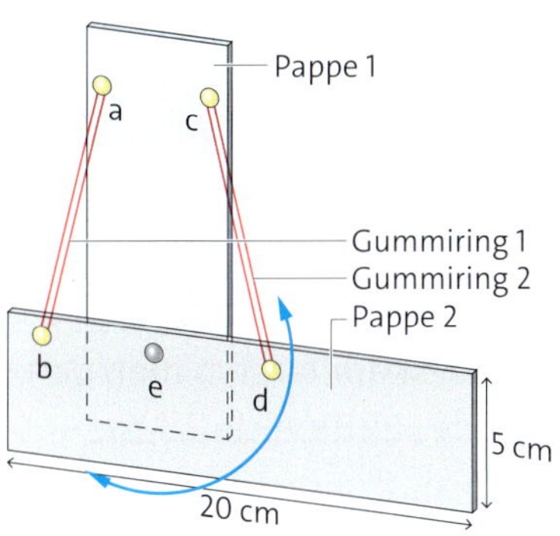

2 Gegenspielermodell

2 ◐ Lege eine Tabelle in deinem Heft an. → 3
Trage die Teile des Modells (Pappe, Klammern, Gummiringe) in die Tabelle ein.
Ordne den Teilen des Modells die Teile des Arms (Knochen, Muskeln, Gelenk) zu.

Teil des Modells	Teil des Arms
Klammer a–d	Ansatzstelle für Sehnen
Klammer e	?
?	?

3 Mustertabelle

3 ◐ Gib an, was an diesem Modell mit der Wirklichkeit übereinstimmt und worin es sich von ihr unterscheidet.

Material D

Sehnen verbinden Muskeln und Knochen

1 ○ Begründe, warum Sehnen besonders reißfest sein müssen.

2 ◐ In einer Sage wird die Achillessehne des unbesiegbaren Helden durchtrennt.
Vermute, welche Folgen das für den Helden hatte.

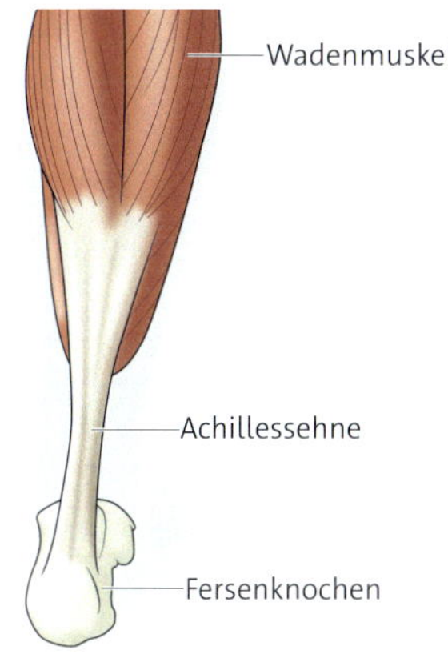

4

Material E

Elfmeter

Ein Spieler holt aus und schießt den Ball ins Tor.

1 ◐ Erkläre am Beispiel des Ausholens und Schießens das „Gegenspielerprinzip“. → 5 6
Verwende die passenden Fachbegriffe aus Bild 6.

5 Schütze beim Elfmeter

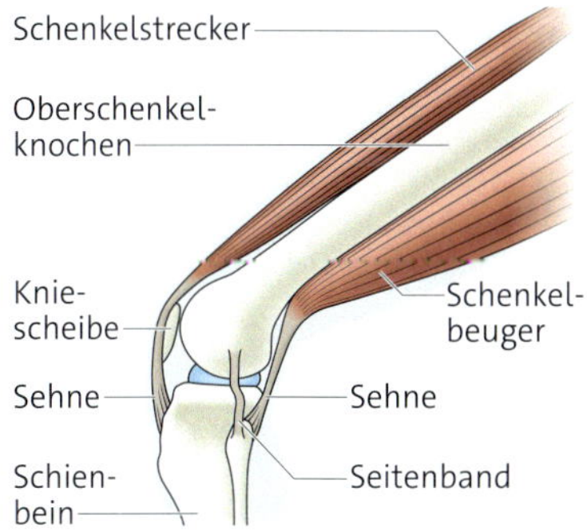

6 Muskeln im Oberschenkel

Blutkreislauf und Blutgefäße

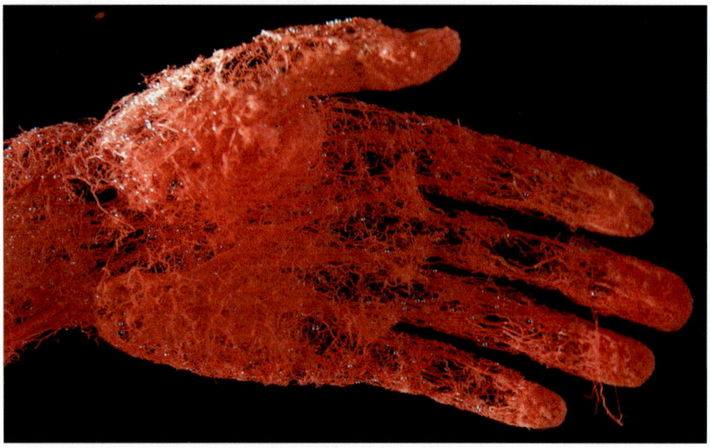

1 Präparierte Blutgefäße der Hand

Arterien: Blutgefäße, die Blut vom Herzen wegführen

Venen: Blutgefäße, die Blut zum Herzen hinführen

Kapillaren: feinste Blutgefäße, durch die der Stoff- und Gasaustausch stattfindet

Alle Organe und Muskeln des Körpers benötigen Energie. Diese wird in den Zellen aus der Reaktion von Sauerstoff mit Nahrungsbestandteilen gewonnen. Der Blutkreislauf sorgt dafür, dass diese Stoffe in den gesamten Körper gelangen können. Wie gelingt das?

Arterien • Das Blut mit den darin gelösten Stoffen wird in den Arterien vom Herzen weg zu den Organen befördert. Sie bestehen aus drei Schichten: Die mittlere Schicht ist eine dicke Muskelschicht. Sie ist stark dehnbar und schwächt den Blutdruck ab, der bei jedem Herzschlag entsteht. Auf dem Weg durch den Körper verzweigen sich die Arterien. Dabei werden sie mit jeder Verzweigung dünner. Man bezeichnet sie als Arteriolen. Sie bilden den Übergang zu den Kapillaren. → 2

Venen • Das Blut wird in den Venen zum Herzen hintransportiert. Sie bestehen auch aus drei Schichten. Jedoch ist die Muskelschicht der Venen dünner als bei einer gleich großen Arterie, weil der Blutdruck hier viel niedriger ist. Die Venen besitzen Venenklappen. Diese wirken wie ein Ventil und öffnen sich nur in eine Richtung. Sie verhindern so den Rückfluss des Blutes.

Kapillaren • Die Kapillaren bilden den größten Teil des Blutkreislaufs. Sie werden auch als Haargefäße bezeichnet. Die Kapillaren sind nur 0,01 mm dick und umschließen die Organe

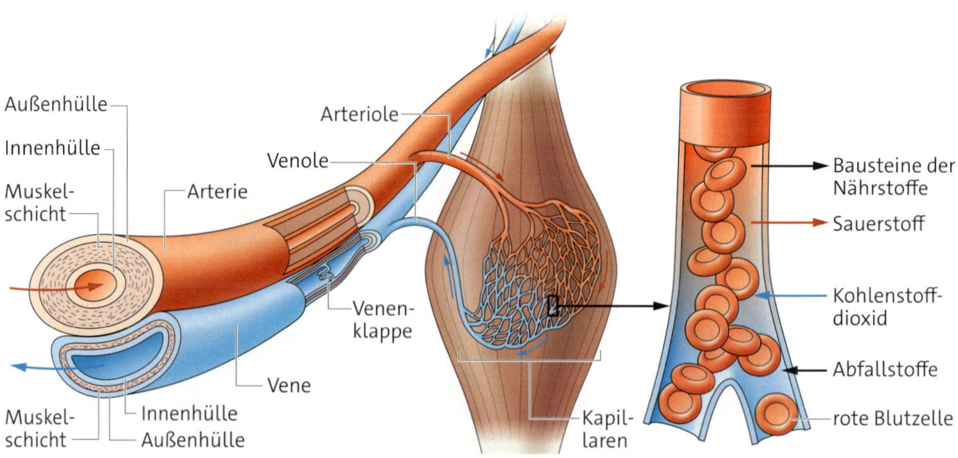

2 Blutgefäße und Stoffaustausch am Muskel

der Körperkreislauf
der Lungenkreislauf
die Arterie
die Vene
die Kapillare

vollständig. Hier finden der Stoff- und der Gasaustausch statt. Dafür besitzen sie eine dünne, für Gase durchlässige Kapillarwand.

Körperkreislauf • Der Blutkreislauf im menschlichen Körper besteht aus zwei getrennten Kreislaufsystemen: dem Körper- und dem Lungenkreislauf. Das Herz pumpt das sauerstoffreiche Blut in die Hauptschlagader: die Aorta. Sie leitet das Blut über weitere Arterien und dünnere Arteriolen zu den Kapillaren. Dort finden der Gas- und der Stoffaustausch statt. Sauerstoff und Nährstoffbausteine gelangen in die Zellen, Kohlenstoffdioxid und Abfallstoffe entgegengesetzt ins Blut. → 2 Das nun sauerstoffarme Blut mündet über die abführenden Kapillaren in die Venolen, fließt von hier aus weiter in die obere und untere Hohlvene und dann schließlich aus dem Körperkreislauf zum Herzen zurück. Von hier aus gelangt es in den Lungenkreislauf. Die durch Zellatmung der Körperzellen entstandene Wärme wird über den Körperkreislauf im Körper verteilt.

Lungenkreislauf • Das Herz pumpt sauerstoffarmes Blut in die Lungenarterie, die das Blut weiter in die Kapillaren der Lunge leitet, wo der Gasaustausch stattfindet. Sauerstoff wird aufgenommen und Kohlenstoffdioxid wird abgegeben und ausgeatmet. Die Lungenvene transportiert das sauerstoffreiche Blut zurück zum Herzen. → 3

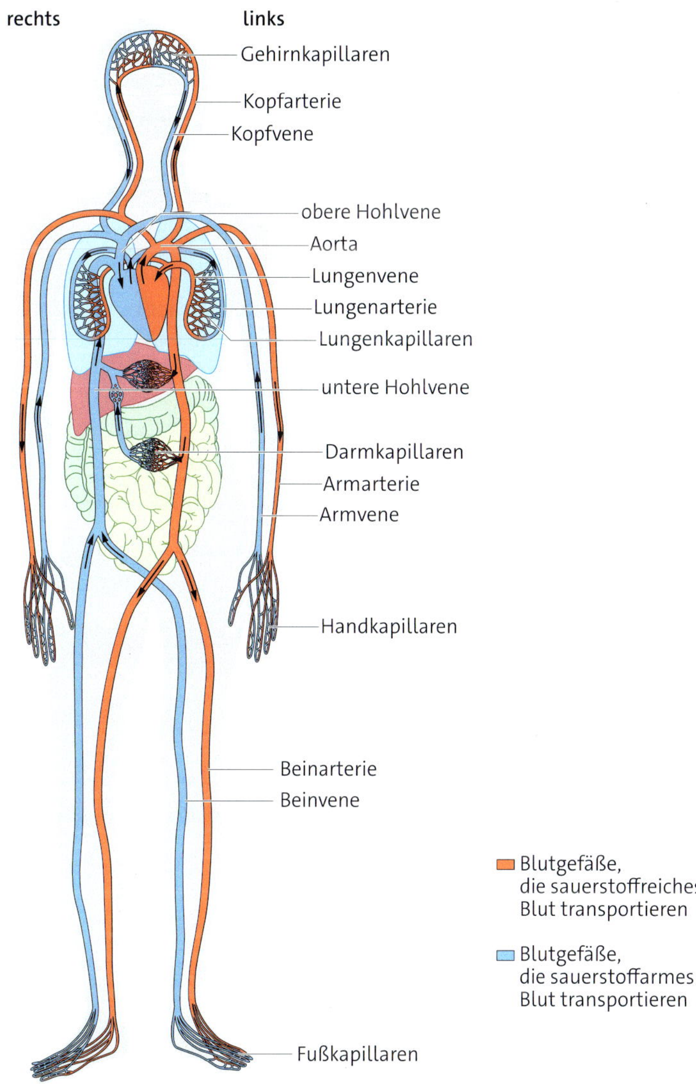

3 Der Blutkreislauf des Menschen

Der Blutkreislauf des Menschen ist in den Körper- und den Lungenkreislauf getrennt.

Aufgabe

1 Beschreibe mithilfe von Bild 2 den Stoffaustausch am Muskel.

Blutkreislauf und Blutgefäße

Material A

Blutfluss in der Vene

Beim langen Sitzen an einem Schreibtisch kann es zu geschwollenen Beinen und Füßen kommen. Wenn man die Beine bewegt, gehen die Schwellungen wieder zurück.

Venenklappen Im Unterschied zu Arterien sind viele der kleinen und mittelgroßen Venen mit Venenklappen ausgestattet, damit das Blut nicht zurückfließt.

1

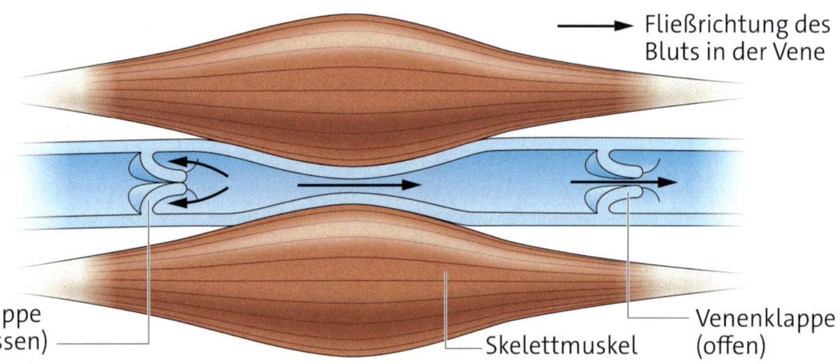

2 Muskeln unterstützen den Blutfluss.

1 ▢ Beschreibe den Bau einer Vene. → 2

2 ◔ Beschreibe mithilfe von Bild 2, wie das Blut in den Venen transportiert wird.

3 ◔ Stelle Vermutungen an, welche Folgen mangelnde Bewegung auf den Blutkreislauf haben kann.

4 ◔ Leite für dich selbst Verhaltensregeln ab, wenn du zum Beispiel längere Zeit im Flugzeug sitzt.

Material B

Blutgefäße

Die Blutgefäße sind unterschiedlich aufgebaut.

1 ▢ Benenne die mit Ziffern gekennzeichneten Teile der Blutgefäße.

2 ◔ Begründe, weshalb Arterien und Venen unterschiedlich gebaut sein müssen.

3 ● Gib an, wodurch der Stoffaustausch an der Kapillare ermöglicht wird. → 3

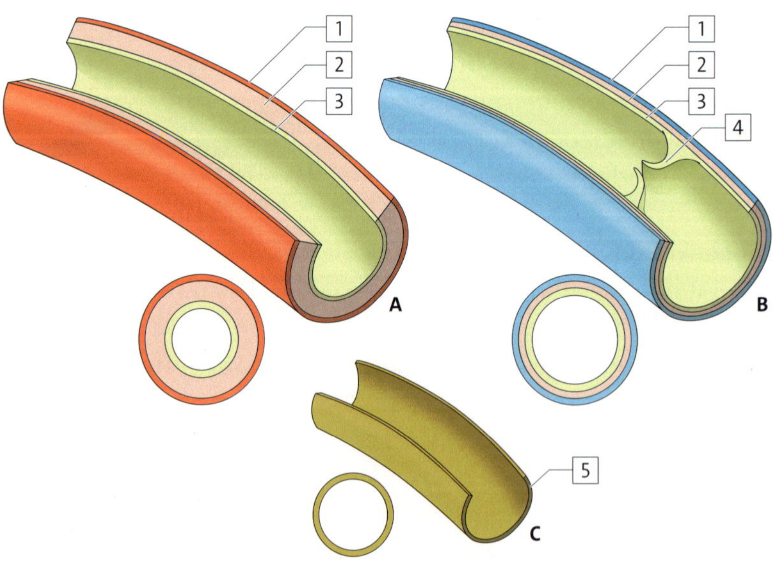

3 Blutgefäße: **A** Arterie, **B** Vene, **C** Kapillare

Material C

Der Blutkreislauf

1 ▢ Nenne die Funktionen des Blutkreislaufs.

2 ▢ Benenne die mit den Ziffern 1–5 gekennzeichneten Teile des Blutkreislaufs.

3 ◪ Fertige mithilfe von Bild 4 ein Fließschema an, das den Weg einer roten Blutzelle durch den Lungenkreislauf abbildet. Starte bei der Lungenarterie.

Lungenarterie ⟶ ? ⟶ ...

4 In Bild 4 ist auch die durchschnittliche Durchblutung einzelner Organe in Litern pro Minute dargestellt. Die Werte gelten bei einem ruhenden Körper.

a ◪ Erstelle aus den Werten ein Säulendiagramm.

b ◪ Stelle Vermutungen für den Wert der Lunge an.

c ■ Stelle eine Vermutung an, wie sich die Werte der Durchblutung bei einem Fußballspiel und bei einer Klassenarbeit verändern.

d ■ „Ein voller Bauch studiert nicht gern." Erläutere diesen Sachverhalt.

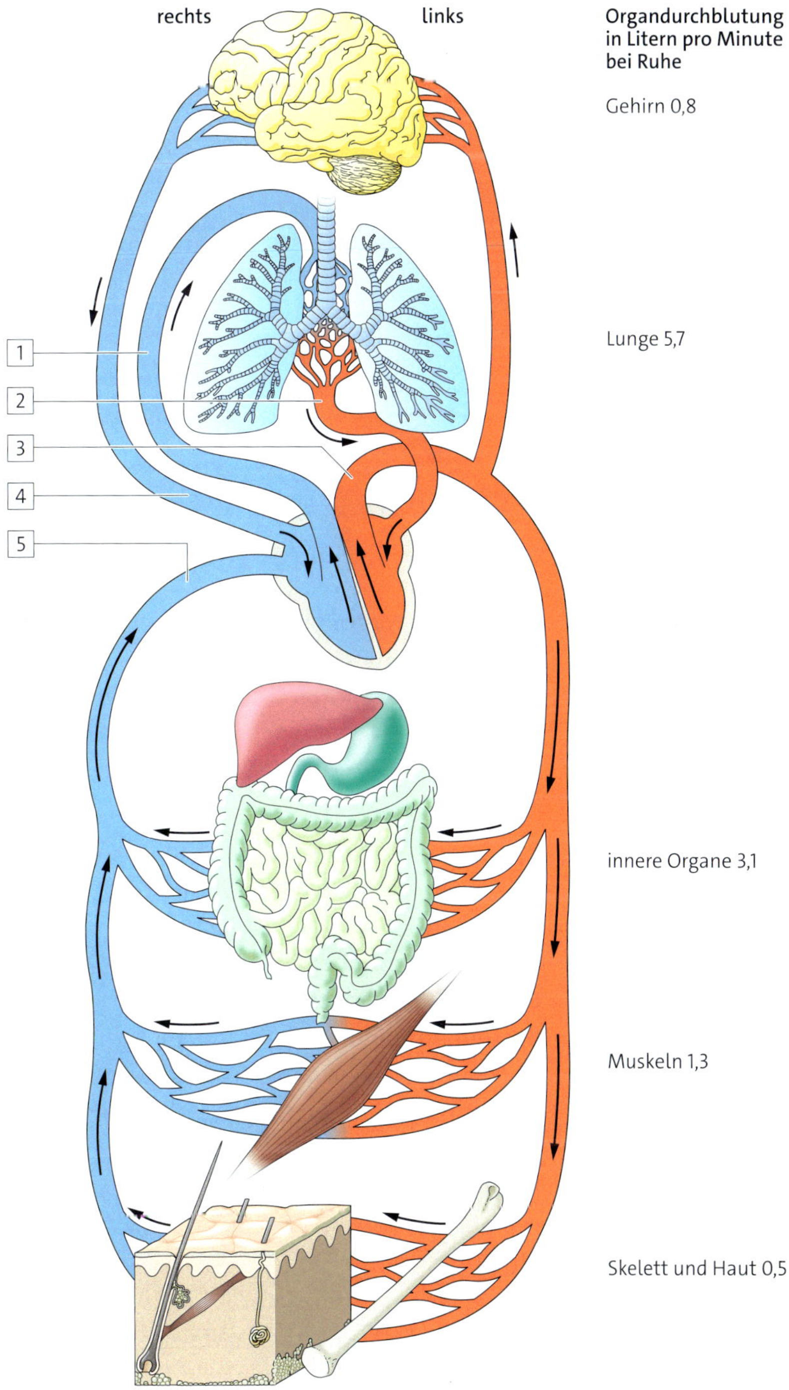

4 Blutkreislauf des Menschen

Das Herz – Motor des Menschen

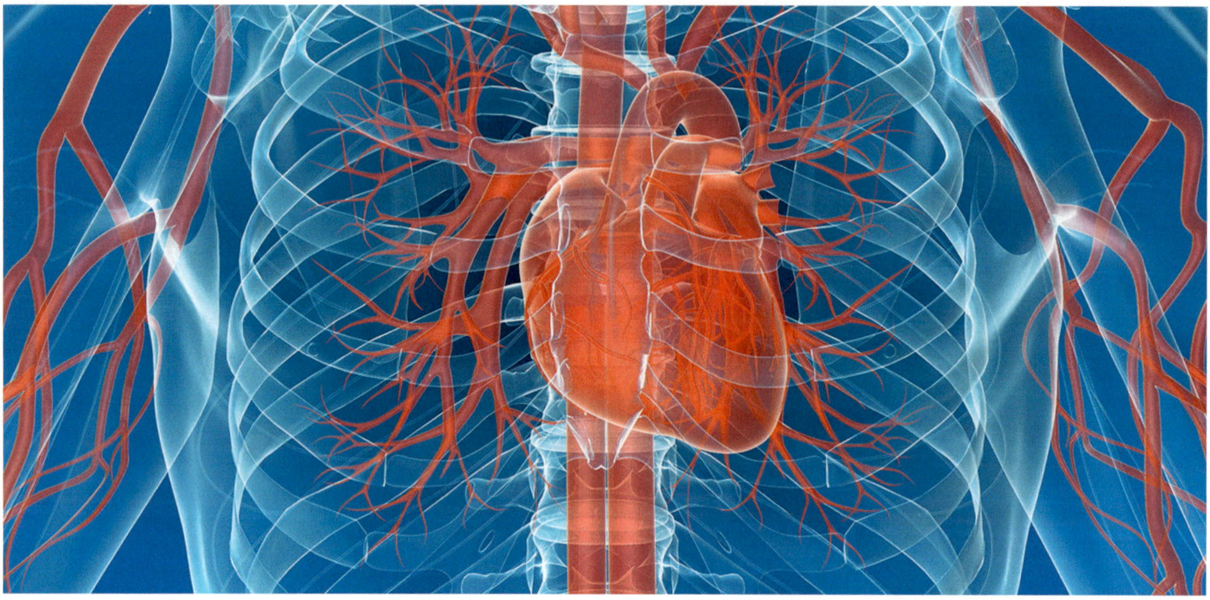

1 Das Herz im Brustraum

Ohne einen Motor bewegt sich in einem Kreislauf nichts. Im Blutkreislauf ist unser Herz der Motor. Wie funktioniert dieser Motor?

Bau des Herzens • Das etwa faustgroße Herz liegt im Brustkorb zwischen und teilweise unter den Lungenflügeln. Es ist ein muskulöses Hohlorgan, das durch die Herzscheidewand in zwei Herzhälften getrennt ist. Jede Hälfte besteht aus einem Vorhof und einer Herzkammer. Sie sind über Herzklappen, die Segelklappen, verbunden. Wie jeder Muskel benötigt auch das Herz Energie, um seine Arbeit zu verrichten. Daher ist es von einem Geflecht aus Blutgefäßen durchzogen. Man bezeichnet sie als Herzkranzgefäße. Sie bringen Sauerstoff und Nährstoffe zum Herzen und führen Kohlenstoffdioxid und Abfallstoffe weg. Für den Körperkreislauf muss mehr Druck erzeugt werden als für den Lungenkreislauf. Das Blut muss durch die Aorta in den ganzen Körper gepumpt werden. Der Herzmuskel ist daher auf der linken Seite stärker und dicker als auf der rechten.

Herzschlag • Das Herz ist der „Motor" des Blutkreislaufs. Ein Herzstillstand führt daher zu einem Kreislaufstillstand. Das ist lebensgefährlich. Deshalb muss das Herz ununterbrochen arbeiten und darf nicht ausfallen. Es schlägt in Ruhe etwa 70-mal pro Minute. Es pumpt dabei etwa 70 mL Blut pro Herzschlag. Man bezeichnet dies als Herzschlagvolumen. So werden jeden Tag etwa 7000 Liter Blut durch das Herz bewegt.

Herzfrequenz • Die Anzahl der Herzschläge pro Minute bezeichnet man als Herzfrequenz. Bei körperlicher

das Herz
der Vorhof
die Herzkammer
die Segelklappe
die Taschenklappe

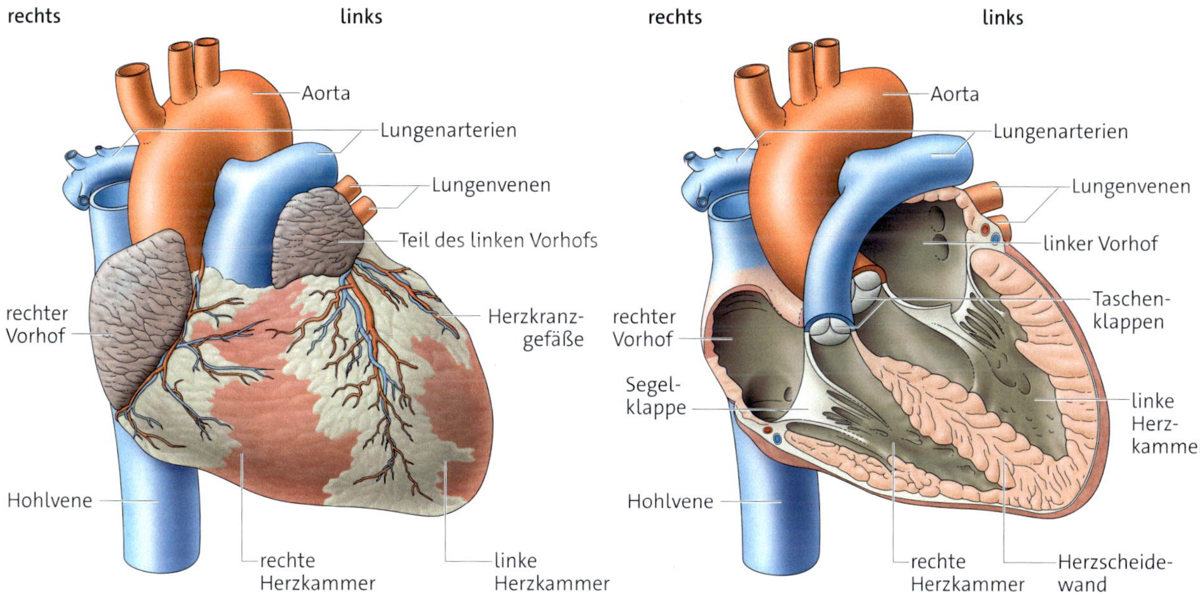

2 Aufbau des Herzens: **A** von außen, **B** von innen

Belastung muss das Herz häufiger schlagen, da die Muskeln mehr Sauerstoff und Nährstoffe benötigen.

Blutfluss • Über die Hohlvenen wird sauerstoffarmes Blut aus dem Körper in den rechten Vorhof gesaugt. Von dort gelangt das Blut in die rechte Herzkammer. Beim Zusammenziehen der rechten Herzkammer wird das Blut über die Lungenarterie in die Lunge gedrückt und dort mit Sauerstoff angereichert. Die Lungenvene transportiert das nun sauerstoffreiche Blut in den linken Vorhof des Herzens. Von dort gelangt das Blut in die linke Herzkammer. Die linke Herzkammer zieht sich zusammen und drückt das Blut in die Aorta und von hier in den ganzen Körper. Die Vorgänge in den beiden Vorhöfen und die in den beiden Herzkammern laufen jeweils gleichzeitig ab.

Herzklappen • Damit das Blut immer nur in eine Richtung fließt, gibt es im Herzen vier Ventile, die Herzklappen. Die beiden Segelklappen befinden sich zwischen den Vorhöfen und den Herzkammern. Die beiden Taschenklappen befinden sich zwischen den Herzkammern und ihrer jeweiligen Ausströmöffnung.

Das Herz besteht aus zwei Herzhälften und stellt das Zentrum des Kreislaufsystems dar.

Aufgaben

1 ○ Nenne die verschiedenen Herzklappen und beschreibe deren Lage. → 2

2 ◐ Erkläre, weshalb das Herz bei Anstrengung schneller schlagen muss.

Das Herz – Motor des Menschen

Erweitern und Vertiefen

Herzzyklus

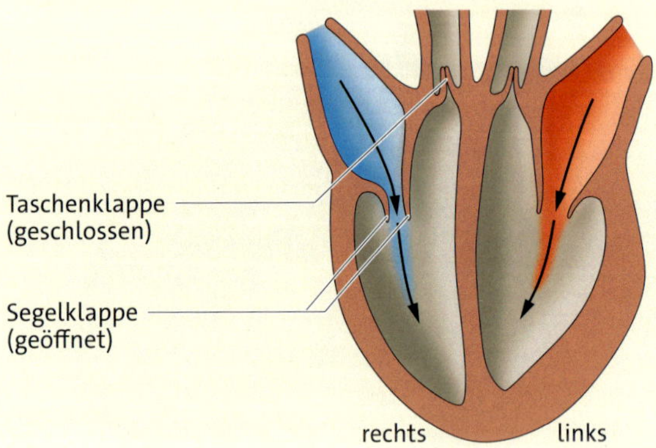

1 Diastole

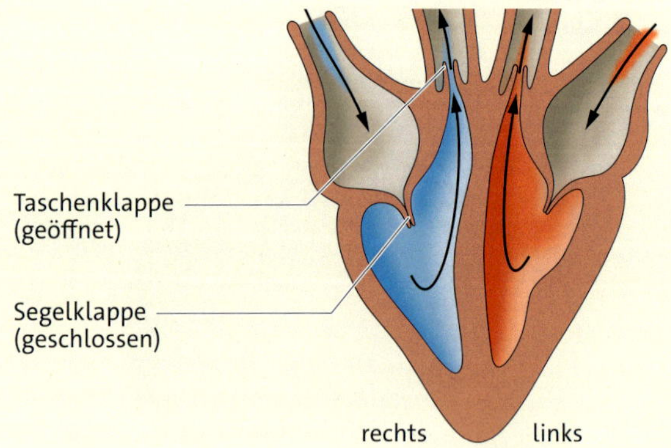

2 Systole

Öffnen und Schließen der Herzklappen • Wenn die Segelklappen des Herzens geöffnet und die Taschenklappen geschlossen sind, fließt Blut aus beiden Vorhöfen gleichzeitig in die Herzkammern. Diesen Vorgang nennt man Diastole. → 1 Nach der Diastole ziehen sich die Herzmuskeln zusammen und pumpen Blut aus der linken Herzkammer in die Aorta und aus der rechten Herzkammer in die Lungenarterie. Dabei werden die Taschenklappen geöffnet und gleichzeitig die Segelklappen geschlossen, so kann das Blut nicht zurückfließen. Die Herzklappen funktionieren wie Ventile. Gleichzeitig entspannt sich die Muskulatur der beiden Vorhöfe, sodass Blut aus den Hohlvenen hineinfließen kann. Diesen Vorgang, bei dem Blut aus den Herzkammern in die Arterien gepumpt wird, nennt man Systole. → 2 Die Systole findet in beiden Herzhälften gleichzeitig statt. Danach entspannt sich die Muskulatur der Herzkammern wieder, diese weiten sich und Blut kann aus den Vorhöfen hineinströmen.

Druck-Saug-Pumpe • Im ständigen Wechsel pumpt das Herz Blut in die Arterien und saugt es aus den Venen ins Herz. Ein Druck-Saug-Vorgang dauert etwa 1 Sekunde. Dies bezeichnet man als Herzzyklus. Die Fließrichtung des Bluts im Herzen wird durch das Öffnen und Schließen der Herzklappen bestimmt. → 1 2

Herztöne • Mit einem Stethoskop kann man das Schließen der Klappen als Herztöne hören. Beim Schließen der Segelklappen zu Beginn der Systole hört man einen dumpfen Ton. Das Schließen der Taschenklappen am Ende der Systole klingt etwas heller.

Das Herz arbeitet wie eine Druck-Saug-Pumpe. Ein Herzzyklus besteht aus Systole und Diastole.

Aufgabe

1 Beschreibe, wie das Herz als Druck-Saug-Pumpe arbeitet.

Material A

Blutfluss im Herzen

A Vom rechten Vorhof gelangt das Blut zur rechten Herzkammer.

B Sauerstoffarmes Blut wird aus dem Körper aus den Venen in den rechten Vorhof gesaugt.

C Von der rechten Herzkammer und Lungenarterie kommt das Blut in die Lunge, wo es mit Sauerstoff angereichert wird.

D Über die linke Herzkammer und die Aorta gelangt das sauerstoffreiche Blut in den Körper.

E Sauerstoffreiches Blut wird aus der Lungenvene in den linken Vorhof gesaugt.

F Vom linken Vorhof gelangt das Blut zur linken Herzkammer.

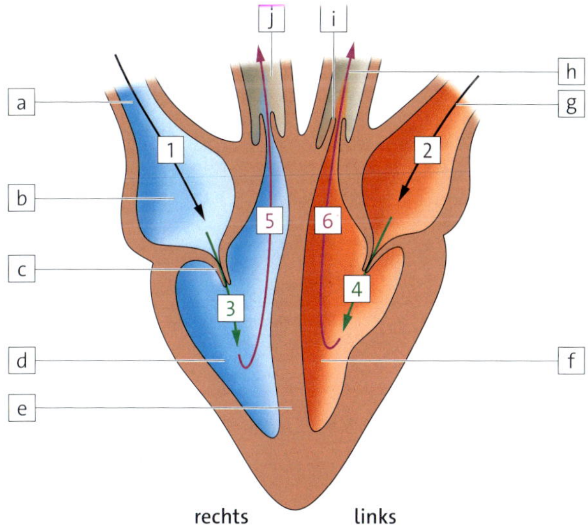

3 Der Weg des Bluts durch das Innere des Herzens

1 Betrachte Bild 3.

a ▢ Benenne die Teile a–j des Herzens.

b ▢ Ordne den Pfeilen die entsprechenden Beschreibungen A–F zu.

c ◪ Gib an, welche Vorgänge im Herzen gleichzeitig ablaufen.

Material B

Herzzyklus

1 ▢ Benenne die mit 1–7 gekennzeichneten Teile des Herzens. → 4

2 ◪ Beschreibe die Lage und die Aufgabe der Segelklappen.

3 ● Begründe, warum die linke Seite des Herzmuskels dicker ist als die rechte Seite.

4 Im Schema des Herzens stellen die zwei Pfeile den Blutfluss zu einem gewissen Zeitpunkt des Herzzyklus dar.

a ● Gib an, ob sich das abgebildete Herz in der Systole oder der Diastole befindet. Begründe deine Antwort.

b ● Stelle Vermutungen an, weshalb der Herzzyklus in beiden Herzhälften gleichzeitig stattfindet.

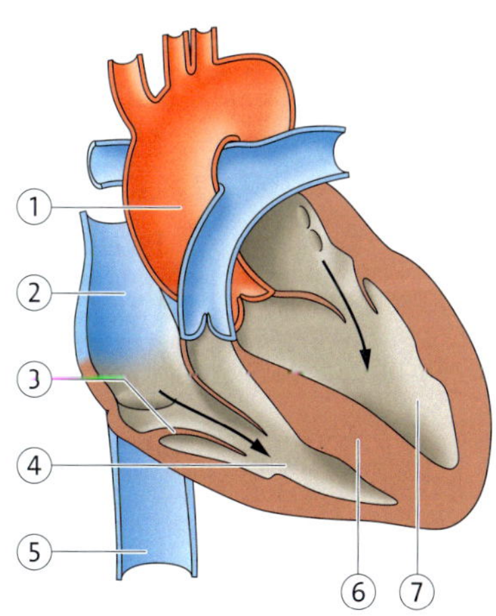

4 Herz

Blut und seine Bestandteile

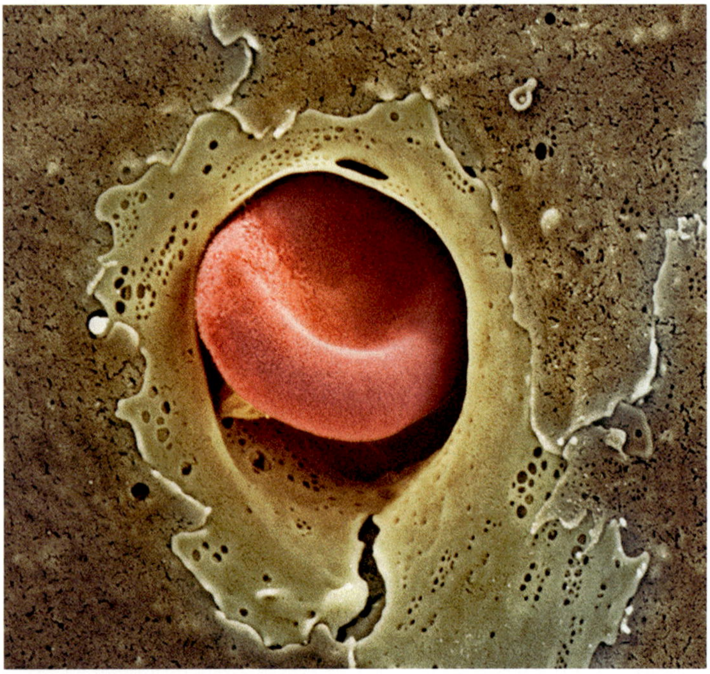

1 Rote Blutzellen passen durch die kleinsten Kapillaren.

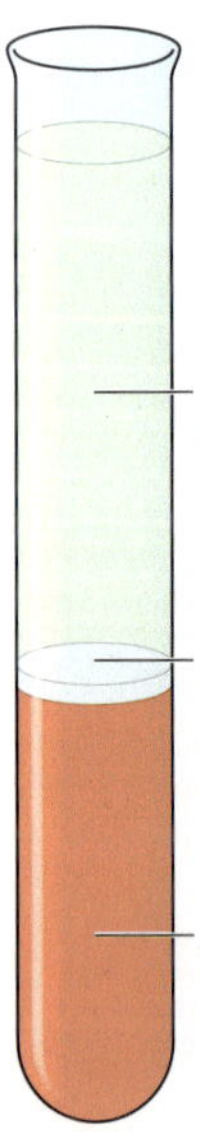

2 Bestandteile des Bluts

Der Körper eines Erwachsenen besitzt etwa 6 Liter Blut. Es ist für den Stofftransport, die Abwehr von Krankheitserregern und für den Wundverschluss zuständig. Welche Bestandteile des Bluts übernehmen all diese Aufgaben?

Aufgaben des Bluts • Das Blut in unserem Körper hat vielfältige Aufgaben. Es transportiert Sauerstoff und Nährstoffe zu den Organen, aber auch Kohlenstoffdioxid und Abfallstoffe von den Organen weg, damit diese Stoffe aus dem Körper ausgeschieden werden können. Außerdem wird durch das Blut die Körperwärme in alle Teile des Körpers transportiert. Das Blut besteht aus festen und flüssigen Bestandteilen. Die festen sind Blutzellen und die flüssigen bilden das Blutplasma. In dieser Flüssigkeit sind viele Stoffe gelöst, vor allem Nährstoffbausteine, Mineralstoffe und Vitamine.

Blutzellen • Sie sind sehr klein und nur im Mikroskop zu sehen:

- **Rote Blutzellen** Sie sind verformbar und haben eine typische eingedellte Form und so eine große Oberfläche. Sie haben viel Platz für den roten Blutfarbstoff, das Hämoglobin. Dieses kann Gase binden. So kann Sauerstoff zu den Körperzellen und Kohlenstoffdioxid von den Körperzellen wegtransportiert werden.
- **Weiße Blutzellen** Viele Krankheitserreger wie Bakterien dringen täglich in den Körper ein. Das Abwehrsystem des Körpers erkennt die Erreger und bekämpft sie. Die weißen Blutzellen können Bakterien umschließen und vernichten.
- **Blutplättchen** Wenn wir uns verletzen, tritt Blut aus der Wunde aus. Diese Blutung hört nach kurzer Zeit wieder auf. Dafür sind die kleinsten Blutzellen, die Blutplättchen, verantwortlich. Sie heften sich aneinander und verkleben so die Wunde.

Blut besteht aus Blutplasma und festen Bestandteilen wie roten und weißen Blutzellen und Blutplättchen. Es transportiert Stoffe und Wärme durch unseren Körper.

Aufgabe

1 ○ Nenne die Aufgaben des Bluts.

das Blut
das Blutplasma
das Blutplättchen
die Blutzellen

Material A

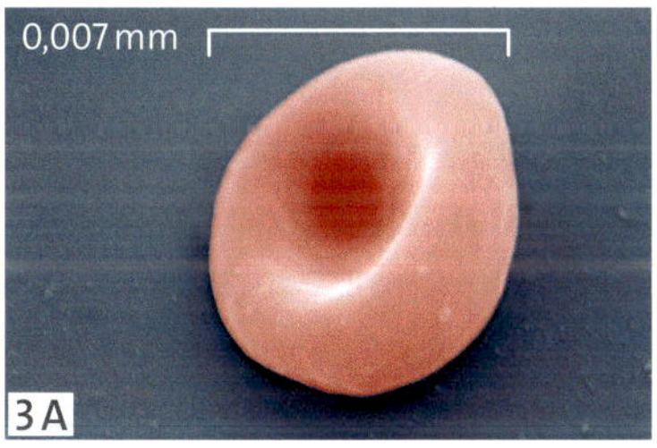

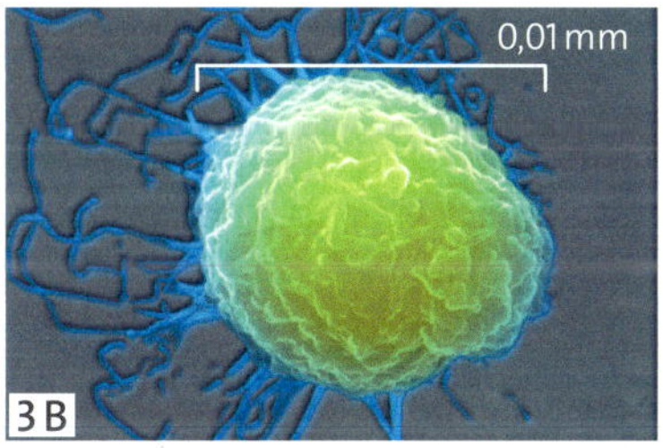

Die Blutzellen

1 Welche Blutzellen erkennst du in den elektronenmikroskopischen Bildern?
▢ Benenne die in den Bildern 3 A–C dargestellten Blutzellen.

2 ▢ Liste die Blutzellen in einer Tabelle auf und ordne ihnen ihre jeweilige Aufgabe zu.

3 ▢ Betrachte Bild 4. Benenne die mit Buchstaben gekennzeichneten Blutzellen und beschreibe das Blutbild. Beachte ihre Anzahl.

4 ● Erkläre den Zusammenhang zwischen Struktur und Funktion der roten Blutzellen.

Ein Blutausstrich ist eine Methode zur mikroskopischen Untersuchung von Blut. Das Blut wird ganz dünn auf einem Objektträger ausgestrichen und angefärbt. Somit kann man die einzelnen Blutzellen unter einem Mikroskop betrachten.

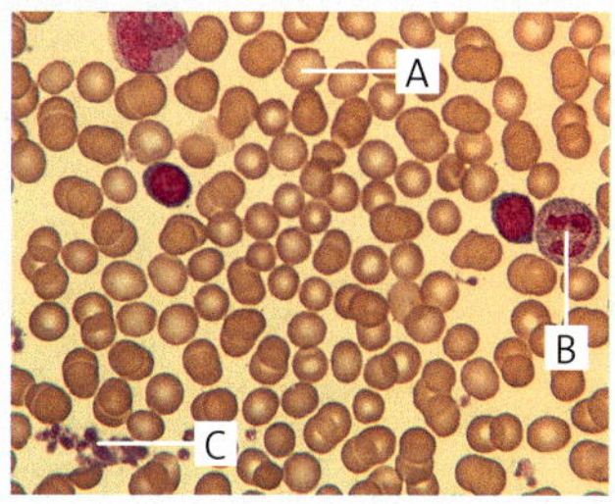

4

Material B

Leistungssport

1 Betrachte Bild 5.

a ▢ Gib das Volumen an roten Blutzellen der Personen an.

b ◐ Erläutere, welche Auswirkungen das Volumen an roten Blutzellen auf das Leistungsvermögen des Radrennfahrers hat.

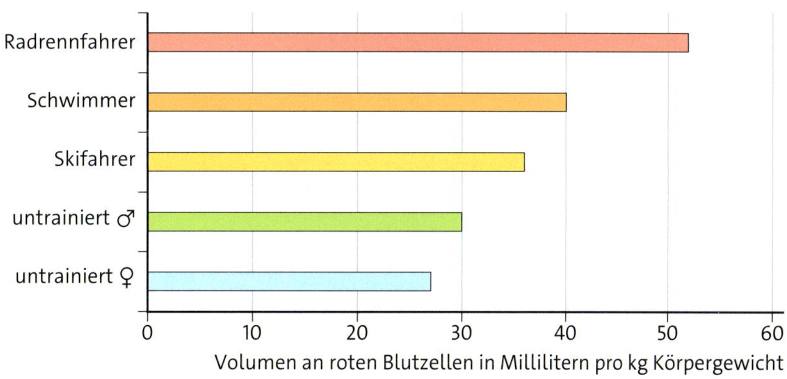

5 Volumen an roten Blutzellen bei unterschiedlich trainierten Personen

Die Lunge – Atmung und Gasaustausch

1 Läuferin außer Atem

Wenn wir Sport treiben, kommen wir „aus der Puste". Wir atmen schneller. Wohin gelangt die Luft beim Atmen und was geschieht mit ihr?

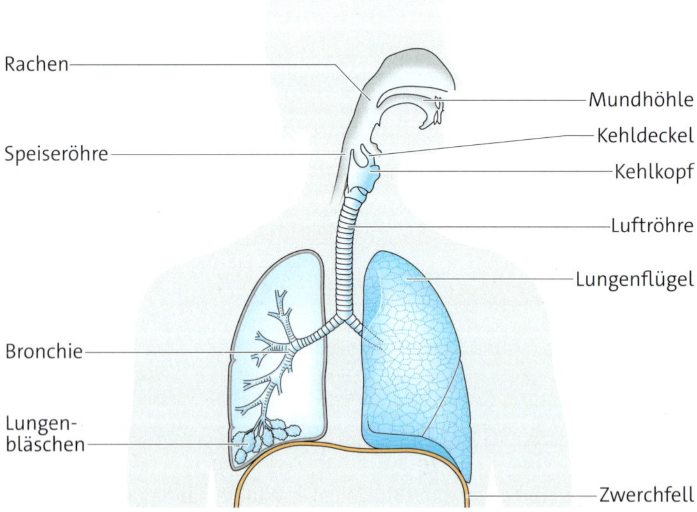

2 Die Atmungsorgane

Sauerstoff ist lebensnotwendig • Jede Zelle des Körpers benötigt Sauerstoff, um in den Mitochondrien Energie für Lebensvorgänge zu erzeugen. Dabei entsteht Kohlenstoffdioxid als Nebenprodukt. Bei sportlicher Aktivität wird mehr Energie benötigt. Deswegen wird auch mehr Sauerstoff gebraucht. Wir atmen schneller.

Weg der Atemluft • Beim Atmen strömt die Luft durch den Mund oder die Nasenlöcher. Beim Einatmen durch die Nase gelangt die Luft zunächst in die Nasenhöhle. Dort wird sie angefeuchtet und erwärmt. Die Nasenhaare fangen größere Staubteile ein. Durch Naseputzen können diese Fremdkörper entfernt werden. Über die Nasenhöhle und den Rachen gelangt die Luft in die etwa zwölf Zentimeter lange Luftröhre. Am unteren Ende verzweigt sich die Luftröhre in zwei Äste, die Bronchien. In Bronchien und Luftröhre halten kleine Flimmerhärchen Fremdkörper wie Staub fest und transportieren sie wieder nach oben.

Lunge und Gasaustausch • Die Lunge besteht aus zwei Lungenflügeln, die rechts und links vom Herzen liegen. In den Lungenflügeln verzweigen sich die Bronchien zu vielen kleinen Ästen. An den Enden dieser Äste befinden sich winzige traubenförmig angeordnete Lungenbläschen. Sie sind von einem dichten Netz aus Blutgefäßen umgeben. In den Lungenbläschen findet der Austausch der Atemgase statt. Bei diesem Gasaustausch wird Sauerstoff ins

der Sauerstoff
das Kohlenstoffdioxid
die Lunge
der Gasaustausch
die Atembewegung

Blut aufgenommen. Kohlenstoffdioxid wird abgegeben und kann dann aus dem Körper ausgeatmet werden.

Atembewegungen • Die Größe und damit auch das Volumen der Lunge kann sich verändern. So kann Luft ein- und ausströmen. Dies geschieht durch zwei unterschiedliche Arten:

- **Bauchatmung** Wenn sich das in den Brustraum gewölbte Zwerchfell zusammenzieht, wird es flacher. Der Brustraum vergrößert sich dadurch. Die Lunge folgt dieser Bewegung und erweitert sich. So wird Luft angesaugt.
- **Brustatmung** Wenn sich die Muskeln zwischen den Rippen zusammenziehen, heben sich die Rippen und damit der Brustkorb. Dadurch wird der Brustraum vergrößert und die Lunge erweitert sich. Durch die Brustraumvergrößerung wird Luft angesaugt.

Die Luft gelangt über Nase, Rachen, Luftröhre und Bronchien in die Lunge. In den Lungenbläschen findet der Gasaustausch statt.

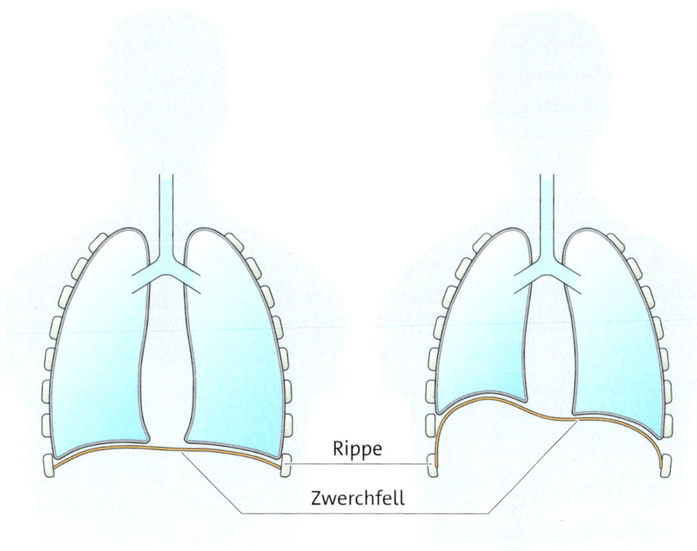

A eingeatmet ausgeatmet

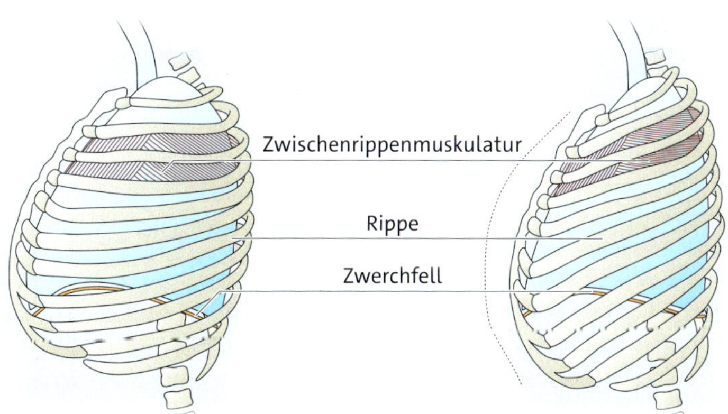

B eingeatmet ausgeatmet

3 Atembewegungen: **A** Bauchatmung, **B** Brustatmung

Aufgaben

1 ▢ Vervollständige folgendes Fließschema zum Weg der Atemluft:

Nase → ? → ? → ? → ? → Lungenbläschen

2 ◔ Beschreibe den Gasaustausch in der Lunge.

Die Lunge – Atmung und Gasaustausch

Erweitern und Vertiefen

Der Gasaustausch

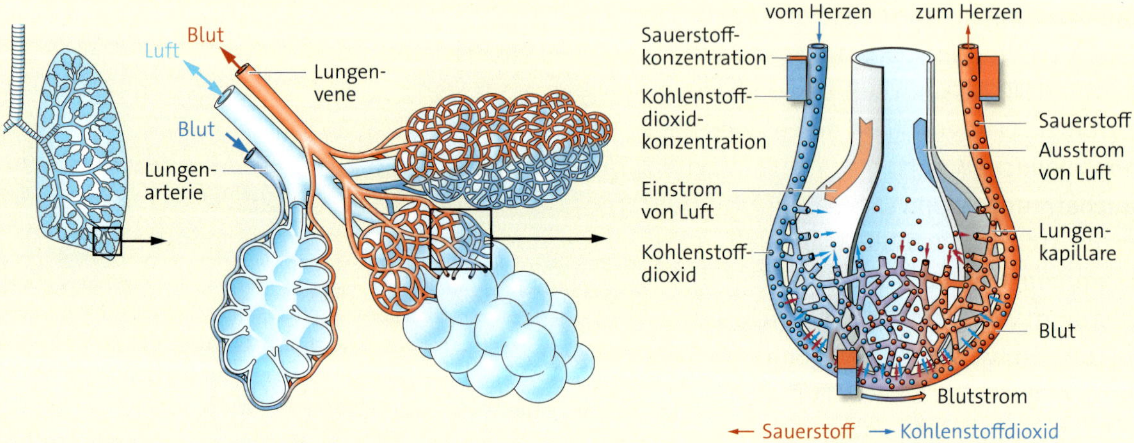

1 Gasaustausch am Lungenbläschen

Luft • In der Luft sind 78 Prozent Stickstoff enthalten. Von etwa 100 Litern Luft sind also etwa 78 Liter Stickstoff. Beim Einatmen sind in der Luft etwa 21 Prozent Sauerstoff enthalten, in der ausgeatmeten Luft nur noch 17 Prozent. Beim Kohlenstoffdioxid sind es beim Einatmen deutlich weniger als 1 Prozent und beim Ausatmen 4 Prozent.

Gasaustausch • In der Lunge wird der Luft Sauerstoff entnommen, gleichzeitig wird sie mit Kohlenstoffdioxid angereichert. Dieser Gasaustausch findet zwischen den Lungenbläschen und den Lungenkapillaren statt. Die Lungenbläschen sind dazu von einem sehr dichten Kapillarnetz umgeben. Die Wände der Lungenbläschen und der Kapillaren sind sehr dünn, dadurch können Stoffe hindurchgelangen. Für Kohlenstoffdioxid und Sauerstoff sind die Wände durchlässig. Die übrigen Bestandteile des Bluts sind jedoch zu groß und können nicht hindurch. Das Blut in den Lungenkapillaren kommt aus dem Körper und enthält viel Kohlenstoffdioxid.
Der Sauerstoffgehalt ist dagegen gering. In den Lungenbläschen ist es genau umgekehrt, der Sauerstoffgehalt ist hoch und der Kohlenstoffdioxidgehalt gering. Diese Unterschiede werden ausgeglichen: Kohlenstoffdioxid tritt aus dem Blut in die Lungenbläschen über, gleichzeitig kommt Sauerstoff aus den Lungenbläschen ins Blut. Dadurch enthält die Ausatemluft mehr Kohlenstoffdioxid und weniger Sauerstoff als die Luft beim Einatmen. Durch die Vielzahl an Lungenbläschen ist die Oberfläche für den Gasaustausch sehr groß und somit überhaupt erst möglich.

Aufgabe

1 ● Erkläre mithilfe von Bild 1 den Gasaustausch an den Lungenbläschen.

Material A

Lungenvolumen

Materialliste: 3-L-Becherglas, große Plastikwanne mit Wasser, Schlauch, Mundstücke

1 Befülle die große Wanne mit Wasser. Tauche das Becherglas komplett unter die Wasseroberfläche, sodass es sich vollständig mit Wasser füllt. Drehe das Becherglas unter Wasser um und ziehe es dann nur so weit heraus, dass seine Öffnung unter der Wasseroberfläche bleibt.

2 Führe das Ende des Schlauchs vorsichtig unter das Becherglas.

3 Hole so tief wie möglich Luft und blase so viel Luft, wie du kannst, durch den Schlauch in das Becherglas. Lies nun an der Skala auf dem Becherglas ab, wie viel Luft im Becherglas ist.

4 Halte dein Ergebnis fest.

a ▢ Notiere, wie viel Luft im Gefäß ist, und bestimme so dein Lungenvolumen.
b ▢ Sammelt die Ergebnisse innerhalb eurer Klasse.

5 ◧ Stelle Vermutungen an, welche mögliche Fehlerquellen dieser Versuch hat.

2

Material B

Bauchatmung im Modell

Ein Modell kann helfen, die Bauchatmung zu verstehen.

1 ▢ Ordne die Bestandteile des Modells den entsprechenden Teilen des Körpers zu. Erstelle eine Tabelle.

2 ◧ Beschreibe, was passiert, wenn man die Gummihaut nach oben drückt.

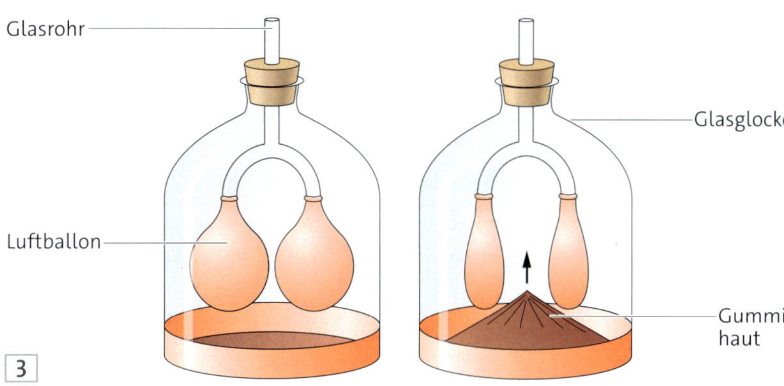

3

3 ● Begründe, weshalb sich die Luftballons füllen, wenn man die Gummihaut wieder loslässt.

Unsere Nahrung enthält Nährstoffe

1 Verschiedene Lebensmittel

Wir essen jeden Tag mehrmals. Unser Körper bekommt mit der Nahrung Energie. Welche energiereichen Stoffe stecken in unseren Lebensmitteln?

Kohlenhydrate liefern Energie • Kartoffeln, Reis, Nudeln und Brot enthalten Zucker und Stärke. Diese Kohlenhydrate sind wichtige Energielieferanten für Muskeln und Gehirn. Nährstoffe, die den Energiebedarf decken, werden Betriebsstoffe genannt.

Eiweiße sind Baustoffe • Fleisch, Fisch und Eier, aber auch Linsen, Erbsen und Bohnen enthalten Eiweißstoffe. Sie liefern zwar ähnlich viel Energie wie die Kohlenhydrate, sind aber eher als Baustoffe von Bedeutung. Die Bausteine der Eiweißstoffe werden für den Aufbau von Zellen im gesamten Körper benötigt. In Kindheit und Jugend sind Eiweißstoffe besonders wichtig, da in dieser Zeit der Körper am stärksten wächst.

Fette liefern Energie und dienen als Baustoffe • Butter, Wurst und Käse sowie Nüsse und Öle enthalten viel Fett. Unter der Haut dient Fett als Speicherstoff und als Schutz vor Wärmeverlust, aber auch als Stoßdämpfer am Fuß und im Bauchraum. Der Energiegehalt von Fett ist doppelt so hoch wie der von Eiweißen und Kohlenhydraten. Außerdem sind Fette Bestandteil von Zellmembranen und damit für den Aufbau von Zellen notwendig.

Eiweiße, Fette und Kohlenhydrate werden als Nährstoffe bezeichnet. Sie liefern dem Körper Energie und Baustoffe, daher sind sie die wichtigsten Inhaltsstoffe unserer Nahrung.

Aufgabe

1 Nenne je drei Lebensmittel mit hohem Eiweiß-, Kohlenhydrat- oder Fettgehalt.

die Nährstoffe
die Kohlenhydrate
die Eiweiße
die Fette

Hinweis zu den Materialien A–C: Reibe feste Nahrungsmittel vorher und gib etwas Wasser dazu.

Material A

Nachweis von Eiweißen

Materialliste: Reagenzgläser, Pipette, Glasstab, Reibe, Zitrone, Wasser-Ei-Gemisch (Wasser und den Inhalt eines Hühnereies ohne Dotter 1:1 mischen und schütteln), Milch, Olivenöl, Kartoffel, Fruchtsaft

1 Fülle ein Reagenzglas 4 cm hoch mit dem Gemisch.
a Gib 10 Tropfen Zitronensaft hinzu und rühre mit dem Glasstab um. → 2
b ▢ Beschreibe das Aussehen der Flüssigkeit.
c ▢ Prüfe weitere Nahrungsmittel auf Eiweiße. Notiere die Ergebnisse in einer Tabelle.

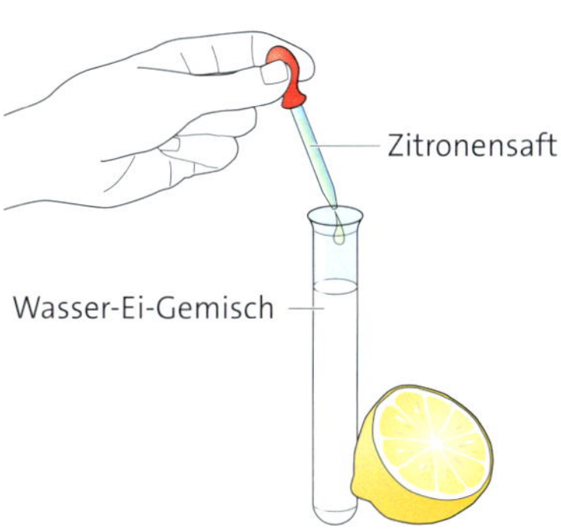

2 Nachweis von Eiweißen

Material B

Nachweis von Fetten

Materialliste: Filterpapier, Spritzflasche mit Wasser, Reibe, Haarföhn, Butter, geriebene Haselnüsse, Gurke, Kartoffel, Salami, Olivenöl, Wasser

1 Fette lassen sich mit der Fettfleckprobe nachweisen: Ein durchscheinender Fleck auf Papier zeigt Fett an.
a Gib etwas Speiseöl auf ein Filterpapier und setze einen Wassertropfen daneben.
b Trockne das Blatt mit dem Föhn und halte es gegen das Licht. → 3
▢ Beschreibe deine Beobachtungen.
c Führe die Fleckprobe bei den verschiedenen Nahrungsmitteln durch.
d ▢ Halte die Ergebnisse in einer Tabelle fest.

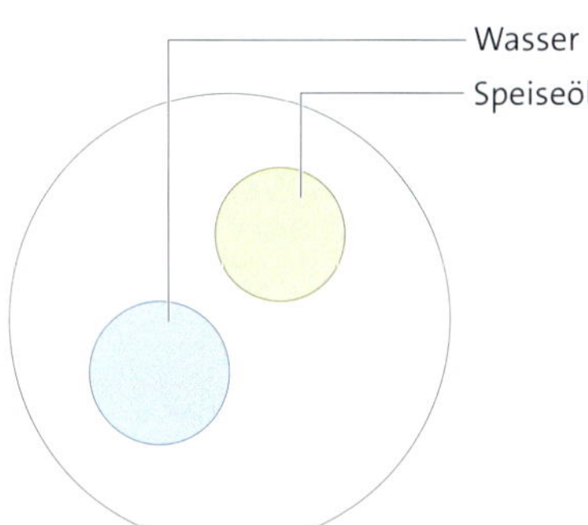

3 Fettfleckprobe

Material C

Nachweis von Stärke

Materialliste: Filterpapier, Spritzflasche mit Wasser, Pipette, Petrischale, Iod-Kaliumiodid-Lösung (Achtung ⚠), Speisestärke, Mehl, Puderzucker, Weißbrot, Käse, Gurke, Kartoffel

1 Die Stärke gehört zu den Kohlenhydraten.
a Gib etwas Speisestärke in eine Petrischale. Tropfe darauf mit der Pipette 2–3 Tropfen Iodlösung. → 4
b ▢ Was geschieht, wenn die Iodlösung mit Stärke in Berührung kommt? Beschreibe deine Beobachtungen.
c Prüfe, ob die weiteren Lebensmittelproben Stärke enthalten.
d ▢ Gib an, in welchen Nahrungsmitteln du Stärke nachweisen konntest. Notiere deine Ergebnisse in einer Tabelle.

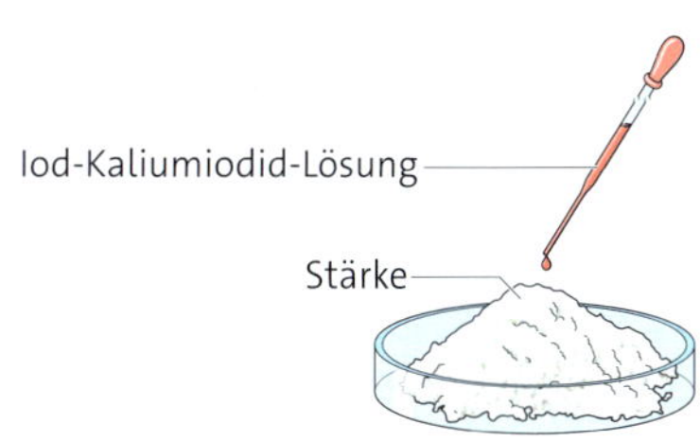

4 Stärkenachweis

Die Ergänzungsstoffe

1 Smoothies aus Obst und Gemüse

Smoothies schmecken lecker und enthalten wichtige Ergänzungsstoffe wie Vitamin A und C. Wozu braucht unser Körper diese Stoffe?

Ergänzungsstoffe • Nährstoffe alleine reichen nicht aus, um gesund zu bleiben. Vitamine, Mineralstoffe und Ballaststoffe in Obst und Gemüse ergänzen die Nährstoffe und unterstützen wichtige Körperfunktionen. Man nennt sie daher Ergänzungsstoffe.

Vitamine • Sie kommen vor allem in Obst und Gemüse vor. Etwa 15 verschiedene Stoffe wirken in unserem Körper als Vitamine. Sie müssen mit der Nahrung aufgenommen werden, da der Körper sie nicht selbst herstellen kann. Fehlende oder zu geringe Aufnahme von Vitaminen führt zu Mangelerscheinungen. Manche Vitamine wie zum Beispiel das Vitamin A können vom Körper nur zusammen mit etwas Fett aufgenommen werden.

Mineralstoffe • Diese Stoffe kommen in allen Nahrungsmitteln vor. Natrium, Kalium, Calcium, Magnesium, Chlor und Phosphor, aber auch Metalle wie Eisen, Kobalt, Zink und Kupfer sind unentbehrlich für unsere Körperfunktionen und beim Aufbau von Zellen. Weil sie nur in sehr geringen Mengen benötigt werden, bezeichnet man sie als Spurenelemente. Ein Mangel an Mineralstoffen führt zu Funktionsstörungen im Körper. Eisenmangel führt beispielsweise zu Blutarmut, da Eisen für die Bildung des roten Blutfarbstoffs benötigt wird.

Ballaststoffe • Sie finden sich in pflanzlichen Nahrungsmitteln und dort vor allem in Schalen und Hülsen. Sie liefern keine Energie, der Körper scheidet sie unverdaut wieder aus. Jedoch binden sie Wasser, quellen daher in Magen und Darm auf, sättigen und regen die Verdauung an. Sie senken das Risiko für Verstopfung, Herz-Kreislauf-Erkrankungen und Übergewicht.

Vitamine, Mineralstoffe und Ballaststoffe sind wichtige Ergänzungsstoffe für den Körper. Ein Mangel an Vitaminen und Mineralstoffen kann Funktionen von Organen einschränken.

Aufgabe

1 ○ Nenne die drei Gruppen von Ergänzungsstoffen und ordne jeder Gruppe zwei Beispiele zu.

die Ergänzungsstoffe
die Vitamine
die Mineralstoffe
die Spurenelemente
die Ballaststoffe

Material A

Vitamine – lebensnotwendige Ergänzungsstoffe

	Vitamin A	Vitamin B_{12}	Vitamin C	Vitamin D
Bedeutung	wichtig für den Aufbau von Haut und Blutzellen, Sehvorgang, Knochenbildung und Stoffwechsel	wichtig für die Zellteilung, Blutbildung und das Nervensystem	wichtig für das Abwehrsystem des Körpers	wichtig für die Aufnahme von Calcium, Verkalkung von Knochen
Symptome bei Mangel	trockene Haut und Schleimhäute, verlangsamtes Wachstum	Abnahme der roten Blutzellen (Blutarmut), Störungen des Nervensystems	Appetitlosigkeit, Frühjahrsmüdigkeit, Zahnfleischbluten, höhere Anfälligkeit für Infektionskrankheiten	Rachitis (Knochenerweichung), Knorpelschwellung
Vorkommen		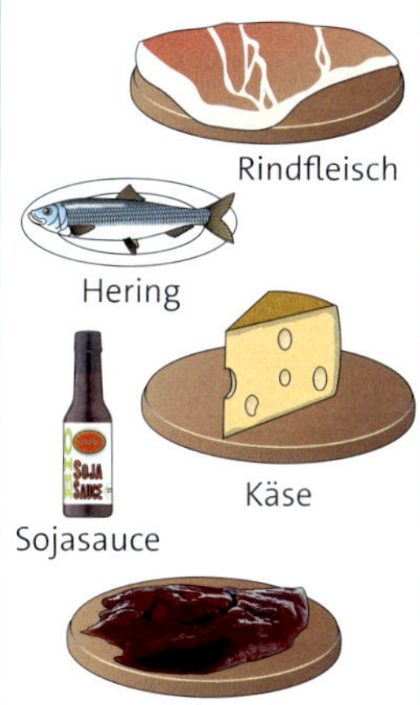		

2 Übersicht über Wirkung und Bedeutung der Vitamine

Vielen Fertiggerichten werden heute Vitamine zugesetzt. Um Mangelerscheinungen vorzubeugen, müssen Fertigprodukte mit frischen Produkten ergänzt werden.

1 ○ Nenne Vitamine, die in Fleisch, Fisch, Milchprodukten, Obst und Gemüse vorkommen. → 2

2 ◔ Beschreibe mögliche Folgen einer einseitigen Ernährung mit viel Fleisch und wenig Gemüse. → 2

3 ◔ Überlege dir Möglichkeiten, Fertiggerichte mit frischen Produkten zu ergänzen, um ausreichend Vitamine und Mineralstoffe zu erhalten.

4 ◔ Stelle Vermutungen an, womit es zusammenhängt, dass Vitamin-C-Mangel in Deutschland so gut wie nicht mehr vorkommt.

5 ● Stelle Vermutungen an, ob und für wen es sinnvoll sein könnte, die Ernährung mit zusätzlichen Vitaminpräparaten zu ergänzen.

Nahrung und Energie

1 Bananen liefern Energie.

Marathonläufer brauchen Verpflegung während ihres Laufs. Auch du fühlst dich nach an einem langen Schultag schlapp und bist hungrig. Warum ist das so? Woher bekommst du neue Energie?

Energiebedarf • Ob du Fahrrad fährst, Basketball spielst oder eine Mathematikaufgabe löst: Dein Körper verbraucht Energie. Körperlich aktive Menschen setzen viel Energie um. Wer viel sitzt und nur wenig Sport treibt, braucht dagegen weniger Energie. Der Energiebedarf hängt jedoch nicht nur von der Lebensweise eines Menschen ab. Auch Alter, Geschlecht und Körpergewicht spielen eine große Rolle. So erfordert das Wachstum in Kindheit und Jugend sehr viel Energie. Dein Körper benötigt immer Energie. Auch wenn du schläfst, muss er den Herzschlag, die Atmung, die Gehirntätigkeit und die Körpertemperatur aufrechterhalten.

Nahrung enthält Energie • Du führst deinem Körper chemische Energie mit der Nahrung zu. Der Körper nutzt die zugeführte Energie für verschiedene Tätigkeiten. Wenn du mit dem Fahrrad fährst, wandeln deine Muskeln die chemische Energie in Bewegungsenergie und Wärme um. → 2

Energiespeicher • Wenn du zu viel isst, erhält dein Körper mehr Energie, als er benötigt. Dann nimmst du zu. Überschüssige Energie wird im Körper in Form von Fett gespeichert.

Unser Körper nimmt mit der Nahrung chemische Energie auf. Er wandelt sie nach Bedarf in andere Energieformen um.

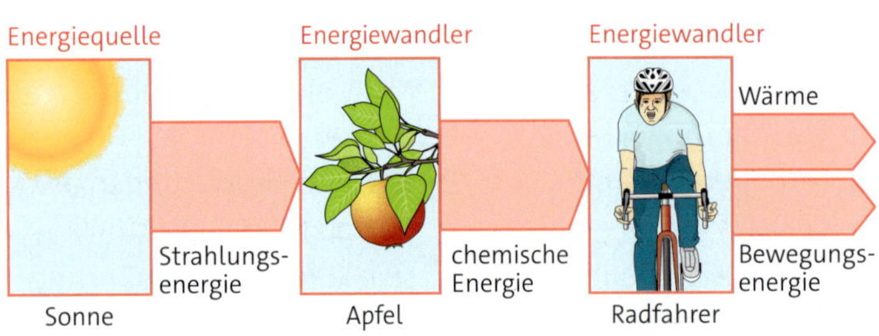

2 Energie wird umgewandelt.

Aufgaben

1 ◯ Gib an, wovon der Energiebedarf eines Menschen abhängt.

2 ◔ Im Gegensatz zu einer Maschine oder einem Auto benötigt dein Körper rund um die Uhr Energie. Erläutere die Gründe für diesen Energiebedarf.

Material A

Alles Banane!

1 ○ Stelle die Tabellen als Balkendiagramme dar. → 3 4

a Lies ab, welche drei Bewegungen am meisten Energie brauchen.

b Lies die drei Nahrungsmittel ab, in denen am wenigsten Energie steckt.

2 ◐ Berechne, wie viele Bananen ein Jogger für 5 Stunden Laufen essen müsste. → 3

3 ◐ Paul hat einen kleinen Apfel gegessen. Er sagt: „Ich fahre mit dem Rad 10 Minuten zur Schule – da verbrauche ich die Energie wieder.“ Rechne nach, ob Paul recht hat. → 3 4

Bewegung	Energie für 1 Stunde Bewegung in:
Radfahren (gemütlich)	3,0 Bananen
Skilanglauf	9,5 Bananen
Stehen	0,3 Bananen
Joggen	6,5 Bananen
Fußballspielen	7,5 Bananen
Sitzen	0,2 Bananen
Tennisspielen	4,0 Bananen
Bergsteigen	12,0 Bananen
Schwimmen	4,5 Bananen
Gymnastik	3,0 Bananen
Spazierengehen	1,0 Bananen

3 Energie für verschiedene Bewegungen

Nahrungsmittel	Genauso viel Energie wie in:
Müsliriegel	1,0 Bananen
Hamburger	2,5 Bananen
kleiner Apfel (100 Gramm)	0,5 Bananen
Chips (100 Gramm)	5,5 Bananen
Softeis (100 Gramm)	1,5 Bananen
Schokolade (100 Gramm)	6,0 Bananen
Joghurt (150 Gramm, natur)	1,0 Bananen
Pommes frites (100 Gramm)	3,0 Bananen
1 Glas Vollmilch (0,25 Liter)	1,5 Bananen
Currywurst	6,0 Bananen
1 Glas Cola (0,25 Liter)	1,5 Bananen

4 Energie in verschiedenen Nahrungsmitteln

Material B

Verteilung des Energiebedarfs

1 Betrachte das Diagramm. → 5

○ Lies ab, in welchen Organen deines Körpers die meiste Energie umgewandelt wird.

2 Lisa wacht morgens auf und hat Hunger, obwohl sie sich nachts kaum bewegt hat.

◐ Erkläre ihren Hunger.

3 ● Begründe, dass sich bei körperlicher Tätigkeit und bei niedrigen Außentemperaturen der Energiebedarf erhöht.

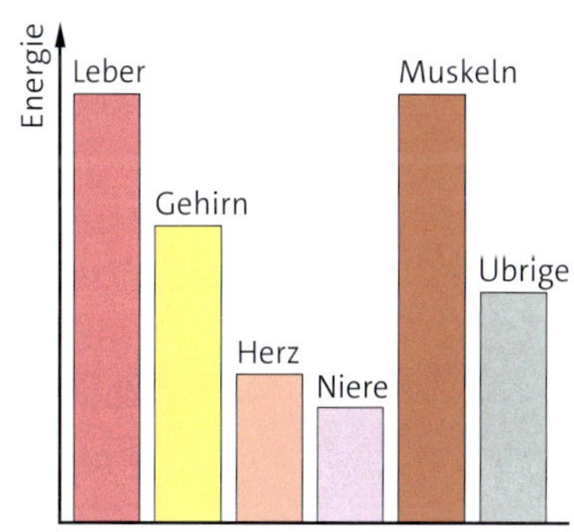

5 Energiebedarf in Ruhe

Gesunde Ernährung

1 Jugendliche in der großen Pause

In der Pause isst Lara einen Apfel, Tina ein Vollkornbrot mit Käse und Florian einen Schokoriegel. Sie diskutieren, wer sich am gesündesten ernährt. Was genau versteht man unter einer gesunden Ernährung?

Die sieben Säulen • Kohlenhydrate, Fette, Eiweiße, Mineralstoffe, Vitamine, Ballaststoffe und Wasser sind die sieben wichtigen Stoffe unserer Ernährung. Man bezeichnet sie auch als die sieben Säulen der Ernährung.

Ausgewogene Ernährung • Lebensmittel enthalten unterschiedliche Mengen dieser sieben Stoffe. Für eine ausgewogene Ernährung sollten sie in den Mahlzeiten so zusammengestellt werden, dass der tägliche Bedarf des Körpers an allen Stoffen gedeckt ist. Der Ernährungskreis veranschaulicht die empfohlenen Anteile verschiedener Lebensmittel pro Tag. → 2

Die Mischung macht's • Kohlenhydrate sollten den Hauptteil der Ernährung darstellen. Sie decken den Großteil des täglichen Energiebedarfs. Ein weiterer großer Anteil der Ernährung soll aus Obst und Gemüse bestehen, um genügend Vitamine und Mineralstoffe aufzunehmen. Eiweiße werden für das Wachstum, den Aufbau von Muskeln und den Stoffwechsel benötigt. Fettreiche Lebensmittel sollten nur in geringen Mengen gegessen werden. Fette sind sehr energiereich und können zu Übergewicht führen. Einige Vitamine können jedoch nur zusammen mit Fett aufgenommen werden, daher sind Fette lebensnotwendig. Der Körper benötigt außerdem etwa 1,5 bis 2 Liter Flüssigkeit pro Tag.

Mahlzeiten • Ein Frühstück liefert dem Körper Energie für die bevorstehenden Aufgaben. Mit einem gesunden Pausenbrot lässt sich die verbrauchte Energie wieder auffüllen. Auch Mittag- und Abendessen sollten nicht weggelassen werden, damit der Körper ganztägig mit Energie versorgt ist.

Zu einer gesunden Ernährung gehören eine abwechslungsreiche Lebensmittelauswahl, genügend Wasser und eine gleichmäßige Verteilung der Mahlzeiten über den Tag.

Aufgabe

1 Beschreibe die Bestandteile einer ausgewogenen Ernährung.

die ausgewogene Ernährung
der Ernährungskreis
die Mahlzeit

Material A

Ernährungskreis und Ernährungsgewohnheiten

2 Der Ernährungskreis

Maurice, Sophia und Kemal haben einen Tag lang ein Ernährungstagebuch geführt.

1 Vergleiche die drei Tagebucheinträge mit dem Ernährungskreis. → 3 – 5

2 Begründe, wer sich deiner Meinung nach am gesündesten oder wer sich am ungesündesten ernährt hat.

3 Erläutere, warum du trotzdem keine generellen Aussagen über die Ernährungsgewohnheiten der drei treffen kannst.

4 Erstelle selbst ein Ernährungstagebuch über eine Woche.

5 Vergleiche deine Tagebucheinträge mit denen von zwei Mitschülern. Wer hat sich am gesündesten ernährt?

Tagebuch von Maurice

Montag, 9. 5. 2017

Frühstück: 1 Tasse Kakao
Pause: 3 Schokoladenkekse
Mittagessen: 2 Hamburger, Pommes, Softdrink
Snack: 1 Tüte Chips
Abendessen: –

3

Tagebuch von Sophia

Mittwoch, 11. 5. 2017

Frühstück: Früchtemüsli mit Joghurt, 1 Glas Orangensaft
Pause: Vollkornbrot mit Frischkäse und Tomaten, Wasser
Mittagessen: Putenbrust mit Reis und Gemüse, Holunderschorle
Snack: 1 Apfel
Abendessen: Rührei auf Toast, Wasser

4

Tagebuch von Kemal

Samstag, 14. 5. 2017

Frühstück: –
Pause: Banane
Mittagspause: Döner, Softdrink
Snack: Fruchtjoghurt
Abendessen: grüner Salat mit Essig-Öl-Dressing, Apfelschorle

5

Die Verdauung

1 Familie beim Essen

Wir nehmen mehrere Mahlzeiten am Tag zu uns. Aber selbst nach einem üppigen Mahl können wir ein paar Stunden später schon wieder etwas essen. Was passiert mit der Nahrung, nachdem wir gegessen haben?

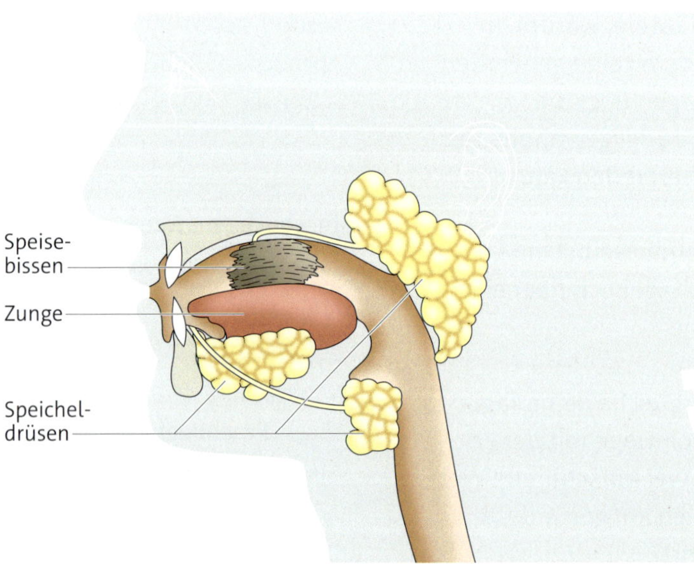

2 Verdauung beginnt bereits im Mund.

Verdauung • Einige Inhaltsstoffe von Lebensmitteln wie Vitamine und Mineralstoffe können direkt ins Blut aufgenommen werden. Die Nährstoffe Kohlenhydrate, Fette und Eiweißstoffe bestehen jedoch aus zusammengesetzten Bausteinen. Die Nährstoffe müssen vorher zerlegt werden, damit sie ins Blut aufgenommen werden können. Diese Spaltung der Nährstoffe in einzelne Bausteine bezeichnet man als Verdauung. Mithilfe dieser Nährstoffbausteine kann der Körper seinen Energiebedarf decken und eigene Stoffe aufbauen. Wenn man lange nichts gegessen hat, verspürt man Hunger. Der Körper hat dann das Bedürfnis nach Nahrungszufuhr.

Werkzeuge der Verdauung • Für die Verdauung benötigt der Körper spezielle Stoffe, die Verdauungsenzyme. Das sind körpereigene Stoffe, die die Nährstoffe zerlegen. Enzyme befinden sich in Verdauungsflüssigkeiten der Verdauungsorgane und werden dort in speziellen Drüsen produziert. Jedes Enzym ist dabei auf die Spaltung eines bestimmten Nährstoffs spezialisiert.

Verdauung beginnt im Mund • Mithilfe der Zähne wird die Nahrung durch Kauen zerkleinert und durch Zugabe von Mundspeichel gleitfähig gemacht. Speicheldrüsen produzieren täglich etwa 1,5 Liter Speichel. In ihm befinden sich Enzyme, die die Stärke (Vielfachzucker) in Brot oder Nudeln in kleinere Zweifachzucker spalten. → 2 3

die **Verdauung**
die **Enzyme**
der **Mundspeichel**
der **Magen**
der **Dünndarm**

Sammeln und Ansäuern • Über die Speiseröhre wird der Nahrungsbrei zum Magen transportiert. → 3 Er ist ein sehr dehnbares Hohlorgan und hat ein Fassungsvermögen von etwa 1,5 Litern. Die Innenwand des Magens ist von einer Schleimhaut bedeckt. Diese produziert Enzyme, die Eiweißstoffe in ihre Bausteine zerlegen. Außerdem bildet die Magenschleimhaut die Magensäure und den Magenschleim. Die Magensäure säuert den Nahrungsbrei und macht ihn so für die Enzyme besser zugänglich. Sie tötet zudem Krankheitserreger ab. Der Magenschleim schützt den Magen vor der ätzenden Wirkung der Magensäure. Durch die Bewegung der Magenmuskulatur wird der Nahrungsbrei durchmischt, was eine gründliche Verdauung ermöglicht.

Aufnahme der Bausteine • An den Magen schließt sich der Dünndarm an. In seinem ersten Abschnitt, dem Zwölffingerdarm, geben die Leber mit der Gallenblase sowie die Bauchspeicheldrüse ihre Verdauungssäfte mit Enzymen ab. Der Gallensaft zerteilt die Nahrungsfette in kleinere Fetttröpfchen, sodass die Enzyme eine größere Oberfläche für ihre Wirkung haben. Enzyme im Bauchspeichel zerlegen diese Fette zu Glycerin und Fettsäuren. Sie vollenden auch die Zerlegung von Kohlenhydraten zu Einfachzuckern und von Eiweißstoffen zu Aminosäuren. Über die Dünndarmwand werden die Bausteine ins Blut aufgenommen.

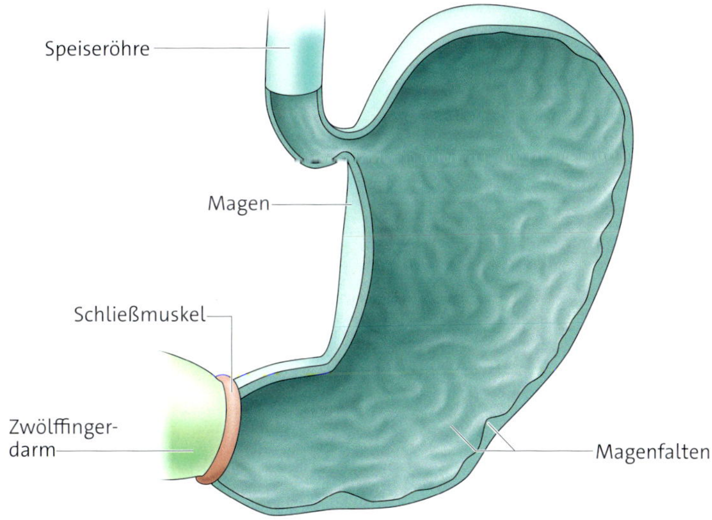

3 Der Magen

Wasserentzug • Der nährstoffarme Nahrungsbrei gelangt vom Dünndarm in den Dickdarm. Die Darmbakterien im Dickdarm führen letzte Verdauungsschritte aus. Im Dickdarm wird dem Nahrungsbrei dann Wasser entzogen. Die so eingedickten Reste werden im Enddarm gesammelt und über den After als Kot ausgeschieden.

Unter Verdauung versteht man das Spalten von Nährstoffen in kleine Bausteine mithilfe von Enzymen.

Aufgaben

1 ○ Nenne die Organe, die an der Verdauung beteiligt sind. Erstelle eine Tabelle. Ergänze sie mit den jeweiligen Aufgaben der Organe.

2 ◐ Erläutere die Aufgabe von Enzymen bei der Verdauung.

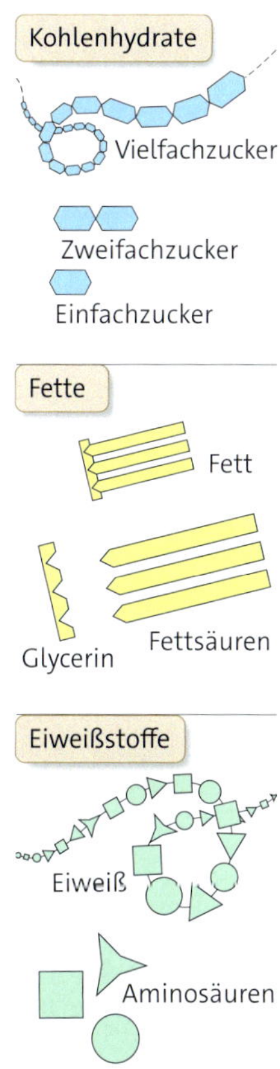

4 Nährstoffe

Die Verdauung

Material A

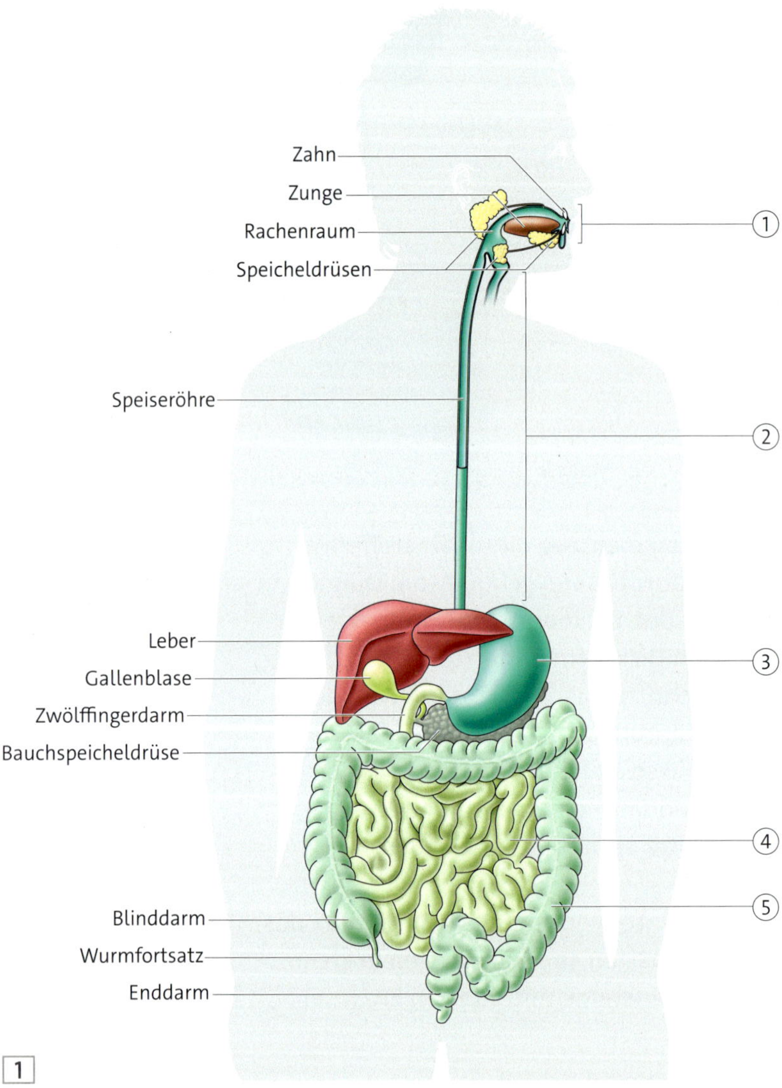

1

A Hier wird dem Rest des Nahrungsbreis das Wasser entzogen. Die eingedickten, nicht verwertbaren Bestandteile der Nahrung werden dann über den Enddarm und den After ausgeschieden.

B Hier werden Eiweiße durch Enzyme in kleinere Stücke gespalten. Säure hilft bei der Verdauung und tötet eingedrungene Krankheitserreger ab.

C Hier wird der Nahrungsbrei lediglich weitergeleitet. Es finden keine Verdauungsvorgänge statt.

D Hier wird die Nahrung zerkleinert und eingespeichelt. Stärke wird durch ein Enzym in kleinere Bruchstücke zerlegt.

E Hier werden durch den Gallensaft Fette in kleinere Fetttröpfchen zerteilt. Enzyme des Bauchspeichels zerlegen die Fette und vollenden die Zerlegung von Kohlenhydraten und Eiweißstoffen. Über seine dünne Wand können die einzelnen Bausteine der Nährstoffe ins Blut aufgenommen werden.

Verdauung im Überblick

1 ▢ Benenne die mit den Ziffern 1–5 gekennzeichneten Teile des Verdauungssystems.

2 ▢ Ordne die Beschreibungen A–E den Teilen 1–5 zu.

3 ◔ Beschreibe den Weg deines Pausenbrots vom Mund bis zur Ausscheidung.

4 ● Erläutere die Bedeutung der Enzyme an den im Schema abgebildeten Stationen 1, 3 und 4.

Erweitern und Vertiefen

Die Aufnahme der Nährstoffe im Dünndarm

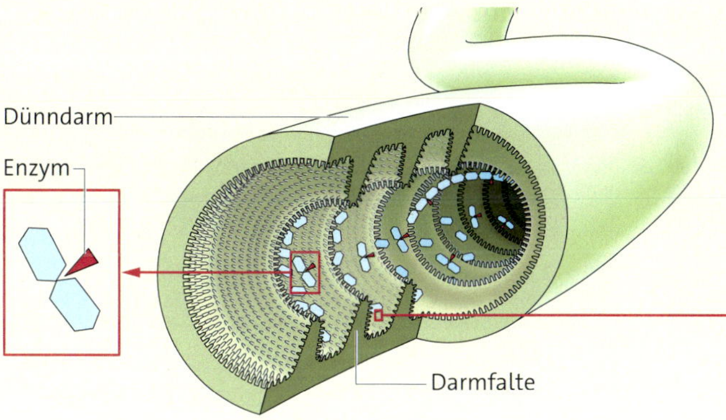

2 Aufbau des Dünndarms

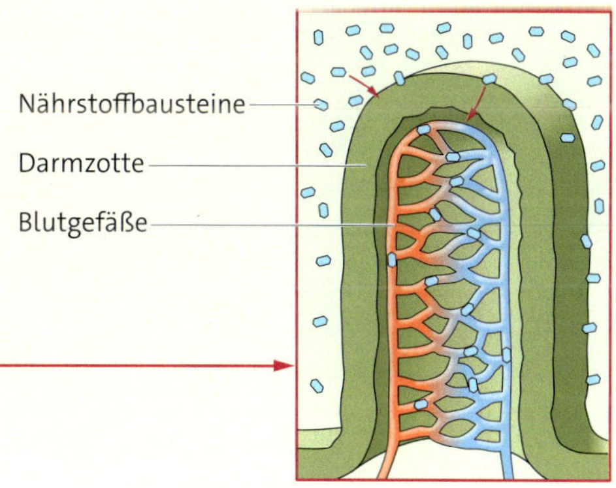

3 Darmzotte

Aufgaben des Dünndarms • Aus dem Magen gelangt der Nährstoffbrei in den Dünndarm, einen etwa drei Meter langen Muskelschlauch. Gleichmäßige Bewegungen durchmischen den Nahrungsbrei und schieben ihn langsam an der Darmwand vorbei. Auf dem Weg zerlegen Verdauungssäfte die Nährstoffe in ihre Bausteine. Sie sind jetzt so klein, dass sie durch die Dünndarmwand gelangen können.

Oberflächenvergrößerung • Die Innenwand des Dünndarms besitzt zahlreiche Falten. → 2 Unter dem Mikroskop erkennt man viele winzige, dicht stehende „Finger", die von der Darmwand ins Innere ragen. Man nennt sie Darmzotten. → 3 Die Darmzotten sind von kleinsten Blutgefäßen durchzogen. Darmfalten und Darmzotten vergrößern die Oberfläche der Darminnenwand auf bis zu 200 Quadratmeter. Durch diese riesige Oberfläche kommen sehr viele Nährstoffbausteine zur gleichen Zeit mit der Darmwand in Kontakt. → 4 Nährstoffe, Vitamine und Mineralstoffe können dadurch zügig und fast vollständig vom Blut aufgenommen werden.

Aufgaben

1 ○ Begründe, weshalb Nährstoffe vor der Aufnahme ins Blut zerlegt werden müssen.

2 ◐ Erläutere mithilfe von Bild 4 das Prinzip der Oberflächenvergrößerung.

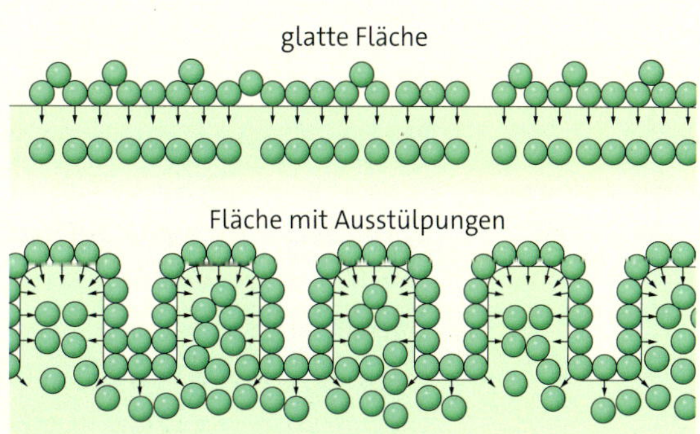

4 Oberflächenvergrößerung

Veränderungen in der Pubertät

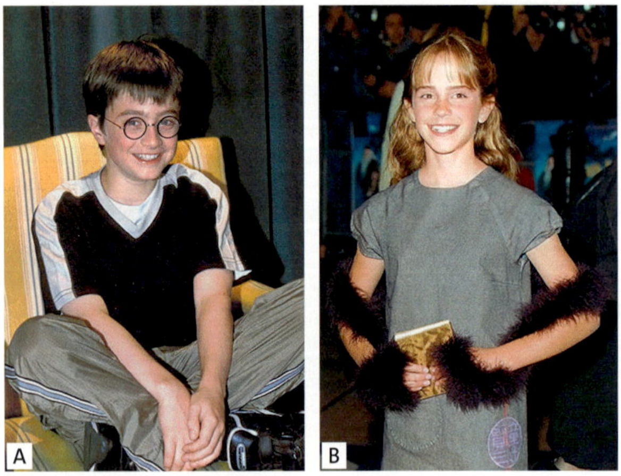

1 **A** Daniel Radcliffe (Darsteller von Harry Potter), **B** Emma Watson (Darstellerin von Hermine Granger)

2 **A** Daniel Radcliffe (heute), **B** Emma Watson (bei der Filmpremiere Heiligtümer des Todes, Teil 2)

Sieht man sich den ersten und den letzten Harry-Potter-Film an, erkennt man, dass sich die Schauspieler verändert haben. Auch das Verhalten von Harry und seinen Freunden hat sich geändert. Was ist passiert?

Körper • Die Körper von Mädchen und Jungen sind in der Kindheit, abgesehen vom Bau der Geschlechtsorgane, kaum voneinander zu unterscheiden. Zwischen dem 9. und dem 14. Lebensjahr ändert sich das. Dieser Zeitraum wird Pubertät genannt. Mädchen und Jungen reifen in dieser Zeit zu Erwachsenen. Sie werden geschlechtsreif und können Kinder bekommen.

Verhalten • Auch das Verhalten ändert sich. Mädchen verbringen nun viel Zeit mit anderen Mädchen in einer Gruppe. Auch die Jungen fühlen sich in einer Jungengruppe am wohlsten. Man möchte gemeinsam herumalbern, mit anderen die gleichen Dinge tun und auch die gleiche Kleidung tragen. Im Verlauf der Pubertät wächst aber auch das Interesse am anderen Geschlecht. Oft fällt das erste Verliebtsein in diese Zeit.

Geschlechtshormone • Die Veränderungen in der Pubertät werden durch bestimmte Botenstoffe, die Geschlechtshormone, ausgelöst. Sie bewirken auch die Reifung von Geschlechtszellen. Die Pubertät dauert mehrere Jahre. Jeder durchläuft diese Phase, aber ab wann und wie lange genau ist unterschiedlich.

In der Pubertät werden aus Kindern junge Erwachsene. Ihre Körper, aber auch ihr Verhalten ändern sich. Verantwortlich dafür sind Geschlechtshormone.

Aufgabe

1 ○ Beschreibe die Veränderungen in der Pubertät.

Material A

Körperliche Veränderungen während der Pubertät

Der Körper von Mädchen und Jungen verändert sich während der Pubertät.

1 Erstelle eine zweispaltige Tabelle. Liste für Mädchen und für Jungen die sichtbaren Veränderungen während der Pubertät auf.

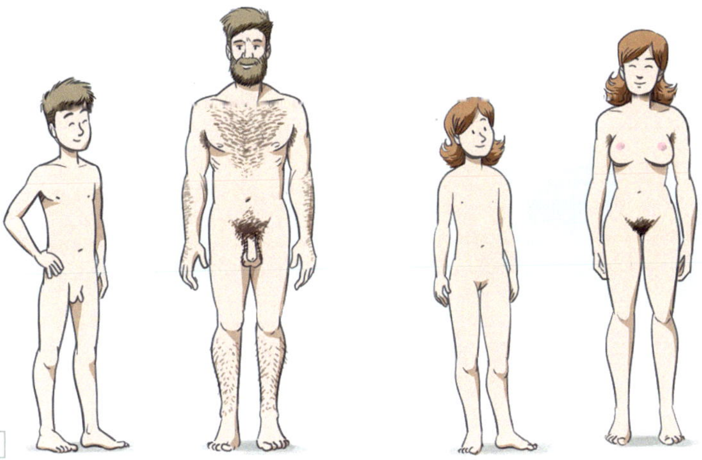
3

Material B

Individuelle neue Grenzen

In der Pubertät verändert sich deine Vorstellungen von angenehmer Nähe. Du alleine entscheidest, wozu du Nein sagst. Aber je nach Situation muss das „Nein" unterschiedlich ausgedrückt werden.

1 Wählt zu zweit eine Situation von A bis C aus. Beschreibt, wie Damian/Marie sich verhalten könnte.

A Die Eltern putzen sich die Zähne, während Marie/Damian duscht. Sie/Er will nicht nackt gesehen werden.

B Jane/Tim hat sich in Damian/Marie verliebt und möchte mit ihm/ihr alleine ins Kino gehen. Damian/Marie mag sie/ihn, will aber nicht, dass sie ein Pärchen werden.

C Ein Mitschüler schickt Marie/Damian im Internet anzügliche Bilder von nackten Leuten. Sie/Er hat ihm schon gesagt, er soll damit aufhören.

Wird dein „Nein" ignoriert?

Kostenloses und anonymes Beratungstelefon des Vereins „Nummer gegen Kummer e. V." bei allen kleinen und großen Problemen – Tel.: **116 111**

Material C

Gespräch

1 Schreibt getrennt voneinander (Jungen und Mädchen) jeder für sich jeweils drei Aussagen zu folgenden Sätzen auf eine Schreibfolie:
„Was wir schon immer von euch wissen wollten ...."
„Was wir euch schon immer einmal sagen wollten ...."

2 Tauscht die Folien zwischen Mädchen und Jungen aus und kommentiert sie schriftlich.

3 Besprecht die Ergebnisse gemeinsam in der Klasse.

Vom Jungen zum Mann

1 Wächst da schon der erste Bart?

In der Pubertät setzt bei Jungen der Bartwuchs ein. Wie verändert sich der Körper noch?

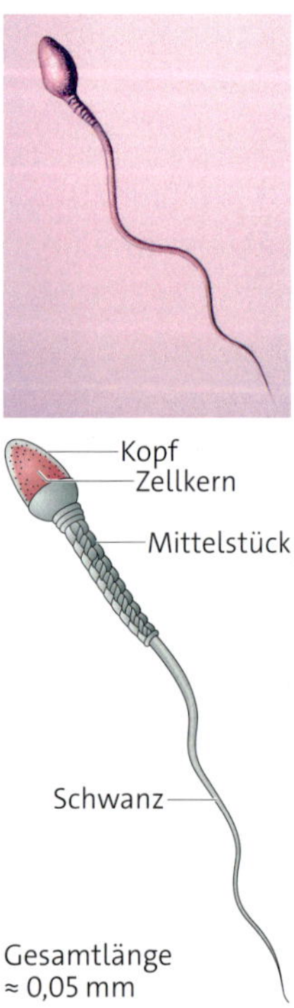

2 Spermienzelle

Der männliche Körper • In der Pubertät wachsen Jungen. Die Schultern werden breiter. Die Muskeln entwickeln sich kräftiger als bei Mädchen. Die Körperbehaarung nimmt zu. Oberhalb des Penis wachsen Schamhaare. Es bilden sich Achselhaare und Barthaare. Arme, Beine, Brust und Bauch sind unterschiedlich stark behaart. Aus der noch hohen Kinderstimme wird eine tiefe Männerstimme. Man nennt dies Stimmbruch. Alle diese Veränderungen bezeichnet man als die sekundären Geschlechtsmerkmale des Mannes. Sie werden durch Geschlechtshormone ausgelöst.

Geschlechtsorgane • In der Pubertät werden Penis und Hoden größer. In den beiden Hoden werden nun lebenslang Spermienzellen gebildet. Sie werden in den Nebenhoden gespeichert und reifen dort. Hoden und Nebenhoden liegen geschützt im Hodensack. Oft hängt ein Hoden tiefer als der andere. Von den Nebenhoden führt je ein Spermienleiter in die Harnröhre. Im Unterleib liegen die Bläschendrüse und die Vorsteherdrüse, die Prostata.

Spermabildung • Die Bläschendrüse und die Vorsteherdrüse produzieren Flüssigkeiten. Diese stellen Nährstoffe bereit und sind daher wichtig für die Beweglichkeit der Spermienzellen. Die Flüssigkeiten werden in die Spermienleiter abgegeben. Zusammen mit den Spermienzellen bilden sie das weißliche Sperma. Ab der Stelle, wo die Spermienleiter in die Harnröhre münden, spricht man von der Harn-Sperma-Röhre. Wird das Sperma von Muskeln durch die Harn-Sperma-Röhre nach außen gedrückt, bezeichnet man das als Spermienerguss oder Ejakulation. Mit der ersten Ejakulation, die häufig im Schlaf stattfindet, ist der Junge geschlechtsreif.

Spermienzellen • Spermienzellen enthalten die Erbinformation des Mannes. Diese befindet sich im Zellkern im Kopfteil der Spermienzelle. Das Mittelstück stellt Energie für die Fortbewegung des Schwanzteils der Zelle zur Verfügung. Im Körper der Frau können Spermienzellen aufgrund der feuchten Bedingungen bis zu fünf Tage überleben, außerhalb des Körpers der Frau nur wenige Stunden.

die Geschlechtsorgane
das Sperma
die Spermienzelle
die Erektion
die Ejakulation

Erektion • Mit der Pubertät wird der Penis häufiger steif. Grund dafür können sexuell erregende Vorstellungen, Bilder, Träume oder Berührungen sein. Der Penis hat drei Schwellkörper. Sie bestehen aus einem Geflecht von fein verästelten Blutgefäßen. Ihre Blutzufuhr kann stark erhöht und der Blutabfluss reduziert werden. Dadurch staut sich Blut in den Schwellkörpern. Der Penis wird länger, dicker und richtet sich auf. Die Länge und die Dicke sind dabei von Mann zu Mann unterschiedlich und entscheiden nicht, ob der Mann Kinder zeugen kann. Die Vorhaut lässt sich zurückziehen. Sie schützt die empfindliche Penisspitze, die Eichel. So können Berührungen an der Eichel besonders intensiv empfunden werden. Wenn die sexuelle Erregung sehr groß wird, kann es zum Orgasmus, dem sexuellen Höhepunkt, kommen. Die Muskeln im Unterleib ziehen sich schnell zusammen. Dadurch kann es zum Spermienerguss kommen.

In der Pubertät wachsen die Geschlechtsorgane. Spermienzellen werden gebildet. Ab dem ersten Spermienerguss sind Jungen geschlechtsreif. Auch bilden sich die sekundären Geschlechtsmerkmale.

Aufgaben

1 Beschreibe den Unterschied zwischen Sperma und Spermienzellen.

2 Beschreibe den Weg der Spermienzelle von der Bildung bis zum Spermienerguss. → 3

3 Nenne die Geschlechtsorgane des Mannes. Ordne den Organen Aufgaben zu. Erstelle dazu eine Tabelle

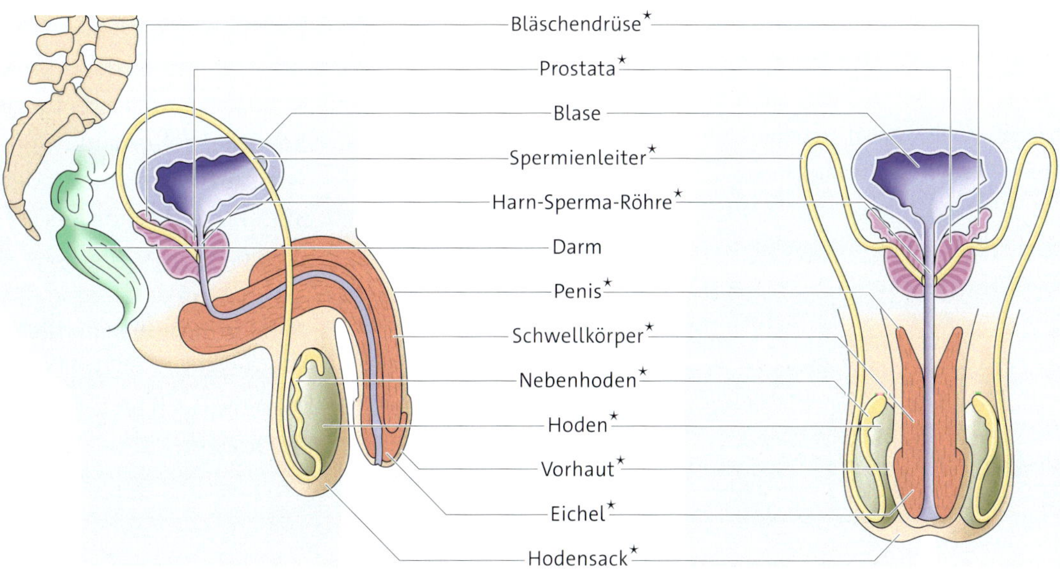

3 Männliche Geschlechtsorgane (mit * gekennzeichnet)

Vom Jungen zum Mann

Material A

Pubertät bei Jungen

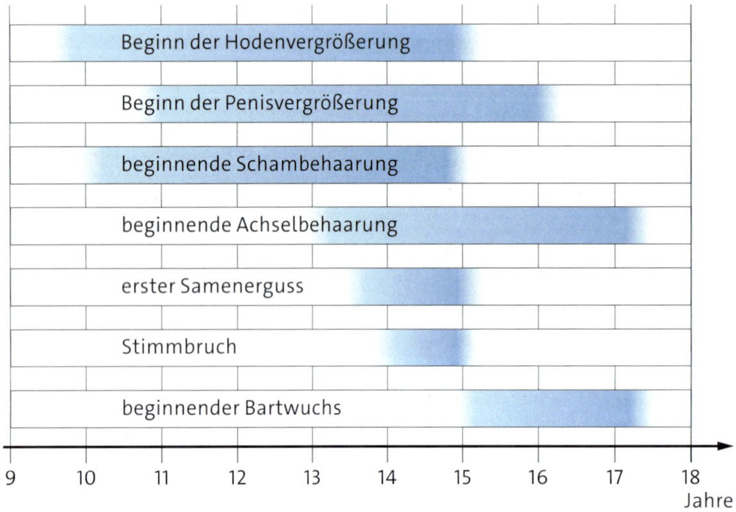

1 Körperliche Veränderungen bei Jungen

Während der Pubertät bilden sich bei Jungen die typischen körperlichen Merkmale eines Mannes aus.

1 ▢ Beschreibe anhand von Bild 1 die körperlichen Veränderungen bei Jungen während der Pubertät.

2 ◪ Erläutere die Bedeutung der Pubertät für das spätere Erwachsenenleben.

Material B

Reifung von Spermienzellen

Reifung In den Hoden entstehen bis ins hohe Alter aus unreifen Spermienzellen reife Spermienzellen Für diesen Vorgang ist eine Temperatur von etwa 35 °C nötig, etwa 2 °C weniger als die Körpertemperatur. Bei zu hohen oder zu niedrigen Temperaturen werden die Spermienzellen zerstört und auch deren Produktion gestoppt.

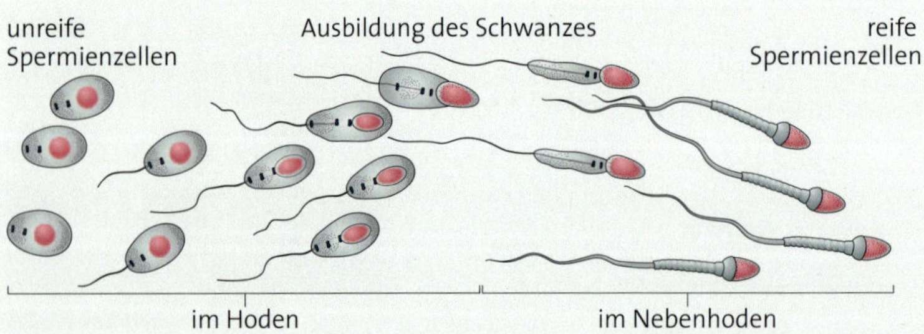

2

1 ▢ Beschreibe die Reifung der Spermienzellen. → 2

2 ◪ Erkläre, warum es für die Spermienzellenbildung wichtig ist, dass die Hoden außerhalb des Körpers liegen.

3 ■ Begründe, warum der Hodensack bei Kälte kleiner wird und sich an den Körper heranzieht.

Erweitern und Vertiefen

Typisch Mädchen – typisch Junge?

Vorurteile • Viele Menschen haben eine genaue Vorstellung davon, was typisch für Jungen und für Mädchen ist oder sein sollte. Häufig sind diese Vorstellungen jedoch von Vorurteilen belastet. Mädchen spielen mit Puppen, Jungs mit Autos oder auch Mädchen sind in der Schule gut in Sprachen und Jungen gut in Mathematik. Diese Vorurteile wurden von immer mehr Menschen hinterfragt. Lange Zeit war Fußball ein reiner Jungen- oder Männersport, heute spielen auch Mädchen und Frauen Fußball. → 3 Dennoch gibt es heute immer noch Menschen, die an den Vorurteilen festhalten.

3 Deutsche Frauenfußball-Nationalmannschaft

Rollenvorstellungen • Jede Gesellschaft hat bestimmte Vorstellungen davon, was „richtiges" Verhalten und typische Aufgaben, Berufe und Hobbys für Mädchen und Jungen sind. Diese ändern sich immer wieder. Vor hundert Jahren trug kaum eine Frau Hosen, heute sind sie weit verbreitet. Kein Mann blieb vor hundert Jahren für seine Kinder zu Hause, während die Frau arbeitete. Heute nehmen viele Männer einige Monate Elternzeit. Früher waren Frauen hauptsächlich in Pflege- oder erzieherischen Berufen tätig, Männer dagegen in technischen und handwerklichen Berufen. Auch dies hat sich heute geändert. Auch in verschiedenen Ländern, Religionen und Kulturen gibt es unterschiedliche Vorstellungen davon, was „richtiges" Verhalten ist: In vielen Kulturen wird erwartet, dass der Mann die Familie ernährt. Auch wird oft großer Wert darauf gelegt, dass Frauen keinen Geschlechtsverkehr vor der Heirat haben. Besonders in der Pubertät finden Jugendliche den Rahmen, den die Eltern oder die Gesellschaft vorgibt, oft zu eng. Sie wollen nicht alles so machen, wie es von ihnen erwartet wird. Das kann zu Konflikten führen. Dennoch kann man in unserer freien Gesellschaft entscheiden, welchen Beruf man ausüben möchte oder mit welcher Person man gerne Zusammensein will.

4 Mann mit Kinderwagen

Aufgabe

1 Arbeitet zu zweit.

a ◯ Benennt in Partnerarbeit Beispiele für mögliche Konflikte zwischen Jugendlichen und Eltern.

b ◔ Entwickelt Handlungsmöglichkeiten für die Lösung von solchen Konflikten.

Vom Mädchen zur Frau

1 Mädchen prüft im Spiegel, ob das Outfit passt.

In der Pubertät wachsen die Brüste. Welche Veränderungen des weiblichen Körpers finden noch statt?

Körperbau • Mädchen wachsen, bekommen Achselhaare und Schamhaare. Die Brüste beginnen zu wachsen. Oft sind die Brüste nicht gleich groß. Das Becken wird breiter, damit das Kind bei der Geburt auf dem Weg durch die Scheide genug Platz hat. Alle diese Veränderungen werden durch Geschlechtshormone ausgelöst.

Geschlechtsorgane • Der Scheideneingang liegt hinter der Harnröhrenöffnung geschützt zwischen den inneren und äußeren Schamlippen. Bei jungen Mädchen ist der Scheideneingang von einem dünnen „Jungfernhäutchen“ bedeckt. Es reißt oft erst beim ersten Geschlechtsverkehr. Schamlippen und Jungfernhäutchen verhindern das Eindringen von Schmutz und Krankheitserregern. Am vorderen Ende der Schamlippen sitzt der Kitzler. Dieser ist berührungsempfindlich und wichtig für das sexuelle Lustempfinden.
Im Unterleib liegen zwei Eierstöcke, in denen schon vor der Geburt etwa 200 000 winzige unreife Eizellen entstehen. Sie enthalten im Zellkern die Erbinformation. In regelmäßigen Abständen innerhalb eines Zyklus wird eine reife Eizelle freigesetzt. Die Eierstöcke sind über je einen Eileiter mit der Gebärmutter verbunden. Die Gebärmutter ist ein Muskel. In ihr wächst in der Schwangerschaft das Kind heran.

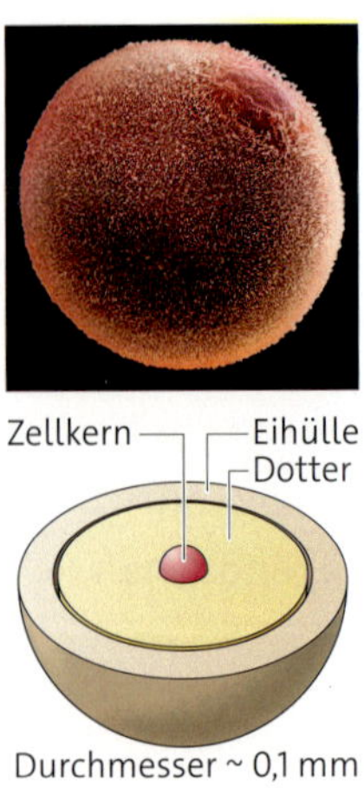

2 Eizelle

Follikelphase • Eine Eizelle reift im Eierstock in einem Bläschen heran, dem Follikel. Deshalb heißt diese Phase Follikelphase. Gleichzeitig wird die Gebärmutterschleimhaut in Vorbereitung auf eine mögliche Schwangerschaft aufgebaut. Der Follikel bewegt sich aus dem Innern des Eierstocks an dessen Oberfläche. Ist er dort angekommen, sorgt ein Hormon dafür, dass der Follikel platzt und die reife Eizelle wird mit Flüssigkeit in den Eileiter gespült. Dies ist der Eisprung. Wird die Eizelle nicht innerhalb von 12 bis 18 Stunden durch eine Spermienzelle befruchtet, stirbt sie ab und löst sich auf.

Gelbkörperphase • Nach dem Eisprung heißt der Follikel Gelbkörper. Deshalb heißt diese Phase des Zyklus Gelbkörperphase. Der Gelbkörper produziert große Mengen eines Hormons. Es ist hauptverantwortlich für den weiteren Aufbau der gut durchbluteten Gebärmutterschleimhaut. Dort könnte sich

der weibliche Körper
die Geschlechtsorgane
die Eizelle
der Menstruationszyklus
der Eisprung

eine befruchtete Eizelle einnisten – die Frau wäre schwanger.

Menstruation • Kommt es nicht zur Schwangerschaft, bildet sich der Gelbkörper zurück. Der Hormonspiegel im Blut sinkt. Dadurch krampft sich die Gebärmutter zusammen und die Schleimhaut wird abgestoßen. Dabei reißen viele kleine Blutgefäße. Die Schleimhautreste werden mit Blut durch die Scheide herausgespült. Man bezeichnet dies als Menstruation. Sie dauert etwa 4 bis 7 Tage.

Menstruationszyklus • Zwischen Mitte 40 und Mitte 50 haben die meisten Frauen ihren letzten Eisprung. Bis dahin wiederholen sich Eizellreifung, Aufbau der Gebärmutterschleimhaut und Eisprung. Dies bezeichnet man als Zyklus. Die Zykluslänge ist von Frau zu Frau und Zyklus zu Zyklus verschieden. Meist dauert ein Zyklus zwischen 21 und 35 Tagen. Bei jungen Mädchen kann er auch länger dauern. Der Eisprung findet etwa in der Mitte des Zyklus statt.

In der Pubertät wachsen die Geschlechtsorgane. Eizellen reifen heran. Ab dem ersten Eisprung ist das Mädchen geschlechtsreif.

Aufgaben

1 Erkläre, warum der häufig verwendete Begriff „Monatsblutung“ nicht ganz passend ist.

2 Begründe, warum ein Mädchen schon vor der ersten Menstruationsblutung schwanger werden kann.

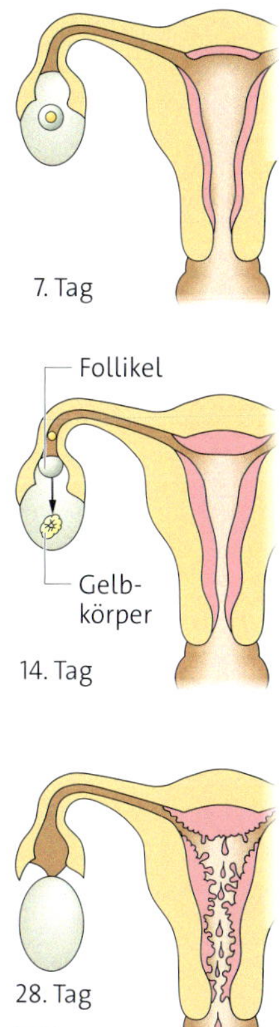

4

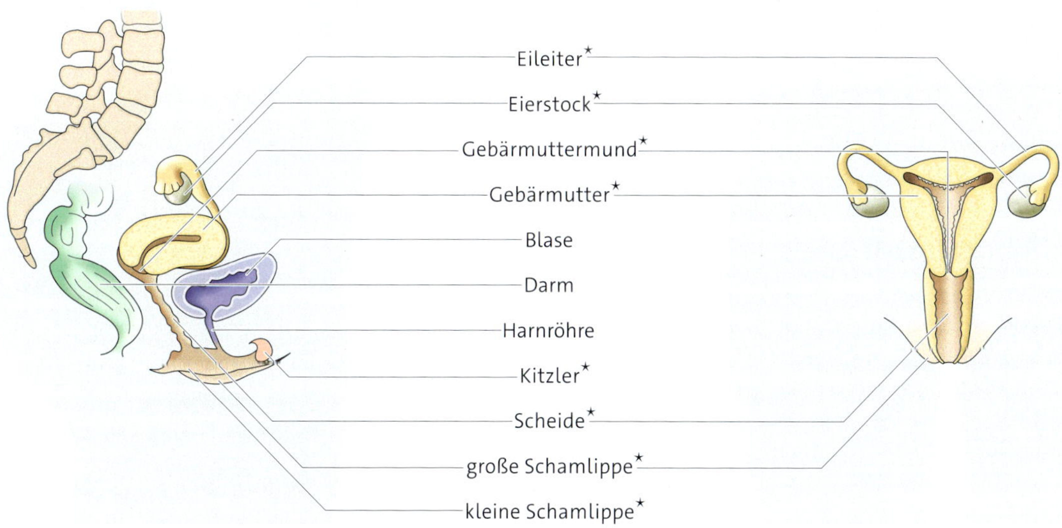

3 Geschlechtsorgane der Frau (mit * gekennzeichnet)

Vom Mädchen zur Frau

Material A

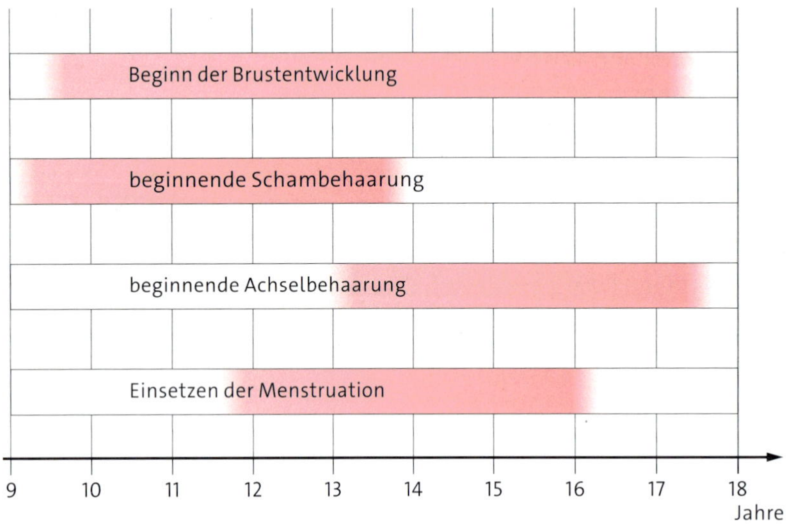

1 Veränderungen bei Mädchen

Pubertät bei Mädchen

Während der Pubertät bilden sich bei Mädchen die typischen körperlichen Merkmale einer Frau aus.

1 ▢ Beschreibe anhand von Bild 1 die körperlichen Veränderungen bei Mädchen in der Pubertät.

2 ◔ Erläutere die Bedeutung der Pubertät für das spätere Erwachsenenleben.

Material B

Menstruationskalender

In einen Menstruationskalender werden die Blutungstage eingetragen. → 2

1 ▢ Bringe die Bilder A–D zum Menstruationszyklus in die richtige Reihenfolge. → 2

2 ◔ Im Menstruationskalender von Frau H. sind für die Monate September und Oktober ihre Blutungstage eingetragen. Gib an, in welchem ungefähren Zeitraum in diesen Monaten jeweils ihr Eisprung stattfand. → 2

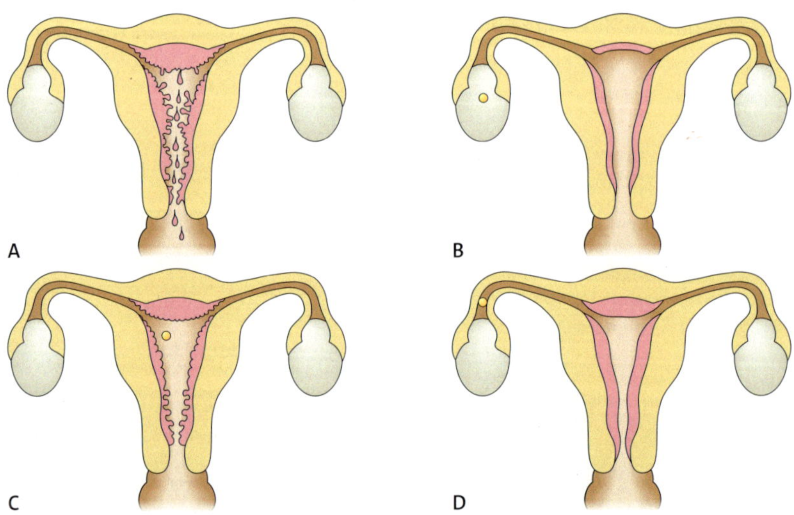

September

Mo	Di	Mi	Do	Fr	Sa	So
					1	2
3	4	5	6	7	8	9
10	11	12	13	14	~~15~~	~~16~~
~~17~~	~~18~~	~~19~~	~~20~~	21	22	23
24	25	26	27	28	29	30

Oktober

Mo	Di	Mi	Do	Fr	Sa	So
1	2	3	4	5	6	7
8	9	10	11	~~12~~	~~13~~	~~14~~
~~15~~	~~16~~	17	18	19	20	21
22	23	24	25	26	27	28
29	30	31				

2

Erweitern und Vertiefen

Einfluss der Medien in der Pubertät

Schönheitsideale • Ein Sprichwort lautet: „Schönheit liegt im Auge des Betrachters" – was man schön findet, entscheidet jeder selbst. Schönheitsideale verschiedener Kulturen und Zeiten sind unterschiedlich. Was „schön" ist, wird auch in den Medien gezeigt und so mitbestimmt. Oft wird dabei getrickst – durch Kleidung, Schminke, geschickte Ausleuchtung und digitale Bildbearbeitung. Dieses scheinbar perfekte Aussehen übt besonders auf Jugendliche auf der Suche nach ihrer Identität großen Druck aus.

3 Schönheitsideale bei Mann und Frau

Cybermobbing • Soziale Medien können nützlich sein und Spaß machen. Aber manchmal verlieren Menschen online jegliches Gespür für angemessenes, faires Verhalten. Dann werden andere in sozialen Medien bewusst ausgegrenzt, verspottet, beschimpft und bedroht. Man spricht von „Cybermobbing". Diese Erfahrung hat aber auch „offline" Folgen. Immer wieder leiden Kinder und Jugendliche an starken Depressionen, weil sie die digitale Hetzjagd nicht mehr aushalten.

4 Cybermobbing

Sicherheit • Da man nicht sehen kann, wer hinter geschriebenen Texten im Netz steht, kann man nahezu jede Identität annehmen. Es gibt Menschen, die ganz bewusst mithilfe falscher Angaben und Fotos vortäuschen, ein Jugendlicher zu sein. Sie versuchen, sich das Vertrauen von Kindern und Jugendlichen zu erschleichen – meist, weil sie ein sexuelles Interesse an ihnen haben. Das kann gefährlich werden. Wichtig ist: Lass dich zu nichts überreden, was du nicht möchtest! Fühlst du dich unsicher, hole dir bei der Nummer gegen Kummer oder bei vertrauten Personen aus deiner Familie, der Schule und deinem Freundeskreis Rat.

Aufgaben

1 ○ Beschreibe, wie Medien unsere Vorstellung von Schönheit beeinflussen.

2 „Tue online nichts, was du nicht auch offline tun würdest."

a ◐ Finde Beispiele für Dinge, die Jugendliche nur im Internet tun.

b ● Entwickelt gemeinsam Verhaltensregeln für den sicheren Gebrauch sozialer Medien.

Der Beginn eines neuen Lebens

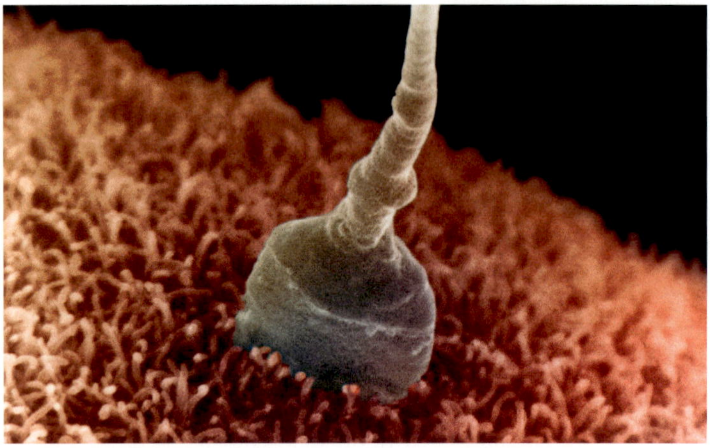

1 Spermienzelle dringt in eine reife Eizelle ein.

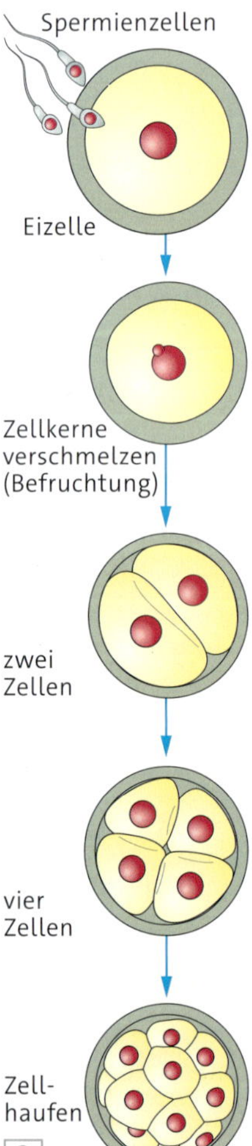

2

Wenn eine Frau und ein Mann miteinander Geschlechtsverkehr haben, kann es sein, dass die Frau schwanger wird – ein neues Leben beginnt. Wie entsteht das neue Leben?

Miteinander schlafen • Sind zwei Menschen ineinander verliebt, haben sie auch das Bedürfnis, einander körperlich nahe zu sein – die Hand des anderen halten, küssen, streicheln. Das kann sexuell erregend sein. Dann wird die Scheide der Frau feucht und der Penis des Mannes steif. Wenn eine Frau und ein Mann miteinander schlafen wollen, wird der steife Penis in die Scheide eingeführt. Durch Bewegung des Penis und weitere Zärtlichkeiten kann die sexuelle Lust bis zum Orgasmus gesteigert werden. Es kommt zum Spermienerguss des Mannes, wodurch Hunderte Millionen Spermienzellen in die Scheide der Frau gelangen. Von dort schwimmen sie innerhalb etwa einer Stunde durch die Gebärmutter bis in die Eileiter der Frau.

Befruchtung • Treffen die Spermienzellen im Eileiter auf eine Eizelle, kann eine einzige Spermienzelle in die Eizelle eindringen. Die beiden Zellkerne mit den Erbinformationen verschmelzen zu einem. Diesen Vorgang nennt man Befruchtung. Die befruchtete Eizelle wird nun Zygote genannt. Die benötigte Erbinformation ist jetzt vollständig. Deshalb bildet die Zygote sofort eine feste Hülle aus, um das Eindringen weiterer Spermienzellen zu verhindern.

Der richtige Zeitpunkt • Die Befruchtung ist der Startschuss für ein neues Leben. Während einer Schwangerschaft entwickelt sich bis zur Geburt aus einer befruchteten Eizelle ein lebensfähiger Säugling.
Doch wann ist eine Frau fruchtbar? Die reife Eizelle kann nach dem Verlassen des Eierstocks nur etwa 12 bis 24 Stunden befruchtet werden. Spermienzellen können aber 2 bis 5 Tage im Körper einer Frau überleben, weil für sie dort günstige Bedingungen herrschen. Daher ist eine Frau nur wenige Tage vor dem Eisprung bis einen Tag nach dem Eisprung fruchtbar.
Daraus ergibt sich eine fruchtbare Zeit von etwa 6 Tagen pro Zyklus. Man kann den Eisprung nur rückblickend ungefähr bestimmen. Daher kann man nicht vorher wissen, ob ein bestimmter Tag ein fruchtbarer oder unfruchtbarer Tag ist. Das Wissen um die fruchtbaren Tage dient also nur der Familienplanung, nicht der Verhütung.

der Geschlechtsverkehr
die Befruchtung
die Zygote
das Keimbläschen
die Einnistung

Einnistung • In den Tagen nach der Befruchtung wird die Eizelle weiter durch den Eileiter in Richtung Gebärmutter transportiert. Sie teilt sich währenddessen einige Male. Zuerst entstehen zwei, dann vier, dann acht Zellen, schließlich ein mehrzelliger Zellhaufen. → 2 3 Wenn dieser die Gebärmutter erreicht, bildet sich aus ihm dann eine kleine Blase. Man spricht ab dann vom Keimbläschen. Dieses verwächst mit der Gebärmutterschleimhaut, die bis dahin aufgebaut wurde. Man nennt diesen Vorgang Einnistung. Die Frau ist nun schwanger.

Aufgaben

1 ▢ Beschreibe den Weg der Eizelle bis zum Beginn einer Schwangerschaft.

2 ◔ Begründe, warum eine Frau nicht an jedem Tag des Zyklus schwanger werden kann.

Dringt eine Spermienzelle in eine Eizelle ein und ihre Zellkerne verschmelzen miteinander, ist die Eizelle befruchtet. Diese Zygote teilt sich mehrfach. Das Keimbläschen nistet sich in der Gebärmutterschleimhaut ein.

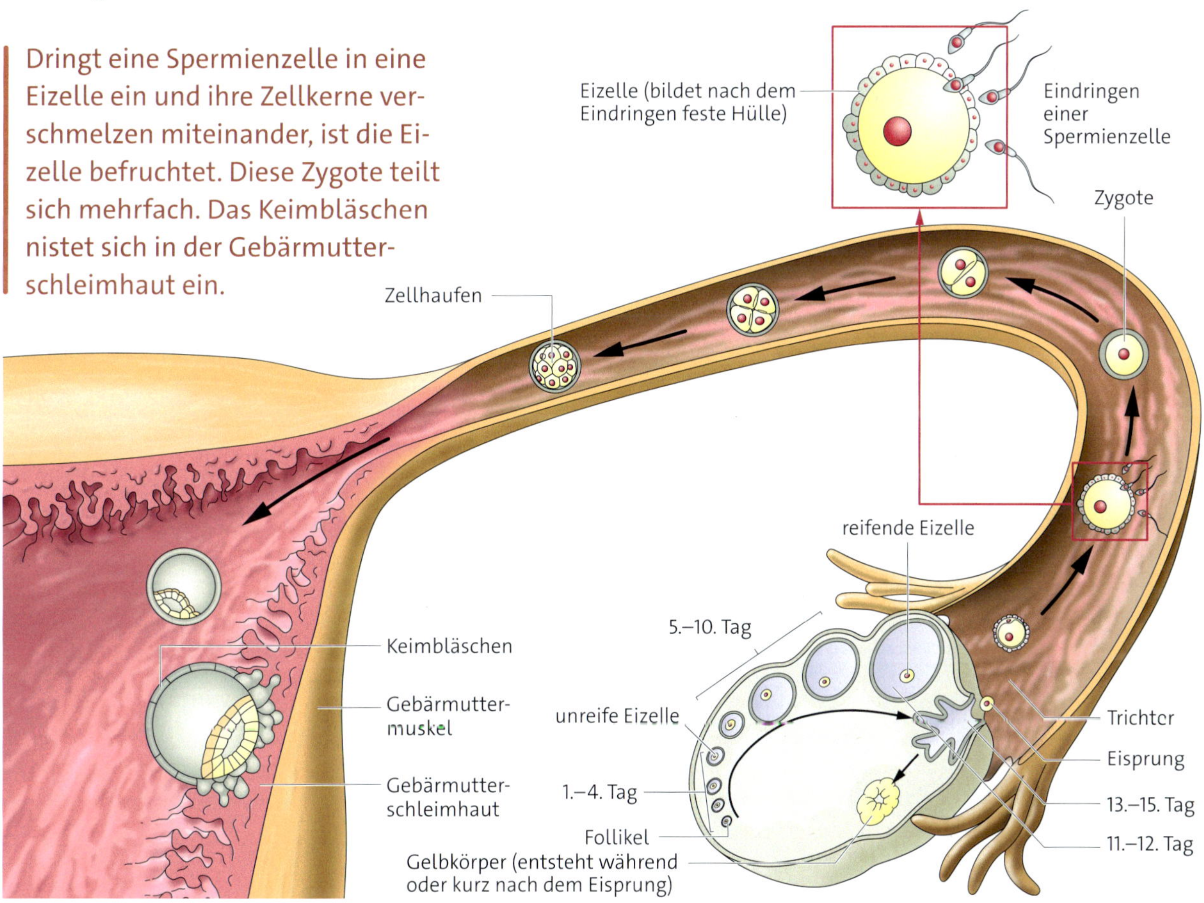

3 Befruchtung und Einnistung

Der Beginn eines neuen Lebens

Material A

Einnistung

1 ▢ Ordne die Beschreibungen A–E den Zahlen in Bild 1 zu.

2 ◔ Beschreibe, was passiert, wenn keine Einnistung stattfindet. → 1

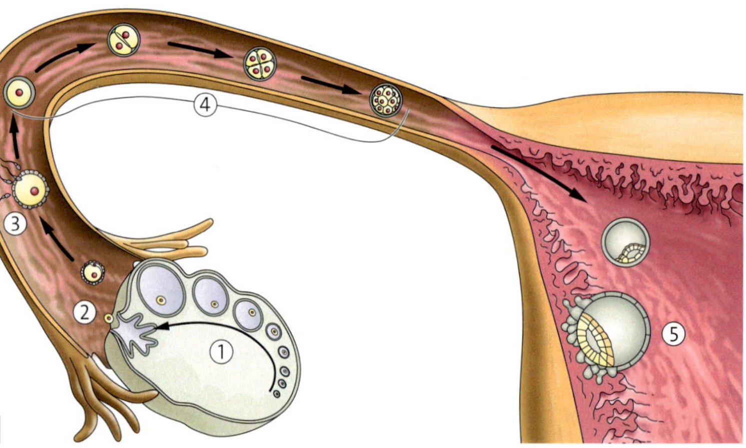

1

A Die Eizelle wird von einer Spermienzelle befruchtet.

B Der Follikel platzt auf. Das reife Ei wird mit der Flüssigkeit in den Eileiter gespült.

C Die befruchtete Eizelle wird in Richtung Gebärmutter bewegt und teilt sich mehrfach.

D Eine Eizelle reift im Follikel heran. Der Follikel bewegt sich zur Oberfläche des Eierstocks.

E Das Keimbläschen nistet sich in die Gebärmutterschleimhaut ein.

Material B

Familienplanung

Lea und Oksana möchten mit ihren Partnern jeweils eine Familie gründen. Sie haben gehört, dass man an der Körpertemperatur den Zeitpunkt des Eisprungs abschätzen kann.

1 ◔ Vergleiche die Kurven von Lea und Oksana. → 2

2 ● Begründe, warum das Beobachten der Körpertemperatur nur zur Familienplanung, nicht zur Verhütung eingesetzt werden kann.

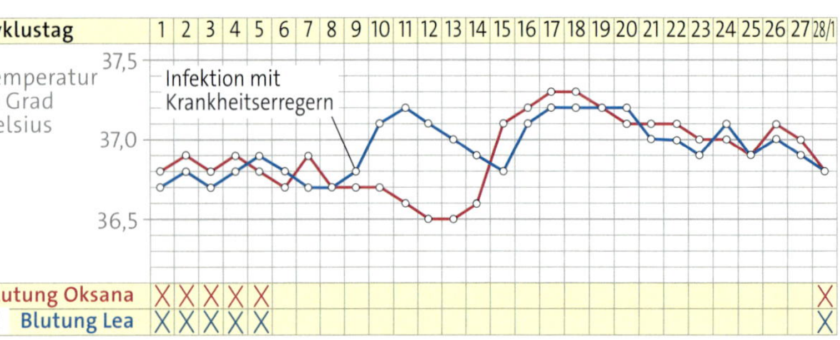

2

Nach dem Eisprung schüttet der Gelbkörper ein Hormon aus. Einen Tag später steigt die Körpertemperatur der Frau um ca. 0,5 °C an und bleibt erhöht, bis es zur Menstruation kommt. Stress, Krankheit und Medikamente beeinflussen die Körpertemperatur.

Erweitern und Vertiefen

Empfängnisverhütung

3 Verlangen, Verantwortung, Verhütung ...

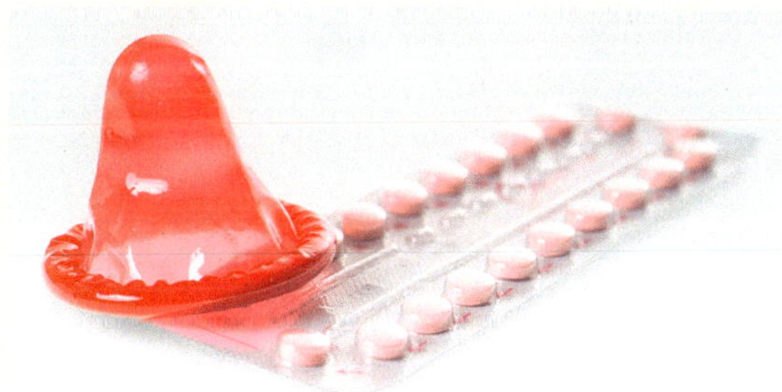

4 Pille und Kondom

Verhüten – aber womit? • Eine Schwangerschaft kann mit verschiedenen Verhütungsmitteln verhindert werden. Beide Partner sollten sich über Verhütungsmethoden informieren und dann gemeinsam über ihr Verhütungsmittel entscheiden.

„Ich passe schon auf" • Beim Coitus interruptus, dem unterbrochenen Geschlechtsverkehr, zieht der Mann vor der Ejakulation den Penis aus der Scheide. Das ist jedoch keine Verhütungsmethode! Denn schon vor dem Orgasmus werden über den Penis sogenannte Lusttröpfchen mit Spermienzellen abgegeben.

Das Kondom • Kondome bestehen aus einer dünnen Gummihaut und werden über den steifen Penis gerollt. Die Spermienzellen können somit nicht in die Scheide gelangen. → 4 Kondome schützen nicht nur vor ungewollter Schwangerschaft, sondern auch vor sexuell übertragbaren Krankheiten.

Verhütung mit Hormonen • Die Pille ist das sicherste Verhütungsmittel. → 4 Sie wird nur vom Frauenarzt verschrieben. Die enthaltenen Hormone bewirken, dass die Eierstöcke keine eigenen Geschlechtshormone mehr bilden. Das Heranreifen der Eizellen im Eierstock wird verhindert, eine Befruchtung ist nicht möglich. Die Gebärmutterschleimhaut wird außerdem nicht vollständig aufgebaut, sodass sich eine befruchtete Eizelle nicht einnisten könnte.

Die Pille danach • Nur in Ausnahmefällen sollte die „Pille danach" nach ungeschütztem Geschlechtsverkehr eingenommen werden. Sie kann eine Schwangerschaft verhindern, hat aber massive Nebenwirkungen.

Verhütung ist die Aufgabe beider Partner. Der verantwortungsvolle Umgang mit Verhütungsmitteln schützt vor einer ungewollten Schwangerschaft.

Aufgabe

1 Diskutiert in der Klasse über die Sicherheit von Pille und Kondomen.

Schwangerschaft und Geburt

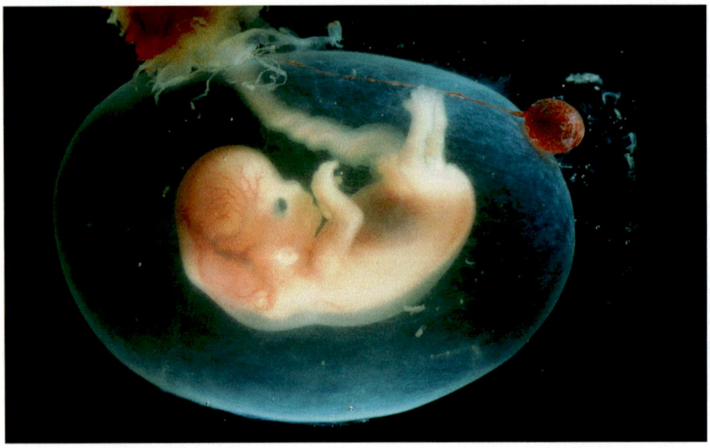

1 Menschlicher Fetus in der Fruchtblase

In der Schwangerschaft entwickelt sich das Kind in einer mit Flüssigkeit gefüllten Blase. Wie verläuft diese Entwicklung?

Entwicklung • Nach der Einnistung des Keimlings in der Gebärmutterschleimhaut spricht man vom Embryo. Zunächst kann man nicht erkennen, dass aus dem Embryo ein Mensch werden wird. Aber er wächst heran und innerhalb der ersten acht Wochen bilden sich alle Organe. Der Embryo wird größer und schwerer. Ab dem vierten Monat wird der Embryo Fetus genannt.

Versorgung und Schutz • Mutter und Kind sind durch die Nabelschnur miteinander verbunden. Sie beginnt am Bauch des Kindes und endet in einem verdickten Bereich der Gebärmutter, dem Mutterkuchen. Über die Nabelschnur wird das Kind mit Sauerstoff und Nährstoffen versorgt. Am Beginn der Schwangerschaft bildet sich zudem eine besondere Hülle, die Fruchtblase. Sie ist mit Fruchtwasser gefüllt. In ihr wächst das Kind warm und geschützt vor Stößen heran.

Geburt • Nach etwa neun Monaten im Mutterleib wird das Kind geboren. Die Geburt setzt mit dem krampfartigen Zusammenziehen der Gebärmuttermuskulatur ein, den Wehen. Sie drücken das Kind mit dem Kopf gegen den Gebärmuttermund. Der Gebärmuttermund und die Scheide weiten sich. Die Fruchtblase platzt und das Fruchtwasser fließt heraus. Dieser Abschnitt der Geburt heißt Eröffnungsphase.
In der folgenden Austreibungsphase wird das Kind von den Wehen durch die Scheide nach außen geschoben. Es ist noch durch die Nabelschnur mit der Mutter verbunden. Die Nabelschnur wird einige Zentimeter vom Körper des Kindes abgebunden und durchgeschnitten. Der Fetus ist nun ein Säugling. In der Nachgeburtsphase werden der Mutterkuchen, die Fruchtblase und der Rest der Nabelschnur ausgestoßen.

Die Entwicklung des Kindes findet in der Gebärmutter innerhalb der Fruchtblase statt. Über die Nabelschnur wird das Kind mit lebensnotwendigen Stoffen versorgt. Die Geburt verläuft in mehreren Phasen.

Aufgabe

1 Beschreibe die Entwicklung des Kindes von der Einnistung des Keimlings bis zur Geburt.

der Embryo
der Fetus
die Fruchtblase
die Geburt

Material A

Geburt

Bei dieser Darstellung einer Geburt sind die Bilder durcheinandergeraten. → 2

1 ▢ Nenne die drei Phasen der Geburt.

2 ▢ Ordne die Bilder A–C in der richtigen Reihenfolge.

3 ◪ Beschreibe die Phasen der Geburt unter Verwendung der Begriffe Fruchtblase, Wehen und Nachgeburt.

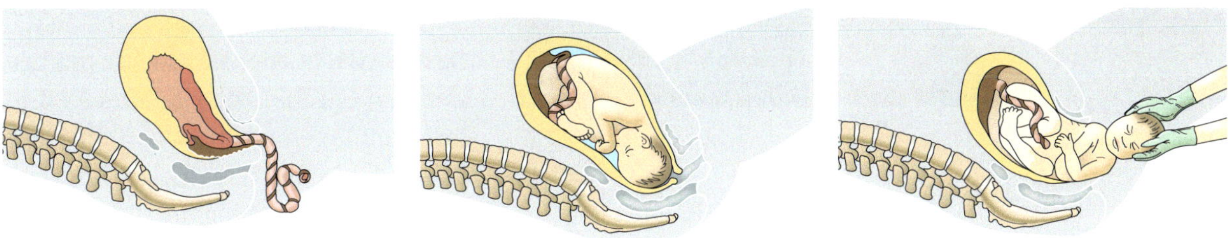

A B C

2 Phasen der Geburt – wie ist die Reihenfolge richtig?

Material B

Schutz des Fetus

Über die Nabelschnur erhält das Kind von seiner Mutter alles, was es für seine Entwicklung benötigt. Doch können auf diesem Weg auch Schadstoffe transportiert werden.

1 ▢ Gib die Aussagen der Hebammen und der Kinderärztin kurz wieder. → 3

2 ◪ Nenne die Ursache, die möglicherweise für das geringe Gewicht des neugeborenen Babys verantwortlich ist. → 3

3 ◪ Beschreibe, auf welchem Weg die Schadstoffe des Zigarettenrauchs zum Fetus gelangt sind.

4 ◪ Erkläre vor diesem Hintergrund die Darstellung in Bild 4.

Frau Meier ist schwanger. Die Geburt steht kurz bevor. Als die Wehen einsetzen, fährt sie mit ihrem Mann ins Krankenhaus. Die Geburt verläuft reibungslos und anschließend wird das Baby – es ist ein Mädchen – gewaschen und gewogen. „Sie ist viel zu leicht", sagt eine der Hebammen. „Die Mutter hat vielleicht stark geraucht, dann ist das oft so", antwortet eine andere. „Wenn die Mutter stark geraucht hat, dann können demnächst auch noch Entwicklungsstörungen auftreten", sagt die Kinderärztin, die die Untersuchungsergebnisse überprüft.

3 Rauchen ist gefährlich – nicht nur für die Mutter.

4 Kein Alkohol!

Sexuelle Orientierung

1 Lesbisches Pärchen

Die Pubertät ist eine Zeit der Suche nach sich selbst. Die beiden Mädchen stellen fest, dass sie lesbisch sind.

Wen finde ich toll? • Manche Jugendliche finden nur Jungen toll, andere finden Jungen und Mädchen sexy. Wieder andere stehen eigentlich nur auf Mädchen, aber einmal fanden sie einen Jungen umwerfend. – Es ist manchmal kompliziert, die eigene sexuelle Orientierung zu verstehen und zu beschreiben. Trotzdem werden „eindeutige" Begriffe dafür verwendet.

Hetero, homo, bi? • Menschen, die sich zu Menschen des anderen Geschlechts hingezogen fühlen, werden heterosexuell genannt. Das Wort „hetero" bedeutet ungleich. Etwa 5 bis 10 von 100 Menschen in Deutschland lieben aber Menschen des eigenen Geschlechts oder beider Geschlechter. Frauen, die Frauen lieben, werden homosexuell oder lesbisch genannt. Männer, die Männer lieben, werden homosexuell oder schwul genannt. Das Wort „homo" bedeutet gleich. Menschen, die beide Geschlechter lieben, werden bisexuell genannt. Das Wort „bi" bedeutet zwei.

Transident • Wer den Körper des einen Geschlechts hat, sich aber dem anderen Geschlecht selbst zugehörig fühlt, wird als transsexuell oder transident bezeichnet. Er oder sie möchte dem anderen Geschlecht angehören und so anerkannt werden. Manche Transidente tragen typische Kleidung und Frisuren des anderen Geschlechts.
Manche machen eine Hormontherapie zur Ausprägung sekundärer Geschlechtsmerkmale. Der letzte Schritt ist die operative Veränderung der Geschlechtsorgane. Die Geschlechtsreife des „Zielgeschlechts" kann jedoch nicht erreicht werden.

Menschen haben verschiedene sexuelle Orientierungen: heterosexuell, homosexuell oder bisexuell. Manche Menschen fühlen sich dem anderen Geschlecht zugehörig. Sie sind transident oder transsexuell.

Aufgaben

1 ○ Gib die Bedeutung der Begriffe in eigenen Worten wieder: heterosexuell, homosexuell, bisexuell, transident.

2 ● Erläutere, warum der Begriff „transident" zutreffender ist als „transsexuell".

die Heterosexualität
die Homosexualität
die Bisexualität
die Transsexualität/
Transidentität

Material A

Schutz vor Diskriminierung

Manche Menschen diskriminieren homosexuelle, bisexuelle und transidente Menschen.

2 Nicole Gibson, transsexuelles Model

In Deutschland ist das gesetzlich verboten. Trotzdem gibt es viele Formen von Diskriminierung: Manchmal ist die Diskriminierung eher versteckt. Zum Beispiel vermietet jemand seine Wohnung nicht an ein lesbisches Paar. Oft werden homosexuelle Jungen und Männer als „Schwuchtel" beleidigt.

1 Beschreibe weitere dir bekannte Beispiele für Diskriminierung von Menschen nicht heterosexueller Orientierung im Alltag.

2 Erkläre, weshalb man Diskriminierungen in der Gesellschaft offen entgegentreten sollte. → 3

„Jeder hat das Recht auf die freie Entfaltung seiner Persönlichkeit, soweit er nicht die Rechte anderer verletzt (...)."

3 Grundgesetz für die Bundesrepublik Deutschland, Art. 2, Abs. 1

Material B

Coming-out

Der ehemalige deutsche Fußballnationalspieler Thomas Hitzlsperger hat sich nach dem Ende seiner Profikarriere als homosexuell „geoutet".

4 Thomas Hitzlsperger

1 Erläutere die Begriffe inneres und äußeres Coming-out.

2 Stelle Vermutungen darüber an, warum Thomas Hitzlsperger sich erst nach Ende seiner Karriere geoutet hat.

3 Erläutere, warum Prominente wie Thomas Hitzlsperger viel für die Akzeptanz von Menschen anderer sexueller Orientierung oder Geschlechteridentität tun können.

Coming-out bedeutet „Bekanntmachen". Manche Menschen wissen schon früh, dass sie nicht heterosexuell sind oder „im falschen Körper" stecken. Anderen wird dies erst nach Jahrzehnten klar. Das Bewusstwerden der eigenen nicht heterosexuellen Orientierung oder der anderen Geschlechteridentität bezeichnet man als „inneres Coming-out". Das „äußere Coming-out" ist das Mitteilen oder Zeigen nach außen. Besonders dieser Schritt fällt vielen Menschen schwer. Viele Menschen haben Ängste, den eigenen Freunden oder auch Familienmitgliedern ihre sexuelle Orientierung mitzuteilen. Sie befürchten, ausgegrenzt zu werden oder Nachteile im Beruf zu haben.

Mein Körper

Zusammenfassung

Skelett und Knochen • Das Skelett ist das bewegliche Gerüst unseres Körpers. Arm- und Beinknochen bilden das Gliedmaßenskelett. Zum Rumpfskelett gehören Wirbelsäule, Brustkorb, Schultergürtel und Beckengürtel. Knochen bestehen aus Knochenkalk und Knorpel. Das Kopfskelett besteht aus Plattenknochen.

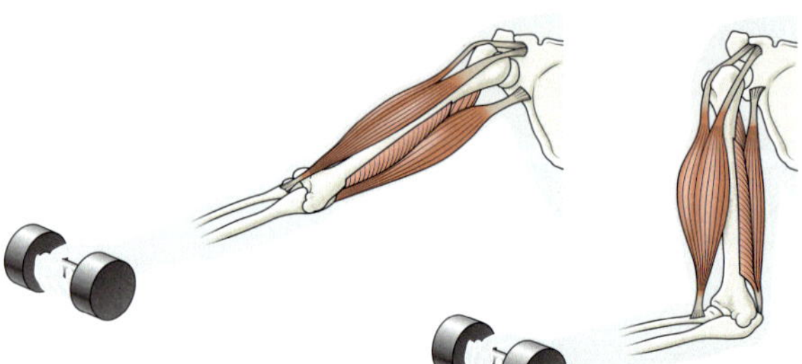

1

Muskeln und Gelenke • Gelenke verbinden die Knochen beweglich miteinander. Muskeln bewegen die Knochen, indem sie sich zusammenziehen. Da Muskeln sich nicht strecken können, arbeiten immer zwei Muskeln nach dem Gegenspielerprinzip zusammen. Sehnen übertragen die Muskelbewegung auf die Knochen. Durch regelmäßige Bewegung werden die Muskeln kräftiger, sie entlasten Knochen und Gelenke.

Blutkreislauf • Der Blutkreislauf besteht aus dem Lungenkreislauf und dem Körperkreislauf. In Arterien fließt das Blut vom Herzen weg. In den Venen fließt es zum Herzen zurück. Über sehr dünne Kapillaren findet der Stoffaustausch statt. Das Blut transportiert Sauerstoff und Nährstoffe zu den Organen. Kohlenstoffdioxid und Abfallstoffe werden zur Lunge und den Ausscheidungsorganen gebracht.

Ernährung • Eiweiße, Fette und Kohlenhydrate liefern dem Körper als Nährstoffe Energie und Baustoffe. Vitamine, Mineralstoffe und Ballaststoffe unterstützen als Ergänzungsstoffe wichtige Körperfunktionen. Eine gesunde Ernährung ist abwechslungsreich und besteht aus gleichmäßig über den Tag verteilten Mahlzeiten.

Verdauung • Die Zerlegung der Nährstoffe in kleine Bausteine mithilfe von Enzymen in Mund, Magen und Darm wird als Verdauung bezeichnet. Die Bausteine werden über die Darmschleimhaut ins Blut aufgenommen.

2 Der Ernährungskreis

Herz • Dieser Hohlmuskel pumpt das Blut in den Blutkreislauf. Das Herz besteht aus zwei Vorhöfen und zwei Herzkammern. Je eine Herzkammer und ein Vorhof sind miteinander verbunden.

Lunge • In den Lungenbläschen wird Sauerstoff aus der Luft ins Blut aufgenommen und Kohlenstoffdioxid aus dem Blut an die Luft abgegeben.

Veränderungen in der Pubertät • In der Pubertät werden aus Kindern Erwachsene. Die Geschlechtsorgane wachsen und sekundäre Geschlechtsmerkmale bilden sich aus. Jungen und Mädchen werden geschlechtsreif. Denken und Fühlen verändern sich. Alle Veränderungen werden durch Geschlechtshormone gesteuert.

3
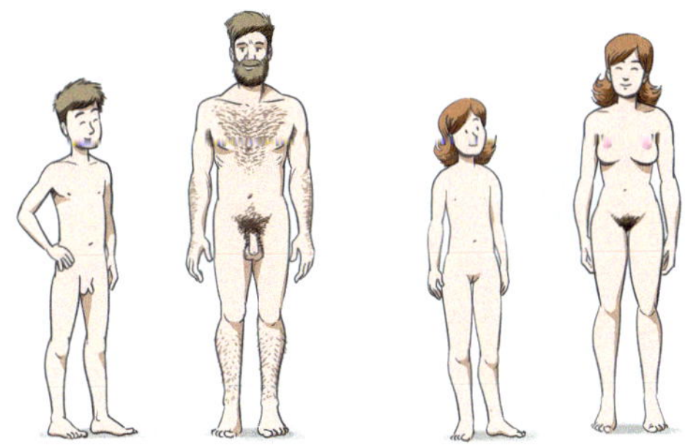

Spermienzellenbildung • Ab der Pubertät werden in den Hoden Spermienzellen gebildet und in den Nebenhoden gespeichert. Bei sexueller Erregung werden sie mit Flüssigkeiten aus der Bläschendrüse und der Prostata als Sperma durch die Harn-Sperma-Röhre ausgestoßen.

Menstruationszyklus • Ab der Pubertät reifen regelmäßig Eizellen in Follikeln in den Eierstöcken heran. Nach dem Eisprung kann die Eizelle im Eileiter einige Stunden lang befruchtet werden.
Nistet sich keine befruchtete Eizelle in der Gebärmutterschleimhaut ein, wird die Schleimhaut abgestoßen. Die Menstruationsblutung setzt ein.

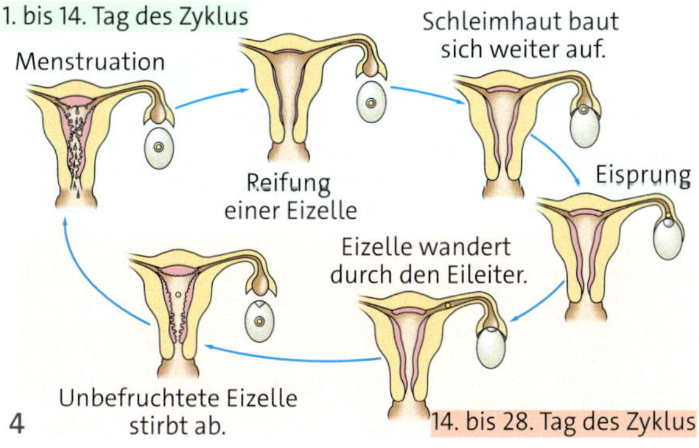

4

Die Befruchtung • Treffen Spermienzellen auf eine Eizelle, kann eine Spermienzelle in die Eizelle eindringen. Ihre Zellkerne mit der Erbinformation verschmelzen miteinander.

Schwangerschaft • Auf dem Weg durch den Eileiter zur Gebärmutter teilt sich die befruchtete Eizelle mehrfach. Nistet sich das Keimbläschen in die Gebärmutterschleimhaut ein, ist die Frau schwanger. In den nächsten 9 Monaten entsteht ein vollständiger Mensch.

Geburt • Während der Geburt wird das Kind mithilfe von Wehen durch die Scheide herausgepresst. Die Nabelschnur wird durchtrennt.

Verhütung • Um eine Schwangerschaft zu verhüten, nutzt man Verhütungsmittel. Kondome sind die einzigen Verhütungsmittel, die auch vor sexuell übertragbaren Krankheiten schützen.

5

Teste dich! (Lösungen im Anhang)

Organsysteme

1 ▢ Nenne drei Organsysteme des Menschen und beschreibe ihre Aufgaben.

2 ● Erläutere das Prinzip der Arbeitsteilung eines Organsystems an einem Beispiel.

Körperbau und Bewegung

3 ◐ Benenne die mit Ziffern gekennzeichneten Skelettbestandteile.

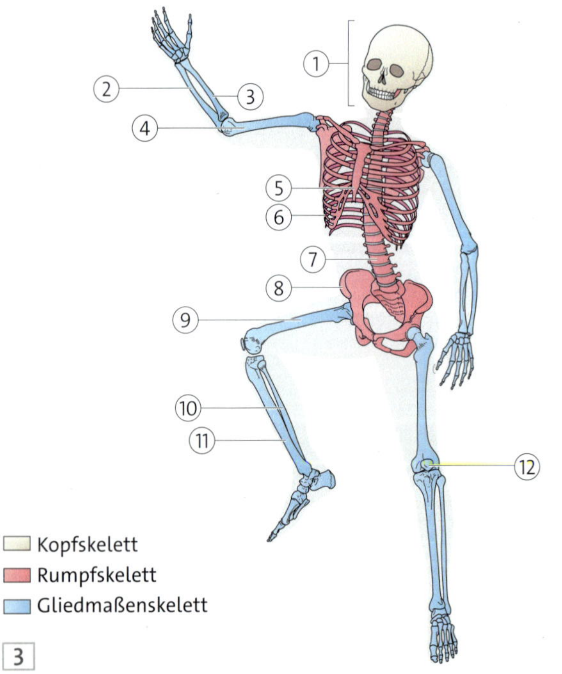

3

4 Die Wirbelsäule ist die bewegliche Stütze des Körpers.
a ● Beschreibe den Aufbau der Wirbelsäule.
b ◐ Begründe, warum die Wirbelsäule des Menschen doppelt S-förmig gebogen ist.

5 Muskeln ermöglichen Bewegung.
a ▢ Beschreibe den Aufbau eines Muskels.
b ◐ Erkläre, weshalb für eine Bewegung immer zwei Muskeln nötig sind. → 1

Ernährung

6 ▢ Nenne die drei Nährstoffe und beschreibe ihre jeweiligen Aufgaben für den Körper.

7 ◐ Beschreibe, was zu einer gesunden Ernährung gehört. → 2

8 ● Erkläre das Prinzip der Oberflächenvergrößerung an der Dünndarmwand.

Blutkreislauf und Atmung

9 Betrachte Bild 4.
a ▢ Nenne die mit Ziffern gekennzeichneten Bereiche des Blutkreislaufs.
b ◐ Beschreibe den Weg des Bluts durch den Körper. Beginne bei der 1.
c ◐ Erkläre, weshalb die linke Herzhälfte größer ist als die rechte.
d ▢ Nenne die drei Arten von Blutgefäßen und beschreibe ihren Bau und ihre Aufgaben.
e ▢ Nenne die verschiedenen Blutzellen und beschreibe ihre jeweiligen Aufgaben.

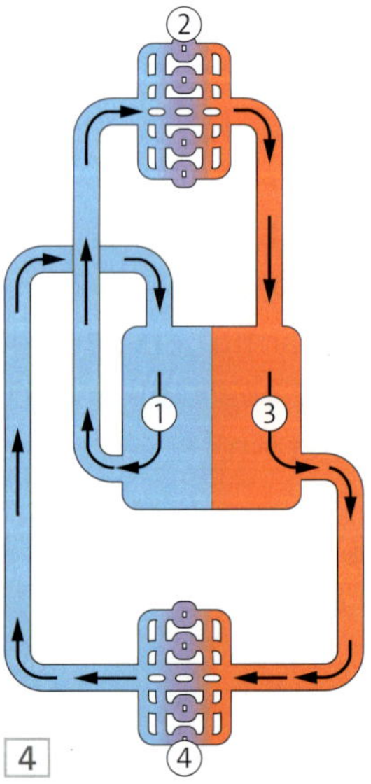

4

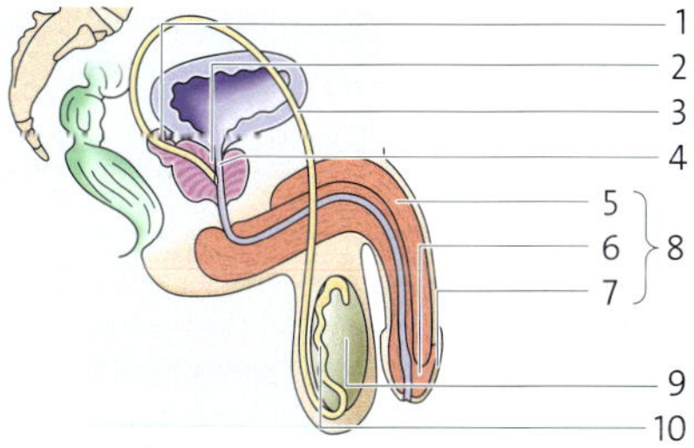

5

6

Veränderungen in der Pubertät

10 ○ Benenne drei Veränderungen in der Pubertät, die bei beiden Geschlechtern auftreten.

11 ◐ Erkläre, was Geschlechtshormone sind und welche Rolle sie in der Pubertät spielen.

12 ◐ Erläutere, warum Körperhygiene in der Pubertät ganz besonders wichtig ist.

Vom Jungen zum Mann

13 ○ Benenne die Organe in Bild 5.

14 ○ Beschreibe die Aufgaben der folgenden Organe und Drüsen des Mannes: Hoden, Nebenhoden, Bläschendrüse, Vorsteherdrüse.

15 ◐ Erkläre den Unterschied zwischen Spermienzellen und Sperma.

16 ● Erkläre die Vorgänge bei einer Erektion.

Vom Mädchen zur Frau

17 ○ Benenne die Organe in Bild 6.

18 ○ Beschreibe die Aufgaben der folgenden Organe der Frau: Eierstöcke, Eileiter, Gebärmutter.

19 ◐ Beschreibe den Weg einer unbefruchteten Eizelle vom Eisprung bis zur Menstruation.

20 ● Erläutere, warum ein Mädchen bereits vor der ersten Menstruationsblutung schwanger werden kann.

Schwangerschaft und Geburt

21 ◐ Beschreibe, wie das Kind in der Schwangerschaft mit Sauerstoff und Nährstoffen versorgt wird.

22 ● Begründe, ob Bild 7 einen Embryo, einen Fetus oder einen Säugling zeigt.

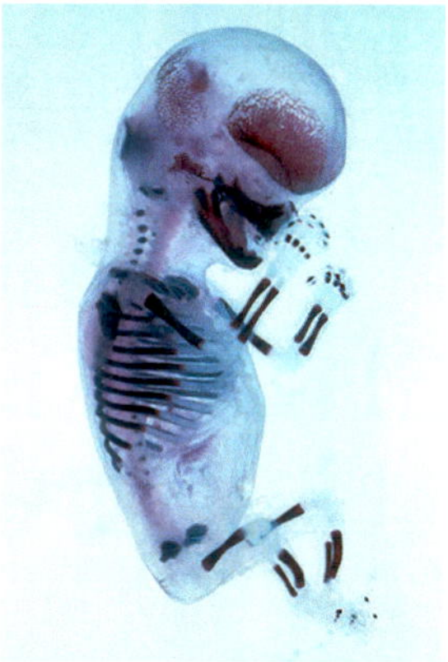

7 Röntgenbild

Verhütung

23 ◐ Erkläre, warum man sagen kann, dass Kondome eine „doppelte Verhütungsfunktion“ haben.

24 ● Bewerte das „Aufpassen“ als Verhütungsmethode hinsichtlich seiner Sicherheit.

Technik im Alltag

Zahlreiche Geräte und Maschinen sind auf Baustellen im Einsatz. Wie sind Geräte und Maschinen aufgebaut und wie verändern sie unseren Alltag?

Strom kommt aus der Steckdose und bringt Lampen zum Leuchten. Aber wieso ist das so?

Zum Kuchenbacken oder Sahneschlagen benutzen wir einen Rührmixer. Aber wie funktioniert er eigentlich? Und kann man ihn selbst nachbauen?

Geräte verändern unser Leben

1 So lebte man um 1900 ohne Elektrizität.

Geräte unterstützen den Menschen schon seit Langem im Alltag. Was hat die technische Entwicklung verändert?

Das Leben heute • Du drückst auf den Lichtschalter – und schon ist es hell. Der Wasserkocher wird mit Wasser gefüllt und nach wenigen Minuten kocht das Wasser. Ein Mixer stellt Schlagsahne in kurzer Zeit her. Schmutzige Wäsche legt man in die Waschmaschine – und nach einer Stunde ist sie sauber. Das war nicht immer so.

Das Leben früher • Um das Jahr 1900 wurde abends beim Schein einer Petroleumlampe gelesen oder Hausmusik gemacht. Radios und Fernseher waren noch nicht erfunden. Zum Bügeln wurde glühende Holzkohle in Bügeleisen gefüllt oder eine Eisenplatte mit Handgriff erhitzt. Heißes Wasser musste auf einem Kohlenherd erwärmt werden. Sahne wurde mühsam mit einem Schneebesen geschlagen.

Maschinen und Geräte erleichtern unseren Alltag. Heute werden viele dieser Geräte mit elektrischer Energie betrieben.

Aufgabe

1 ○ Lege in deinem Heft eine Tabelle an. → 2 Stelle in ihr Tätigkeiten von 1900 und Tätigkeiten von heute gegenüber. Was hat sich verändert?

Tätigkeit	1900	heute

2 Mustertabelle

Material A

Sahne schlagen wie früher

Materialliste: pro Gruppe 1 Becher Sahne, 1 große Schüssel, 1 Stoppuhr; Schneebesen, mechanischer Rührmixer, elektrischer Rührmixer

1 Bildet mehrere Gruppen. Jede Gruppe füllt flüssige Sahne in eine Schüssel. Stellt durch schnelles Rühren Schlagsahne her. Messt die Zeit, die ihr dafür benötigt, und notiert sie in euer Heft.

3

Je eine Gruppe benutzt:
- den Schneebesen → 3
- den mechanischen Rührmixer → 4
- den elektrischen Rührmixer

4

2 ○ Nennt Vor- und Nachteile der drei Methoden zur Herstellung von Schlagsahne.

Material B

Ein Leben ohne elektrische Energie?

Stelle dir vor, du müsstest einen Tag ohne elektrische Energie verbringen.

1 ○ Betrachte das Bild. → 5

a Nenne alle elektrischen Geräte.

b Gib an, welche elektrischen Geräte sich durch nichtelektrische Geräte ersetzen lassen. Lege dazu eine Tabelle in deinem Heft an. → 6

Elektrisches Gerät	Ersetzbar durch
Staubsauger	?

6 Mustertabelle

5

2 ◑ Schreibe eine Geschichte für die Schülerzeitung. Beschreibe deinen Tagesablauf ohne Smartphone, Stereoanlage, PC, elektrische Beleuchtung ... Welche Schwierigkeiten erwartest du? Könnte es auch Vorteile geben?

Werkzeug oder Maschine?

1 Einen Laib Brot kann man auf ganz verschiedene Weise in Scheiben zerteilen.

Hammer und Zange zählen zu den Werkzeugen. Messer und Brotmaschine auch? Was ist ein Werkzeug und wann spricht man von einer Maschine?

Werkzeug • Werkzeuge sind Objekte, die man zur mechanischen Bearbeitung von Gegenständen in die Hand nimmt und benutzt. Schon vor vielen Tausend Jahren setzte der Mensch Werkzeuge ein. Dort, wo die Kraft von Arm und Faust oder die Härte der Fingernägel und Zähne nicht ausreichte, benutzte er Holzäxte, kantige Tierknochen oder Feuersteine. → 2

2 Werkzeuge aus Feuerstein

Maschinen • Auch Maschinen erweitern die Arbeitsmöglichkeiten des Menschen. Im Unterschied zu Werkzeugen verfügen Maschinen aber über ein Antriebssystem. Sie können zum Beispiel von Hand, also mit Muskelkraft, oder durch Wind- und Wasserkraft angetrieben werden. Bis vor hundert Jahren standen den Menschen ausschließlich solche Maschinen zur Verfügung. Heutzutage können auch Elektro- oder Benzinmotoren als Antriebssystem dienen.

Im Gegensatz zu Werkzeugen besitzen Maschinen ein Antriebssystem.

Aufgabe

1 Ordne die Gegenstände in Bild 1 jeweils den Werkzeugen oder Maschinen zu. Begründe.

das Werkzeug
die Maschine

Material A

3 In dieser Küche werden viele Werkzeuge und Maschinen benutzt.

In der Küche

1 ▢ Suche und benenne alle Werkzeuge und Maschinen, die hier in der Küche verwendet werden. → 3

2 ◔ Fertige eine Tabelle an und ordne zu. → 4

Werkzeuge	Maschinen
?	?

4

Material B

Sahneschlagen und Kräuterschneiden

1 ▢ Ordne die Gegenstände → A – F nach folgendem Muster:

Werkzeug
↓
handbetriebene Maschine
↓
elektrisch betriebene Maschine

2 ◔ Überlege und begründe, was du zum Sahneschlagen oder zum Kräuterschneiden lieber benutzen würdest.

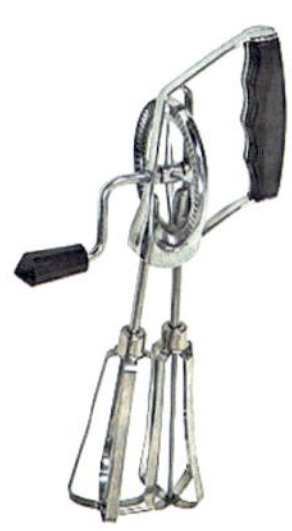

A Rührfix

B Wiegemesser

C Rührmixer

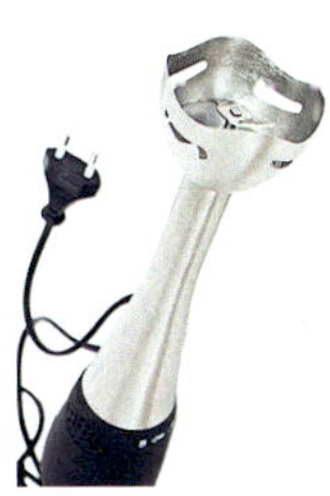

D Pürierstab

E Gemüseschneider

F Handschneebesen

Mit Hebeln spart man Kraft

1 Lisa kann Tolga mühelos heben.

Obwohl Lisa viel leichter ist als Tolga, kann sie ihn mühelos heben. Sie nutzt dafür ein Hilfsmittel, das die Menschen schon vor tausend Jahren entdeckt haben: einen Hebel!

Was ist ein Hebel? • Der Name ist vom Wort Heben abgeleitet. Man benutzt Hebel, um schwere Lasten oder Gegenstände zu heben.
Als Hebel kann man zum Beispiel eine Stange, einen Balken, ein Brett oder ein Rohr nutzen. Sie werden um einen bestimmten Punkt, den Drehpunkt, gedreht. Dabei lassen sich zwei Arten von Hebeln unterscheiden:

Einseitiger Hebel • Um eine schwere Kiste anzuheben, wird eine Stange unter die Kiste geschoben. → 2 Der Drehpunkt befindet sich am Ende des Hebels auf dem Boden. Am anderen Ende des Hebels hebt man die Kiste an. Während die Kiste den Hebel runterdrückt, muss man nach oben drücken. Das nennt man einen einseitigen Hebel.

Zweiseitiger Hebel • Die gleiche Stange kann man auch als zweiseitigen Hebel benutzen. Dazu legt man einen Klotz unter die Stange. → 3 Der Drehpunkt befindet sich nun zwischen den beiden Enden des Hebels, und zwar genau am Berührungspunkt von Klotz und Stange.

der einseitige Hebel
der zweiseitige Hebel
der Drehpunkt
der Kraftarm
der Lastarm

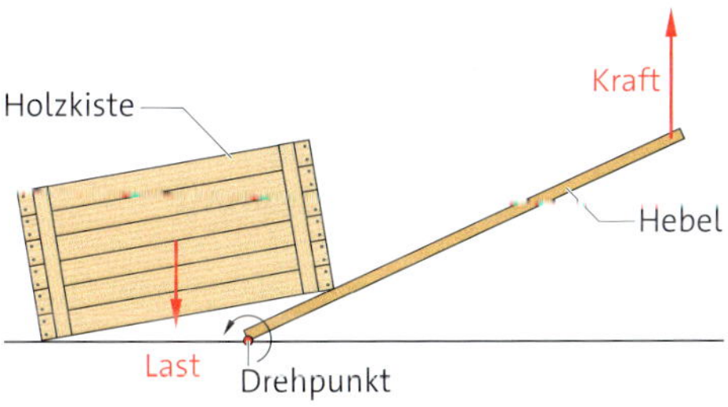

2 Einseitiger Hebel

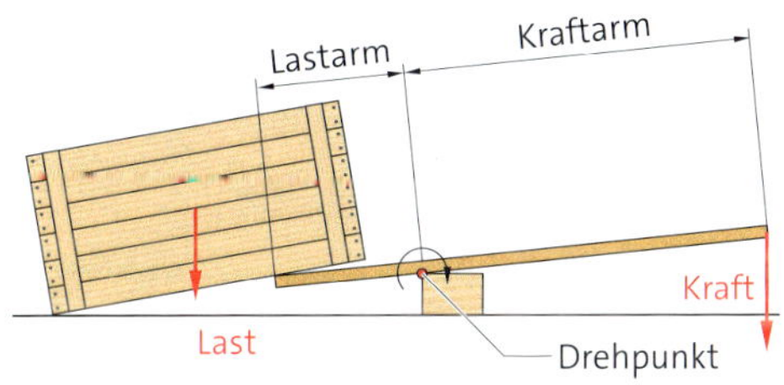

3 Zweiseitiger Hebel

Man muss nun am freien Ende des Hebels nach unten drücken, um die Kiste zu heben. Die Entfernung vom Drehpunkt bis zur Kiste nennt man Lastarm und die Entfernung vom Drehpunkt bis zum Punkt, an dem die Kraft ansetzt, Kraftarm.

Einfache Zusammenhänge • Wenn man mit Hebeln arbeitet, merkt man schnell, dass hier zwei Regeln gelten:

1. Je weiter die Kraft, die man einsetzt, vom Drehpunkt des Hebels entfernt ist, desto leichter kann man eine Last heben. Mit anderen Worten: Je länger der Kraftarm, desto weniger Kraft braucht man.
2. Je näher die Last am Drehpunkt des Hebels liegt, desto weniger Kraft benötigt man, um diese Last zu heben. Mit anderen Worten: Je kürzer der Lastarm, desto weniger Kraft braucht man.

Das Hebelgesetz • Befindet sich ein Hebel im Gleichgewicht, so ist das Produkt von Last mal Länge des Lastarms gleich dem Produkt von Kraft mal Länge des Kraftarms:

Lastarm · Last = Kraftarm · Kraft

Dieses Hebelgesetz verhilft Lisa dazu, dass sie Tolga heben kann. → 1 Lisa ist zwar leichter, aber sie ist viel weiter weg vom Drehpunkt als Tolga. Damit ist der Lastarm sehr viel kleiner als der Kraftarm, wodurch ihre fehlende Kraft ausgeglichen wird.

Mit Hebeln spart man beim Heben von Lasten Kraft. Man unterscheidet zwischen einseitigen und zweiseitigen Hebeln. Laut Hebelgesetz können wir einfacher heben, wenn der Lastarm möglichst kurz ist und der Kraftarm möglichst lang.

Aufgaben

1 ○ Nenne jeweils drei Beispiele aus deinem Alltag für einseitige und zweiseitige Hebel.

2 ◐ Was passiert, wenn Tolga auf der Wippe weiter nach hinten rutscht? Begründe mit dem Hebelgesetz.

3 ● Archimedes hat gesagt: „Gib mir einen Punkt, wo ich hintreten kann, und ich hebe die Erde hoch." Erläutere, was er meint.

Mit Hebeln spart man Kraft

Material A

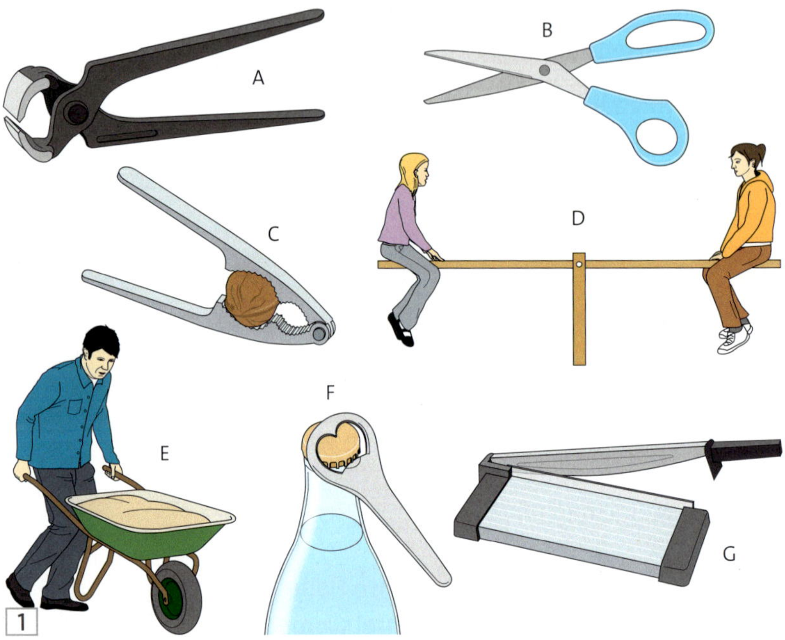

1

Einseitiger oder zweiseitiger Hebel?

1 ▢ Fertige eine Tabelle an und ordne die Geräte A–G zu. → 1
Tipp: Überlege, wo sich jeweils der Drehpunkt befindet.

Einseitige Hebel	Zweiseitige Hebel
?	?

1 Mustertabelle

2 ◐ Begründe deine Zuordnung.

Material B

Was geht leichter?

Materialliste: Schneidzange, 2 Kneifzangen unterschiedlicher Größe

1 Zwicke einen Draht mit einer Schneidzange durch. Lege den Draht dabei zuerst ans äußere Ende der Schneide. → 2

2 Lege den Draht anschließend möglichst nahe zum Drehpunkt der Zange und zwicke ihn nochmals durch. → 3

3 ▢ Was stellst du fest? Vergleiche deine Beobachtungen aus Aufgabe 1 und 2.

4 ◐ Erkläre.

5 Bild 4 zeigt zwei Kneifzangen. Mit welcher Zange lässt sich der Draht leichter durchzwicken?
◐ Begründe deine Vermutung.

6 Überprüfe deine Vermutung und probiere es aus.

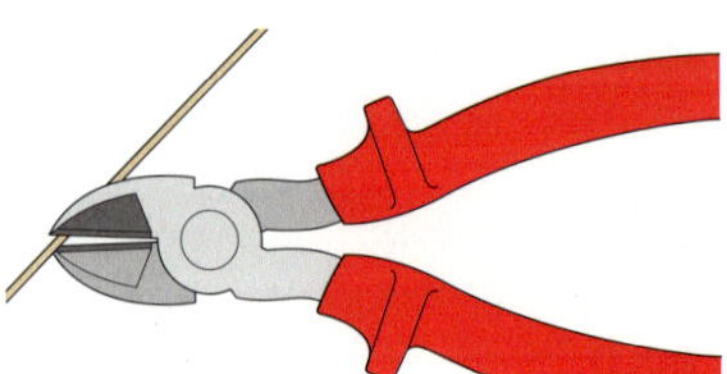

2

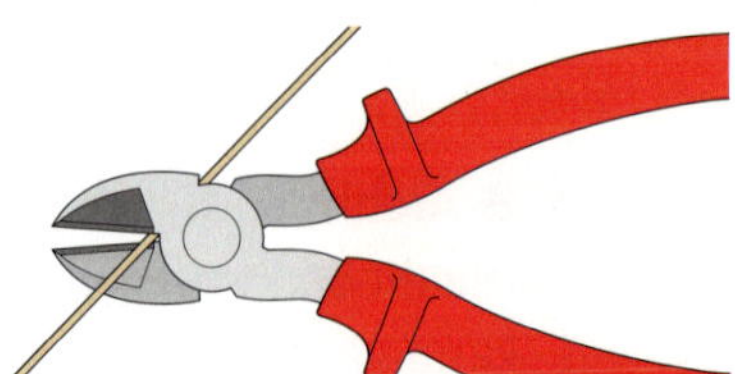

3

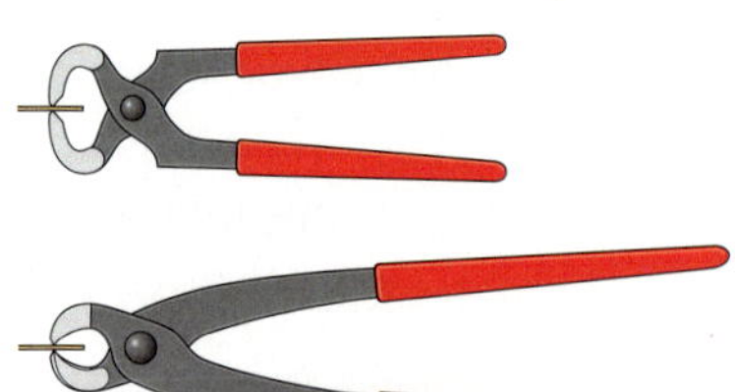

4

Material C

Hebelgesetz im Experiment

Materialliste: Lochband mit Halterung, Massestücke

1 Baue den Versuch wie in der Abbildung auf → 5

2 Hänge vier Massestücke ins fünfte Loch. Bringe den Hebel ins Gleichgewicht, indem du weitere Massestücke auf der anderen Seite anbringst.

3 Finde verschiedene Möglichkeiten, den Hebel ins Gleichgewicht zu bringen, ohne die Massestücke auf beiden Seiten gleich aufzuhängen.

4 Erstelle eine Tabelle und trage deine Ergebnisse ein. → 6

Hinweis: Beachte, dass die Löcher immer vom Drehpunkt aus gezählt werden.

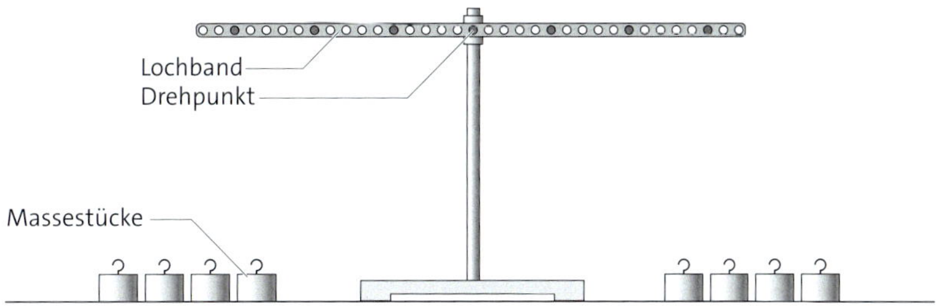

5 Versuchsaufbau

Linke Seite		Rechte Seite	
Massestücke	**Lochnummer**	**Massestücke**	**Lochnummer**
4	5	?	?
?	?	?	?

6 Mustertabelle

Material D

Nutze das Hebelgesetz

1 Bestimme für die abgebildeten Hebel A–D die Nummer des Lochs, an dem die Massestücke angehängt werden müssen, um den Hebel ins Gleichgewicht zu bringen.
Nutze das Hebelgesetz.

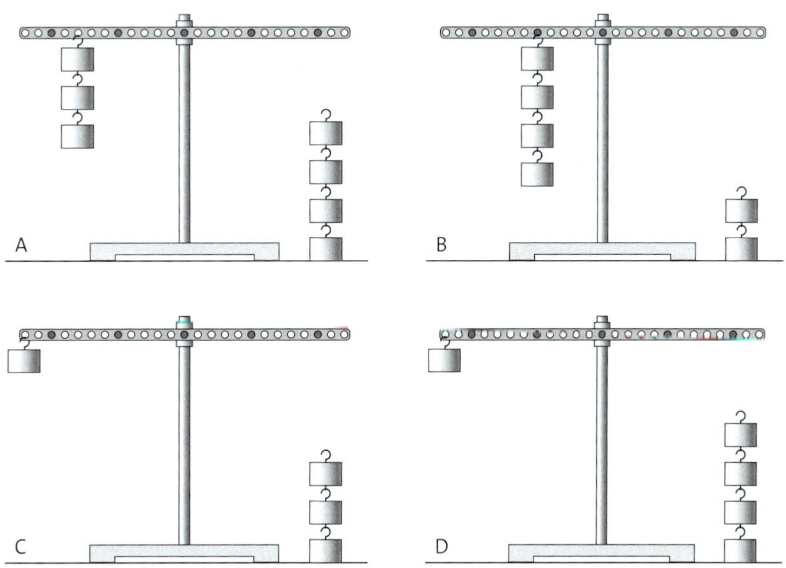

Wie sind Maschinen aufgebaut?

1 Verschiedene Maschinen: Kran, Fahrrad

Es gibt verschiedene Maschinen für verschiedene Zwecke. Für alle gilt: Die Energie ihres Antriebs soll möglichst gut genutzt werden.

Maschinen übertragen Energie • Ein Kran hebt schwere Lasten. Ein Spielzeugauto wird von einem Motor angetrieben. Dein Fahrrad bewegt sich, weil du in die Pedale trittst. All diese Maschinen übertragen Energie. Dabei werden auch Kräfte verstärkt oder verkleinert.

Aufbau von Maschinen • Alle Maschinen sind aus Teilen aufgebaut, die unterschiedliche Aufgaben haben. Man unterscheidet fünf Elemente: → 2

① Der Fahrer treibt das Fahrrad an. Er ist das Antriebselement. Das Antriebselement überträgt Energie auf die Maschine.

② Die Energie wird vom Antriebselement mit einer Kette und Zahnrädern auf das Arbeitselement übertragen. Wir bezeichnen diese Teile als Übertragungselement.

③ Die Funktion der Maschine „Fahrrad" ist die Bewegung auf der Straße. Das Fahrrad setzt sie mit den Reifen um. Diesen Teil bezeichnet man als Arbeitselement.

④ Der Fahrradrahmen hält alle Teile zusammen. Er ist das Trägerelement der Maschine.

⑤ Am Fahrrad kann mit einer Gangschaltung das Treten erleichtert werden. Der Dynamo wird ein- und ausgeschaltet. Der Schalthebel und der Schalter an der Lampe sind Steuerelemente der Maschine.

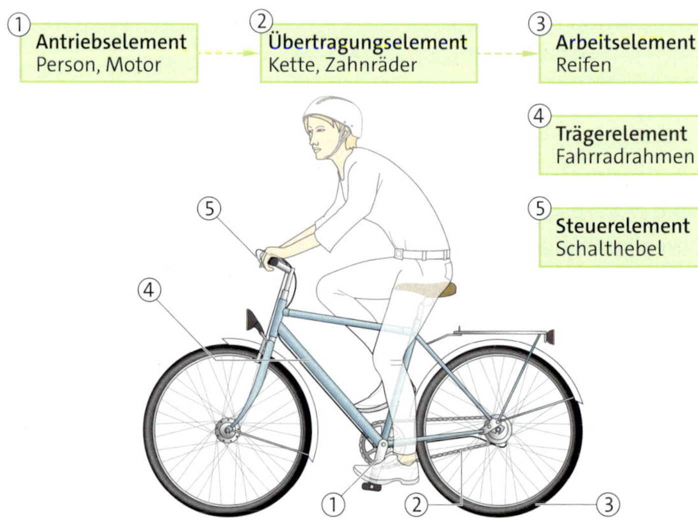

2 Das Fahrrad – eine Maschine aus fünf Elementen

die Maschine
das Antriebselement
das Übertragungselement
das Arbeitselement
das Getriebe

Getriebe • Eine Fahrradgangschaltung erleichtert dir das Fahrradfahren. Wenn du bergauf fährst, schaltest du in einen anderen Gang als beim Bergabfahren. Beim Schalten wird die Bewegung verändert. Das Treten wird dadurch leichter. → 3
Die Veränderung der Bewegung geschieht bei der Kettenschaltung dadurch, dass die Kette auf andere Zahnräder gelegt wird. → 4
Das Übertragungselement besteht aus den Zahnrädern und der Kette. Man spricht auch von einem Getriebe. Es verändert Drehgeschwindigkeiten:
- Wenn du einen schweren Gang einlegst, trittst du langsam und das Hinterrad wird sehr schnell angetrieben.
- Wenn du einen leichten Gang einlegst, musst du viel schneller treten, um genauso flott zu fahren.

3 Im Berggang geht's leichter!

4 Kettenschaltung

Elektronische Systeme • Geräte, die Informationen verarbeiten, sind elektronische Systeme. Sie bestehen aus mindestens drei Bauteilen für die Eingabe, die Verarbeitung und die Ausgabe von Informationen.
Bei einem Computer beispielsweise dienen Tastatur und Maus zur Dateneingabe, der Prozessor verarbeitet die Daten und Bildschirm oder Drucker geben sie aus.

Maschinen bestehen aus Antriebs-, Übertragungs-, Arbeits-, Steuer- und Trägerelement. Getriebe gehören zu den Übertragungselementen. Elektronische Systeme dienen der Datenverarbeitung.

Aufgaben

1 ○ Beschreibe, aus welchen Elementen eine Maschine besteht.

2 ◔ Fertige eine Mindmap zu den Elementen einer Maschine an.

3 ◕ Merve behauptet: „Ich schalte bergauf immer in einen schweren Gang, dann bin ich schneller oben!“
a Würdest du das auch so machen? Bewerte Merves Aussage.
b Beschreibe den Vorteil und den Nachteil eines schweren Gangs.

Wie sind Maschinen aufgebaut?

Material A

Eine Maschine untersuchen

Materialliste: Milchschäumer oder Modellauto von einer Rennbahn, Schraubendreher

1 Zerlege vorsichtig mit dem Schraubendreher das Modellauto (den Milchschäumer). → 1 2

2 ◑ Fertige eine Skizze der zerlegten Maschine an. Beschrifte die Bauteile.

3 ◑ Lege eine Tabelle in deinem Heft an.
Ordne den Bauteilen die entsprechenden Elemente einer Maschine zu. → 3

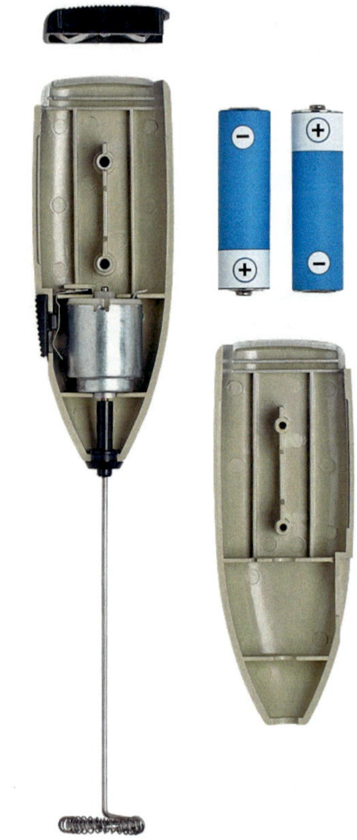

1 Milchschäumer – zerlegt

2 Modellrennauto

Bauteile	Element einer Maschine
Motor	?
Schalter	?
Gehäuse	?
Zahnräder, Riemen, Wellen	?
Räder, Rührstäbe	?

3 Beispieltabelle

Material B

Profimaschinen

1 ○ Schreibe zu jeder Nummer das Element der Maschine auf. → 4 5

2 Verschiedene Maschinen
a ○ Nenne eigene Beispiele für Maschinen.
b ◑ Beschreibe die verschiedenen Elemente dieser Maschinen.

4

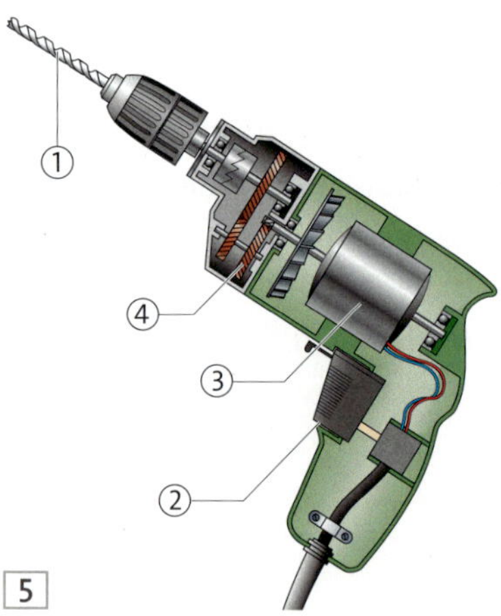

5

Material C

Verschiedene Zahnräder

Materialliste: mehrere Zahnräder in verschiedenen Größen, mehrere Achsen, Kurbel, Schraubendreher, Grundplatte aus einem Technikbaukasten

1 Baue die Getriebe a, b und c nach. → 6 Beschreibe jeweils deine Beobachtungen.

a Verwende gleich große Zahnräder.

b Das zweite Zahnrad soll sich jetzt schneller drehen als in Versuchsteil a.

c Die Kurbel soll sich leichter bewegen lassen als in Versuchsteil b.

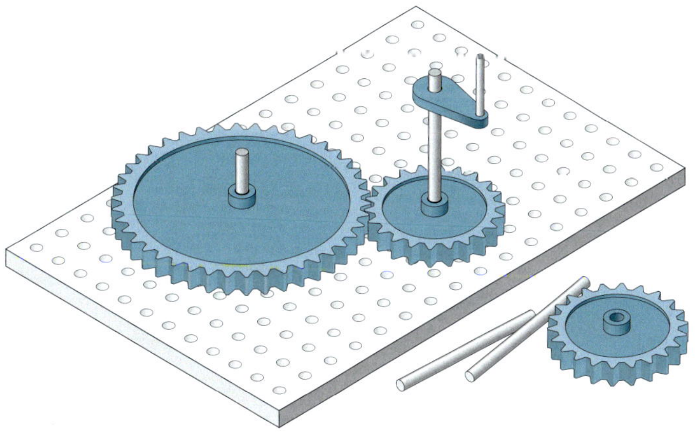

6

2 Vervollständige den folgenden Satz in deinem Heft: „Damit das Getriebe die Bewegung schneller macht, muss das 1. Zahnrad ... sein als das 2. Zahnrad."

3 Baue ein Getriebe, bei dem sich die Drehrichtung nicht ändert.

Material D

Einen Rührmixer bauen

Materialliste: 2 Zahnräder, 1 Schneckenrad, 1 Kurbel, 3 Achsen, 6 Kunststoffstreifen aus Schnellheftern, Platten und Verbindungsteile aus einem Technikbaukasten, Schraubendreher

1 Baue einen Rührmixer mit einem Antrieb und einem Getriebe. Ein Beispiel siehst du hier. → 7
Teste beim Bauen, wie leicht sich deine Rührstäbe ohne Zahnräder drehen lassen.

2 Untersuche, wie sich das Getriebe auf die Bewegung der Rührstäbe auswirkt. Beschreibe die Änderungen mit den Worten „schneller", „langsamer", „schwerer" und „leichter".

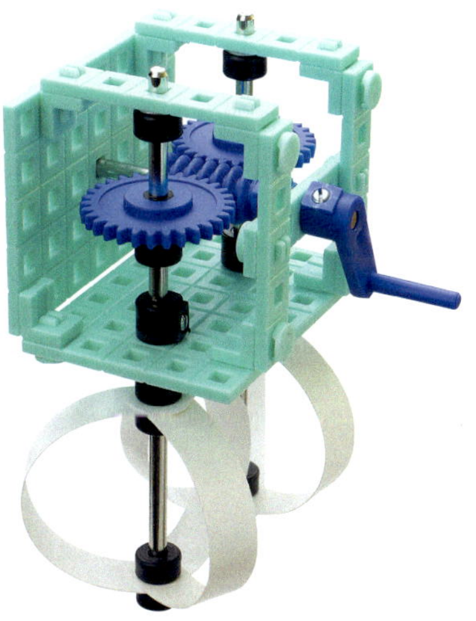

7 Selbst gebauter Rührmixer

Was ist eigentlich Energie?

1 Lageenergie

2 Bewegungsenergie

3 Spannenergie

Energie ist in aller Munde: Energiesparen, Energiewende, Energieverschwendung. Was aber ist eigentlich Energie? Ein Bungeespringer hilft uns, diese Frage zu beantworten.

Energieformen • Energie tritt in verschiedenen Formen auf. Die verschiedenen Energieformen kann man sich gut anhand des Bungeespringers verdeutlichen.
Für seinen Sprung begibt er sich zunächst in ausreichende Höhe, zum Beispiel auf ein hohes Gebäude oder einen Kran. Der Bungeespringer besitzt nun Lageenergie. → 1
Sobald er von der Plattform springt, bewegt er sich Richtung Boden. → 2
Sich bewegende Personen oder Gegenstände besitzen Bewegungsenergie.
Am Ende seines Sprungs wird das Bungeeseil gespannt und der Springer dadurch aufgefangen. Das gespannte Seil besitzt Spannenergie. → 3

Energieumwandlungen • Die verschiedenen Energieformen sind ineinander umwandelbar.
Beim Sprung von der Plattform wandelt sich die Lageenergie des Bungeespringers in Bewegungsenergie um. Die Bewegungsenergie wandelt sich wiederum in Spannenergie des Seils um.
Auch beim Tennisspielen wird Bewegungsenergie in Spannenergie umgewandelt. → 4

Energie verschwindet nicht • Wenn ein fallender Stein nach dem Aufschlag am Boden liegt, so ist die Energie scheinbar verschwunden.
Aber nur scheinbar! Wenn man nämlich die Aufschlagstelle mit einer Wärmebildkamera filmt, kann man sehen, dass sich der Boden erwärmt hat.
Die Bewegungsenergie wurde also in Wärmeenergie umgewandelt.

die Lageenergie
die Bewegungsenergie
die Spannenergie
die Wärmeenergie
die Energieumwandlung

Lange waren sich Forscher nicht sicher, aber heute weiß man, dass Wärme kein Stoff, sondern eine Energieform ist.

Energiespeicherung • Man kann Energie auch speichern. Dazu eignen sich die verschiedenen Energieformen unterschiedlich gut. Wärme ist eine Energieform, die sich nur sehr schlecht speichern lässt: Wenn man heißes Wasser in einem Becher aufbewahrt, ist es nach einer Stunde wieder kalt. Auch eine Thermoskanne kann die Abkühlung nicht sehr lange verhindern. Nach einem Tag ist auch darin der heiße Tee kalt geworden.
Sehr gut lässt sich Energie dagegen in Form von Lageenergie speichern. Wenn etwas in der Höhe liegt, kann es dort jahrelang bleiben und mit ihm die gespeicherte Energie. Beispielsweise ist in hoch gelegenen Stauseen sehr viel Energie gespeichert. → 5

Weitere Energieformen • Es gibt noch andere Energiearten als die hier vorgestellten Formen. Weitere wichtige Energieformen sind die chemische Energie, die wir aus der Nahrung aufnehmen, und die elektrische Energie, mit der wir beispielsweise heizen und Licht erzeugen.

Energie tritt in verschiedenen Formen auf, zum Beispiel als Lage-, Bewegungs- oder Spannenergie. Auch Wärme ist eine Energieform. Die einzelnen Energieformen sind ineinander umwandelbar. Energie kann gespeichert werden.

4 Hier wird Bewegungsenergie in Spannenergie umgewandelt.

5 Ein Stausee speichert große Mengen Energie.

Aufgaben

1 ○ Nenne drei Energieformen und überlege dir jeweils ein Beispiel aus dem Alltag, wo diese Form auftritt.

2 ◐ Nenne die Energieformen, die bei einem Tennisspiel auftreten.

3 ● Ein Stausee ist ein guter Energiespeicher. Begründe dies.

Was ist eigentlich Energie?

Material A

1 Auf dem Skihang ist viel los!

Energieformen

Auf dem Bild kann man viele verschiedene Energieformen erkennen.

1 ◯ Übertrage die Tabelle in dein Heft und fülle sie aus.

Energieform	Zu finden in
Lageenergie	A3
Spannenergie	...
...	...
...	...
...	...
...	...

2 ◔ Gib für drei der von dir entdeckten Energieformen an, in welche Energieform sie umgewandelt werden.

3 ● Erläutere, was aus der elektrischen Energie wird, die den Skilift antreibt.

Material B

Knetkugel

Materialliste: Knete, Digitalthermometer (0,1 Grad Celsius genau)

1 Forme eine Kugel aus Knete. Miss die Temperatur im Innern der Kugel. Ziehe das Thermometer danach wieder heraus.

2 Wirf die Kugel 10-mal kräftig auf festen Boden. Miss dann wieder die Temperatur in ihrem Innern.

3 Vergleiche die Messwerte.

4 Gib an, welche Energieformen ineinander umgewandelt wurden.

Material C

Draht biegen

Materialliste: Draht (10 cm lang, 1 mm dick)

1 Biege den Draht in der Mitte 20-mal schnell hin und her.

2 Beschreibe, was du danach an der Biegestelle fühlst.

3 Erkläre deine Beobachtung unter Verwendung der Fachbegriffe.

Material D

2 Alltagsgegenstände mit Energiespeicher

Energiespeicher

In vielen Alltagsgegenständen wird Energie gespeichert.

1 Lege eine Mind-Map an: Trage dort die verschiedenen Energieformen und die Beispiele von Bild 2 ein. → 3

2 Ergänze die Mind-Map mit weiteren Gegenständen aus deinem Alltag, die ebenfalls Energie gespeichert haben.

3 Bewerte die Energiespeicher danach, wie gut sich die in ihnen enthaltene Energie speichern lässt.

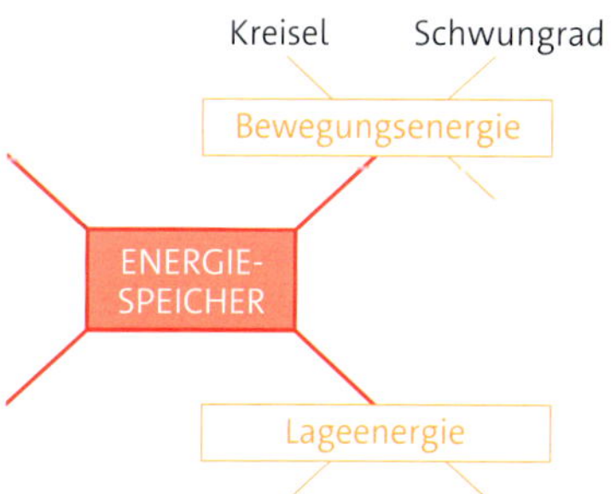

3 Beginn einer Mind-Map

Energiewandler

1 Verschiedene Elektrogeräte

Elektrogeräte machen uns das Leben leichter. Mit elektrischer Energie können wir Wasser kochen, Kuchenteig rühren, unsere Haare trocknen oder ein Zimmer beleuchten. Alle elektrischen Geräte benötigen elektrische Energie, damit sie funktionieren. Wo kommt die Energie her?

Elektrische Energiequellen • Damit die Elektrogeräte funktionieren, benötigen sie immer eine elektrische Energiequelle. Für die Taschenlampe brauchst du eine „volle“ Batterie. Die Schreibtischlampe ist an ein Netzgerät angeschlossen. Eine Steckdose versorgt das Netzgerät mit elektrischer Energie. Der Scheinwerfer an deinem Fahrrad leuchtet nur, wenn sich der Dynamo in der Radnabe deines Fahrrads dreht.

Energiewandler • Damit ein Dynamo Energie liefert, muss er sich drehen. Beim Radfahren sorgen deine Muskeln für die Drehung. → 3 Der Dynamo wandelt die zugeführte Bewegungsenergie in elektrische Energie um. Er ist ein Energiewandler, so wie alle elektrischen Energiequellen. Auch die Solarzelle ist ein Energiewandler. Sie wandelt Licht in elektrische Energie um.

die **Energiequelle**
der **Energiewandler**
der **Dynamo**
die **Solarzelle**

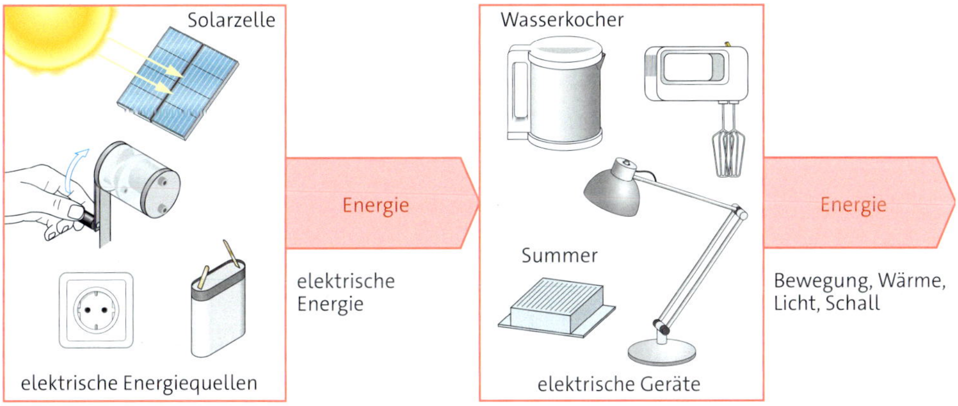

2 Elektrogeräte sind Energiewandler

Elektrogeräte • Die elektrische Energie aus Batterien, Akkus, Dynamos, Netzgeräten, Steckdosen oder Solarzellen wird durch elektrische Leitungen zu den Elektrogeräten übertragen. → 2 Wasserkocher, Mixer, Haartrockner und Lampe sind ebenfalls Energiewandler. Sie wandeln die elektrische Energie in Energieformen um, die wir nutzen. Die Lampe an deinem Fahrrad beispielsweise wandelt die zugeführte elektrische Energie in Licht um.

3 Fahrraddynamo

Elektrische Energiequellen sind Energiewandler. Sie wandeln andere Energieformen in elektrische Energie um.
Elektrogeräte sind ebenfalls Energiewandler. Sie wandeln elektrische Energie in Energieformen um, die wir zum Erwärmen, Beleuchten, Bewegen ... nutzen.

Aufgaben

1 ○ Benenne vier verschiedene Energiequellen.

2 ◐ Erkläre, warum ein Dynamo ein Energiewandler ist.

3 Elektrische Energie kann fast alles.
a ○ Nenne zehn Geräte oder Maschinen, die mit elektrischer Energie betrieben werden.
b ◐ Nenne jeweils die Energieform, die das Gerät liefert.
c ● Zeichne für drei deiner Beispiele eine Energiekette. → 2

Energiewandler

Erweitern und Vertiefen

Energie aus Wärmekraftwerken

Ob du zu Hause Musik hörst, deine Mutter mit der Straßenbahn fährt oder dein Vater im Betrieb eine Maschine bedient – überall und ständig nutzen wir elektrische Energie. Wo kommt sie her?
Ein großer Teil der elektrischen Energie wird in Wärmekraftwerken erzeugt. In ihnen wird Wärme in elektrische Energie umgewandelt.

Kohlekraftwerk • In einem Kohlekraftwerk verbrennt Kohle. → 1 Dabei entsteht viel Wärme, die das Wasser in einem Kessel erwärmt und verdampft. Der erhitzte Dampf prallt so auf eine Dampfturbine, dass diese sich dreht. Ein Generator ist mit der Turbine verbunden, sodass er sich mitdreht. Wie der Dynamo an einem Fahrrad erzeugt der Generator durch Drehen elektrische Energie. Diese wird über Leitungen an den Verbraucher geschickt.

Gaskraftwerk • In einem Gaskraftwerk verbrennt ein Gas, meistens Erdgas. Zunächst treibt das Gas eine Gasturbine an. Die heißen Abgase erhitzen Wasser. Der Wasserdampf treibt wiederum eine Dampfturbine an. Durch die Kopplung zweier Turbinen ist die Energieumwandlung effektiver.

Kernkraftwerk • Im Innern eines Kernkraftwerks werden spezielle Substanzen, wie Uran oder Plutonium, gelagert. Bei der Spaltung der Atomkerne dieser Substanzen entsteht viel Wärme. Wie im Kohlekraftwerk wird die Wärme genutzt, um Wasser zu verdampfen und eine Turbine anzutreiben.

1 Modell eines Kohlekraftwerks

Probleme • Bei der Verbrennung von Kohle und Erdgas entstehen Gase, die in unsere Umwelt gelangen und unser Klima schädigen. Der Vorrat an Kohle und Erdgas auf der Erde wird außerdem irgendwann aufgebraucht sein.
Bei Kernkraftwerken entstehen keine schädlichen Verbrennungsgase. Uran und Plutonium sind jedoch besonders gefährliche Substanzen. Entweichen diese Stoffe durch technische Pannen aus dem Kraftwerk nach draußen, wird die Umgebung verseucht und unbewohnbar.

Aufgaben

1 ◔ Beschreibe die grundlegende Funktionsweise eines Wärmekraftwerks.

2 ● Begründe, warum Stromsparen nicht nur für den Geldbeutel, sondern auch für die Umwelt sinnvoll ist.

Erweitern und Vertiefen

Erneuerbare Energiequellen

Es gibt Energiequellen, die sich ständig erneuern und die wir deshalb unbegrenzt nutzen können. Zu ihnen zählen Wasser, Wind und Sonne. Man bezeichnet sie als erneuerbare Energiequellen. Um die Vorräte an Kohle und Erdgas zu schonen und um das Klima zu schützen, produziert man immer mehr elektrische Energie aus erneuerbaren Energiequellen.

Wasserkraftwerke • Wasser hinter einer Staumauer speichert wegen seiner hohen Lage viel Energie. → 2A Wenn es durch die Rohre nach unten strömt, treibt es eine Turbine an. Die Turbine ist mit einem Generator gekoppelt. Der Generator wandelt die Bewegungsenergie in elektrische Energie um.

Windenergieanlagen • Die Bewegungsenergie der Luft wird durch Windräder in elektrische Energie umgewandelt. → 2B Der Propeller eines Windrads ist dazu mit einem Generator gekoppelt.

Fotovoltaikanlage • Die Energie der Sonne erreicht uns auf der Erde in Form von Strahlung. Eine Fotovoltaikanlage wandelt Sonnenstrahlung in elektrische Energie um. → 2C

Herausforderungen • Sonnen- und Windenergie sind vom Wetter und der Tageszeit abhängig. Fotovoltaikanlagen produzieren zum Beispiel nur bei Tageslicht elektrische Energie. Wir wollen jedoch zu jeder Zeit mit Energie versorgt werden. Man forscht deshalb nach Möglichkeiten, wie man die Energie speichern kann.

2 **A** Wasserkraftwerk, **B** Windräder, **C** Fotovoltaikanlage

Außerdem muss die elektrische Energie vom Produktionsort zum Verbraucher transportiert werden. Dazu muss das Stromleitungsnetz noch weiter ausgebaut werden.

Aufgaben

1 ○ Erläutere die Vorteile von erneuerbaren Energiequellen.

2 ◐ Unser Stromverbrauch kann noch nicht komplett durch erneuerbare Energiequellen gedeckt werden. Nenne Gründe dafür.

Der elektrische Stromkreis

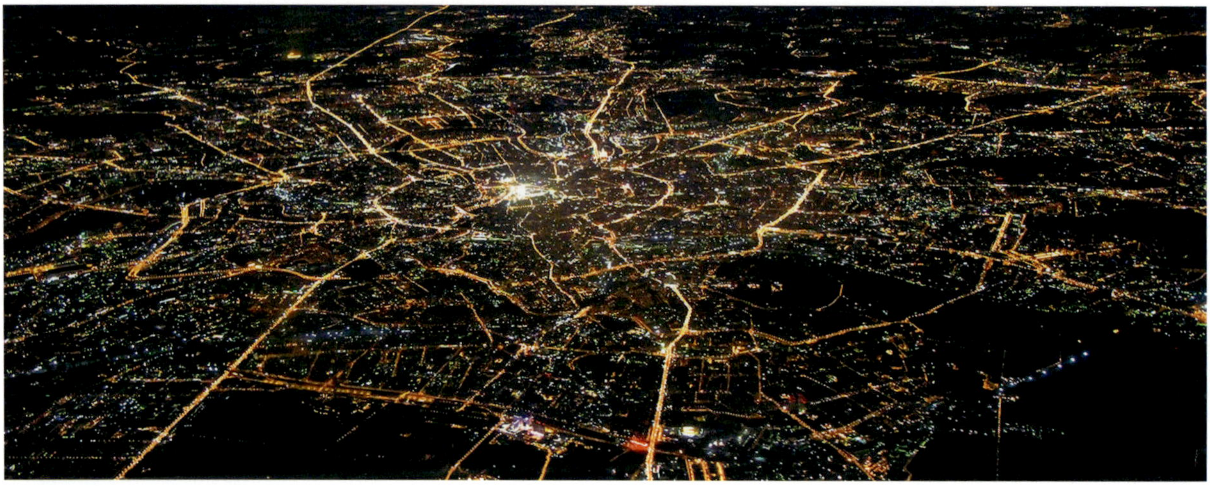

1 Eine Stadt bei Nacht – ein Meer aus Lichtern

Wenn du mit dem Flugzeug nachts über Deutschland fliegst, wirst du nur selten dunkle Landstriche erblicken – dafür viele Lichtermeere. Sie entstehen durch zahllose Lampen in den Straßen und in den Häusern der Städte und Dörfer. Was bringt diese Lampen zum Leuchten?

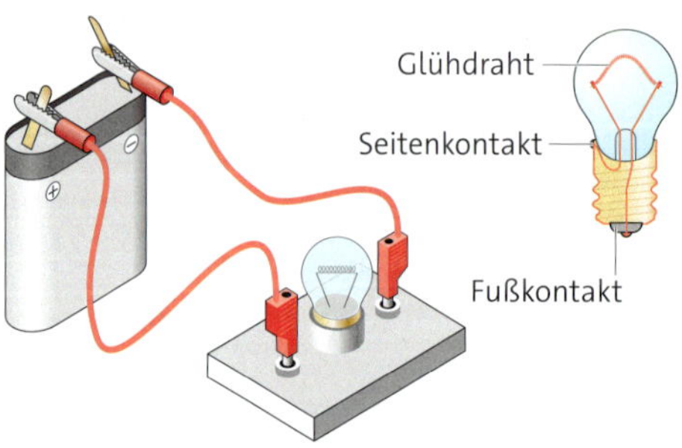

2 Einfacher Stromkreis

3 Schaltplan

Der einfache Stromkreis • Eine Lampe leuchtet nur dann, wenn sie in einen elektrischen Stromkreis eingebunden ist. Die Lampe in Bild 2 leuchtet. Sie ist an eine Batterie als Stromquelle angeschlossen. Folgst du mit dem Finger, beginnend am Minuspol der Batterie, dem Kabel bis zur Lampe und weiter entlang des anderen Kabels, so kommst du zum Pluspol der Batterie zurück. Der Stromkreis ist geschlossen. Anstelle der Lampe kann man auch andere Geräte wie einen Motor oder eine Klingel einbauen.

Schaltzeichen und Schaltpläne • Um einen Stromkreis übersichtlich darzustellen, verwenden wir für die verschiedenen Bauteile Schaltzeichen. → 4 Kabel werden durch Linie dargestellt und ändern ihre Richtung immer rechtwinklig. Man erhält dann einen Schaltplan. Den Schaltplan des geschlossenen Stromkreises mit Lampe siehst du in Bild 3.

der Stromkreis
das Schaltzeichen
der Schaltplan
die Reihenschaltung
die Parallelschaltung

Bauteil	Batterie	Schalter	Taster	Glühlampe	Elektromotor	Klingel
	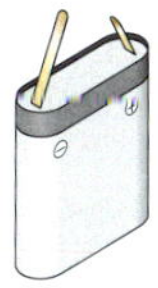			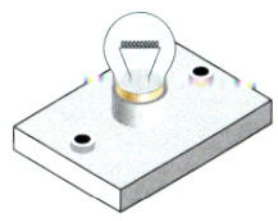	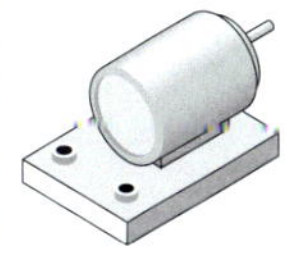	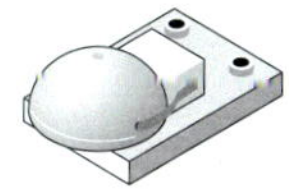
Schaltzeichen		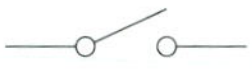	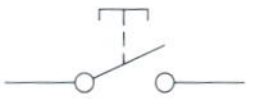	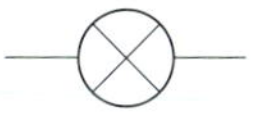	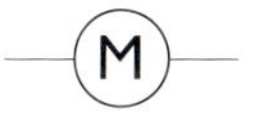	

4 Schaltzeichen wichtiger Bauteile

Schalter und Taster • Unterbrichst du den Stromkreis an einer Stelle, leuchtet die Lampe nicht mehr. Schließt du den Stromkreis wieder, funktioniert auch die Lampe wieder. Ist ein Schalter in den Stromkreis eingebaut, kannst du durch Einschalten den Stromkreis schließen und die Lampe zum Leuchten bringen. Durch Ausschalten unterbrichst du den Stromkreis und die Lampe leuchtet nicht mehr. Anstelle eines Schalters kannst du auch einen Taster einbauen. Der Stromkreis ist geschlossen, solange du den Taster drückst.

Reihenschaltung • Werden mehrere Lampen hintereinander in einen Stromkreis eingebaut, bezeichnet man dies als Reihenschaltung.

5 Reihenschaltung

Parallelschaltung • Eine andere Möglichkeit, mehrere Lampen in einen Stromkreis einzubauen, ist die Parallelschaltung. Wie der Name bereits sagt, verzweigt sich das Kabel vor der ersten Lampe in zwei oder mehrere parallele Kabel, in denen jeweils eine Lampe eingebaut ist. Nach den Lampen werden die Kabel wieder zu einem zusammengeführt.

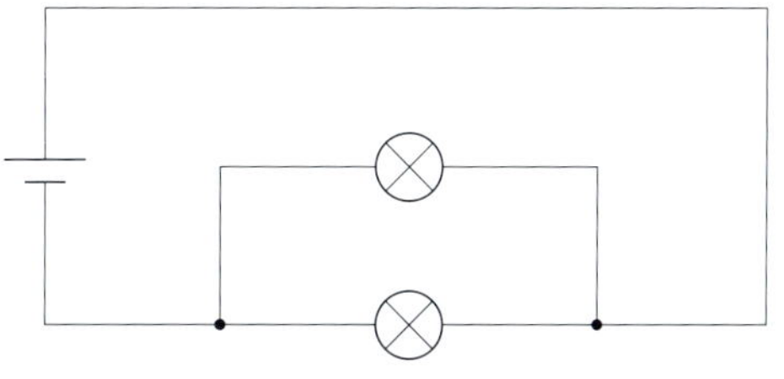

6 Parallelschaltung

Aufgaben

1 ▢ Zeichne den Schaltplan für einen Stromkreis aus Batterie, Motor, Schalter und Kabel.

2 ◪ Zwei Lampen sind gleichzeitig an eine Batterie angeschlossen. Dafür gibt es zwei Möglichkeiten. Zeichne die Schaltpläne.

Der elektrische Stromkreis

Material A

Rotor – Klingel – Lampe

Materialliste: Flachbatterie (4,5 V), Motor mit Rotor, Klingel, Lampe mit Fassung, Schalter und Taster, Kabel

1 Baue nacheinander die drei Stromkreise a, b und c auf. Verwende jeweils die nötigen Bauteile und den Schalter. → 1
   a) Bringe den Rotor zum Rotieren.
   b) Bringe die Klingel zum Klingeln.
   c) Bringe die Lampe zum Leuchten.

2 Zeichne zu allen drei Stromkreisen die Schaltung und verwende die Schaltzeichen.

3 Baue nun die drei Schaltungen ohne Schalter erneut auf. Baue stattdessen den Taster ein.
   Beschreibe den Unterschied.

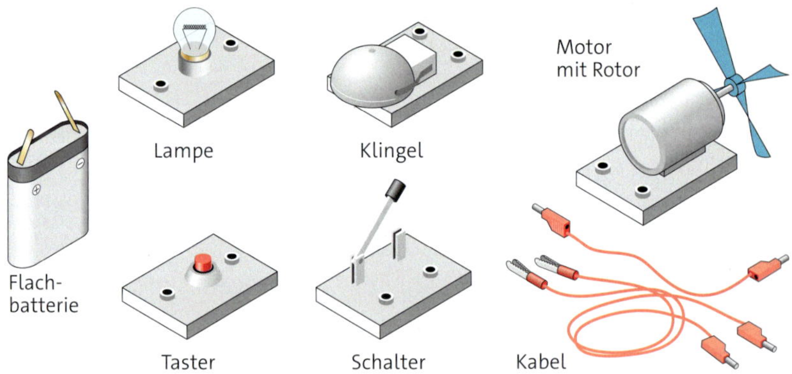

1 Materialien

Material B

Straßenbeleuchtung in der Waldstraße

Materialliste: Flachbatterie (4,5 V), mindestens 5 Lampen mit Fassung, Kabel

Die Bewohner der Waldstraße wollen eine Straßenbeleuchtung. → 2 Besonders wichtig ist ihnen dabei, dass nicht gleich alle Lampen ausgehen, falls mal eine der Lampen ausfällt.

1 Baue eine Straßenbeleuchtung, die die Anforderungen der Anwohner erfüllt. Überprüfe deine Schaltung.
Tipp: Eine defekte Lampe kann man simulieren, indem man die Birne aus der Fassung schraubt.

2 Zeichne einen Schaltplan deiner Beleuchtung und beschreibe ihren Aufbau, verwende hierfür die entsprechenden Fachbegriffe.

2 Waldstraße

Material C

3 Eine Wohnung – zwei Klingelknöpfe

Türklingelschaltung

Die Klingel läutet, wenn der Taster an der Haustür oder an der Wohnungstür gedrückt wird. → 3

Materialliste: 2 Taster, Batterie (4,5 V) oder Netzgerät (6 V), Lampe (6 V; 2,4 W), Kabel

1 Überlege, wann die Klingel läuten soll. Übertrage die Beispieltabelle ins Heft und ergänze sie. → 4

2 Baue die Schaltung mit einer Lampe statt der Klingel auf. *Tipp:* Jeder Taster bildet mit der Lampe und der Batterie einen eigenen elektrischen Stromkreis. Überprüfe, ob sie so funktioniert wie in der Tabelle.

3 Zeichne einen Schaltplan.

Taster T_1 (Haustür)	Taster T_2 (Wohnungstür)	Klingel
nicht gedrückt	nicht gedrückt	?
nicht gedrückt	gedrückt	?
gedrückt	nicht gedrückt	?
gedrückt	gedrückt	?

4 Beispieltabelle

Material D

Die Fahrradbeleuchtung

Am Fahrrad sind Scheinwerfer und Rücklicht gemeinsam am Dynamo angeschlossen. → 5

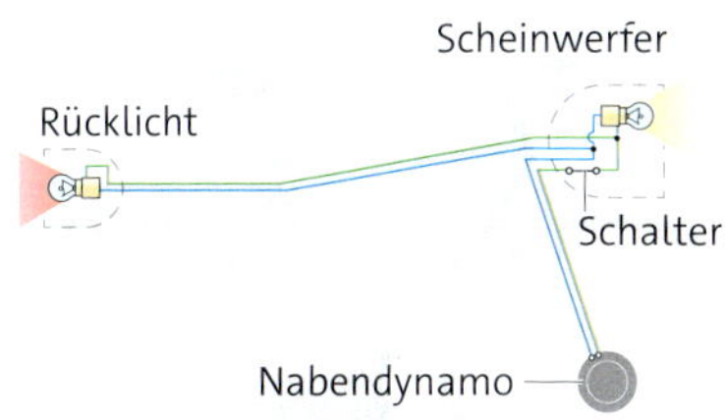

5 Fahrradbeleuchtung

Materialliste: Batterie (4,5 V) oder Netzgerät (6 V), 2 Scheinwerferlampen (6 V; 2,4 W), 1 Lampe (6 V; 0,6 W) als Rücklicht, Schalter, mehrere Kabel

1 Baue die Fahrradbeleuchtung nach. Anstelle des Dynamos nutzt du die Batterie oder ein Netzgerät. Deine „Fahrradbeleuchtung" soll bequem ein- und ausgeschaltet werden können.

a Baue die Schaltung auf und teste sie. Beide Lampen müssen hell leuchten.

b Beschreibe, was passiert, wenn eine Lampe aus der Fassung gedreht wird.

c Zeichne zu der Schaltung einen Schaltplan.

d Ergänze deine Schaltung um einen weiteren Scheinwerfer. Beschreibe, wie du vorgehst.

Der elektrische Stromkreis

Erweitern und Vertiefen

Elektrische Schaltungen im Alltag

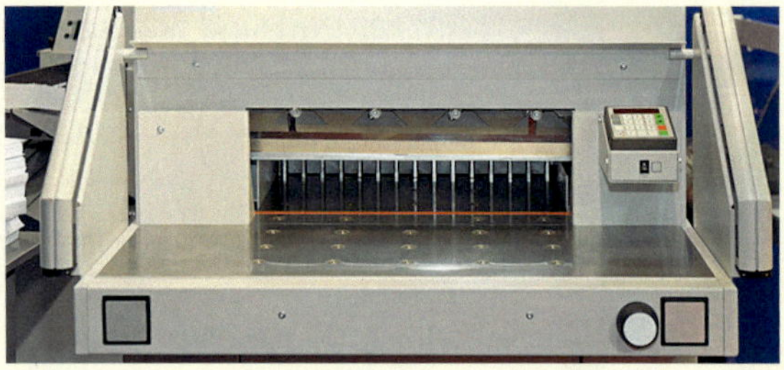

1 Papierschneidemaschine

UND-Schaltung • Im Haushalt und in der Industrie verwenden wir zahlreiche elektrische Geräte und Maschinen. Manche sind gegen falsche Nutzung abgesichert, um Unfälle zu vermeiden. Beispiele hierfür sind die Mikrowelle im Haushalt und die Papierschneidemaschine in der Druckindustrie. → 1 2 Sie sind mit einer Sicherheitsschaltung versehen. Die Mikrowelle läuft nur, wenn ihr EIN-Schalter betätigt und gleichzeitig der Taster im Rahmen von der Tür hereingedrückt wird. Auch die Papierschneidemaschine funktioniert nur, wenn zwei Taster gleichzeitig betätigt werden. Die beiden Taster sind in Reihe geschaltet. → 3 Eine solche Schaltung nennt man „UND-Schaltung".

2 Mikrowelle

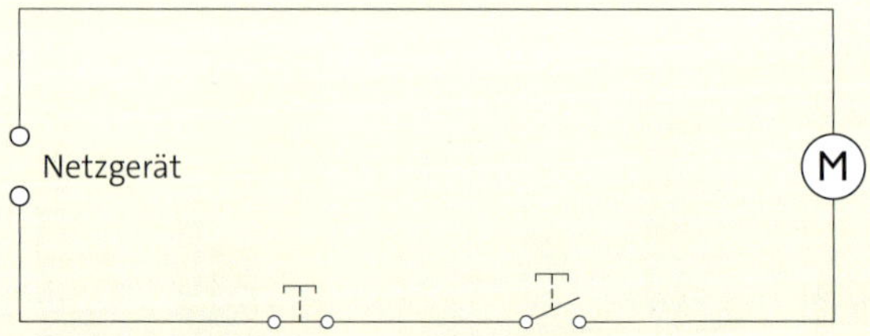

3 UND-Schaltung: Der Motor läuft nicht.

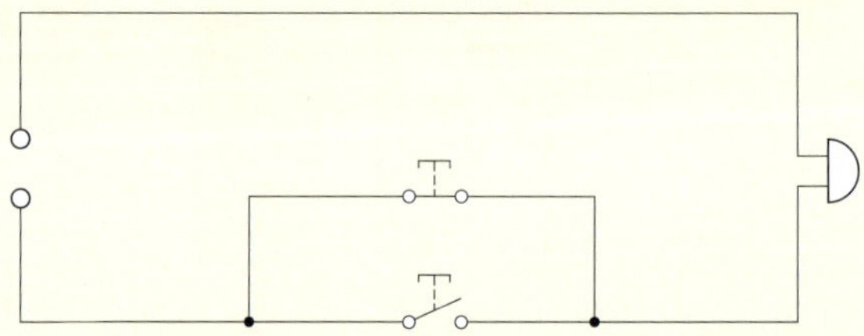

4 ODER-Schaltung: Die Klingel läutet.

ODER-Schaltung • Manche Häuser haben sowohl an der Haustür als auch am Hoftor einen Klingelknopf. Die Klingel im Haus ertönt, wenn man den Klingelknopf am Hoftor drückt, aber auch wenn man an der Haustür klingelt. Die beiden Taster sind parallel geschaltet. → 4 Eine solche Schaltung nennt man „ODER-Schaltung".

Wechselschaltung • In unseren Wohnungen gibt es oft Zimmer mit zwei Eingangstüren. Das Licht im Zimmer kann man an jeder Tür an- oder ausschalten. Eine solche Schaltung nennt man Wechselschaltung.

Aufgabe

1 Beschreibe den Aufbau und die Funktion:
a) einer Sicherheitsschaltung
b) einer Klingelschaltung

Material E

Die Sicherheitsschaltung

Materialliste: Flachbatterie (4,5 V), Klingel, 2 Taster, Kabel → 5

1 Baue mit dem Material eine Sicherheitsschaltung auf. Die Klingel stellt dabei die Maschine dar.

2 ◐ Zeichne einen Schaltplan.

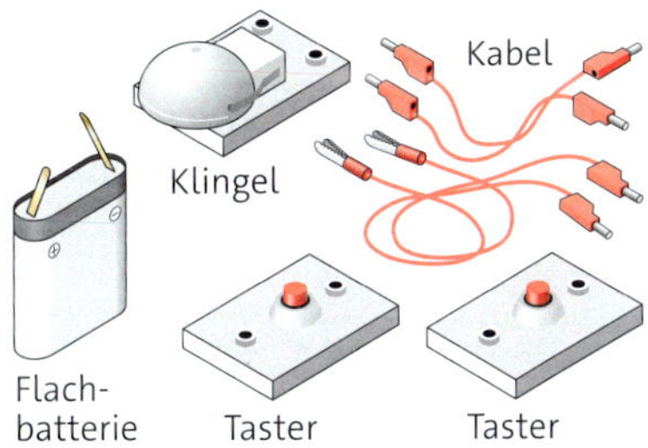

5 Material

Material F

Die Wechselschaltung

Materialliste: Flachbatterie (4,5 V), Lampe mit Fassung, 2 Wechselschalter, 5 Kabel

1 Baue die Schaltung auf. → 6

2 ◐ Teste deine Schaltung. Erfüllt sie die Bedingung, dass die Lampe an jedem Schalter ein- und ausgeschaltet werden kann?

3 ◐ Zeichne den Schaltplan.

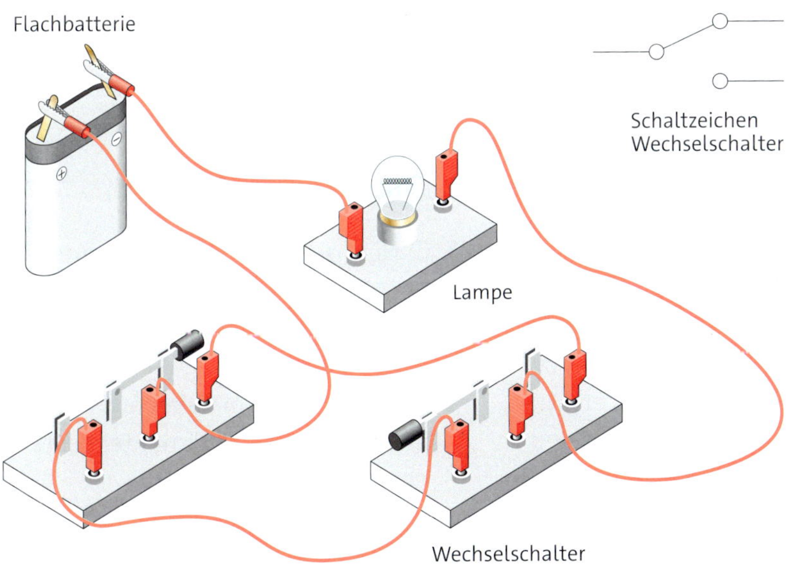

6 Wechselschaltung

Material G

Innenbeleuchtung im Auto

Erst wenn beide Vordertüren eines Autos geschlossen werden, geht das Licht im Innenraum aus. Wie funktioniert das?

Materialliste: Flachbatterie (4,5 V), Lampe mit Fassung, Kabelstücke (etwa 20 cm lang), Schraubendreher, Polklemmen, 2 Wäscheklammern, 4 Reißzwecken

1 Im Auto sind an beiden Vordertüren AUS-Taster angebracht. AUS-Taster kann man leicht selbst bauen. → 7 Baue eine Schaltung mit zwei AUS-Tastern, einer Batterie und einer Lampe. Wenn beide AUS-Taster gleichzeitig gedrückt werden, soll die Lampe ausgehen.

2 ◐ Zeichne einen Schaltplan für deinen Stromkreis.

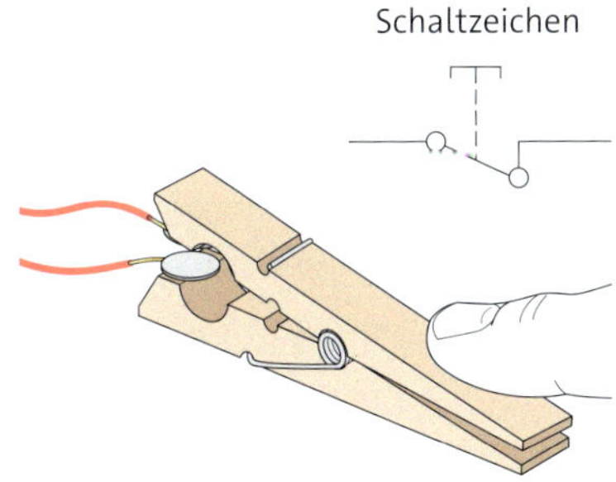

7 AUS-Taster – selbst gebaut

Leiter oder nicht?

1 Welche dieser Materialien leiten?

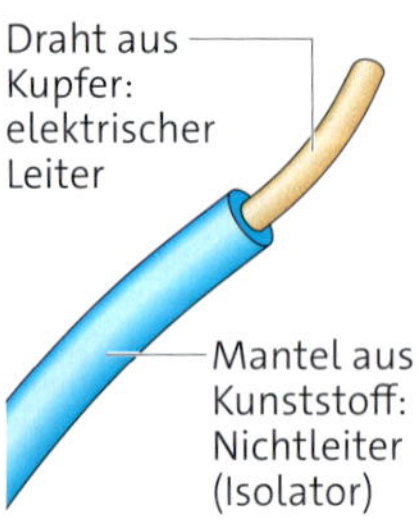

2 Kabel

Der Leitungsdraht ist alle – was nun? Was kann man noch als Leiter verwenden?

Leiter • Stoffe, die wir für die Kabel unserer Experimente verwenden können, nennt man Leiter. Sie haben die Eigenschaft, den elektrischen Strom zu leiten. Kupfer ist ein guter Leiter, aus ihm bestehen die meisten Kabel. → 2 Auch alle anderen Metalle leiten den elektrischen Strom besonders gut.

Nichtleiter • Der farbige Kunststoffmantel unserer Kabel schützt uns dagegen vor den Wirkungen des elektrischen Stroms. Kunststoffe leiten den elektrischen Strom nicht. Solche Stoffe nennt man Isolatoren. Glas, Holz, Gummi und Kork sind ebenfalls Isolatoren.

Achtung • Fasse nie ein Kabel mit defekter Isolierung an, das an eine Steckdose angeschlossen ist. Es besteht Lebensgefahr!

Flüssigkeiten als Leiter? • Manche Flüssigkeiten leiten den elektrischen Strom. Leitungswasser und Salzwasser gehören dazu, aber auch Limonade und Essig.
Öl und destilliertes Wasser leiten dagegen den elektrischen Strom nicht, sie sind Isolatoren.

Der Mensch – ein Leiter • Unser Körper besteht zu zwei Dritteln aus salzhaltigem Wasser. Deshalb leitet er den elektrischen Strom.

Alle Metalle sind elektrische Leiter. Kupfer ist ein besonders guter Leiter. Kunststoff, Glas, Gummi, Kork und Holz sind Nichtleiter. Nichtleiter bezeichnet man als Isolatoren. Unser eigener Körper leitet den elektrischen Strom.

Aufgaben

1 ▢ Nenne jeweils drei Stoffe, die
a den elektrischen Strom leiten.
b den elektrischen Strom nicht leiten.

2 ◪ Erkläre, warum Kabel aus Kupferdraht und Kunststoffmantel bestehen.

3 ◪ Unser Körper ist ein elektrischer Leiter. Begründe.

der Leiter
der Nichtleiter
der Isolator

Material A

Leitungstester für feste Stoffe

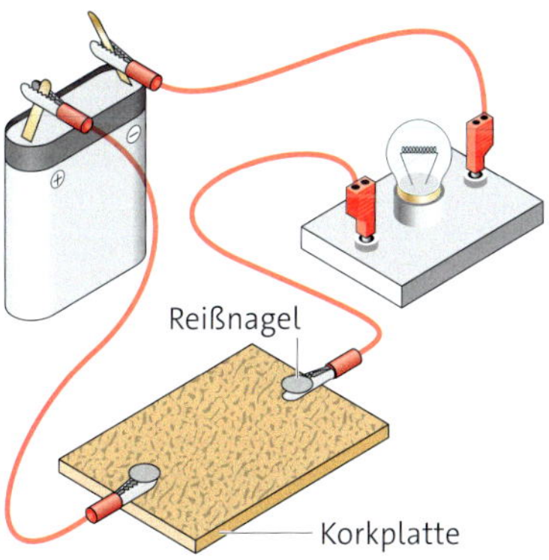

3 Leitungstester

Materialliste: 3 Kabel, Korkplatte, 2 Reißnägel ohne Kunststoffüberzug, Batterie (4,5 V), Lampe (6 V; 2,4 W), Testgegenstände → 1

1 Baue zunächst den Leitungstester auf. → 3 Überbrücke dann die „Leitungslücke" nacheinander mit Gegenständen. Drücke sie jeweils fest auf die beiden Reißnägel. Wenn die Lampe aufleuchtet, leitet ein Gegenstand den Strom gut.

a ○ Notiere die Ergebnisse in einer Tabelle. → 4

b ○ Schreibe jeweils in einer Liste auf, welche Stoffe den elektrischen Strom gut leiten und welche nicht.

Gegenstand	Leitet? (ja/nein)	Stoff
Schere	?	Stahl

4 Beispieltabelle

Material B

Diebstahlsicherung

Materialliste: Flachbatterie (4,5 V), Klingel, Wäscheklammer, 2 Reißzwecken, Kabelstücke (etwa 20 cm lang), 2 Polklemmen (zum Anschluss der Kabel an die Batterie), Schraubendreher, laminiertes Bild

1 ● Entwickle einen Plan für eine Alarmschaltung im Museum.
Baue mit den vorgegebenen Materialien die Schaltung auf.

2 ◐ Zeichne den entsprechenden Schaltplan.

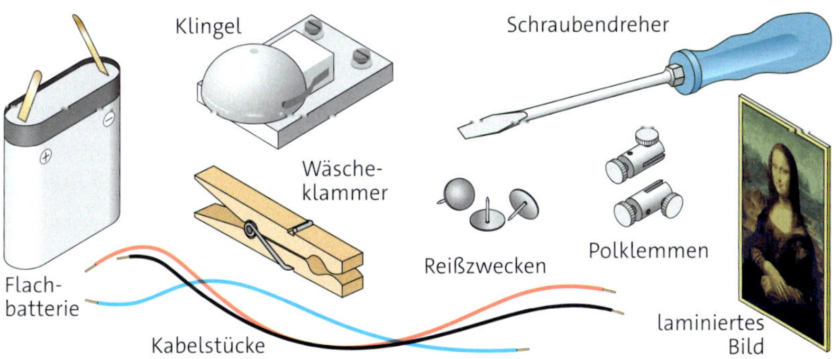

5 Materialien

Material C

Ein ungewöhnlicher Stromkreis

1 Warum leuchtet die Lampe? → 6 Zwischen den Kabeln ist doch eine Lücke!
◐ Erkläre, wie der Stromkreis geschlossen wird.

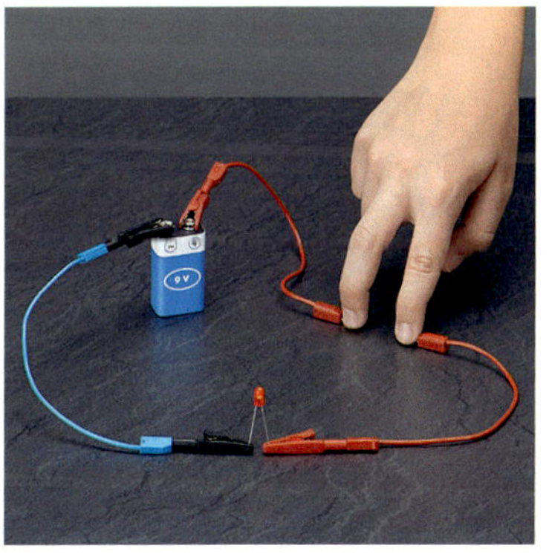

6 Ein geschlossener Stromkreis

Zusammenfassung

Maschinen • Im Gegensatz zu Werkzeugen verfügen Maschinen über ein Antriebssystem. Insgesamt bestehen sie aus fünf Elementen: Antriebselement, Übertragungselement, Arbeitselement, Steuerelement und Trägerelement. → 1

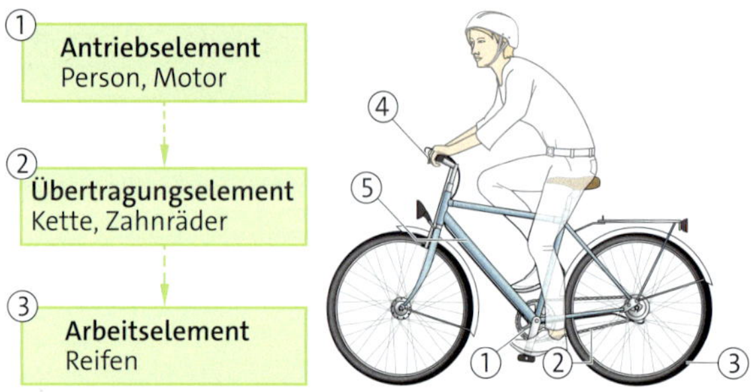

1 Maschinenelemente eines Fahrrads

Hebel • Mit Hebeln spart man beim Heben von Lasten Kraft. Man unterscheidet einseitige und zweiseitige Hebel. Laut Hebelgesetz können wir einfacher heben, wenn der Lastarm möglichst kurz und der Kraftarm möglichst lang ist. → 2

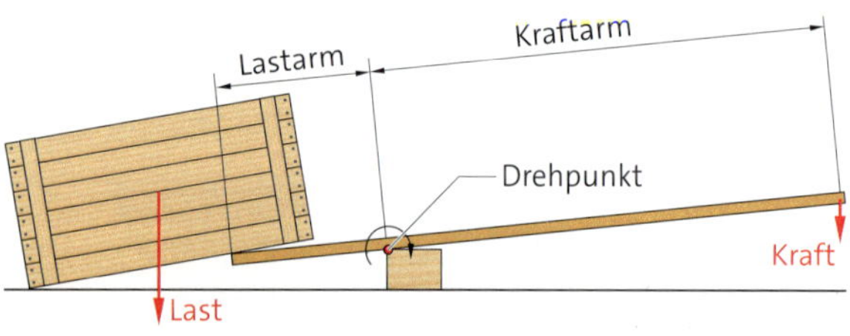

2 Zweiseitiger Hebel

Energie • Es gibt verschiedene Formen von Energie, z. B. Höhen-, Bewegungs- und Spannenergie. Die verschiedenen Energieformen sind ineinander umwandelbar. Energie kann gespeichert werden, z. B. als Höhenenergie in Stauseen.

Elektrische Energie • Ein Dynamo liefert elektrische Energie. Dazu muss ihm durch Drehen Energie zugeführt werden. Eine Solarzelle liefert elektrische Energie, wenn sie mit Licht bestrahlt wird. Elektrogeräte wandeln elektrische Energie in Licht, Wärme, Bewegung oder Schall um.

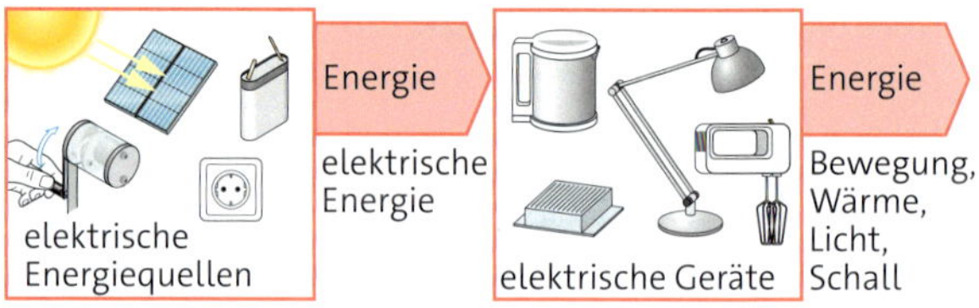

3 Energieumwandlungen

Elektrische Stromkreise • Der Motor läuft nur dann, wenn seine Kontakte mit den Polen einer Batterie oder eines Netzteils verbunden sind und der Stromkreis geschlossen ist. → 4

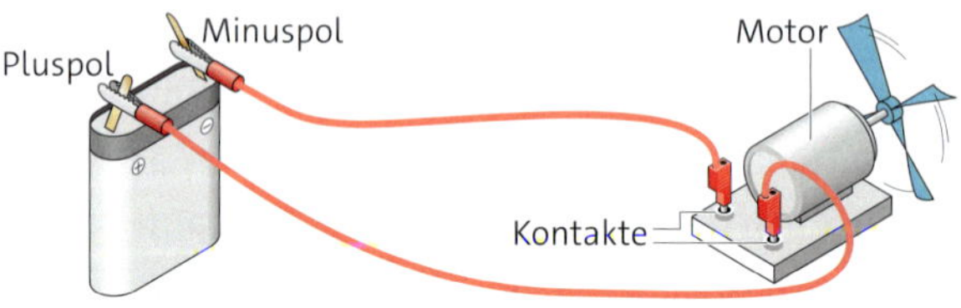

4 Geschlossener Stromkreis

Elektrische Leiter • Alle Gegenstände aus Metall sind elektrische Leiter. Manche Flüssigkeiten wie Leistungswasser leiten ebenfalls den elektrischen Strom. Auch unser Körper leitet.

5 Elektrische Leiter

Teste dich! (Lösungen im Anhang)

1 Schokokusswurfmaschine

a Beschreibe, wie die Maschine funktioniert.

b Ordne die Teile der Schokokusswurfmaschine den fünf Maschinenelementen zu. → 6

2 Aus einer schnellen Drehung soll mit einem Getriebe eine langsame Drehung gemacht werden.
Zeichne dafür ein Getriebe aus Zahnrädern.

3 In den Bildern 7 A und B werden Hebel genutzt.

a Beschreibe, was ein Hebel ist.

b Begründe, ob es sich in Bild 7 jeweils um einen ein- oder zweiseitigen Hebel handelt.

c Erläutere, wozu man Hebel benutzt.

4 Elektrische Geräte sind Energiewandler. Ein Motor wandelt elektrische Energie in Bewegung um.

a Nenne zwei weitere Beispiele.

b Zeichne zu jedem Beispiel eine Energiekette.

5 „Elektrische Energiequellen liefern nichts umsonst."

a Erkläre, was mit der Aussage gemeint ist.

b Nenne Beispiele und zeichne dazu Energieketten.

6 Die Lampe leuchtet nicht. Beschreibe, was hier falsch gemacht wurde. → 8

7 Ein Motor läuft nur, wenn zwei Taster gleichzeitig gedrückt werden. Zeichne dazu einen Schaltplan.

8 Nenne drei feste und zwei flüssige Stoffe, die den elektrischen Strom leiten.

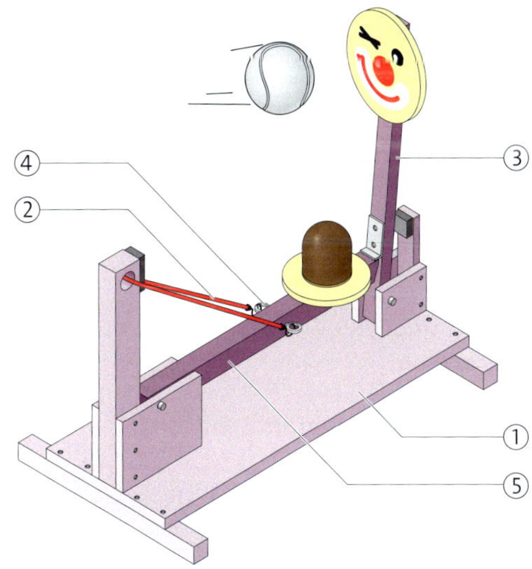

6 Schokokusswurfmaschine

A

B

7 Hier werden Hebel genutzt.

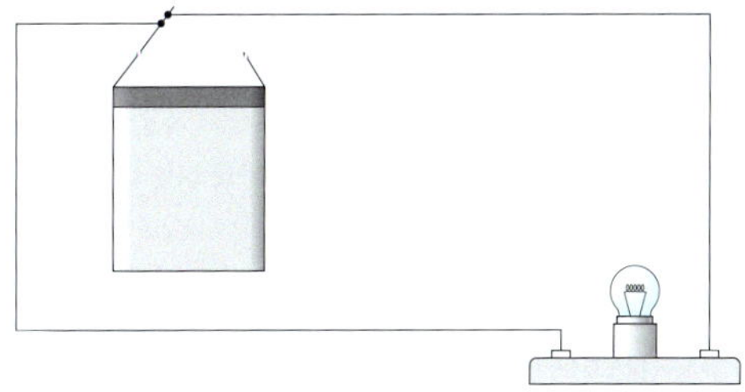

8 Die Lampe leuchtet nicht.

Anhang

Lösungen der Testaufgaben

Vom ganz Großen und ganz Kleinen – S. 41

1 a Mikrometer (Ein menschliches Haar ist etwa 50 Mikrometer dick.)
b Kilometer (Die Erde ist etwa 150 Millionen Kilometer von der Sonne entfernt.)
c Lichtjahr (Das Sonnensystem Alpha Centauri ist von unserer Milchstraße etwa 4,4 Lichtjahre entfernt.)

2 a Strukturmodelle, Funktionsmodelle, Denkmodelle
b Strukturmodell eines Salzkristalls, Funktionsmodell eines Automotors, Denkmodell der „kleinsten Teilchen"
c Unterschiede: Größenverhältnisse, Material von Modell und Wirklichkeit, Vereinfachungen – es wird oft nur eine bestimmte Eigenschaft betrachtet

3 Ein Lichtjahr ist die Strecke, die das Licht innerhalb eines Jahres zurücklegt (das sind 9 460 730 472 580 km).

4 a Kontrolle der Skizze: Seite 17, Bild 4
b Die Skizze ist ein Modell des Sonnensystems, denn sie ist eine vereinfachte Darstellung der Wirklichkeit. Sie stellt den Aufbau des Sonnensystems anschaulich dar. Die Reihenfolge der Planeten stimmt mit der wirklichen Reihenfolge im Original überein. Größenverhältnisse und Abstände entsprechen nicht der Wirklichkeit und sind viel kleiner als im Original.

5 a Bei Neumond ist der Mond gar nicht zu sehen. Zwei Tage darauf erkennt man eine schmale Sichel. Sie nimmt mit den Tagen zu, bis die Hälfte des Monds zu sehen ist. Dann ist es Halbmond. Der Mond nimmt weiter zu, bis bei Vollmond eine große, runde Scheibe zu sehen ist. In den folgenden Tagen nimmt der Mond wieder ab.
b Ob wir den Mond als Vollmond, Neumond oder Halbmond betrachten können, hängt von der Position des Monds zur Sonne und zur Erde ab. Eine Hälfte des Monds wird immer von der Sonne beschienen. Bei Vollmond ist uns diese Seite vollständig zugewandt. Bei Neumond sehen wir nur die Schattenseite und bei Halbmond sehen wir beide Seiten zu einem gewissen Teil.
c Aufgrund der unvorstellbar großen Entfernungen ist es ist nicht einfach, sich die Abläufe im Weltall vorzustellen. Mit einem passenden Modell kann man diese Abläufe wie zum Beispiel die Entstehung der Mondphasen nachspielen und so besser verstehen. Die echten Mondbilder können außerdem während der Unterrichtszeit nur selten beobachtet werden. Wolken und Tageslicht stören die Betrachtung. Zusätzlich dauert es 28 Tage, bis man alle Erscheinungsformen des Monds in der Wirklichkeit betrachtet hat.

6

Zellbestandteil	Aufgabe	Pflanzenzelle	Tierzelle
Zellwand	feste Gestalt der Zelle	ja	nein
Zellplasma	füllt das gesamte Zellinnere aus	ja	ja
Zellmembran	trennt Zellplasma von der Zellwand	ja	ja
Zellkern	steuert alle Lebensvorgänge in der Zelle	ja	ja
Vakuole	Speicherort für Stoffe, Erzeugung des Zellinnendrucks	ja	nein
Mitochondrien	Zuckerabbau zur Energiegewinnung	ja	ja
Chloroplasten	Fotosynthese zur Energiegewinnung aus Sonnenlicht	ja	nein

7 a 1: Okular, 2: Stativ, 3: Objektiv, 4:Objektivtisch, 5: Blende, 6: Grobtrieb und Feintrieb
b Zunächst drehst du mit dem Grobtrieb unter seitlicher Beobachtung den Objekttisch nach oben, bis sich das Deckglas des Präparats und das Objektiv gerade noch nicht berühren. Dann schaust du durch das Okular und drehst mit dem Feintrieb den Objekttisch langsam nach unten, bis das Bild scharf ist.

8 Beim Lösen von Zucker in Wasser schieben sich die Wasserteilchen zwischen die Zuckerteilchen und trennen sie voneinander, bis die Zuckerteilchen gleichmäßig zwischen den Wasserteilchen verteilt sind.

Tiere – Pflanzen – Lebensräume – S. 134/135

1 Hauskaninchen leben in ihren Ställen außerhalb des Hauses als Schlachttiere oder leben im Haus als Streichel- und Schmusetiere. Pferde wurden früher in der Landwirtschaft als Arbeitstiere gehalten. Heute stehen sie auf Höfen und in Reitställen als Sportkameraden (Reitpferde). Hunde wurden früher auf den Höfen meistens als Wachhunde eingesetzt. Heute halten wir die Hunde vorwiegend als Familienmitglieder zum Spielen, Toben, Kuscheln und als Tröster.

2 Der Mensch erkannte im Zusammenleben mit gezähmten Wölfen, dass Wolfswelpen unterschiedliche Fähigkeiten und Merkmale besaßen. Der Mensch wählte gezielt nur die Elterntiere für eine weitere Vermehrung aus, die für ihn nützliche Merkmale und Fähigkeiten aufwiesen. So wurden aus dem Wolf unsere Hunderassen gezüchtet.

3 Der Mensch züchtet Rinder für eine hohe Milchleistung (Milchrinder) oder für die Fleischerzeugung (Fleischrinder). Es gibt auch Zweitnutzungsrinder, die für beides genutzt werden.

4 Die Jungtiere werden in den ersten Monaten nach der Geburt gesäugt. Außerdem besitzen Säugetiere ein Fell. Diese beiden Merkmale findet man nur bei Säugetieren.

5 a A: Hausschwein = Allesfresser, B: Pferd = Pflanzenfresser, C: Katze = Fleischfresser
b Das Hausschwein besitzt ein Allesfressergebiss. Seine vorderen Backenzähne sind scharfkantig, die hinteren Backenzähne eher breit. Das Pferd besitzt ein Pflanzenfressergebiss. Alle Backenzähne besitzen eine breite Kaufläche. Die Katze besitzt ein Fleischfressergebiss. Sie besitzt Fang- und auch Reißzähne.
c Zwischen ihren Backenzähnen können Pferde harte, faserige Gräser zerreiben. Die Fangzähne der Katze dienen dem Töten der Beute, die Reißzähne dem Zerteilen von Fleisch.

6 Kontrolle der Schemazeichnung: Seite 83, Bild 3. Die Wurzeln geben Halt im Boden und dienen der Aufnahme von Wasser und Mineralstoffen. Die Sprossachse leitet Wasser, Mineral- und Nährstoffe zu den Blättern und Blüten.
Die Blätter stellen aus Sonnenlicht und Kohlenstoffdioxid Nährstoffe und Sauerstoff her.
Die Blüte dient der Fortpflanzung.

7 1 = Kronblatt, 2 = Staubblatt, 3 = Narbe, 4 = Griffel, 5 = Fruchtknoten, 6 = Stempel, 7 = Kelchblatt

8 Eine Biene fliegt auf der Suche nach Nahrung von Kirschblüte zu Kirschblüte. Dabei bleibt Pollen an ihrem Körper hängen. Beim Besuch der nächsten Blüte überträgt sie die Pollen auf die Narbe dieser Blüte. Die Blüte wird bestäubt.

9 Die Voraussetzungen für die Keimung einer Bohne sind Wasser, Wärme und Luft.

10 Temperatur, Licht und Feuchtigkeit gehören zu den Umweltfaktoren.

11 *Wiese:* Der Wiesenboden ist kühl und feucht, weiter oben wird es wärmer und trockener. Das Sonnenlicht und der Wind erreichen den Erdboden nicht.
Wald: Durch den Schatten der Bäume ist es im Wald kühl. Der Boden des Walds ist feuchter als der Wiesenboden, er ist jedoch nicht vollständig bewachsen, denn hier gelangt nur wenig Sonnenlicht hin.
See: Die Sonneneinstrahlung ist auf der Wasseroberfläche am größten, die Sonnenenergie durchdringt den See nicht bis zum Grund, die oberen Wasserschichten sind deshalb wärmer als die tieferen Schichten. Der Boden des Seeufers ist sehr feucht.
In jedem Lebensraum findet man andere Pflanzen und Tiere.

12 Jedes Lebewesen hat bestimmte Ansprüche an seine Umwelt. Nur wenn sie erfüllt sind, können Tiere und Pflanzen in einem Lebensraum leben.

13 Ein Lebensraum ist ein Raum, in dem bestimmte Umweltbedingungen herrschen, zum Beispiel eine bestimmte Temperatur und Feuchtigkeit. Eine Lebensgemeinschaft bilden alle Lebewesen, die in einem Lebensraum gemeinsam leben. Lebensgemeinschaft und Lebensraum bilden eine Einheit, das Ökosystem. Ein Beispiel für ein Ökosystem ist die Wiese. Auf einer Wiese leben Lebewesen, die an die Umweltbedingungen der Wiese angepasst sind und dadurch in diesem Lebensraum leben können.

14

Stockwerk des Walds	Tiere	Pflanzen
Wurzelschicht	Regenwurm, Insektenlarven	Wurzeln der Bäume, Sträucher und Kräuter
Moosschicht	Ameise, Käfer	Moose
Krautschicht	Ameise, Spinne	Waldmeister, Buschwindröschen
Strauchschicht	Eichhörnchen, Amsel	Eberesche, Hasel
Baumschicht	Specht, Wanze	Buche, Birke

15 Über die Blätter wird im Sommer Wasserdampf abgegeben. Das Wasser muss über den Stamm zu den Blättern transportiert werden. Im Winter, wenn die Temperaturen sehr niedrig sind, würde das Wasser im Stamm und in den Blättern gefrieren und Stamm und Blätter zerstören. Darum werden im Herbst die Blätter abgeworfen, damit kein Schaden am Stamm entsteht.

16 a Schneeglöckchen, Schlüsselblume
b Im Frühjahr sind die Bäume noch frei von Laub. Die Tage (also die Sonnenscheindauer am Tag) sind im Sommer länger. Im Herbst fällt das Laub von den Bäumen und lässt auch viel Licht auf den Waldboden durchdringen.
c Frühblüher bilden zum Beispiel Zwiebeln aus. Zwiebel sind nährstoffreiche Überwinterungsorgane, mit denen zum Beispiel das Schneeglöckchen schon im Frühling austreiben kann. Frühblüher können auch bei kalten Temperaturen keimen. So können auch neue aus Samen gekeimte Pflanzen bereits sehr früh im Jahr austreiben.

17 Eine Nahrungskette gibt die Nahrungsbeziehungen zwischen Lebewesen wieder. Diese Nahrungsbeziehungen lassen sich als Kette mit Pfeilen zwischen den Lebewesen darstellen. Der Pfeil bedeutet „wird gefressen von". Die Verbindung verschiedener Nahrungsketten ergibt ein Nahrungsnetz. Es stellt die Nahrungsbeziehungen zwischen vielen verschiedenen Lebewesen dar.

18 Baumpilz → Rindenwanze → Blaumeise → Baummarder → Habicht
Blätter (Eiche) → Eichenwicklerraupe → Ameise → Spitzmaus → Waldkauz

19 Die Eichenwicklerraupe ist ein Pflanzenfresser und steht relativ weit vorne in der Nahrungskette. Sie ist daher Nahrungsgrundlage vieler Insektenfressenden Tiere wie der Spitzmaus oder der Waldeidechse. Wenn also ein Großteil der Nahrung dieser Tiere wegfällt, konkurrieren die Tiere um andere Nahrungsquellen. Auch ihre Zahl wird sich auf Dauer verringern wegen des knapper werdenden Nahrungsangebots.

Luft – unsichtbar, aber vorhanden – S. 173

1 Stickstoff, Sauerstoff, Edelgase und Kohlenstoffdioxid

2 Methode 1: Mit der Glimmspanprobe kann man überprüfen, ob es sich bei dem Gas um Sauerstoff handelt. Dazu befüllt man ein Reagenzglas mit dem Gas und hält einen glimmenden Holzspan hinein. Glüht der Holzspan auf, so handelt es sich um Sauerstoff.
Methode 2: Mit der Kalkwasserprobe kann man überprüfen, ob es sich um Kohlenstoffdioxid handelt. Trübt das unbekannte Gas klares Kalkwasser, so handelt es sich um Kohlenstoffdioxid.

3 Die Luft setzt dem Bobfahrer Widerstand entgegen, den Luftwiderstand. Je größer die Fläche des Bobfahrers ist, die auf die Teilchen in der Luft trifft, umso größer ist der Luftwiderstand. Der Bobfahrer lehnt sich weit zurück, um diese Fläche so klein wie möglich zu machen und den Luftwiderstand zu verringern.

4 Die Luft im Heißluftballon wird durch das Feuer erwärmt. Mit steigender Temperatur bewegen sich die Luftteilchen schneller und ihr Abstand untereinander wird größer. Die erwärmte Luft im Ballon wird weniger dicht und er steigt auf.

5 a Es gibt Verbreitung durch Wind, Wasser, Tiere, Mensch und die Selbstverbreitung.
b Löwenzahn: Windverbreitung

6 Angepasstheiten der Vögel für das Fliegen: Leichtbauweise der Knochen, leichte Federn, Heranwachsen der Jungtiere in Eiern außerhalb des Körpers, schnelle Verdauung, starrer Knochenbau unterstützt Stromlinienform, gewölbte Flügel, veränderliche Federstellung bei Aufwärts- und Abwärtsschlag der Flügel

7 Beim Gleitflug können Vögel in der Luft bleiben, ohne mit den Flügeln zu schlagen. Sie nutzen den Auftrieb an den gewölbten Flügeln. Wenn Luft an den Flügeln vorbeiströmt, werden die Flügel des Vogels angehoben. Dieser Auftrieb sorgt dafür, dass der Vogel nur langsam zu Boden sinkt. An windstillen Tagen klappt das weniger gut, da weniger Luft am Flügel entlangströmt.

8 Die Sonne erwärmt die Erdoberfläche. Landmassen werden schneller und stärker erwärmt als Wasser. Warme Luft dehnt sich aus und steigt nach oben, ihre Dichte wird geringer und der Luftdruck nimmt ab, dadurch entsteht ein Tiefdruckgebiet. Über kalten Gebieten ballt sich die Luft zusammen, es entsteht ein Hochdruckgebiet. Die Druckunterschiede werden durch Teilchenbewegungen ausgeglichen, Luft strömt vom Hochdruck- zum Tiefdruckgebiet. Diese Luftströmung nehmen wir als Wind wahr. Wenn Wasser erwärmt wird, verdunstet es. Kühlt feuchte Luft ab, kondensiert das Wasser zu Tropfen, es regnet.

9 Die Sonne erwärmt Landmassen und Meere unterschiedlich stark. Am Tag entsteht dadurch über dem warmen Land ein Tiefdruckgebiet, über dem im Vergleich zum Land kühleren Meer ein Hochdruckgebiet. Deshalb strömt die Luft am Tag vom Meer zum Land. Nachts ist es umgekehrt. Daher kann ein Segelboot am besten nachts aus dem Hafen auslaufen, wenn der Wind vom Land zum Meer weht. Das Boot hat dann „Rückenwind".

Feuer – nützlich und gefährlich – S. 201

1 Der Mensch nutzt das Feuer zu:
- Nahrungszubereitung
- Wärmegewinnung
- Herstellung von Werkzeugen und Gegenständen

2 Beobachtung: Die Flamme erlischt nach kurzer Zeit. Erklärung: Damit ein Feuer brennen kann, braucht es Sauerstoff. Der Sauerstoff in der eingeschlossenen Luft wird bei der Verbrennung der Kerze verbraucht. Sobald im Becherglas kein Sauerstoff mehr vorhanden ist, erlischt die Kerze.

3 a Er hat vergessen, den Brennstoff ausreichend zu zerteilen.
b Zeitungspapier kommt nach ganz unten. Darauf verteilt man feine Holzspäne. Darüber stapelt man kleines Feuerholz und nach ganz oben kommen die dicken Holzscheite.

4 Die Eisenwolle brennt, da sie feiner zerteilt ist als ein Eisennagel. Die Eisenwolle hat eine viel größere Oberfläche. Das ermöglicht einen besseren Kontakt mit dem Sauerstoff der Luft, der für die Verbrennung benötigt wird.

5 a Kerzenwachs (meist aus Paraffin) und Docht
b Das Kerzenwachs ist der Brennstoff. Der Docht hat die Aufgabe eines „Wachsaufzugs". Das flüssige Kerzenwachs steigt im Docht nach oben und verdampft an der Spitze. Das gasförmige Wachs brennt.
c Die Aussage stimmt nicht. Bei einer Kerze brennt nicht der Docht, sondern das gasförmige Wachs.

6 a Durch das Schließen der Türen und Fenster wird die Zufuhr von Frischluft verhindert.
b In Garagen, Autowerkstätten und Tankstellen sind brennbare Stoffe (zum Teil in der Luft fein verteilt) und Sauerstoff vorhanden. Damit kein Feuer ausbrechen kann, darf die Zündtemperatur nicht erreicht werden. Das wäre aber bei einem offenen Feuer an diesen Orten der Fall.
c Wenn man Spiritus auf heiße Grillkohlen gießt, kommt es zu einer Stichflamme.
d Beim Löschversuch mit Wasser würde das Wasser sofort explosionsartig verdampfen und heiße Fetttröpfen mit sich reißen.
e Steine sind keine Brennstoffe. Sie verhindern, dass sich das Feuer auf die angrenzende Wiese ausbreitet.

Wasser – ein besonderer Stoff – S. 233

1 Es stimmt zwar, dass die Erdoberfläche zu 70 Prozent mit Wasser bedeckt ist, aber der größte Teil davon ist Salzwasser, das wir Menschen nicht trinken können. Nur 2,5 Prozent des Wassers auf der Erde ist Süßwasser und davon ist ein großer Teil in den Polen und Gletschern gebunden. Nur ein kleiner Anteil des vorhandenen Süßwassers steht uns als Trinkwasser zur Verfügung. Mit diesem Trinkwasser sollte man deshalb sparsam umgehen.

2 Pflanzen, Tiere und Menschen können ohne Wasser nicht leben. Im Körper von Lebewesen übernimmt Wasser vielfältige Aufgaben als Lösungsmittel, Transportmittel, Baustoff und für die Regulation der Körpertemperatur. Manche Lebewesen sind durch ihren Wasserhaushalt an Wassermangel angepasst. Bis auf wenige Ausnahmen, wie zum Beispiel beim Bärtierchen, führt ein vollständiger Wasserverlust jedoch zum Tod.

3 Wasser besteht aus kleinsten Teilchen. Zwischen den Wasserteilchen wirken Kräfte, die diese zusammenhalten. Da die Wasserteilchen an der Oberfläche zusammenhalten, besitzt Wasser eine hautähnliche Oberfläche. Man bezeichnet dies als Oberflächenspannung. Aufgrund der Oberflächenspannung läuft der Wasserberg nicht über.

4 *Steinschlag:* Wasser dringt in Felsspalten in Gebirgen ein. Im Winter gefriert das Wasser zu Eis. Beim Gefrieren dehnt sich das Wasser aus. Das Felsmaterial wird auseinandergedrückt, sodass Brocken herausbrechen können.
Schlaglöcher: Wasser dringt in kleine Risse im Straßenbelag ein. Beim Gefrieren dehnt es sich aus und bricht das Straßenmaterial auf.

5 Ob ein Gegenstand im Wasser schwimmt, hängt von seiner Dichte ab. Die Dichte von Holz ist kleiner als die des Wassers. Die Holzkugel schwimmt. Die Dichte von Eisen ist größer als die des Wassers. Die Eisenkugel geht unter.

6 Emma meint: „Eisen hat eine höhere Dichte als Wasser." Der Satz „Eisen ist schwerer als Wasser" stimmt nur, wenn Eisen und Wasser das gleiche Volumen haben. Durch die Verwendung der Fachsprache wird die Aussage erst sinnvoll. Man kann durch die Verwendung der Fachsprache genau ausdrücken, was man meint.

7 Das Wasser im Toten Meer hat einen extrem hohen Salzgehalt. Dadurch hat das Wasser eine viel höhere Dichte als zum Beispiel das Wasser im Schwimmbad. Die Dichte unseres Körpers ist somit niedriger als die Dichte des Wassers. Deshalb gehen auch Nichtschwimmer im Toten Meer nicht unter.

8 Wenn ein Körper in Wasser eintaucht, übt das Wasser auf den Körper eine nach oben gerichtete Kraft aus. Ist diese Auftriebskraft größer als die Gewichtskraft des Körpers, so schwimmt er. Die Auftriebskraft ist umso größer, je mehr Wasser der Körper verdrängt. Das Modellschiff verdrängt mehr Wasser als die Kugel, weshalb auch seine Auftriebskraft größer ist.

9 Merkmale für die Angepasstheit der Fische an das Leben im Wasser sind: stromlinienförmiger Körper, aufeinanderliegende Fischschuppen, Schleimhaut, Flossen, Seitenlinienorgan, Schwimmblase, Kiemen.

10 Fische atmen durch Kiemen, die sich unter den Kiemendeckeln befinden. Sie lassen das Wasser durch ihr Maul einströmen. Die zarten Kiemenblättchen können den im Wasser gelösten Sauerstoff aufnehmen. Anschließend fließt das Wasser durch die Kiemendeckel wieder nach außen.

Stoffe im Alltag – S. 267

1 a Metall: Aluminium | steinartiger Stoff: Glas | Kunststoff: Silikon | Naturstoff: Papier
b Kuchenformen aus Aluminium, Glas, Silikon und Papier sind zum Kuchenbacken geeignet, weil sie sich beim Erhitzen nicht verformen.

2 Regeln vor dem Experimentieren:
- Im Nawi-Raum darf nicht gegessen oder getrunken werden.
- Vor dem Experimentieren muss der Tisch aufgeräumt werden, sodass nur noch die Dinge darauf liegen, die für den Versuch notwendig sind.
- Anleitungen für Versuche müssen genau durchgelesen und befolgt werden.
- Immer eine Schutzbrille aufsetzen.
- Lange Haare müssen immer zum Zopf zusammengebunden werden, damit sie nicht versehentlich an der Flamme entzündet werden.

Regeln während des Experimentierens:

- Der Geschmack von Chemikalien darf nie getestet werden.
- Flüssigkeiten müssen sehr vorsichtig erhitzt werden | das Reagenzglas wird dabei schräg vom Körper weggehalten. Die Öffnung darf nicht auf Personen gerichtet werden.
- Für eine Geruchsprobe hält man die Nase nicht direkt über das Gefäß, sondern fächelt sich die Dämpfe immer nur mit der Hand zu.
- Chemikalien fasst man nicht mit den Fingern an, sondern benutzt einen sauberen Spatel. Man arbeitet immer mit kleinsten Mengen und schüttet Reste nie in die Gefäße zurück.
- Pannen werden sofort dem Lehrer gemeldet.

3 a *Mit den Sinnen erkennbare Stoffeigenschaften:* Farbe, Aggregatzustand, Oberfläche, Durchsichtigkeit, Glanz, Geruch, Geschmack (nicht im Labor testen!)
b *Mit Experimenten bestimmbare Stoffeigenschaften:* elektrische Leitfähigkeit, Magnetisierbarkeit, Härte, Dichte, Schmelztemperatur; Wärmeleitfähigkeit
c *Elektrische Leitfähigkeit:* Ein Lämpchen wird an eine Stromquelle angeschlossen, wobei der Stromkreis an einer Stelle unterbrochen ist. Die Lücke wird mit dem zu testenden Gegenstand geschlossen. Wenn das Lämpchen leuchtet, ist der Stoff, aus dem der Gegenstand besteht, ein elektrischer Leiter. (S. 246)
Magnetisierbarkeit: Man überprüft, ob der Gegenstand von einem Magneten angezogen wird. (S. 246)
Härte: Man überprüft, ob sich der Stoff mit einem Zahnstocher oder einem Eisennagel ritzen lässt. (S. 246)
Dichte: Man bestimmt die Masse und das Volumen des Gegenstands und teilt anschließend den Wert für die Masse durch den Wert für das Volumen. (S. 247)
Schmelztemperatur: Man gibt den zu untersuchenden Stoff in ein Reagenzglas und erhitzt dieses im Wasserbad. Sobald der Stoff schmilzt, misst man die Wassertemperatur. (S. 243)
Wärmeleitfähigkeit: Man tropft etwas heißes Wachs auf ein Ende eines Metallstreifens. Man wartet, bis das Wachs am Metall fest ist. Man stellt den Metallstreifen in heißes Wasser und stoppt die Zeit, bis sich das Wachs vom Metall löst. (S. 245)

4 A giftig, B leicht entzündlich

5 fest: Eis, z. B. als Eiszapfen, Eisberg, Eisscholle
flüssig: Wasser, z. B. in Flüssen, Seen, Meer, Grundwasser
gasförmig: Wasserdampf, z. B. als Wolken oder Morgennebel über Gewässern

6 a schmelzen
b verdampfen
c kondensieren
d erstarren
e sublimieren
f resublimieren

7 Ein Streichholz brennt: Verbrennung | ein Draht rostet: Korrosion | Apfelschalen werden zu Erde: natürlicher Stoffabbau, Kompostierung

8 Stoffgemische lassen sich durch verschiedene Verfahren trennen. Stoffe, die sich nicht weiter trennen lassen, sind Reinstoffe.
Reinstoffe sind z. B. Wasser oder eine Glasflasche
Stoffgemische sind z. B. Müsli oder Müll.

9 a Soße mit oben schwimmender Fettschicht: Dekantieren
b Orangensaft mit Fruchtfleisch: Filtrieren

Mein Körper – S. 332/333

1 *Verdauungssystem:* Das Verdauungssystem zerlegt unsere Nahrung in kleinste Nährstoffbausteine, damit diese ins Blut aufgenommen werden können.
Atmungssystem: Das Atmungssystem ermöglicht das Einatmen von Sauerstoff in den Körper und das Ausatmen von Kohlenstoffdioxid.
Bewegungs- und Stützsystem: Das Bewegungs- und Stützsystem schützt die inneren Organe, hält unseren Körper aufrecht und ermöglicht es uns, unseren Körper zu bewegen.

2 Das Verdauungssystem besteht aus mehreren Organen, die unterschiedliche Aufgaben bei der Verdauung von Nahrung übernehmen. Im Mund wird die Nahrung zerkleinert und bereits Stärke gespalten. Als Nahrungsbrei kann die Nahrung durch die Speiseröhre in den Magen gleiten. Im Magen werden bereits einige Eiweiße im Nahrungsbrei in ihre Bausteine zerlegt. Im Dünndarm werden die kleinsten Nährstoffbausteine ins Blut aufgenommen. Jedes Organ erfüllt also eine andere Arbeit bei der Verdauung. Man spricht von Arbeitsteilung.

3 1 = Schädel, 2 = Elle, 3 = Speiche, 4 = Oberarmknochen, 5 = Brustbein, 6 = Rippe, 7 = Wirbel, 8 = Beckenknochen, 9 = Oberschenkelknochen, 10 = Wadenbein, 11 = Schienbein, 12 = Kniescheibe

4 a Die Wirbelsäule besteht abwechselnd aus knöchernen Wirbeln und elastischen Bandscheiben. Die sieben Halswirbel sind kleiner als die zwölf Brustwirbel und diese wiederum kleiner als die fünf Lendenwirbel. Am untersten Lendenwirbel sitzt das Kreuzbein mit dem Steißbein. Auf der Rückenseite bilden die Wirbel einen Kanal, in dem das Rückenmark verläuft.
b Die doppelte S-Form der Wirbelsäule bleibt trotz des Gewichts des Kopfs stabil und aufrecht. Eine einfache S-Form oder eine gerade Wirbelsäule könnten das Gewicht des Kopfs nicht tragen.

5 a Ein Muskel besteht aus einzelnen dünnen Muskelfasern. Viele Muskelfasern bilden ein Muskelfaserbündel, das von einer Muskelhaut umgeben ist. Blutgefäße versorgen die Muskelfasern mit Sauerstoff und Nährstoffen. Nerven geben den Muskeln den Befehl zum Zusammenziehen.
b Muskeln können sich nicht von selbst strecken. Sie können sich nur zusammenziehen. Daher arbeiten zwei Muskeln immer nach dem Gegenspielerprinzip. Ein Muskel zieht sich zusammen, während der andere dabei gestreckt wird.

6 *Kohlenhydrate:* liefern dem Körper die benötigte Energie.
Eiweiße: liefern auch Energie, dienen dem Körper aber vor allem als Baustoff für den Aufbau von Zellen.
Fette: liefern Energie und werden vom Körper als Baustoffe benötigt. Sie dienen aber auch als Speicherstoff, Schutz vor Wärmeverlust und als „Stoßdämpfer" an den Füßen und im Bauchraum.

7 Zu einer gesunden Ernährung gehört eine ausgewogene Nahrungsauswahl nach den Verhältnissen der Ernährungspyramide. Die Nahrung sollte in gleichmäßig verteilten Mahlzeiten aufgenommen werden. Außerdem ist auf eine ausreichende Flüssigkeitsaufnahme zu achten.

8 Um schnell viele Nährstoffe aufzunehmen, ist die Oberfläche der Darmwand vergrößert. Die Vergrößerung entsteht durch viele kleine Ausstülpungen in der Darmwand. Durch diese Darmzotten können viele Nährstoffbausteine gleichzeitig über die Darmwand in die Blutbahn gelangen.

9 a 1 = rechte Herzhälfte, 2 = Lungenkreislauf, 3 = linke Herzhälfte, 4 = Körperkreislauf
b In der rechten Herzhälfte befindet sich sauerstoffarmes Blut. Es wird von dort in die Lungenarterie gepumpt und zur Lunge befördert. Es befindet sich noch im Lungenkreislauf, bis es in die linke Herzhälfte strömt. Von dort wird es in den Körperkreislauf gepumpt. Über die Aorta und die verzweigten Arterien gelangt es in die Kapillaren der Organe und Muskeln (4). Durch die Körpervenen strömt das Blut dann zurück zur rechten Herzhälfte.
c Während die rechte Herzhälfte das Blut nur durch die Lungenarterie in die Lunge pumpt, muss die linke Herzhälfte das Blut durch den gesamten Körper pumpen. Der Herzmuskel ist deshalb auf der linken Seite kräftiger und größer.
d *Arterien:* Arterien bestehen aus drei Schichten: Die mittlere Schicht ist eine Muskelschicht. Sie wird von einer Innenhülle und einer Außenhülle umschlossen.
Venen: Sie besitzen auch drei Schichten. Ihre Muskelschicht ist jedoch sehr dünn. Venen besitzen außerdem Venenklappen, die einen Rückfluss des Blutes verhindern.
Kapillaren: Sie bestehen nur aus einer sehr dünnen Kapillarwand, die einen Stoffaustausch ermöglicht.

e *Rote Blutzellen:* sind für den Gastransport im Körper verantwortlich.
Weiße Blutzellen: sind Teil des Abwehrsystems des Körpers. Sie bekämpfen Krankheitserreger.
Blutplättchen: verschließen Wunden.

10 In der Pubertät wachsen die Geschlechtsorgane. Die Geschlechtszellen reifen bei beiden Geschlechtern. Es entwickeln sich die sekundären Geschlechtsmerkmale wie Achsel- und Schamhaare.

11 Geschlechtshormone sind Botenstoffe, die unter anderem in den Geschlechtsorganen gebildet werden. Sie verursachen in der Pubertät das Wachstum und die Reifung der Geschlechtsorgane, die Reifung der Geschlechtszellen und die Bildung der sekundären Geschlechtsmerkmale.

12 Während der Pubertät werden von der Haut vermehrt Schweiß und Talg produziert. Diese können von Bakterien zersetzt werden, sodass unangenehme Gerüche entstehen. Bei Mädchen kann auch das Menstruationsblut unangenehm riechen. Bei Jungen muss die Stelle zwischen Vorhaut und Eichel gesäubert werden, damit keine Entzündungen entstehen.

13 1 = Bläschendrüse, 2 = Vorsteherdrüse (Prostata),
3 = Spermienleiter, 4 = Harn-Sperma-Röhre,
5 = Schwellkörper, 6 = Eichel, 7 = Vorhaut,
8 = Penis, 9 = Nebenhoden, 10 = Hoden

14 In den Hoden werden die Spermienzellen gebildet. In den Nebenhoden werden die Spermienzellen gespeichert und reifen. Bläschendrüse und die Vorsteherdrüse bilden Flüssigkeiten. Diese Flüssigkeiten enthalt wichtige Nährstoffe für die Spermienzellen.

15 Spermienzellen sind männliche Geschlechtszellen. Sperma enthält die Spermienzellen sowie Flüssigkeiten, die von der Prostata und der Bläschendrüse beim Spermaerguss abgegeben werden.

16 Bei einer Erektion wird die Blutzufuhr der drei Schwellkörper stark erhöht und der Blutabfluss reduziert, sodass sich der Penis aufrichtet.

17 1 = Eileiter, 2 = Eierstock, 3 = Gebärmutter,
4 = Gebärmuttermund, 5 = Kitzler, 6 = Scheide,
7 = große Schamlippe

18 In den Eierstöcken liegen schon vor der Geburt etwa 200 000 unreife Eizellen. Im Eierstock reift eine Eizelle heran. Im Eileiter kann die Befruchtung der reifen Eizelle durch eine Spermienzelle stattfinden. Die Gebärmutter ist ein Muskel. In ihr wächst in der Schwangerschaft ein Kind heran.

19 Während der ersten 14 Tage des Menstruationszyklus reift im Eierstock eine Eizelle heran. In der Gebärmutter wird eine Schleimhaut aufgebaut. Nach etwa 14 Tagen wird die reife Eizelle in den Eileiter entlassen. Sie bewegt sich in Richtung Gebärmutter. Während dieser Zeit kann eine Befruchtung stattfinden. Falls keine Befruchtung stattfindet, wird die Schleimhaut mit der abgestorbenen Eizelle und etwas Blut nach außen abgegeben. Der Beginn dieser Menstruationsblutung ist der Beginn eines neuen Zyklus. Ein Zyklus dauert etwa 28 Tage.

20 Die Menstruationsblutung setzt mit der Rückbildung der Gebärmutterschleimhaut ein. Der Eisprung hat also bereits etwa 14 Tage vorher stattgefunden. Ein Mädchen kann schon ab ihrem ersten Eisprung schwanger werden.

21 Das Kind ist über die Nabelschnur mit der Plazenta der Mutter verbunden. Durch die Nabelschnur erhält das Kind Sauerstoff und Nährstoffe, die es für seine Entwicklung benötigt.

22 Es handelt sich um das Röntgenbild eines Fetus, da die Knochen und Organe zwar angelegt, aber noch nicht vollständig ausgebildet sind.

23 Das Kondom schützt sowohl vor einer ungewollten Schwangerschaft als auch vor sexuell übertragbaren Infektionskrankheiten wie Aids.

24 Das Herausziehen des Penis aus der Scheide kurz vor dem Orgasmus ist keine Verhütungsmethode. Bereits vor dem Orgasmus treten Spermienzellen aus und können die Eizelle befruchten.

Technik im Alltag – S. 365

1 a Wenn der Ball das Clownsgesicht trifft, klappt der hintere Hebel (3) weg und der Hebel mit dem Schokokuss (5) wird freigegeben. Die Gummibänder (2) ziehen den Hebel (5) rasch nach oben. Der Schokokuss wird weggeschleudert.
b 1 = Trägerelement, 2 = Antriebselement, 3 = Steuerelement, 4 = Übertragungselement, 5 = Arbeitselement

2

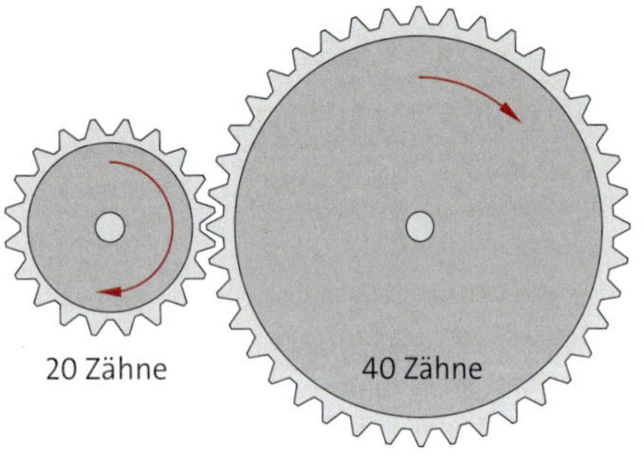

3 a Eine Stange (ein Rohr oder ein Brett ...), die man um einen bestimmten Punkt, den Drehpunkt, drehen kann, bezeichnet man als Hebel.
b *A:* Es handelt sich um einen einseitigen Hebel, da sich der Drehpunkt an einem Ende des Hebels befindet.
B: Es handelt sich um einen zweiseitigen Hebel, da sich der Drehpunkt zwischen den Enden des Hebels befindet. Der Hebel besitzt dadurch zwei Arme: einen Kraft- und ein Lastarm.
c Man benutzt Hebel, um schwere Lasten zu heben oder zu bewegen. So braucht man weniger Kraft, um eine Schraube zu drehen, wenn man einen Schraubenschlüssel benutzt. Mithilfe des Hebels in Bild B kann der Mann den Stein leichter heben als ohne Hebel.

4 a Ein Wasserkocher wandelt elektrische Energie in Wärme um. Eine LED-Lampe wandelt elektrische Energie in Licht (und Wärme) um.
b Elektrische Energie → Wasserkocher → Wärmeenergie
Elektrische Energie → LED-Lampe → Lichtenergie

5 a Elektrische Energiequellen sind Energiewandler. Sie wandeln Energie aus anderen Energieformen in elektrische Energie um. Ohne „hineingesteckte" Energie liefern sie keine elektrische Energie – sie liefern also keine elektrische Energie für umsonst.
b Beispiele: Batterie und Nabendynamo
Lichtenergie → Solarzelle → elektrische Energie
Bewegungsenergie → Energiewandler Nabendynamo → elektrische Energie

6 Beide Leitungen von der Lampe sind mit ein und demselben Pol der Batterie verbunden. Damit die Lampe leuchten kann, muss aber jeder Pol der Batterie mit einem Kontakt der Lampe verbunden sein.

7

8 a Parallelschaltung
b

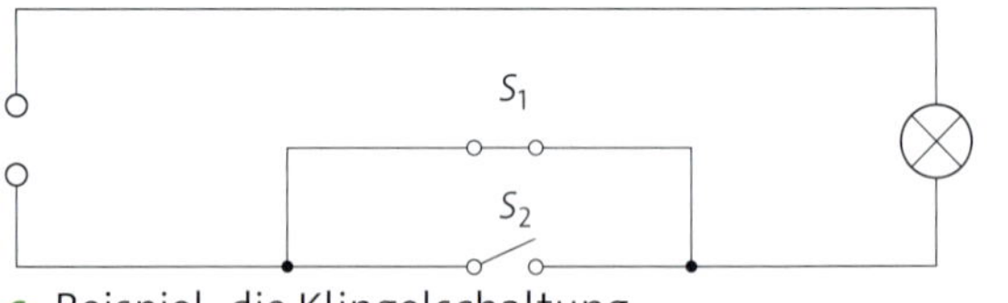

c Beispiel: die Klingelschaltung

9 Feste Stoffe, z. B.: Kupfer, Eisen, Silber | Flüssigkeiten, z. B.: Salzwasser, Essig, Zitronensaft

Tabellen

1-cm³-Würfel	Gewicht in g
Wasser, 4 °C	1,00
Wasser, 100 °C	0,96
Salzwasser	1,03
Benzin	0,68–0,72
Spiritus	0,83
Quecksilber	13,53
Holz	0,1–1,3
Eis, 0 °C	0,92
Kunststoff (PVC)	ca. 1,4
Glas	ca. 2,4
Eisen	7,9
Messing	8,6
Kupfer	8,9
Blei	11,3
Gold	19,3

1 Gewicht von 1-cm³-Würfeln

Nahrungsmittel (100 g)	Wasseranteil in g
Gurken	96
Tomaten	95
Erdbeeren	90
Kuhmilch	87
Äpfel	84
Kartoffeln	79
Hühnereier	74
Schweinefleisch	70
Corned Beef	69
Vollkornbrot	44
Gouda	40
Butter	15
Knäckebrot	7
Schokolade	2
Erdnüsse	2

2 Wasser in Nahrungsmitteln

Gegenstand oder Ort	Temperatur in °C
Mond, unbeleuchtet	–170
Erde, tiefste gemessene Lufttemperatur	–89
Tiefkühltruhe	–18
schmelzendes Eis	0
Mensch (gesund)	37
schmelzendes Wachs (Paraffin)	50
Erde, höchste gemessene Lufttemperatur	58
siedendes Wasser	100
Mond, beleuchtet	150
glühende Holzkohle	1100
schmelzendes Eisen	1535
Glühlampe	2500
Sonnenoberfläche	5500

3 Verschiedene Temperaturen

Piktogramm	Signalwort	Gekennzeichnete Stoffe und Gemische
	Gefahr/ Achtung	• können sich selbst zersetzen • können explodieren
	Gefahr/ Achtung	• sind entzündbar • können sich selbst erhitzen • entwickeln bei Berührung mit Wasser entzündbare Gase
	Gefahr/ Achtung	• haben eine brandfördernde Wirkung
	Achtung	• stehen unter Druck (gilt für Gase)
	Gefahr/ Achtung	• verursachen schwere Verätzungen der Haut • verursachen schwere Augenschäden • greifen Metalle an
	Gefahr	• sind giftig, bereits in geringen Mengen lebensgefährlich
	Achtung	• sind gesundheitsschädlich • verursachen Haut- und/oder Augenreizungen, allergische Hautreaktionen, Reizungen der Atemwege, Schläfrigkeit und Benommenheit
	Gefahr/ Achtung	• können bei Verschlucken und Eindringen in die Atemwege tödlich sein • können Organe schädigen • können Krebs erzeugen • können die Fruchtbarkeit beeinträchtigen • können das Kind im Mutterleib schädigen • können das Erbgut schädigen • können beim Einatmen Allergien, asthmaartige Symptome oder Atembeschwerden verursachen
	Achtung	• sind giftig für Wasserorganismen

4 Kennzeichnung von Gefahrstoffen

Hinweis: Fett gedruckte Begriffe sind Lernwörter.

T

Bildquellenverzeichnis

A. K. Dierschke: S. 284/1-2

A1PIXTODAY/Peter Seifarth 2008: S. 152/1

action press: S. 242/2b, S. 312/1b, S. 329/2, BÜH, FLORIAN: S. 196/1, imagebroker.com: S. 80/1, imageBROKER/Wilfried Martin: S. 124/3, Lowell Mason/SWNS.com, Münch: S. 329/4, Rainer Klotz: S. 233/6, REX FEATURES LTD.: S. 312/1a, SOUTH WEST NEWS SERVICE: S. 138/1

Agentur Focus/eye of science/Meckes/Ottawa: S. 295/3a

aid infodienst: S. 63/8

akg-images: S. 149/4, Erich Lessing: S. 40/1, Prisma: S. 155/b

Bildagentur Huber/Giel: S. 65/2

blickwinkel: S. 186/1, Caroline Brinkmann: S. 86/1d, fotototo: S. 199/b, Hippocampus-Bildarchiv/Frank Teigler: S. 86/1c, S. 88/3, S. 155/4, Maehrmann: S. 65/3a, Patrick Frischknecht: S. 168/2

Bossek, H., Hoppegarten: S. 114/2

bpk/Alinari Archives/Pedicini, Luciano for Alinari: S. 164/3

BZGA: S. 331/5

Clip Dealer/Rebmann: S. 245/4

Colourbox: S. 146/1, S. 195/c, S. 200/5, S. 204/1, S. 266/1, S. 339/f, Achim Prill: S. 152/3, Dmitry Naumov: S. 150/2d, Erwin Wodicka: S. 355/2b, Fedor Selivanov: S. 214/1, Gert Lavsen: S. 338/1a, Segio Stakhnyk www.sergofoto.weebly.com: S. 35/3

Corbis: S. 128/1b, S. 318/1, Geoff Tompkinson/Science Photo Library: S. 257/6, Thomas J. Deerinck/Science Photo Library/Corbis: S. 294/1

Cornelsen Verlag: S. 211/5, S. 223/4, S. 223/5, S. 253/4c, S. 253/4o, S. 253/4e, S. 253/4t, S. 253/4f, S. 253/4xn, S. 253/4n

Cornelsen/Bernd Heepmann: S. 347/7

Cornelsen/Bernhard Peter, Pattensen: S. 44/1, S. 50/2, S. 55/9, S. 65/4, S. 84/2, S. 87/6, S. 88/2, S. 101/2, 3, S. 103/3, 4, S. 115/1b, S. 115/2b, S. 122/2, 3, S. 125/5, S. 135/4, S. 289/4, S. 292/1, 2, S. 293/3, S. 294/2, S. 298/1, S. 318/2b, S. 321/4, S. 323/3, S. 324/1, 2, S. 330/1, S. 332/4, 6

Cornelsen/Detlef Seidensticker: S. 22/1, S. 138/2, S. 140/2, 3, S. 141/6, S. 148/1, 2, S. 151/3, S. 165/6, S. 167/3, 4, 6, S. 168/3, S. 170/3, S. 172/1, S. 208/2, S. 209/4, 5, S. 210/3, S. 212/2, S. 213/8, S. 217/4, S. 231/3, S. 241/3, S. 243/3, S. 244/2, 3, S. 247/4, S. 247/6, S. 251/4, S. 252/1, S. 255/3, S. 256/2, S. 259/3, 4, S. 260/2, 3, S. 264/1, 3, S. 265/u., S. 265/4, S. 307/2, S. 330/2, S. 351/3

Cornelsen/Esther Gollan: S. 70/2b, S. 113/2, S. 114/4, S. 114/5, S. 127/3, S. 221/5a, S. 221/5b, S. 221/5c, S. 221/5d, S. 288/3, S. 301/3, S. 309/4

Cornelsen/Eva Jung, Hohen Neuendorf: S. 47/8d

Cornelsen/Florian Schaefer: S. 47/8, Florian Schaefer: S. 339/e

Cornelsen/Mahler, Fotograf, Berlin: S. 163/3

Cornelsen/Marina Goldberg: S. 122/o. l., S. 122/o. r., S. 140/l., S. 141/o. l., S. 141/o. r., S. 191/M. l., S. 191/M. r., S. 253/3a, S. 253/3b, S. 253/3c, S. 253/3d, S. 253/3e, S. 253/3f, S. 253/3h, S. 253/3i, S. 253/3j, S. 264/M. l., S. 267/4b, S. 267/4a, S. 301/o. r.

Cornelsen/Markus Gaa: S. 170/1, S. 224/3, S. 224/4, S. 346/1, S. 346/2, S. 352/1, S. 353/3, S. 360/2, S. 363/6

Cornelsen/Matthias Pflügner: S. 9/2, S. 20/1, S. 21/4, S. 35/4, S. 59/5, S. 141/4, S. 147/3, S. 149/3, S. 149/5, S. 150/1, S. 162/1, S. 166/1, S. 176/1, S. 178/1-4, S. 201/7, S. 206/1, S. 238/1-3, S. 239/4-7, S. 244/1, S. 256/1, S. 273/Abb. 2-5, S. 279/3-6, S. 299/3, S. 313/2, S. 331/3, S. 336/1, S. 337/1, S. 339/3, S. 340/1, S. 345/3, S. 348/1-3, S. 350/1, S. 354/1, S. 359/3, S. 362/1

Cornelsen/Peter Slaby, Spangenberg: S. 38/1-4, S. 39/7, S. 40/4, S. 179/6-8, S. 237/4, 5, S. 240/1a, S. 246/2, S. 261/4, S. 262/2, S. 263/4, S. 263/5

Cornelsen/Rainer Götze, Berlin: S. 16/1, S. 17/3-4, S. 20/2-3, S. 21/3, S. 22/2, S. 24/1-2, S. 25/4-5, S. 27/4-6, S. 34/2b, 2d, S. 35/4, 5, S. 37/7, S. 80/3, S. 133/2, S. 143/3, 4, 6, S. 145/2, S. 146/2, S. 151/4, S. 156/2, S. 160/2, S. 169/4-5, S. 171/4, S. 172/2, S. 178/5, S. 180/2-4, S. 182/1, 3, 4, S. 183/3, 4, 5, S. 185/3, S. 185/4, S. 187/4, S. 188/1, S. 188/2, S. 189/3, S. 189/4, S. 190/1-7, S. 193/2, S. 194/1, S. 194/3, S. 195/4, S. 200/2, S. 200/6, S. 204/2, 208/1, S. 215/3, S. 215/4, S. 216/2, S. 217/5, S. 219/1, S. 223/2, 3, S. 224/1, 2, S. 230/1, S. 232/1, 2, S. 232/2, S. 233/7, S. 242/1, S. 255/4, 5, S. 257/4, 5, S. 278/1, S. 299/4, S. 301/2, S. 304/2, S. 304/1, S. 305/5, S. 341/2, 3, S. 342/o., S. 342/2, 3, S. 342/3, S. 343/5, S. 343/a-d, S. 344/2, S. 346/4-6, S. 353/2, S. 356/2, 3, S. 357/4a, 4ab, 4b, 4bb, 4c, 4cb, 4d, 4db, 4e, 4eb, 4fb, 4f, S. 357/5, 6, S. 358/1, S. 359/5, S. 360/3, S. 360/4, S. 361/5-7, S. 362/2, 3, 5, S. 364/1-5, S. 365/a + b , S. 365/6, S. 365/8, S. 374/o. l., S. 374/o. r., S. 374/u. r.

Cornelsen/Robert Fontner-Forget: S. 54/3 Abb. 1-3, S. 54/2 Abb. a-c, S. 57/4, S. 76/1, 2, S. 85/8, S. 89/5, S. 90/3, S. 106/8, S. 134/3, S. 154/2, 3, S. 172/3, S. 316/1, S. 320/1, S. 322/2

Cornelsen/Stefanie Pfeifer: S. 34/2a, 2b

Cornelsen/Stephan Röhl: S. 236/2, S. 246/1

Cornelsen/Tom Menzel, Scharbeutz: S. 13/11, S. 28/1, S. 30/1, 2, S. 31/5, S. 32/1, S. 33/3, 4, S. 41/6, S. 45/4, S. 49/4-5, S. 50/6, S. 51/9, S. 53/3, S. 55/8, S. 56/2, S. 57/3, S. 58/1, S. 58/3, S. 60/3, S. 62/1, 3, S. 62/2 a-c, S. 63/4, S. 66/2, S. 67/4, S. 69/7-8, S. 71/3, S. 80/2, S. 84/1, S. 81/4c, S. 81/4d , S. 83/3, S. 85/11, S. 87/Abb. 3 und 4, S. 88/1, S. 89/7, 9, S. 92/5, S. 95/2-4, S. 96/a-d, S. 97/7, S. 98/2, S. 102/1, S. 105/3-5, S. 106/5-7, S. 107/11, S. 110/1, S. 111/2, 3, S. 115/3b, 4b, 5b, S. 117/4, S. 118/1-3, S. 119/4, S. 121/6, S. 123/4, 5, S. 125/4, S. 126/1, S. 132/1, S. 134/2, S. 139/3, S. 154/3, S. 160/3, S. 212/1, S. 219/4, 5, S. 220/1, S. 221/3, 4, S. 226/2, S. 229/2, S. 271/2, S. 272/1, S. 275/2, 3, S. 277/5, 6, 7, 8, 9, 10, 11, S. 278/2, S. 280/1-3, S. 283/3, 4, S. 284/1, S. 285/1, 2, 4, S. 286/2, S. 287/3, S. 291/2, S. 295/5, S. 301/4, S. 303/1a, 1b, 1c, 1d, S. 308/2, S. 309/3, S. 310/1, S. 311/1, 3, S. 314/2a, S. 315/3, S. 316/2, S. 319/3, 4, S. 320/2, S. 327/2 a-c, S. 331/4, S. 332/3, 5

Cornelsen/Tom Menzel, Scharbeutz/Esther Gollan, Aachen: S. 93/7, S. 99/3, S. 130/1 + 2, S. 288/2, S. 293/4, S. 296/2, S. 297/3a und 3b

Cornelsen/Volker Döring: S. 13/10, S. 212/5

Cornelsen/Volker Minkus: S. 23/3, S. 23/5a, 5b, S. 23/4, S. 31/3, S. 84/6a, 6b, S. 87/5, S. 96/3, S. 96/4, S. 100/1a-c, S. 201/8, S. 214/2, S. 270/1, S. 276/1, S. 276/2, S. 281/2a, 2b

ddp images: S. 19/2, S. 45/3, S. 78/1, S. 115/3a, S. 249/4, S. 317/3, S. 338/1d, S. 360/1, ddp images/Picture Press: S. 90/2, S. 338/1b

diGraph Medien-Service Maryse Forget & Robert Fontner-Forget: S. 66/3, S. 157/4, S. 158/2, S. 158/3, S. 158/1, S. 159/5, S. 159/7, S. 161/4b, S. 161/5b, S. 163/2, S. 218/2, 3, S. 220/2, S. 232/3

EHEIM GmbH & Co. KG: S. 114/1

Flonline: S. 10/1, S. 115/5a, S. 236/1, S. 274/1a, Callista Images/Cultura Images RM: S. 72/2, Fotofeeling/ Westend61: S. 70/1, S. 134/1, Juice Images: S. 44/2, Kage-Mikrofotografie: S. 276/3, Radius Images: S. 242/2a, RF Company: S. 85/7, VisualsUnlimited: S. 93/10

Fotofinder/BIOSphoto/images.de: S. 75/3, Robin Monchâtre: S. 108/2

Fotolia/AA+W: S. 193/5, allouphoto: S. 137/l., S. 173/5, Andrey Popov: S. 248/1, Anetta: S. 321/3, Astrid Gast: S. 52/1, Bahadir Yeniceri: S. 128/1a, beermedia: S. 339/c, benjaminnolte: S. 198/1, bidaya: S. 200/1, bluedesign: S. 199/a, Brad Pict: S. 335/l., Calado: S. 7/o., S. 334, choucashoot: S. 327/4, Christoph Hähnel: S. 155/c, countrypixel: S. 63/7, Dani Simmonds: S. 339/a, Daniela Stärk: S. 267/3d, dieter76: S. 176/4, digitalfoto105: S. 94/1b, Dominic Beuvers: S. 235/l., Eléonore Horiot: S. 314/1, exclusive-design/stockcreations: S. 267/3c, EXPRESSION 2016 @ Nadezda Murmakova: S. 164/2, ExQuisine: S. 338/2, Falk: S. 210/2, farbkombinat: S. 228/1, Frank Boston: S. 186/2, genioatrapado: S. 47/8a, hfox: S. 112/1b, S. 129/3a, jfergusonphotos: S. 3/o., S. 14, S. 349/1, Joerg Mikus/TAP: S. 267/3b, Jürgen Fälchle: S. 269/r., K.-U. Häßler: S. 130/3, karamysh: S. 335/r., Karina Baumgart: S. 84/5, Karl Lugmayer: S. 168/1, Klaus Eppele: S. 195/b, S. 200/3, kuzeyege: S. 210/1, Kzenon: S. 5/M., S. 141/5, S. 234, lifeonwhite.com: S. 66/1, M. Schuppich: S. 116/3, M.studio: S. 302/1, majorosl66: S. 130/4, Marek M: S. 112/1a, Masson: S. 325/1, matteo: S. 243/4, Matthias Buehner: S. 199/f, Monkey Business: S. 308/1, monticellllo: S. 266/2, Moritz: S. 184/2, nanyyy: S. 12/2a, Natalia Klenova Photography: S. 254/1, Nico Smit: S. 226/1b, Petair: S. 262/1, Petra Gurtner: S. 46/3, phant: S. 5/o., S. 202, photobars: S. 86/1b, PhotographyByMK: S. 325/2, PhotoSG: S. 267/3a, PictureFactory: S. 338/1c, pimonpim: S. 227/3b, Pixelot: S. 339/d, pressmaster: S. 306/1, Radostin Antonov Photography: S. 233/5, ramonespelt: S. 150/2b, Rebai Silvano: S. 222/1, reises: S. 86/1a, Rick: S. 276/4, Robert Kneschke: S. 227/3a, roostler: S. 199/c, Ruth P. Peterkin: S. 203/l., Satit _Srihin: S. 46/4, Schlierner: S. 212/3, Sebastian Kaulitzki: S. 290/1m seeyou | c. steps: S. 187/3, sima: S. 195/a, Simon Kraus: S. 355/2c, Soloviova Liudmyla: S. 180/1, soulrebel83: S. 205/5, Stefan Holm: S. 116/2, stockphoto-graf: S. 212/2c, S. 250/3, stockpics: S. 254/2, VALENTYN VOLKOV: S. 269/l., vchalup: S. 26/2, vencav: S. 267/5, viperagp: S. 4/M., S. 136, VRD: S. 339/b, Werner: S. 176/3, Westend61/Robert Niedring: S. 6/o., S. 268, Wieselpixx: S. 351/2b, www.ChristianSchwier.de: S. 137/r., XK: S. 48/1, yvdavid: S. 29/4

Frank Hecker: S. 112/1d

Freiwillige Feuerwehr Groß Boden/Mundt, A.: S. 196/M. l., S. 196/M. r., S. 196/2

Glow Images/Alfred Schauhuber: S. 115/2a, Christian Handl: S. 93/6, Corbis/Felix Wirth: S. 300/1, ImageBROKER: S. 199/d, S. 142/1, Heide Benser: S. 170/2, Jonathan Gibson: S. 337/3, 4, Lindsay Upson: S. 184/1

imago: S. 36/1, S. 73/4, S. 285/5, S. 286/1, S. 312/2b , S. 344/1a, imago

Operatoren

Keine Missverständnisse mehr bei Aufgaben

Die meisten Aufgaben in diesem Buch beginnen mit einem Verb:

- **Nenne** die fünf ...
- **Beschreibe** die Fortbewegung von ...
- **Erkläre**, warum unser Trinkwasser ...
- **Erläutere** die Begriffe ...
- ...

Diese Verben geben an, was du tun sollst.

Nenne – Benenne

Notiere Namen oder Begriffe.

Aufgabe: Nenne die fünf Wirbeltierklassen.

Lösung: Fische, Amphibien, Reptilien, Vögel und Säugetiere

Beschreibe

Formuliere so genau (mit Fachwörtern), dass man sich alles vorstellen kann.

Aufgabe: Beschreibe den Weg des Wassers in einer Pflanze.

Lösung: Das im Boden befindliche Wasser wird über die Wurzelhaare der Wurzel aufgenommen. Anschließend wird das Wasser in den Leitungsbahnen von der Wurzel bis zu den Blättern nach oben transportiert. Ein Teil des Wassers wird über Spaltöffnungen an die Luft abgegeben.

Erkläre – Begründe

Notiere eine oder mehrere Ursachen.

Aufgabe: Erkläre, warum Nadelbäume im Herbst ihre Blätter nicht abwerfen.

Lösung: Nadelblätter sind von einer Wachsschicht überzogen. Diese verringert die Verdunstung von Wasser. Nadelbäume müssen deshalb im Herbst ihre Blätter nicht abwerfen, um sich vor dem Austrocknen zu schützen.

Ordne

Teile in Gruppen ein. Lege z. B. Listen an.

Aufgabe: Ordne fünf Stoffe in deiner Umgebung den Gefahrstoffen und Naturstoffen zu.

Lösung: Naturstoffe: Kork, Wachs, Seide, Holz, Baumwolle; Gefahrstoffe: Benzin, Spiritus, Waschsoda, Abflussfrei, Feuerzeuggas